Matthias Wellstein

Nova Verba

in Tertullians Schriften

gegen die Häretiker

aus montanistischer Zeit

Beiträge zur Altertumskunde

Herausgegeben von
Michael Erler, Ernst Heitsch, Ludwig Koenen,
Reinhold Merkelbach, Clemens Zintzen

Band 127

B. G. Teubner Stuttgart und Leipzig

Nova Verba
in Tertullians Schriften
gegen die Häretiker
aus montanistischer Zeit

Von

Matthias Wellstein

B. G. Teubner Stuttgart und Leipzig 1999

Gefördert mit Forschungsmitteln
des Landes Niedersachsen

Die Deutsche Bibliothek – CIP-Einheitsaufnahme

Wellstein, Matthias:
Nova verba in Tertullians Schriften gegen die Häretiker aus
montanistischer Zeit / von Matthias Wellstein. –
Stuttgart ; Leipzig : Teubner, 1999
(Beiträge zur Altertumskunde ; Bd. 127)
Zugl.: Göttingen, Univ., Diss.
ISBN 3-519-07676-4

Printed in Germany
Druck und Bindung: Druckhaus „Thomas Müntzer" GmbH, 99947 Bad Langensalza

Vorwort

Diese Arbeit entstand in den Jahren 1993 bis 1997. Sie hat mehrere Wurzeln: Das erste Interesse an Tertullian weckte ein Seminar über Tertullians Apologeticum vom Wintersemester 1990/91, das von Prof. Bleicken und Prof. Classen geleitet wurde. Auch meine Staatsexamensarbeit war Tertullian gewidmet. Sie war ein Versuch, die neuen Wörter in Tertullians Schrift Adversus Marcionem zu erklären. Dieser Versuch weitete sich dann auf die in dieser Arbeit behandelten Wörter aus. Nach langen Jahren in Göttingen nahm ich die letzten Korrekturen in Erlangen vor, wo ich seit Februar 1997 Studienreferendar am Gymnasium Fridericianum war. Man mag es für einen Zufall halten, daß ein früherer Lehrer dieser Schule, Julius Schmidt, 1870 in einem Schulprogramm die erste Arbeit zu den neuen Wörtern bei Tertullian vorlegte. Es scheint, als habe sich dort ein Kreis geschlossen.

Wenn auch eine Dissertation in der Regel das Ergebnis einsamer Tätigkeit sein soll, so ist sie ohne viele Helfer und Ratgeber nicht möglich. Hier können nur einige genannt werden, die stellvertretend für alle anderen stehen müssen: Meine Göttinger Freunde Annkathrin Dirksen, Armin Zimmermann, Dorothee Segtrop, Dietrich Weinbrenner und Gundula Sümenicht steuerten auf vielerlei Weise das ihre dazu bei, daß diese Arbeit gelingen konnte. Nicht zuletzt nahm auch mein Göttinger Großonkel, Dipl.-Ing. Wolfgang Noth, Anteil und gab in nobler Weise Hilfe und Rat.

In fachlichen Fragen unterstützten mich PD Dr. Hans Bernsdorff (Göttingen) und Frau PD Dr. Eva Schulz-Flügel (Beuron), die mich vor manchem Irrweg bewahrt haben; über die Vetus Latina habe ich besonders von Prof. Dr. Walter Thiele viel gelernt. Auch den Mitarbeitern des Thesaurus Linguae Latinae ist für ihre bereitwillige Hilfe herzlich zu danken.

Prof. Dr. Clemens Zintzen nahm diese Arbeit freundlicherweise in seine Reihe „Beiträge zur Altertumswissenschaft" auf. Dafür gebührt ihm herzlicher Dank.

Mein Doktorvater, Prof. Dr. Carl Joachim Classen, hat die Arbeit mit stetiger Sorge und Kritik und gründlichen Korrekturen in jeder Phase begleitet. Ohne sein Engagement wäre sie wohl nie vollendet worden. Wertvolle Hinweise gab auch Prof. Dr. Siegmar Döpp, der die Mühen des Zweitgutachtens auf sich nahm.

Zuletzt ist meinen Eltern zu danken, die mich mit materieller Hilfe unterstützten, stets ermunterten und immer mehr die mühseligen Korrekturen betrieben. Mein Bruder Harald verfaßte mit mir das Register und weihte mich in die Kunst des ruhigen Umgangs mit dem Computer ein.

Von ihnen allen steckt viel in dieser Arbeit.

Erlangen, im April 1999   Matthias Wellstein

Inhalt

1. Einleitung

Die Beschäftigung mit den Neologismen Tertullians ist seit über hundert Jahren ein Gegenstand der Forschung gewesen.[1] Doch wurde bisher selten versucht, die neuen Wörter in einer größeren Gruppe von Schriften in ihrem jeweiligen Kontext nach formalen und inhaltlichen Kriterien zugleich zu untersuchen. Dazu soll diese Arbeit ein erster Schritt sein.

1.1 Ziel und Methode

In dieser Arbeit werden alle in den genannten Schriften zuerst belegten Wörter außer den Fremdwörtern nach semantischen und formalen Kriterien sowie nach ihrer Herkunft untersucht. Gegenstand sind die Schriften De Carne Christi, De Anima, Adversus Marcionem, Adversus Valentinianos, De Resurrectione Mortuorum und Adversus Praxeam. Diese Werke hat Tertullian gegen die zeitgenössischen Häresien verfaßt, nachdem er sich dem Montanismus angeschlossen hatte.[2] Die neuen Wörter in diesem Kanon werden alle vollständig behandelt; soweit sie auch in anderen Schriften bezeugt sind, werden sie im Überblick mituntersucht. Die Schrift Adversus Iudaeos halte ich wegen der Bibelzitate, die genau der karthagischen Bibelübersetzung folgen, doch für unecht,[3] so daß ich auf ihre Behandlung verzichtet habe. Die Neubildungen wurden nach den Listen von Hoppe, Cooper und Schmidt sowie nach einer eigenen Durchsicht des Textes zusammengestellt. Soweit nicht auf Thesaurusartikel verwiesen wird, stammen die An-

---

1 Die lateinischen Titel werden nach dem Index des Thesaurus Linguae Latinae abgekürzt; griechische nach dem Siglenverzeichnis von Liddell an Scott. In diesen Werken nicht erfaßte Kirchenschriftsteller werden nach dem Siglenverzeichnis der Vetus-Latina-Edition abgekürzt.

2 Die Schrift De Carne Christi halte ich trotz der Bedenken Brauns (Braun, Chron. Tert., 272–278) für montanistisch. Insbesondere seine Deutung von De Carne Christi 7, 1 als Hinweis auf eine erste, in den Jahren 200–203 abgefaßte, Auflage des vierten Buches von Adversus Marcionem kann kaum überzeugen (Braun, Chron. Tert., 275–277). Danach wäre De Carne Christi nicht nach der sicher schon montanistischen Auflage des vierten Buches entstanden, sondern in der Zeit der Treue zur Großkirche. Doch liegen für das vierte Buch von Adversus Marcionem im Gegensatz zu den ersten drei Büchern (cf. Adv. Marc 1, 1, 1; 3, 1, 1) sonst keine Nachrichten über verschiedene Auflagen vor, und es gibt auch keinen weiteren Anlaß, eine erste Auflage des vierten Buches anzunehmen.

3 Frede, Sigelliste, 766; Gryson, Vetus Latina 12, 16.

gaben über die Verbreitung aus dem Zettelarchiv des Thesaurus Linguae Latinae in München, auf das nicht einzeln verwiesen wird. Nicht untersucht werden die Neubildungen mit dem Suffix *bundus*, da Tertullian sie, wie Langlois[4] gezeigt hat, als Partizpialformen verwendet. Als Textausgabe liegt die CCSL-Edition von 1954 zugrunde; das Alte Testament wird nach der Septuaginta zitiert.

1.2   Forschungsüberblick

In der neueren Forschung sind die Neubildungen Tertullians zuerst von Hauschild und Schmidt in einigen Aufsätzen, die in Schulprogrammen erschienen sind, untersucht worden. Schmidt zählt in seiner ersten Arbeit von 1870 eine große Zahl von Neologismen nach Suffixen geordnet auf und teilt dazu eine Reihe von ersten Beobachtungen zu Bildungsweise und Gebrauch mit. In dieser Arbeit vertritt Schmidt die Auffassung, daß Tertullian die meisten Ausdrücke selbst prägt,[5] aber auch einige juristische Fachtermini[6] als erster verwendet. In seiner zweiten Arbeit von 1872 widmet er sich denjenigen Wörtern, die Tertullian für die Gegenstände der christlichen Religion verwendet, ohne dabei aber besonders auf Neubildungen einzugehen. Die letzte Untersuchung Schmidts von 1878 befaßt sich mit den neugebildeten nomina agentis mit den Suffixen *trix* und *tor*. Darin druckt er eine lange Liste der Neubildungen ab, die nach der Wortbildung[7] geordnet ist. Auch hier weist er auf viele aus Fachsprachen entlehnte Ausdrücke hin.[8] Zur gleichen Zeit hat Hauschild (1876, 1881) zwei Arbeiten zu demselben Thema vorgelegt. Er geht von den Gegenständen aus, die Tertullian mit den neuen Wörtern bezeichnet, und untersucht intensiv einige Neubildungen aus Übersetzungen philosophischer und markionitischer Termini, die nach seiner Darstellung vor allem um der genauen Wiedergabe der Suffixe willen geprägt

---

4   Langlois, 123–125, zeigt anhand von Äußerungen römischer Grammatiker, daß einige Autoren – unter ihnen auch Tertullian – Adjektive mit dem Suffix *bundus* von Deponentien ableiten und als Partizipien verwenden und auch Objekte abhängig machen. Ein Beispiel dafür ist *comminabundus* aus Adversus Marcionem 4, 15, 10: *Sic (sc. creator) et in filias Sionis inehitur per Esaiam, cultu ex divitiarum abundantia inflatas, comminabundus et alibi nobilibus et superbis (...).* Daher nennt Risch, 81f, der in seiner Arbeit auf Tertullian nicht mehr eingeht, diese Neubildungen „Quasipartizipien".

5   Schmidt I, 20f, 33.

6   Schmidt I, 11f.

7   Schmidt III, 13–31.

8   Schmidt III, 21–26.

wurden.[9] Dabei weist er darauf hin, daß Tertullian immer die Regeln für die Wortbildung einhalte. In seiner zweiten Arbeit von 1881 behandelt Hauschild die Übersetzung griechischer Ausdrücke durch lateinische Neubildungen und zeigt, daß Tertullian oft länger nach einer treffenden Übersetzung sucht. Allerdings geht er nicht darauf ein, daß Tertullian viele Ausdrücke sicher nicht geprägt hat, sondern für sie nur den ersten überlieferten Zeugen darstellt.[10] Zu gleicher Zeit entstehen die Werke von Koffmane (1879) und Cooper (1895), die beide jeweils Listen von Neubildungen christlichen Inhalts herausgeben. Coopers Liste ist nach Suffixen und Autoren geordnet, während Koffmane[11] nach Wortbedeutungen und nicht nach Autoren getrennt darstellt.

In der Folgezeit wird vor allem in Werken mit Übersichtscharakter Tertullian als der Schöpfer des Kirchenlateins[12] angesehen. Nach Harnack[13] (1895) hat er „der lateinischen Christenheit die Sprache schaffen helfen; vor ihm hat sie nur gestammelt, von ihm hat sie reden gelernt", während Norden die „Einwirkung seiner Neubildungen" für „eine unberechenbar große"[14] hält. Norden (1909) und Labriolle (1914; [3]1947)[15] betonen zudem, daß Tertullian sich in die „asianistische Stilrichtung" der lateinischen Literatur einfüge und stilistisch eng mit Apuleius verwandt sei.

Parallel dazu untersucht Hoppe (1897, 1903, 1932) in mehreren Arbeiten die Sprache Tertullians und widmet sich in ihnen auch immer wieder den Neubildungen. In seiner ersten Arbeit (1897) publiziert Hoppe eine nach Afrikanismen und Archaismen geordnete Liste von Neubildungen, die um einige stilistische Kommentare ergänzt ist.[16] Dabei fällt auch ihm[17] die enge Verbindung zur juristischen Fachsprache auf. In seiner zweiten Arbeit legt er (1903) an einigen Beispielen Gründe für die Neubildungen einiger Begriffe dar. Er nennt die Notwendigkeit, für die neuen Gegenstände der christlichen Religion neue Ausdrücke zu prägen, das Streben nach Kürze und Pointiertheit des Ausdrucks und die Suche nach Analogie.[18] In seiner letzten Darstellung schließlich (1932) gibt Hoppe als erster mit einem gewissen Anspruch auf Vollständigkeit eine Liste der Neubildungen Tertullians heraus.

---

9   Hauschild I, 24–26.
10 Hauschild II, 14.
11 Koffmane, 40–49.
12 Cf. Norden, 606; Devoto, 266.
13 Zitiert nach Norden, 610.
14 Norden, 609f.
15 Labriolle, 153–157.
16 Hoppe (1897), 58, 62f.
17 Hoppe (1897), 72.
18 Hoppe (1903), 114f.

Er zählt insgesamt 982 Neubildungen, verzichtet aber auf die Untersuchung der Bibelzitate, da Tertullian seiner Meinung nach durchgehend einer fremden Bibelübersetzung folgt.[19]

Eine ganz andere Auffassung von der christlichen Latinität hat sich, ausgehend von der Antrittsvorlesung Schrijnens (1910), entwickelt. Dieser hat damit, wie er später betont,[20] den Grundstein zur sogenannten „kultur-historischen Sichtweise" des christlichen Lateins gelegt. Er geht davon aus, daß die römischen Christen eine eigene, sozial abgeschlossene Schicht dargestellt und zudem auch eine von der heidnischen Umwelt distanzierte Sprachgemeinschaft gebildet hätten.[21] Diese Voraussetzung legt auch dessen Schüler Teeuwen zugrunde, der unter dem Gesichtspunkt der kulturellen Abgeschiedenheit der Christen die Einflüsse untersucht, unter denen sich bei Tertullian die Bedeutung verschiedener Wörter christianisierte. Auch Teeuwen weist auf den Einfluß verschiedener Sondersprachen hin.[22] In seiner später „Programmschrift" genannten Arbeit „Charakteristik des altchristlichen Lateins" von 1932 hat Schrijnen[23] die Theorie weiter ausgebaut, indem er die sprachlichen Phänomene in „direkte" und „indirekte Christianismen" unterteilt. Unter die „direkten Christianismen" rechnet Schrijnen „Ausdrucksmittel mit christlichem Inhalt", unter die „indirekten Christianismen" alle sprachlichen Erscheinungen, die nur bei Christen zu finden sind, aber keinen spezifisch christlichen Inhalt haben. Seine Schülerin Mohrmann hat diese Theorie in einer Untersuchung über den Wortschatz der Predigten Augustins (1932) konkretisiert und in einer theoretischen Schrift (1939) weiter ausgeführt. Nach dieser Arbeit erstrecken sich beide Typen, die direkten und die indirekten Christianismen, auf den lexikalischen, den morphologischen und den syntaktischen Bereich.[24] Zudem verweist sie auf den Unterschied zwischen semantischen und lexikologischen Christianismen[25] im Bereich der direkten Christianismen. In einer weiteren Studie gibt Mohrmann (1950) auch einige Beispiele für diese Einteilungen bei Neologismen des Tertullian. So zählt sie[26] unter anderem die Ausdrücke *carnalis, regeneratio* und *revelatio* zu den „direkten Christianismen", während sie etwa *miserator, retributio* und *primogenitus* zu den „indirekten Christianismen" rechnet. Ge-

---

19   Hoppe (1932), 132.
20   Schrijnen (1932), 73.
21   Schrijnen (1932), 73f.
22   Teeuwen, 68–117.
23   Schrijnen, 15–17.
24   Mohrmann I (1939), 7–8.
25   Mohrmann I (1939), 11.
26   Mohrmann II (1950), 238.

rade die Existenz dieser Gruppe sei der entscheidende Beweis für die Existenz der christlichen Sondersprache, wie Mohrmann[27] immer wieder betont, weil sie deutlich macht, daß es sich nicht um eine reine Fachterminologie handelt. Jedoch sind hier einige Einteilungen zweifelhaft. So erscheint *miserator* sowohl in Bibelübersetzungen als auch in frei formulierten Texten fast immer[28] in einer festen Formel *miserator et misericors dominus (deus)*. Diese ist nach dem alttestamentarischen θεὸς ἐλεήμων καὶ οἰκτίρμων ἐστίν, μακρόθυμος καὶ πολυέλεος (cf. Kap. 3.3.1) als Prädikat des gnädigen Gottes der Christen gebildet. *Miserator* trägt daher also wohl doch einen eindeutig christlichen Bedeutungsinhalt, so daß es eigentlich als ein „direkter Christianismus" anzusehen wäre. Ähnlich zweifelhaft ist die Einordnung von *primogenitus* als „indirekter Christianismus": Das Wort findet sich in christlichen Texten ausschließlich als Prädikat des Sohnes, den es als den erstgeborenen vor allen anderen Werken der Schöpfung bezeichnet. Zudem ist es sicher der paganen Sprache entlehnt (cf. Kap. 6.1.2.2). Auch für die anderen genannten Wörter ist die Einteilung zweifelhaft. Denn weshalb *retributio* als eschatologischer Begriff ein „indirekter Christianismus" (cf. Kap. 6.4.3) sein soll, wenn *regeneratio* als Bezeichnung der eschatologischen Wiedergeburt in der Taufe (cf. Kap. 6.7.2.2) ein „direkter Christianismus" ist, wird ebenfalls nicht klar.[29] Durch diese Einteilung trennt Mohrmann also recht willkürlich dogmatische Begriffe in zwei Gruppen. Tertullians Rolle als Sprachschöpfer akzeptiert sie[30] zwar nicht, räumt ihm in geringem Maße einige Augenblicksbildungen ein. Sie charakterisiert ihn als den ersten Zeugen des christlichen Lateins und hebt neben seinem extremen Realismus seine Vorliebe für umgangssprachliche und realistische Ausdrücke hervor.

Später hat diese Theorie der sogenannten „holländischen Schule" überall viele Anhänger gefunden: Zu nennen sind De Ghellinck (1939), O'Malley (1967) und Opelt (1980),[31] deren Spezialuntersuchungen in dieser Arbeit behandelt werden. Fundamental kritisiert hat die Theorie der christlichen Sondersprache zuerst Becker (1954) in einem der Exkurse seiner Habilitationsschrift über das Apologeticum. Dieser widerlegt zunächst Mohrmanns Versuch (1947), aus Selbstzeugnissen christlicher Autoren die Existenz der

---

27 Mohrmann I (1939), 12.
28 Cf. H. Wieland, ThLL VIII, sv., 1957, 1114.
29 Im Nachwort von 1965 zum Neudruck der Arbeit über Augustin, 260, räumt Mohrmann zwar einige Mängel bei den Zuordnungen ein, bleibt bei den genannten Beispielen aber bei ihrer Einteilung.
30 Mohrmann II (1950), 243f.
31 De Ghellinck, 475–478; Opelt, 5; O'Malley, 2f.

Sondersprache[32] zu beweisen. Zudem kritisiert er[33] die Annahme der indirekten Christianismen, indem er auf das quantitative Übergewicht der christlichen gegenüber der heidnischen Literatur in der Spätantike hinweist, das dazu geführt habe, daß eine Reihe von Wörtern nur in der christlichen Literatur belegt sei. Außerdem sei das Stilwollen der Heiden[34] vor allem auf die klassische Literatur gerichtet, während sich die christlichen Autoren mehr an der gesprochenen Sprache orientierten, so daß sich die Unterschiede auch ohne Annahme einer regelrechten Sondersprache erklären ließen. Ein Teil der „indirekten Christianismen" ließen sich auch mit den allgemeinen Tendenzen[35] des Spätlateins erklären. Außerdem seien[36] bisher noch keine syntaktischen und morphologischen Christianismen nachgewiesen worden. Becker wendet gegen die historischen Voraussetzungen für die „christliche Sondersprache" ein, daß die große soziale Abgeschiedenheit der Christen, die Schrijnen und seine Gefolgsleute annahmen,[37] kaum nachweisbar sei. Auch der Einfluß der Bibelübersetzung werde fast gar nicht beachtet, was Mohrmann[38] aber in Reaktion auf Beckers Darstellung 1965 leicht relativiert hat, indem sie für die frühe Zeit durchaus einen Einfluß der ersten Bibelübersetzer anerkannt hat.

Nach Becker hat Braun (1962; [2]1977) in einer großen Arbeit zum theologischen Vokabular Tertullians die Wortforschung bei Tertullian auf eine neue Grundlage gestellt. Auch Braun[39] lehnt die Ergebnisse der holländischen Schule ab und greift dabei die Ergebnisse Beckers auf. Über Becker hinausgehend, versucht er bei Tertullian noch den Einfluß jüdischen Lateins festzustellen[40] und nennt die beiden von Hieronymus (vir. ill. 53) genannten Autoren Victor und Apollonius als Vorläufer, die die ersten namentlich genannten Autoren der christlichen lateinischen Literatur seien.[41] Als weitere

---

32   (Test. an. 1, 4): *Nam et quod relatum est, neque omnes sciunt neque qui sciunt constare confidunt. Tanto abest, ut nostris litteris annuant homines, ad quas nemo venit nisi Christianus.* Mohrmann (1947), 9, versteht den Text als Zeugnis für die Abgeschlossenheit der christlichen lateinischen Literatur, während Tertullian nach Beckers Interpretation (Becker, 34) meint, daß nur die Christen diese Literatur verstehen wollen, und dabei durchaus auch an griechische Schriften denkt.
33   Becker, 337–339.
34   Becker, 340f.
35   Becker, 341f.
36   Becker, 342.
37   Becker, 341f.
38   Mohrmann, Aug., 260.
39   Braun, 11–15.
40   Braun, 555f.
41   Braun, 21f.

mögliche Quelle für christliche Vokabular erwähnt Braun[42] die Fachsprache der Markioniten. Doch ist diese These kaum zu halten, da es für deren Existenz keine Beweise gibt. Das Hauptargument dafür, die lateinische Bibel Markions, ist zudem in der neueren Forschung (cf. Kap. 3.1) widerlegt worden. In seiner Arbeit, deren Einzelergebnisse immer wieder aufgegriffen werden, kommt Braun zu dem Fazit,[43] daß Tertullian seine Neubildungen teils als Augenblicksbildungen aus stilistischen Gründen, teils als Übersetzungen griechischer Ausdrücke aus Bibel und griechischer Apologetik gebildet habe. Dazu kämen eine Reihe von Ausdrücken der philosophischen Fachterminologie, aus der Fachsprache der Juristen sowie der Umgangssprache. Braun[44] weist zudem auf den großen Einfluß der Bibel hin und zeigt, daß Tertullian oft bemüht ist, pagane Ausdrücke für christliche Vorstellungen zu meiden. Abschließend schätzt er seine Rolle nicht mehr als die des eigentlichen Sprachschöpfers ein, sondern charakterisiert ihn als den ersten großen Schriftsteller, der die christliche Terminologie verwendet und erweitert habe. Zuletzt hat Loi (1987) ausführlich die Frage der christlichen Neubildungen behandelt. In seiner Arbeit stimmt er den Ergebnissen Brauns zu, relativiert aber den Einfluß des jüdischen Lateins, für das Braun keine überzeugenden Beweise[45] finden könne. Außerdem sind in letzter Zeit einige Spezialarbeiten zum dogmatischen Vokabular erschienen, die in Kapitel 6 vorgestellt werden. In jüngster Zeit (1991, 1995) hat Uglione in zwei Aufsätzen einige Neubildungen untersucht, die Tertullian für die Bildung von Klangeffekten geprägt hat. In seiner zweiten, ausführlicheren Arbeit legt er dar, daß Neubildungen durch das Streben nach Homoioteleuta, Alliterationen, die Bildung einer figura etymologica und Wortspiele[46] motiviert werden. Seine Beobachtungen decken sich weitgehend mit denen dieser Untersuchung, doch verzichtet Uglione auf die Untersuchung des Kontextes und damit auf semantische Faktoren und vernachlässigt eventuell in Betracht zu ziehende griechische Vorlagen. So ist in der folgenden Arbeit der Blick vor allem auf die Verwendung und die Funktion der Neubildungen im Kontext zu richten; außerdem ist die Frage der Herkunft zu prüfen. Aufgrund der geschilderten Einwände ist eine Auseinandersetzung mit den Ergebnissen der „holländischen Schule" nur in Einzelfällen sinnvoll.

---

42 Braun, 18f, 58, u. ö.
43 Braun, 547–549.
44 Braun, 553, 556.
45 Loi, 19–21.
46 Uglione, 533–542.

1.3   Zur Chronologie der untersuchten Schriften

Ein sehr umstrittenes Gebiet in der Forschung ist die Chronologie der
Schriften Tertullians. So sind selbst in den neueren Arbeiten von Barnes[47]
und Braun[48] die Datierungen sehr unterschiedlich. In dieser Arbeit sollen
diese Fragen nur sehr knapp, soweit sie für die Untersuchung notwendig
sind, behandelt werden. Eine relative Chronologie ist allerdings dennoch
unumgänglich. Dabei ist zunächst von Querverweisen und Zeitbezügen innerhalb der einzelnen Schriften auszugehen, erst danach sind theologische
und stilistische Kriterien heranzuziehen. Die umfangreichste Schrift, Adversus Marcionem I–III, läßt sich nach Adversus Marcionem 1, 15, 1[49] auf
die Jahre 207/208 datieren. Die jüngste Schrift dagegen dürfte Adversus
Praxean darstellen, da sie als einzige den um 213 erfolgten Bruch mit der
Großkirche voraussetzt.[50] In diesem Zeitraum von 207 bis 213 müssen also
die untersuchten Schriften entstanden sein. Die Bücher I bis III von Adversus Marcionem sind die ältesten Schriften des untersuchten Kanons, da
in allen anderen Schriften bis auf Adversus Valentinianos direkte oder indirekte Hinweise[51] auf die Existenz dieser drei Bücher existieren. Das vierte
Buch von Adversus Marcionem dagegen läßt sich auf indirektem Wege zu
den anderen Schriften in Beziehung setzen: Es wird in De Carne Christi 7, 1
als bekannt vorausgesetzt,[52] während am Schluß dieser Schrift (Carn. Chr.
17, 2)[53] die Abfassung von De Resurrectione Mortuorum angekündigt wird.
Damit läßt sich De Carne Christi zwischen dem vierten Buch von Adversus
Marcionem und De Resurrectione Mortuorum einordnen. Das fünfte Buch
von Adversus Marcionem ist dagegen später als die Bücher I–IV ent-

---

47   Barnes, 41–44.

48   Braun, 567–577, gibt einen sehr ausführlichen Forschungsüberblick.

49   *At quale nunc est, ut dominus anno quinto decimo Tiberii Caesaris revelatus sit,*
      substantia vero anno quinto decimo iam Severi imperatoris nulla omnino comperta
      sit. Cf. Braun, Kom. Marc. I, 169.

50   Dafür spricht vor allem, daß nur in Adversus Praxean 1, 6 (bis) die Anhänger der
      Großkirche als *psychici* bezeichnet werden (cf. Claesson II, 1268). Weitere Argu-
      mente dafür finden sich bei Braun, 575, und bei Evans, Kom. Prax., 18.

51   Cf. An. 21, 6; Carn. Chr. 7, 1. Diese beiden Schriften sind aber nach Res. Mort. 2,
      13; 17, 2; 45, 4 bzw. 17, 2 vor Res. Mort. entstanden. Nur für die Schrift Adv. Val.
      gibt es keine Hinweise auf ihr zeitliches Verhältnis zu Adv. Marc.

52   (Carn. Chr. 7, 1) *Audiat igitur et Apelles, quid iam responsum sit nobis Marcioni*
      eo libello, quo ad evangelium eius provocavimus (...).

53   (Carn. Chr. 17, 2) *Ut autem clausula de praefatione commonefaciat, resurrrectio*
      nostrae carnis alio libello defendenda hinc habebit praestructionem.

standen, da Tertullian darin auf die Schrift De Resurrectione Mortuorum anspielt (Adv. Marc. 5, 10, 1)[54].

Die zeitlichen Verhältnisse zwischen den anderen Schriften lassen sich mit weiteren Bezugnahmen klären. So wird in De Resurrectione Mortuorum an mehreren Stellen auf De Anima (Res. Mort. 2, 13; 17, 2; 45, 4)[55] verwiesen, während in De Anima 21, 6[56] die ersten drei Bücher von Adversus Marcionem erwähnt werden. So muß De Anima vor De Resurrectione Mortuorum und nach Adversus Marcionem I–III entstanden sein. Das zeitliche Verhältnis von De Anima zum vierten Buch von Adversus Marcionem ist dagegen nur mit einer allgemeinen Überlegung zu klären. De Anima dürfte kurz nach dem vierten Buch von Adversus Marcionem verfaßt worden sein, da es sehr unwahrscheinlich ist, daß Tertullian zwischen diesen vier Büchern noch die Schrift De Anima verfaßte. Für das genaue zeitliche Verhältnis zwischen De Anima und De Carne Christi gibt es allerdings keine Hinweise, so daß diese Frage offen bleiben muß. Die Schrift Adversus Valentinianos dagegen läßt sich zwar in ihrem Verhältnis zu Adversus Marcionem I–IV nicht einordnen, scheint aber vor De Anima entstanden zu sein, da Tertullian an einer Stelle (cf. Kap. 4.1.1) auf einen während der Abfassung von Adversus Valentinianos entwickelten Sprachgebrauch zurückgreift. Sicher ist zudem, daß die im Laufe der Untersuchung immer wieder erwähnte Schrift Adversus Hermogenem vor allen anderen genannten Schriften entstanden ist, weil sich schon in Adversus Marcionem 1, 1, 7[57] ein Hinweis auf sie findet und sie keine Bezüge[58] zum Montanismus zeigt. Damit ergibt sich folgende relative Chronologie, auf die später nicht immer eigens verwiesen wird:

---

54 (Adv. Marc. 5, 10, 1) *Revertamur nunc ad resurrectionem, cui et alias quidem proprio volumine satisfecimus omnibus haereticis resistentes.*

55 (Res. Mort. 2, 13) *Habet et iste a nobis plenissimum ‚De omni statu animae stilum‘;* (Res. Mort. 17, 2) *Nos autem animam corporalem et hic profitemur et in suo volumine probavimus (...);* (Res. Mort. 45, 4) *Nam exinde a benedictione geniturae caro atque anima semel fiunt (...), quod docuimus in commentario animae.*

56 (An. 21, 6) *Inesse nobis autem* τὸ αὐτεξούσιον *naturaliter iam et Marcioni ostendimus et Hermogeni.*

57 (Adv. Marc. 1, 1, 7) *Sed alius libellus hunc gradum sustinebit adversus haereticos, etiam sine retractatu doctrinarum revincendos.* cf. Kap. 7.1.2.

58 Braun, 569.

Abfassungszeit[59]   Schrift

207 – 208	Adversus Marcionem I–III, IV
208 – 211	Adversus Valentinianos
208 – 211	De Anima; De Carne Christi
208 – 212	De Resurrectione Mortuorum
208 – 212	Adversus Marcionem V
213	Adversus Praxeam

---

59   Cf. Braun, 572–575.

2. Neue Wörter in der Beurteilung der römischen Tradition

In diesem Kapitel sollen Äußerungen römischer Autoren zur Prägung und Verwendung neuer Wörter in der Philosophie und der Rhetorik untersucht werden.

2.1 Neue Wörter in der Philosophie

Die Römer beginnen am Ende des zweiten vorchristlichen Jahrhunderts mit der Darstellung der griechischen Philosophie in lateinischer Sprache und stehen vor dem Problem, die griechische Fachterminologie angemessen wiederzugeben.

2.1.1 Lukrez

Als erster Römer versucht Lukrez, griechische Philosophie mit literarischem Anspruch darzustellen. Schon früh in seinem Werk (1, 136–139) äußert er sich zur Armut des lateinischen Wortschatzes, der *egestas linguae*:

Nec me animi fallit Graiorum obscura reperta
difficile inlustrare Latinis versibus esse,
multa novis verbis praesertim cum sit agendum
propter egestatem linguae et rerum novitatem.

Lukrez beklagt den Mangel des Lateinischen an geeigneten Äquivalenten für die schwierigen Fachausdrücke der griechischen Philosophie, die er mit *Graiorum obscura reperta* bezeichnet.[60] Dieser Mangel (cf. Lucr., 1, 830–833; 3, 260) zwingt ihn dazu, in einigen Fällen neue Wörter (*nova verba*) zu verwenden. Darunter versteht er vor allem bekannte Wörter, die eine neue, spezifisch philosophische Bedeutung erhalten,[61] während er auf wirkliche Neuprägungen und Fremdwörter[62] weitgehend verzichtet. So gibt er den Begriff ἄτομος nicht wie Cicero mit dem lateinischen Fremdwort *atomus* wieder, sondern umschreibt das Wort oder vermeidet den Ausdruck ganz.[63]

---

60   Leonard-Smith, 217, weisen darauf hin, daß es zur Abfassungszeit des Werks des Lukrez sicher noch kein entwickeltes lateinisches philosophisches Vokabular gab.
61   Leeman, 207f.
62   Cf. Peters, 24–26.
63   Cf. Lucr. 1, 304. 508f; Cic. fin. 1, 17.20.21 cf. Bailey zu I 50.

Diese Klage über die *egestas linguae* wird in der Folgezeit fast zu einem Topos römischer Autoren, wenn sie über die lateinische Sprache im Vergleich zur Griechischen schreiben.[64] Marouzeau[65] hat diese Klage in einem Aufsatz (1947) ausführlich untersucht. Nach seiner Darstellung ist mit *egestas linguae* insbesondere die in der lateinischen Sprache geringe Zahl an Abstrakta gemeint. Dieser Mangel sei kulturell bedingt und werde zum ersten Mal deutlich, als die Römer Interesse an der Philosophie gewannen. Bis dahin gebe es keine eigenen abstrakten Wissenschaften und somit auch kein entsprechendes Vokabular. Dagegen besaßen die Römer, wie Marouzeau weiter ausführt, etwa für die Landwirtschaft eine große Zahl von konkreten Ausdrücken. Zu Lukrez' Zeit werde dann ein Wandel deutlich. Die Römer greifen nach Marouzeau nun auf ihre konkreten Ausdrücke zurück, um die abstrakten Gegenstände der griechischen Wissenschaften wiederzugeben.[66] In diesem Prozeß seien die zahlreichen *verba translata*[67] entstanden, die zu den vielen Polysemen im Lateinischen führten. Damit beginne sich die an Abstrakta arme lateinische Sprache in einem langen, die ganze Spätantike andauernden Prozeß zur universellen Sprache der Wissenschaft zu entwickeln.

2.1.2 Cicero philosophus

Cicero steht vor dem gleichen Problem wie Lukrez, nur ist sein Anspruch, die ganze Philosophie in sprachlich hervorragender Weise darzustellen, erheblich größer als der des Dichters. Zudem kann er die bisherigen Versuche des Catius und des Anafinius, griechische Philosophie in lateinischer Prosa darzustellen, wegen ihrer sprachlichen Mängel nicht anerkennen (fam. 15, 19, 1).[68] Grundsätzlich äußert er sich zu diesem Problem an mehreren Stellen, von denen einige hier vorgestellt werden sollen. So schreibt er etwa in De Finibus 3, 3–5:

Stoicorum (...) non ignoras quam sit subtile vel spinosum potius disserendi genus, idque cum Graecis tum magis nobis, quibus enim verba

---

64   Stellen in Auswahl: Cic. Brut. 82; Liv. 27, 11, 4; Vitr. 5, 4, 1; Sen., ep. 58, 6; Plin., ep. 4, 18, 1; Apul., de Platone 1, 9; Hier., In Eph. 1 p. 547–548 Valla.

65   Marouzeau, 22–24; ähnlich urteilt Tondini, 126–147, 137f.

66   Als Beispiele erwähnt Marouzeau, 22–24, etwa *res novae* für Revolution oder *aes alienum* für Schulden.

67   So klagt etwa der jüngere Seneca in ben. 2, 34, 2–5 über die große Zahl von Polysemen.

68   Leeman, 209.

parienda sunt imponendaque nova rebus novis nomina. Quod quidem nemo mediocriter doctus mirabitur cogitans in omni arte, cuius usus vulgaris communisque non sit, multam novitatem nominum esse, cum constituantur earum rerum vocabula, quae in quaque arte versentur. 4. Itaque et dialectici et physici verbis utuntur iis, quae ipsi Graeciae nota non sint, geometrae vero et musici, grammatici etiam more quodam loquuntur suo. Ipsae rhetorum artes, quae sunt totae forenses atque populares, verbis tamen in docendo quasi privatis utuntur ac suis. Atque ut omittam has artes elegantes et ingenuas, ne opifices quidem tueri sua artificia possent, nisi vocabulis uterentur nobis incognitis, usitatis sibi. Quin etiam agri cultura, quae abhorret ab omni politiore elegantia, tamen eas res, in quibus versatur, nominibus notavit novis. Quo magis hoc philosopho faciendum est. Ars est enim philosophia vitae, de qua disserens arripere verba de foro non potest. 5. Quamquam ex omnibus philosophis Stoici plurima novaverunt, Zenoque, eorum princeps, non tam rerum inventor fuit quam verborum novorum, quodsi in ea lingua, quam plerique uberiorem putant, concessum a Graecia est, ut doctissimi homines de rebus non pervagatis inusitatis verbis uterentur, quanto id nobis magis est concedendum, qui ea nunc primum audemus attingere.

Cicero beginnt seine Darstellung wie vor ihm Lukrez damit, daß neue Gegenstände auch neue Bezeichnungen benötigen, und stellt dazu den Anspruch, daß die Philosophie als Lebenskunst auch in angemessen hohem Stil dargestellt werden muß. Daher ist die Verwendung neuer Wörter notwendig, wie er gleich mit *nova verba parere* und *nova verba novis rebus imponere* darlegt. Nach Meinung der Forschung[69] sind damit sowohl durch Derivation gebildete als auch bekannte Wörter gemeint, die mit neuen Bedeutungen versehen werden. In den folgenden Sätzen rechtfertigt er die Neuprägungen dann mit drei Argumenten:

(1) Die Griechen selbst haben keine Scheu, für neue Gegenstände auch neue Ausdrücke zu prägen. So werde Zenon, der Schulgründer der Stoa, von manchen vor allem als Wortschöpfer angesehen. Doch macht Cicero Zeno gerade das an anderer Stelle (Tusc. 5, 34) ausdrücklich zum Vorwurf.

(2) Alle Fachsprachen, sowohl die gut angesehenen wie die medizinische und die rhetorische als auch die wegen ihrer Schlichtheit berüchtigte Fach-

---

69 Leeman, 207; Liscu, 97; Bruno, 274–282, 278–280, gibt dazu eine weit differenziertere Einteilung in direkte Übernahme griechischer Wörter, eingebürgerte und neu eingeführte Fremdwörter, neugebildete Wörter, exakte Lehnübersetzungen mit bekannten lateinischen Wörtern, Umschreibungen und Wörtern, die durch Derivation gebildet werden. Bruno unterscheidet aber nicht zwischen Wortneuprägungen und neu übertragenen Wörtern.

sprache der Landwirte, verwendeten neue oder ungebräuchliche Wörter für neue Gegenstände. Das gelte für Griechen wie für Römer; es störe dabei niemanden, daß die Wörter bisher unbekannt seien.

(3) Nur implizit nennt Cicero die Überlegenheit des griechischen Wortschatzes. Dennoch dürften die Griechen neue Wörter erfinden.

Aus diesen Argumenten folgt für Cicero, daß es notwendig und legitim ist, für die Philosophie mit Hilfe neuer Wörter eine neue und angemessene Fachsprache zu prägen. Aber trotz dieser eindrucksvollen und einleuchtenden Rechtfertigung ist das abschließende Bekenntnis zu Neologismen und seltenen Wörtern recht vorsichtig formuliert: Die Prägung neuer Wörter muß erlaubt werden (*concedendum*); sie stellt ein Wagnis dar (*audemus*). Dennoch nimmt sich Cicero vor, die Griechen in der Fachterminologie zu übertreffen:

(fin. 3, 2, 5) *Et quoniam saepe diximus et quidem cum aliqua querela non Graecorum modo, sed eorum etiam, qui se Graecos magis quam nostros haberi volunt, nos non modo non vinci a Graecis verborum copia sed esse in ea etiam superiores, elaborandum est, ut hoc non in nostris solum artibus sed etiam in illorum ipsorum assequamur.*

Diese Überlegenheit[70] strebt Cicero in der Auseinandersetzung mit Griechenfreunden an, die vor allem für die Verwendung griechischer Fremdwörter eintreten. Doch gibt es einige Stellen, an denen auch er die Armut der lateinischen Sprache an Abstrakta einräumt. So klagt er selbst über eine *inopia verborum* (Caecin. 51; Tim. 13) oder läßt andere Personen in seinen Dialogen darüber sprechen (Rep. 1, 65; Tusc. 2, 35).

Zum Vergleich mit diesen grundsätzlichen Äußerungen lohnt dazu ein Blick auf Ciceros Praxis der Wortbildung und auf seine Kommentare dazu. Ausführlich läßt er etwa in den Academica posteriora Varro und Atticus über die treffendste Übersetzung von ποιότης diskutieren:

(acad. post. 1, 24–26) *Va.: ‚Sed quod ex utroque id iam corpus et quasi qualitatem quandam nominabant dabitis enim profecto, ut in rebus inusitatis, quod Graeci ipsi faciunt a quibus haec iam diu tractantur, utamur verbis interdum inauditis‘. 25. ‚Nos vero‘, inquit Atticus, ‚quin etiam Graecis licebit utare cum voles, si te Latina forte deficient‘. Va.: ‚Bene sane facis: sed enitar, ut Latine loquar, nisi in huiusce modi verbis ut philosophiam aut rhetoricam aut physicam aut dialecticam appellem, quibus ut aliis multis consuetudo iam utitur pro Latinis. Qualitates igitur appellavi quas ποιότητας Graeci vocant, quod ipsum apud Graecos non est vulgi verbum, sed philosophorum atque id in multis; dialectorum vero verba nulla*

---

70   Cf. Jones, 22–35, 26; Clavel, 277; weitere Stellen zur postulierten Überlegenheit der Römer finden sich fin. 1, 10, Tusc. 1, 1, div. 2, 11 und nat. deor. 1, 7.

sunt publica, suis utuntur. Et id quidem fere commune omnium est artium:
aut enim nova sunt rerum novarum facienda nomina aut ex aliis trans-
ferenda. Quod si Graeci faciunt, qui in his rebus tot iam saecula versantur,
quanto id nobis magis concedendum est, qui haec nunc primum tractare
conamur'. 26. ,Tu vero Varro bene etiam', inquit Atticus, ,meriturus mihi
videris de tuis civibus, si eos non modo copia rerum auxeris, ut effecisti, sed
etiam verborum.' Va: ,Audebimus ergo', inquit, ,novis verbis uti te auctore,
si necesse erit.'

Varro rechtfertigt hier die Verwendung neuer Wörter mit den gleichen
Argumenten wie Cicero in De Finibus 3, 3–5: Neue Gegenstände verlangten
neue Wörter, auch Fachsprachen hätten keine Scheu vor neuen Wörtern
(acad. post. 1, 24). Dennoch stellen auch für ihn neue Wörter ein Wagnis dar,
wobei er sich wiederum sehr ähnlich wie Cicero in De Finibus 3, 5 ausdrückt
(,*Audebimus ergo', inquit, ,novis verbis uti te auctore, si forte necesse erit'*
[acad. post. 1, 24]). Sein Dialogpartner Atticus dagegen vertritt als Grie-
chenfreund die Ansicht, man solle viel häufiger die Verwendung von Fremdwörtern (acad. post. 1, 25) wagen. Dem stimmt Cicero durch Varros Mund[71]
ausdrücklich nicht zu: Hauptgebot sei die *Latinitas*, nach der zunächst ein
geeignetes lateinisches Wort gesucht werden müsse und erst dann entweder
ein neues Wort gebildet oder ein Fremdwort[72] verwendet werden könne
(acad. post. 1, 25). Nach diesen theoretischen Überlegungen schlagen
Cicero/Varro die Wiedergabe von ποιότης mit *qualitas* (acad. post. 1, 25)
vor. Dieses Wort greift Cicero selbst nur noch einmal in De natura deorum
2, 94[73] wieder auf, wobei er wiederum auch das Fremdwort ποιότης im Text
stehen läßt. Das zeigt, wenn die Überlieferung kein ganz falsches Bild
zeichnet, wie vorsichtig und skrupulös Cicero vorgeht. Doch schon Vitruv
verwendet *qualitas* recht häufig; auch Seneca akzeptiert diese Neubildung.[74]

---

71   Leeman, 208, sieht in dieser Szene tatsächliche Züge der historischen Persönlich-
      keiten Atticus und Varro. Dabei werde an Varros Vielwisserei Kritik geübt, der zwar
      viel Neues dargestellt habe, dazu aber nicht die passenden Worte gewählt habe
      (*copia rerum – copia verborum*).

72   Leeman, 208; Puelma, 137–178, 155. Eine ausführliche Liste der Fremdwörter in
      Ciceros philosophischen Schriften findet sich bei Linderbauer, 32–55.

73   *Isti autem quem ad modum adseverant ex corpusculis non colore non qualitate*
      aliqua (quam ποιότητα Graeci vocant) non sensu praeditis sed concurrentibus
      temere ac casu mundum esse perfectum (...). Cf. Merguet, III, 222.

74   Belege für *qualitas* finden sich bei vielen Prosaautoren; z. B. bei Vitruv (22 Belege).
      Meillet, 214–220, weist darauf hin, daß man bei *qualitas* den Weg von der Wort-
      schöpfung eines einzelnen Autors bis zur Aufnahme in viele moderne Sprachen ver-
      folgen könne, während die griechische Vorlage ποιότης, die Platon geprägt habe,
      immer nur im Bereich der philosophischen Sprache bleibe.

Ein ähnliches Bild ergibt die Interpretation von De Natura Deorum 1, 95, wo
Cicero εὐδαιμονία wiedergeben will.

Sed clamare non desinitis retinendum hoc esse, deus ut beatus immorta-
lisque sit. Quid autem obstat, quo minus sit beatus si non sit bipes, aut ista
sive beatitas sive beatitudo dicendast (utrumque omnino durum, sed usu
mollienda nobis verba sunt).

Cicero fürchtet, daß *beatitas* und *beatitudo* seinen Lesern nicht gefallen
werden, obwohl sie als Adjektivabstrakta durchaus den Regeln der lateinischen Wortbildung entsprechen.[75] Dabei fügt er entschuldigend hinzu, daß
beide Neubildungen durch die tägliche Verwendung, den *usus*, ihre Härte
verlieren werden. Das stimmt mit der in Academica posteriora 1, 24–26 dar-
gelegten Auffassung, daß Wörter sich durch den täglichen Gebrauch einbürgern werden, überein. Tatsächlich aber verwendet er *beatitas* und *beatitudo*
selbst in seinem erhaltenen Werk nicht mehr, sondern umschreibt εὐδαιμονία lieber mit dem substantivierten Adjektiv *beatum*[76]. Später kann auch
Quintilian *beatitas* und *beatitudo* nicht akzeptieren (inst. or. 8, 3, 32; cf.
Kap. 2.2.3), während beide Ausdrücke für Apuleius und vollends für die
Christen geläufige Wörter werden.[77]

Eine vollständige Untersuchung aller Neologismen Ciceros fehlt bisher,
nur zu Teilbereichen liegen einige Arbeiten vor. In diesen wird in der Regel
aber entweder nur eine Schrift (Puelma [1980]) betrachtet oder eine an der
Übersetzung bestimmter Begriffe orientierte semasiologische Untersuchung
vorgenommen (Clavel [1868], Linderbauer [1892, 1893], Liscu [1937],
Widmann [1968], Hartung [1970]), während Stang (1937) sich der kleinen
Gruppe der mit *in*-Privativum gebildeten Adjektive mit dem Suffix *bilis*
widmet. Diese Autoren[78] – bis auf Clavel – vermerken in ihren Listen der
Neologismen nur Abstrakta mit den Suffixen *tio* und *tus* und Adjektive mit
dem Suffix *bilis*. Dieser[79] gibt eine umfassende Liste der Neologismen, in
der er etwa 100 Wörter aufführt, aber auf eine eingehende Untersuchung
verzichtet. In diesen Arbeiten findet sich übereinstimmend das summarische
Urteil, daß Cicero wahrscheinlich sehr wenige neue Wörter selbst geprägt
hat. Denn viele neue Wörter führe er mit entschuldigenden Formeln wie *ut*

---

75   Leumann–Hofmann–Szantyr, II 2. 1., 367, 374; Pease, 457–460.
76   Pease, 457–460, der als Beleg Tusc. 5, 44 und fin. 5, 84 anführt.
77   B. Rehm, ThLL II, sv. beatitas, beatitudo, 1906, 1794–1795.
78   Liscu, 98; Widmann, 202, 241; Hartung, 22–24.
79   Clavel, 282–284. Auch in der Arbeit von Müller, 127–138, findet sich eine solche
      Liste. In dieser wird aber nicht zwischen Neologismen und solchen Wörtern unter-
      schieden, die Cicero nur in den philosophischen Schriften und nicht in Reden und
      Briefen verwendet.

ita dicam oder *vix audeo dicere* (Cic., Tim. 46; fin. 2, 11; nat. deor. 2, 86) ein. Er greife daher viel häufiger um der Latinitas willen auf *verba translata* zurück.[80] Zudem stelle er oft ein bedeutungsähnliches Wort oder das griechische Original neben die Neubildungen. Diese[81] setzten sich zudem nur selten durch. So wird die Bedeutung der Neubildungen Ciceros in der Forschung gering eingeschätzt. Typisch ist etwa Fries'[82] Vorwurf, Cicero schwanke sehr in der Terminologie, oder Jones'[83] Fazit, daß Cicero letztendlich mit seinem Vorhaben auf lexikalischem Gebiet scheitere, weil er zu vorsichtig sei, wenn Neologismen gebildet werden müßten.

2.1.3 Seneca

Seneca steht ein Jahrhundert später vor ähnlichen Schwierigkeiten wie Cicero und Lukrez. Er äußert sich in einem Brief (ep. mor. 58, 1–8) ausführlich zum Problem der philosophischen Fachausdrücke. Seine Überlegungen leitet er mit einer Klage über die *egestas verborum* ein, die ihm bei der Platonlektüre wieder einmal schmerzlich bewußt geworden sei, und deutet schließlich an, er wolle οὐσία ins Lateinische übersetzen:

(ep. mor. 58, 6) *Cupio, si fieri potest, propitiis auribus tuis ‚essentiam‘ dicere. Si minus, dicam et iratis. Ciceronem auctorem huius verbi habeo, puto locupletem; si recentiorem quaeris, Fabianum, disertum et elegantem, orationis etiam ad nostrum fastidium nitidae. Quid enim fiet, mi Lucili? quomodo dicetur* οὐσία, *res necessaria, natura continens fundamentum omnium? Rogo itaque permittas mihi hoc verbo uti. Nihilominus dabo operam ut ius a te datum parcissime exerceam; fortasse contentus ero mihi licere.*

Seneca schreibt hier in demselben apologetischen Ton wie vor ihm Cicero. Für das als hart empfundene Wort *essentia* bietet er Autoritäten auf: Er verweist auf Cicero,[84] den er als Stilisten durchaus anerkennt, und auf den von ihm sehr geschätzten Philosophen Fabianus.[85] So hat er im Gegensatz zu Cicero und Lukrez bereits Vorbilder und kennt schon ein bestimmtes philosophisches Vokabular.[86] Doch bittet er mit *ius a te datum* und *permittas*

---

80 Ein übereinstimmendes Urteil fällen dazu Linderbauer (1893), 63, Stang, 73f, Jones, 33, Leeman, 211 und Puelma, 159.
81 Leeman, 211.
82 Fries, 591.
83 Jones, 35.
84 Cf. Gombet, 171–193.
85 Sen., ep. mor. 100, 5.
86 Pittet, 82.

mihi hoc uti zudem um Entschuldigung für den Gebrauch der Neologismen. Diese beiden Formeln stammen aus der Tradition. Denn die Bitte um eine Erlaubnis läßt Horaz' Entschuldigung für Neubildungen in der Dichtung *licentia sumpta pudenter* (ars 53) anklingen, während *permittas mihi hoc uti* an Ciceros *concedendum hoc est nobis* (fin. 3, 4) erinnert. Das Wort *essentia* verwendet Seneca dann doch nicht.[87] Es wird erst bei Apuleius[88] selbstverständlich, der damit dem Leser οὐσία erklärt (De Platone 1, 6).[89] Häufiger als Cicero nennt Seneca an vielen Stellen die *egestas verborum* (ep. 75, 2; 87, 40; De ira 1, 4, 2; ben. 2, 34, 1–5; ben. 5, 13, 3). Zudem klagt er beredt über die entstehende Polysemie des Lateinischen oder über Schwierigkeiten, griechische Wörter angemessen wiederzugeben. Dazu will er wie seine Vorgänger *verba novata*, *verba translata* und *verba aliena* verwenden,[90] zeigt sich in der Praxis aber als Purist. Denn er lehnt nicht nur *essentia*, sondern auch andere allzu kühne Neologismen und Bedeutungsübertragungen ab. Beispielsweise wählt er zur Übertragung des stoischen Ausdrucks προ-ηγμένα lieber *commoda* als *praeposita*, dem Cicero die entsprechende neue Bedeutung[91] gegeben hat. Daher prägt Seneca auch nur sehr wenige neue Wörter.[92] Viele bei ihm zuerst belegte Wörter dürften dann auch aus der philosophischen Prosa vor ihm stammen,[93] die uns nicht überliefert ist.

---

87   Die Herkunft von *essentia* ist umstritten: Seneca weist es wie Sidonius Apollinaris (ep. (carm. 14) 4) Cicero zu, während Quintilian (inst. or. 2, 14, 2; 3, 6, 23; 8, 3, 33) *essentia* für eine Erfindung des Sergius Plautus hält. Leeman, 207, erklärt die widersprüchlichen Angaben damit, daß Sergius Plautus sowohl *queens* als auch *essentia* prägte und Cicero davon nur *essentia* akzeptierte und damit zitierfähig machte. Leeman vermutet als Quelle den uns verlorenen Hortensius. Das läßt sich mit Senecas Angabe in Übereinstimmung bringen, wenn man dem Thesaurus folgend *auctor* hier als „Autorität" und nicht als „Urheber" versteht (Th. Bögel, ThLL II, 1903, sv., 1206 l. 35).

88   Bei den Christen ist es dann sehr oft belegt (B. Rehm, ThLL V 2, sv. essentia, 1935, 862–864). Wie bei *beatitas* und *beatitudo* scheint sich in der Spätantike das Stilempfinden bei Abstrakta zu wandeln. Allerdings ist *essentia* selbst Augustin noch als *verbum novum* bekannt, der es aber ausdrücklich als ein *verbum usitatum* bezeichnet (civ. 12, 2).

89   *Οὐσίας, quas essentias dicimus, duas esse vult.*

90   Pittet, 82.

91   Cf. Grimal, 38.

92   Pittet, 79; cf. Senecas Entschuldigung für *expectibilis* ep. 117, 5.

93   Pittet, 79.

2.2   Neue Wörter in der Rhetorik

In den rhetorischen Handbüchern wird seit Aristoteles' Rhetorik (Arist., Rh.
1404 b 26–30) auch die Möglichkeit des Redeschmucks durch neu geprägte
Wörter genannt. Diese wird auch von den römischen Rhetoriklehrern (Auct.
Her. 4, 15; Cic., de or. 1, 153 u. ö.) immer wieder erwähnt.

2.2.1   Cicero rhetor

Bei Cicero gehören die neuen Wörtern mit den *verba translata* und den
verba inusitata zu dem Redeschmuck, der mit einzelnen Wörtern möglich
ist (de or. 3, 152–154).[94] Im Rahmen dieser Bemerkungen bespricht er zunächst den Gebrauch von Archaismen (de or. 3, 153) und legt dann dar, wie
neue Wörter entstehen können:

    (de or. 3, 154) *Novantur autem verba, quae ab eo, qui dicit, ipso*
gignuntur ac fiunt, vel con-iungendis verbis ut haec:
,tum pavor sapientiam omnem mi exanimato expectorat'
,num non vis huius me versutiloquas malitias'.
Videtis enim et ,versutiloquas' et ,expectorat' ex coniunctione facta esse
verba, non nata; sed saepe vel sine coniunctione verba novantur, ut ille
,senius disertus', ut ,di genitales', ut ,bacarum ubertate incurvescere'.

    Hier wird in der Wortbildung zwischen Komposita bzw. Kompositionen
wie *expectorat* und *versutiloquius* und neuen Formen wie *senius* unterschieden, die er beide für akzeptabel hält. Nach dieser grundsätzlichen Einteilung behandelt er in den folgenden 15 Paragraphen die *verba translata*
*u*nd kommt schließlich in De oratore 3, 170 zu einem abschließenden Fazit:

    Ita fit, ut omnis singulorum verborum virtus et laus tribus exsistat ex
rebus: Si aut vetustum verbum sit, quod tamen consuetudo ferre possit; aut
factum vel coniunctione vel novitate, in quo item est auribus consuetudi-
nique parcendum; aut translatum, quod maxime tamquam stellis quibusdam
notat et inluminat orationem.

    Cicero schränkt den Gebrauch von Neologismen und Archaismen stark ein,
wie schon die Gewichtung des Stoffes vermuten ließ. Für ihn ist hier wie in
den philosophischen Schriften allein die *consuetudo*[95] der Maßstab, nach dem
sich die Wortwahl zu richten hat. Danach ist die Neubildung nur sehr selten
anzuwenden, da sie den Hörern leicht mißfallen kann. In entsprechender Weise

---

94   Zu Ciceros unklarer Terminologie, der hier unter *verba inusitata* Archaismen ver-
      steht, in fin 3, 5 (l. c.) aber Neologismen: Lebek, 57–79, 77–79; Pennacini, 42f.

95   Zur Bedeutung der *consuetudo* als „täglicher Sprachgebrauch" Pennacini, 44 f.

äußert er sich auch an anderen Stellen in seinen rhetorischen Schriften (or. 68.
80; de or. 3, 201; part. or. 72). Diese Einstellung zeigt sich auch in der praktischen Beredsamkeit, wo er etwa seinen Gegner Antonius verspottet, weil
dieser die häßliche Wendung *piissimi homines* geprägt hat:

(phil. 13, 43) *Tu porro ne pios quidem, sed piissimos quaeris et, quod
verbum omnino nullum in lingua Latina est, id propter tuam divinam pie-
tatem novum inducis*

Den neu gebildeten Superlativ *piissimi* scheint Cicero für eine bewußt
analogistische Bildung des Antonius zu halten, die er sicher unter großer Zu-
stimmung seiner Hörer dem Gegner Antonius als Geschmacklosigkeit vorwerfen konnte.[96] Eine ähnliche Tendenz zeigt eine in Brutus 260 berichtete
Anekdote:

,*Aut quis est iste C. Rusius?' ,Et ille: Fuit accusator'*, inquit, *,vetus, quo
accusante C. Hirtilium Sisennna defendens dicit quaedam eius sputatilica
esse crimina'. Tum C. Rusius: ,Circumvenior'*, inquit, *,iudices, nisi sub-
venitis. Sisenna quid dicat nescio; metuo insidias. Sputatilicia, quid est hoc?
sputa quid sit scio, tilica nescio. Maximi risus; sed ille tamen familiaris
meus recte loqui putabat inusitate loqui'*.

Die römischen Zuhörer wollen die kühne Neubildung *sputatilicia*, die
das griechische καταπτυστός wiedergeben soll,[97] gar nicht verstehen, weil
sie ihnen als Komposition zu ungewöhnlich und fremd klingt. Mit dieser
Anekdote wird die Kritik an Sisenna verdeutlicht, die ihn trifft, weil er für
Ciceros und Caesars[98] Geschmack neue Wörter im Übermaß bildet.

Cicero steht also neugeprägten Wörtern ambivalent gegenüber: Wenn es
der Gegenstand erfordert, will er sie in seinen philosophischen Schriften
durchaus zulassen. Dabei ist er in der Praxis aber äußerst vorsichtig und zu-
rückhaltend, weil er auf seine Leser Rücksicht nehmen muß. Dieser puristi-
sche Geschmack wird aus dem apologetischen Ton seiner Rechtfertigungen,
seinen Entschuldigungen, wenn er tatsächlich ein neues Wort prägt, und aus
seiner Beurteilung der Neologismen anderer deutlich. In der praktischen Beredsamkeit fällt die *necessitas* als Motiv für neue Wörter fort; es finden sich
auch so gut wie keine Neologismen in den Reden.[99] Wenn Cicero dann doch
die Neubildungen als mögliches Schmuckmittel erwähnt, so liegt das daran,
daß er einer Tradition verhaftet ist, in der Neologismen als Möglichkeit
immer wieder erwähnt werden.

---

96   Lebek, Verba prisca, 59.
97   Cf. Laurand, 85–91, 99f.
98   Nach Drexler, 203–234, 206, und Dahlmann, 258–275 gibt Cicero an dieser Stelle
      weitgehend Caesars Meinung wieder.
99   Cf. Douglas, Kom. Brut., 190f.

2.2.2 Caesar

Caesar äußert sich nach einem bei Gellius (Noct. Att. 1, 10, 4) überlieferten Zitat zur Frage neuer Wörter in der Prosa:

Habe semper in memoria et in pectore, ut novum aut inauditum verbum tamquam scopulum fugias.

Norden[100] deutet dieses Zitat aus De Analogia wörtlich als ein Verdikt gegen die überbordenden Neologismen extremer Analogisten und meint, daß Caesar damit jegliche Neologismen ablehne. Gegen diese Darstellung haben sich im gleichen Jahr (1935) unabhängig voneinander Drexler und Dahlmann gewandt. Beide stellen das Zitat in den Kontext von Cicero, Brutus 250–259, in dem Cicero weitgehend Caesars Meinung vom *pure loqui* wiedergebe. Daraus gehe, so Dahlmann, hervor, daß Caesar die Sprache von ihren eingeschliffenen Fehlern reinigen wolle, um die *pura et incorrupta consuetudo* wiederherzustellen. Hilfsmittel und Maßstab soll dabei die *ratio* sein, die Analogie.[101] So ist nach Dahlmann[102] dabei aber das Prinzip der *ratio* mit dem der *consuetudo* versöhnt. Nach dieser Argumentation dürfte Caesar also als gemäßigter Analogist Neuprägungen, wenn sie der *consuetudo* nicht völlig zuwiderliefen, durchaus zulassen. In den Fragmenten aus De Analogia gehören allerdings fast alle Vorschläge für Emendationen in den Bereich der Morphologie. In der Regel wendet sich Caesar dabei gegen Inkonsequenz in der Formenbildung und Lautung.[103] Allein in Fragment 28 Fun. findet sich ein Grenzfall. Caesar schlägt dort zur Übersetzung des griechischen ὤν die Bildung von *ens* nach der Analogie von *potens* vor. Diese Neubildung steht sicher auf der Grenze zwischen Morphologie und Lexik. Priscian (III p. 239, 5) allerdings, der das Zitat bewahrt hat, stellt *ens* in den Kontext von Bemerkungen zu Neubildungen durch Analogie in der Morphologie. Damit läßt sich Drexlers Sichtweise also nur zum Teil bestätigen. Der Zusammenhang dagegen, in den Gellius Caesars Zitat stellt, weist wieder in eine andere Richtung. Gellius erzählt in diesem Kapitel, wie Favorin von Arelate mit diesem Zitat einen jungen Mann zurechtweist, der sich aus einer seltsamen Neigung heraus so sehr mit antiquierten Wörtern ausdrückt, daß er kaum mehr verstanden wird. Wenn Gellius Caesars Diktum also nicht ganz aus dem Zusammenhang gerissen hat, bedeutet es, daß Caesar sich vor allem gegen den übermäßigen Gebrauch ungewohnter

---

100 Norden I, 188.
101 Cf. Dihle, 170–205. Dihle vertritt ansonsten die Auffassung, daß Cicero hier zu sehr bemüht ist, seine und Caesars Position zu vereinen.
102 Dahlmann, 203, 206; cf. Drexler, 259.
103 Cf. frgg. 3, 6, 7, 8, 9, 12 15, 16, 17, 20, 22, 23, 24, 26, 27, 30 Fun.

altertümlicher Wörter gewandt hat.[104] So muß die Frage der Haltung Caesars[105] zu Neubildungen aus Syntagma und Affix letztendlich offen bleiben.

2.2.3 Quintilian

Quintilian klagt an zwei Stellen über die Armut der lateinischen Sprache, die *paupertas sermonis* (inst. or. 8, 3, 33–34; 8, 6, 32). Dafür gibt es nach Quintilian zwei Hauptursachen: Durch den Sprachwandel gingen viele Wörter verloren, wo das Lateinische ohnehin schon arm an Abstrakta sei. Zudem würden die Römer es kaum wagen, neue Wörter zu schaffen. Darauf geht er inst. or. 8, 6, 32 in „etwas elegischem Ton" (Stroux)[106] ein, wenn er die Wortbildung in Komposition (*fictio*) und Derivation (*declinare*) einteilt:[107]

Deinde, tamquam consumpta sint omnia, nihil generare audemus ipsi, cum multa cotidie ab antiquis ficta moriantur. Vix illa, quae πεποιημένα vocant, quae ex vocibus in usum receptis quocumque modo declinantur nobis permittimus, qualia sunt [ut] ‚sullaturit' et ‚proscripturit'; atque ‚laureati postes' pro illo ‚lauru coronati' ex eadem fictione sunt. Sed hoc feliciter evaluit. Adoinoia etuio eo ferimus in Graecis, Ovidius ocoeludit, vinoeo bono'. Dure etiam iungere arquitenentem et dividere septentriones videmur.

Die Komposition ist noch weiter zu differenzieren. Denn Wortbildungen aus zwei Syntagmen werden zweifelsohne abgelehnt, wie die Verwerfung von *arquitenens* zeigt, während an anderen Stellen neugebildete Komposita wie *exanimare* (inst. or. 8, 3, 31) ausdrücklich zugelassen werden; dieses

---

104   Lebek dagegen, verba prisca, 348, meint, daß Gellius das Zitat aus dem Zusammenhang gerissen habe, weil Caesar solch archaisierenden Schwulst nicht kennen und kaum kritisieren konnte und Gellius mit dem Zitat die gesamte Diktion des jungen Mannes tadeln wollte. Aber archaische Wörter gibt es natürlich auch in klassischer Zeit.

105   Zur Terminologie cf. Bußmann, svv., 598, 754, 765.

106   Zur Textgestaltung Stroux, 322–354, 350f; Barwick, 89–113.

107   Die Derivation nennt Quintilian *derivatio/derivare* (inst. or. 8, 3, 31), *flectere* (inst. or. 8, 3, 36) und *tractus* (inst. or. 8, 3, 32). Komposition dagegen nennt er *coniunctio/coniungere* (inst. or. 8, 3, 32; inst. or. 8, 6, 32) und *iungere* (inst. or. 8, 3, 31). In inst. or. 8, 3, 32f dagegen unterscheidet er noch zwischen Derivation von Nomina und Namen. Barwick, 89f zeigt, daß Quintilian diese Einteilung im wesentlichen aus Cicero übernommen hat, sie aber nur genauer ausführt. Pennacini, 89f, und Cousin, 417f, weisen noch auf die ὀνοματοποιία hin, die Quintilian den Römern nicht erlaubt. Sie bezeichnet Quintilian mit *fictio/fingere* (inst. or. 1, 5, 32; 1, 5, 72; 8, 3, 30), wobei beide Termini auch noch die Wortbildung allgemein bezeichnen (cf. Verg., Aen. 3, 18; Hor, ars, 50).

neue Wort führt er sogar als ein positives Beispiel für eine geglückte
Wortbildung der *maiores* an. Ähnlich äußert er sich in inst. or. 1, 5, 65, wo
er zwischen der Bildung von Komposita und Kompositionen auch ausdrücklich unterscheidet. Auf diesem theoretischen Hintergrund entwickelt Quintilian in inst. or. 8, 3, 30–33 ausführliche Vorschriften für Rechtfertigung
und Verwendung von neuen Wörtern:

*Fingere, ut primo libro dixi, Graecis magis concessum est, qui sonis
etiam quibusdam et adfectibus non dubitaverunt nomina aptare, non alia
libertate quam <qua> illi primi homines rebus apellationes dederunt.
31. Nostri aut in iungendo aut in derivando paulum aliquid ausi vix in hoc
satis recipiuntur. Nam memini iuvenis admodum inter Pomponium ac
Senecam etiam praefationibus esse tractatum an ,gradus eliminat' in
tragoedia dici oportuissset. At veteres ne ,expectorat' quidem timuerunt, et
sane eiusdem notae est ,exanimat'. 32. At in tractu et declinatione talia sunt
qualia apud Ciceronem ,beatitas' et ,beatitudo': quae dura quidem sentit
esse, verum tamen usu putat posse mollire. Nec a verbis modo sed a
nominibus quoque derivata sunt quaedam ut a Cicerone ,sullaturit', Asinio
,fimbriatum' et ,figulatum'. 33. Multa ex Graeco formata nova ac plurima a
Sergio Plauto, quorum dura quaedam admodum videntur ut [quae] ,ens' et
,essentia': quae cur tanto opere aspernemur nihil video, nisi quod iniqui
iudices adversus nos sumus: ideoque paupertate sermonis laboramus.*

Wie in der Tradition üblich, verweist Quintilian zu Rechtfertigung von
Neubildungen auf den Mut der *maiores* (inst. or. 8, 3, 31), die Freizügigkeit
der Griechen in der Wortbildung (inst. or. 8, 3, 30) und die eigenen mutigen
Bildungen nach griechischen Vorbildern (inst. or. 8, 3, 33). Im Kontrast dazu
erwähnt er die ihm unverständliche Zurückhaltung der eigenen Landsleute
(inst. or. 8, 3, 33f). Als Beispiele für den Umgang mit neuen Wörtern zitiert
er außer einigen neugebildeten Komposita Ciceros *beatitas* und *beatitudo*
und die Neubildungen *ens* und *essentia* (inst. or. 8, 3, 33), die er allerdings
anders als Seneca (cf. Kap. 2.1.3) Sergius Plautus zuschreibt. Wie Cicero
glaubt er, daß der tägliche Gebrauch die Härte der Neubildungen abmildern
werde. Immer wieder fordert er in diesem Kapitel die Leser auf, bei Neuprägungen Mut zu beweisen, und wendet sich mit dieser Aufforderung gegen
Ciceros Vorsicht, dem er in diesem Kapitel mehrere Beispiele entlehnt
hat.[108] Zumindest theoretisch sieht Quintilian den Weg, die sprachliche
Armut in der vorsichtigen Neuprägung von Worten durch Derivation zu
überwinden, was er auch mit Beispielen geglückter Neubildungen unterstreicht (inst. or. 8, 3, 32). Aber wenig später erteilt er dem Redner dann doch

---

108   Pennacini, 93; Cousin, 417.

einige Ratschläge, wie er vielleicht allzu kühn geprägte neue Wörter durch
entschuldigende Formeln abmildern kann:

(inst. or. 8, 3, 37) *Sed si quid periculosius finxisse videbimur, quibusdam
remediis praemuniendum est.: ,ut ita dicam, si licet dicere, quodammodo,
permittite mihi sic uti.'*

Mit diesen Floskeln rechtfertigt auch Cicero (cf. Tim. 46; fin. 2, 11; nat.
deor. 2, 86) seine Neologismen. An einigen weiteren Stellen warnt Quintilian[109] dann sogar ausdrücklich vor Neuprägungen: Sie haben, so schreibt
er, einerseits einen geringen stilistischen Wert und wirken leicht lächerlich
(inst. or. 1, 5, 71) oder gar schädlich, wenn der Redner sich um den Eindruck
der Bescheidenheit bemühen muß (inst. or. 11, 1, 49). So sieht man, daß der
literarische Geschmack Quintilians sich eben doch kaum gewandelt hat,
zumal er noch nach 150 Jahren Beispiele für gelungene Neuprägungen Ciceros Werk entnimmt.

2.2.4 Fronto[110]

In den erhaltenen Teilen von Frontos Werk sind 110 Wörter[111] zum er-
stenmal in der römischen Literatur belegt. Diese Wörter hat Marache in
einer Monographie genau untersucht. Gegen seine Arbeit hat sich in der Forschung[112] rasch großer Widerspruch erhoben. Denn Marache vertritt die
These, Fronto habe viele Wörter um stilistischer Effekte willen geschaffen,
während seine Gegner darauf verweisen, daß Fronto sich an einigen Stellen
dezidiert gegen Neologismen ausspreche, so daß diese Wörter[113] keine Er-
findungen Frontos sein könnten. Vielmehr stammten sie alle aus der gesprochenen Sprache.

Daher ist eine Untersuchung der Stellen notwendig, an denen Fronto sich
zu Neuprägungen (45, 19–46, 13 vdH; 136, 20–22 vdH; 159, 1–17 vdH)
äußert. So tadelt er ein Edikt des Kaisers Marc Aurel wegen einiger sprachlicher Mängel:

(159, 1–17 vdH) *Unum edictum tuum memini m<e> animadvertisse,
q<uo> pe<r>iculose scripseris <v>el indigna defecto aliquo libro. huius edicti
initiu<m est>: ,fl<o>rere in suis ac<ti>bus inlibatam iuventutem'. Quid hoc
est, Marce? Hoc nempe dicere vis, cupere te Italia oppida frequentari copia*

---

109   Cf. Pennacini, 142; Kennedy, 81.
110   Fronto wird nach van den Houts Teubnerausgabe von 1988 zitiert.
111   Marache, 99.
112   Cf. Pennacini, 133; Urteil; cf. Hyart, 737f.
113   Pennacini, 142; Hyart, 737.

iuniorum. Quid in primo versu et verbo primo facit ‚florere'? Quid significat ‚illibatam iuventutem'? Quid sibi volunt ambitus isti et circumitiones? Alia quoque in eodem edicto sunt eiusmodi. Revertere potius ad verba apta et propria et suo suco imbuta. scabies, porrigo ex eiusmodi libris concipitur. Monetam illam veterem sectator. plumbei nummei et cuiuscemodi adulterini in istis recentibus nummis saepius inveniuntur quam in vetustis, quibus signatus est Peperna, arte factis pristinus. Quid igitur? non malim mihi nummum Antonini aut Commodi aut Pii polluta et contaminata et misera et maculosa maculosioraque quam nutricis pallium. omnis personet tibia sonora, si possit, ut hebetatiorem linguam sonantiorem <re>ddas. verbum aliquod adquiras non fictum ap<e>rte (nam id quidem absurdum est) sed usurpatum concinnius aut congruentius aut accommodatius.

Fronto beanstandet in dieser Kritik gar keine neugeprägten Wörter, sondern den allzu kühnen metaphorischen Gebrauch der geläufigen Ausdrücke *illibatam* und *florere*. Stattdessen rät er, *verba apta et propria* zu verwenden, d. h. Wörter, die keine gezwungenen Metaphern sind, sondern natürlich wirken. Denn *illibatam* und *florere* wirken wie Falschgeld, das sich häufiger unter neuen Münzen als unter alten finde. Fronto meint also, daß alte Wörter immer den Vorzug vor neuen zu erhalten haben, weil ihr stilistischer Wert erheblich höher ist. Aber er schreibt nicht, daß jede neue Münze Falschgeld und jede Neuprägung daher fehlerhaft sei. Im letzten Satz wird zwar vor einem neuen Wort gewarnt, aber die Warnung bezieht sich auf ein *aperte fictum verbum*, also einen neuen Ausdruck, den der Leser sogleich als ein neues Wort erkennen kann. Solchen Neubildungen sind alte Wörter natürlich vorzuziehen. Diese Metaphorik vom Falschgeld findet sich auch an anderer Stelle (136, 20–22 vdH), wo der Redner nach Frontos Meinung anstelle einer waghalsigen Neuprägung eher einen alten, eingebürgerten Ausdruck verwenden solle:[114]

In primis oratori cavendum est, ne quod novum verbum ut aes adulterinum percutiat, ut unum et id verbum vetustate noscatur et novitate delectet.

Fronto warnt hier vor allem vor der Gefahr, daß ein neu geprägtes Wort unangenehm auffällt, untersagt seine Verwendung aber nicht dezidiert. Diese Metaphorik läßt sich durch eine Stelle bei Apuleius noch weiter verdeutlichen. Denn dieser erklärt in Apologeticum 38, daß seine Neuprägungen, wenn sie nach griechischen Vorbildern gebildet sind, wie echte lateinische Münzen wirken.[115] Das bestätigt die These, daß es Fronto entscheidend auf die Unauffälligkeit einer Neubildung ankommt.

---

114 Schindel, 336, betont allerdings, daß Frontos Warnung vor allem den Neologismen gilt.

115 (Apul., apol. 38) *Pauca enim de Latinis scriptis meis ad eandem peritiam pertinentibus legi iubebo, in quibus animadvertes cum <memorabiles res et> cognitu*

An einer weiteren Stelle äußert sich Fronto zur Wortneubildung. Hier möchte er über die zahlreichen Briefe Mark Aurels seine Freude ausdrücken, die er kaum in Worte fassen kann:

(45, 19–45, 22 vdH) *Quod poetis concessum est* ὀνοματοποιεῖν, *verba nova fingere, quo facilius quod sentiunt exprimant, id mihi necessarium est ad gaudium meum expromendum.*

Im Einklang mit der Tradition schreibt Fronto, daß es ihm als Prosaautor verwehrt sei, neue Worte aus Phonemen zu bilden, obwohl er vor Begeisterung selbst diese Grenze fast überschreiten wolle. Dieses Verbot des ὀνο-ματοποιεῖν findet sich in der ganzen rhetorischen Tradition. Denn sowohl der Auctor ad Herennium (4, 42), als auch Cicero (or. 68) und Quintilian (inst. or. 8, 3, 30) erwähnen diese Freiheit. Im gleichen Zusammenhang kommt Fronto noch einmal auf die ὀνοματοποιία zurück, wenn er darlegt, daß er die Häu-figkeit der Briefe seines Schülers mit *cotidie* nicht genug ausdrücken kann:

(46, 10–13 vdH) *Sed quid dico cotidie? ergo iam hic mihi* ὀνο-ματοποιίας *opus est. Nam ,cotidie' foret, si singulas epistulas per dies singulos scripsisses; quom vero plures epistulae sint quam dies, verbum istud cottidie minus significat.*

Wieder nennt Fronto das griechische Fremdwort ὀνοματοποιία aus-drücklich, wieder ist es ein übertriebenes Herrscherlob.[116] Pennacini[117] da-gegen liest aus diesen Äußerungen ein völliges Verbot von Neologismen heraus, weil er unter der ὀνοματοποιία jegliche Art von Wortbildung ver-steht. Aber gegen seine Interpretation ist einzuwenden, daß das griechische Fremdwort ὀνοματοποιία, das hier zweimal ausdrücklich genannt wird, an allen Stellen, die der Thesaurus[118] verzeichnet, nur die Wortneubildung aus Phonemen bezeichnet. Daher kann aus diesen Äußerungen Frontos kein Verbot der Wortneubildung überhaupt abgelesen werden. Eine vorsichtige und unauffällige Verwendung von neuen Wörtern dürfte er durchaus tolerieren. So befinden sich unter den 110 von Marache[119] untersuchten neuen Wörtern außer einigen, sicherlich der Umgangssprache zuzurech-

---

raras, tum nomina etiam Romanis inusitata et in hodiernum quod sciam infecta, ea tamen nomina labore meo et studio ita de Graecis provenire, ut tamen Latina moneta percussa sint.

116   Pennacini, 127–129, untersucht die hier zugrundeliegende Vorstellung, Dichter könnten das πάθος leichter ausdrücken, genau und kommt zu dem Schluß, daß Fronto hier eine platonische Vorstellung übernimmt.

117   Pennacini, 134f.

118   Zur Terminologie allgemein: Barwick, 90, 95; H. Beikircher, ThLL IX 2, sv. ὀνομα-τοποιία, 1976, 640, verzeichnet außerdem Belege bei Quintilian und bei den spät-antiken Grammatikern.

119   Im einzelnen zählt Marache, 21–96, folgende, seiner Meinung nach sichere Neolo-

nenden Wörtern, auch manche Ausdrücke, die man durchaus als bewußt geprägte Neubildungen nachweisen kann. Das soll an zwei Beispielen belegt werden. Fronto schreibt über den römischen König Numa Pompilius den folgenden kunstvoll stilisierten Satz:

(230, 11–230, 14 vdH) *Numa senex sanctissimus nonne inter liba et decimas profanandas et suovetaurilia mactanda aetatem egit epulorum dictator, cenarum libator, feriarum promulgator?*

In diesem Satz verwendet Fronto die beiden neuen Wörter *libator* und *promulgator*. Sie bilden mit *dictator* ein dreigliedriges Homoioteleuton und haben bedeutungsähnliche abhängige Genitive, die mit einem der im Satz genannten Opferfeste korrespondieren: *Cenarum libator* bezieht sich auf *inter libas*, *epulorum dictator* auf *suovetaurilia mactanda* und *feriarum promulgator* auf *decimas profanandas*. Mit diesen drei Kola macht Fronto aus der Verbalhandlung des Satzes Eigenschaften des Numa und unterstreicht damit die suggestive Kraft der rhetorischen Frage. Die beiden Hapaxlegomena[120] *libator* und *promulgator* dienen also vor allem der formalen und semantischen Ausgestaltung des Satzes. Deswegen ist es sicher legitim, sie mit Marache als Okkasionsbildungen anzusehen, zumal es auch keinen Hinweis darauf gibt, daß sie vorher schon bekannt waren. Sie fallen neben dem geläufigen *dictator* nicht störend auf, zumal sie sich in der Bedeutung an ihre zugrundeliegenden Verben[121] anschließen und mit dem produktiven Suffix *tor* gebildet sind. Ein ähnliches Beispiel für eine geglückte Neubildung findet sich an einer Stelle, an der Fronto über die Suche nach passenden Wörtern schreibt:

(134, 18–22 vdH) *Dic, sodes, hoc mihi, utrum tametsi sine ullo labore ac studio meo verba mihi elegantiora ultro ocur‹re›rent, spernenda censes ac repudianda an cum labore quidem et studio investigare verba elegantia prohibes, eadem vero, si ultro, si iniussu et invocatu meo venerint, ut Menelaum ad epulas quidem, recipi iubes?*

Fronto bildet mit *iniussu* und *invocatu* einen zweigliedrigen Ausdruck, mit dem er seine gleichsam spontane Wortwahl beschreibt. Das Wort *invocatu*, das sonst nirgendwo in der lateinischen Literatur[122] belegt ist, ergibt mit *iniussu* ein elegantes Wortspiel, weil die beiden Wörter sich nur in den mittleren Silben unterscheiden. Außerdem sind *invocatu* und *iniussu*

---

gismen: Sieben Verben, 14 Adjektive; neun Substantive und fünf Adverbien. Nicht mitgerechnet sind die zuerst gebildeten Komparative und Superlative.

120 L. C. Meijer, ThLL VII 2 sect. 2, sv., 1974, 1260.
121 Cf. Gell. Noct. Att. 12, 8, 2 *sollemni die Iovi epulum libaretur;* Plin. mai. 33, 17 *promulgarat dies fastos*; cf. Marache, 42.
122 O. Hiltbrunner, ThLL VII 2, sv., 1959, 254.

synonym; das Wortspiel mit den synoymen Ausdrücken ist zudem dadurch
reizvoll, daß *in* bei *invocatu* das Präfix *in* und bei *iniussu* ein *in*-Privativum
darstellt. Dieser zweigliedrige Ausdruck korrespondiert mit der Fügung *sine
ullo labore et studio meo* aus dem vorhergehenden Konzessivsatz, so daß er
auch inhaltlich gleichsam vorbereitet ist. Mit *invocatu* kann Fronto seinen
Text besonders kunstvoll gestalten und durch die formale und inhaltliche
Analogie einen unecht wirkenden Ausdruck vermeiden. So scheint auch *invocatu* eine Neubildung zu sein. Alle drei beschriebenen Neologismen, *invocatu, libator* und *promulgator*, werden also zur Bildung von Wortfiguren geprägt; sie stehen neben bekannten, lautlich ähnlichen Wörtern, so daß sie
nicht wie Falschgeld wirken, sondern ohne weiteres akzeptabel sind.

2.2.5 Apuleius

Apuleius gilt als mutigster Erfinder neuer Wörter in der lateinischen Literatur vor Tertullian.[123] Aber selbst er sieht sich an einer Stelle gezwungen,
eine allzu kühne Übertragung aus dem Griechischen zu rechtfertigen:
(De Platone 1, 9) *Naturasque rerum binas esse et earum alteram esse,
quam quidem* δοξαστήν *appellat ille et quae videri oculis et attingi manu
possit, alteram, quae veniat in mentem, cogitabilem et intellegibilem: detur
enim venia novitati verborum rerum obscuritatibus servienti.*
Zur Wiedergabe des platonischen νοερός, das hier anscheinend zugrunde
liegt, wählt Apuleius die beiden Adjektive *intellegibilis* und *cogitabilis*. Obwohl beide Ausdrücke zwar spätestens seit Seneca[124] belegt sind, scheinen
sie für Apuleius kaum akzeptabel zu sein; wahrscheinlich stört ihn ihr abstrakter Charakter. Apuleius entschuldigt sich mit denselben Topoi, die vor
ihm in der Tradition schon lange geläufig sind. Denn sowohl das Bedauern
über die *obscuritas* (Lukrez, cf. Kap. 2.1.1) als auch die Bitte um Wohl-
wollen des Lesers, die Cicero zuerst ausgesprochen hat, kehren wieder. Eine
ähnliche Bemerkung formuliert Apuleius auch in der Apologie (apol. 38 l.
c.), wo er ebenso über Probleme der Übersetzung griechischer Ausdrücke
klagt und seine eigene Leistung als Wortschöpfer herausstellt.
Trotz seiner Bedenken ist Apuleius in der Wortbildung sehr produktiv:
Bei ihm finden sich nach der Zählung Bernhards[125] allein 233 Hapaxlego-

---

123   Norden, I, 602.
124   E. Lommatzsch, ThLL, III, sv. cogitabilis, 1910, 1445; A. Lumpe, ThLL VII 1, sv.
      intellegibilis, 1963, 2095.
125   Bernhard, 138.

mena. Koziol[126] verzeichnet in seiner ausführlicheren Liste der Neuprägungen des Apuleius 123 neue Verben, 14 neue Adverbien, 297 neue Adjektive und 308 neue Substantive. Fast alle diese Wörter sind durch Derivation entstanden oder sind Komposita mit neuen Präfixen. Dabei dominieren nach der Aufstellung Koziols bei den Substantiven die Suffixe *tio*, *tus* und *tat*, bei den Adjektiven *bilis*, *bundus* und *osus*, wozu noch eine große Anzahl von Diminutiven kommt. Bei den Verben überwiegen die neu gebildeten Komposita. Diese Ausdrücke werden, wie Norden und Bernhard[127] zeigen, meist um stilistischer Effekte willen gebildet. Callebat[128] ergänzt dazu, daß Apuleius viele Ausdrücke der zu dieser Zeit besonders produktiven Umgangssprache entnimmt, aber auch selbst nach archaischen Vorbildern neue Wörter prägt. Daher ist oft schwer zu bestimmen, ob ein bei ihm zuerst belegtes Wort tatsächlich ein Neubildung ist.

2.3   Zusammenfassung

In der lateinischen Literatur vor Tertullian gibt es zu den neuen Wörtern eine recht einheitliche ambivalente Haltung: Fast alle Autoren beklagen den Mangel an Abstrakta und die Armut der Sprache, aber den meisten mißfallen Neuprägungen, die sie aber immer als Abhilfe zumindest nennen. Dabei sind die Argumentationsmuster bis in die Wortwahl recht konstant. Erst Apuleius vertritt eine andere Einstellung: Er prägt neue Wörter ohne allzu große Bedenken, bleibt aber weitgehend bei den produktiven Suffixen und Affixen und verzichtet außer in Einzelfällen auf Kompositionen.

---

126   Koziol, 262–272.
127   Bernhard, 138; Norden I, 602.
128   Callebat, 145, 155–157.

3. Neue Wörter in der Bibelübersetzung

In diesem Kapitel werden die neuen Wörter untersucht, die Tertullian zur Übersetzung von Ausdrücken der biblischen Sprache verwendet. Die Einzeluntersuchungen sind nach Wortarten geordnet.

3.1 Forschungsüberblick: Tertullian und die frühen Bibelübersetzungen

Tertullian zitiert Septuaginta und Neues Testament in den untersuchten Schriften an vielen Stellen. Diese Zitate bestehen entweder in längeren Partien, die über mehrere Verse reichen, wie besonders in Adversus Marcionem und De Resurrectione Mortuorum, kürzeren Zitaten nur eines Verses oder ganz knappen, manchmal nur schwer zu identifizierenden Anspielungen auf ein Bibelwort. Tertullian ist nach den Briefen der Lyoner Gemeinde, der Übersetzung des Hirten des Hermas und der Passio Scillitanorum[129] der älteste Zeuge für Bibelzitate in lateinischer Sprache. Deshalb hat die moderne Forschung seine Stellung in der Textgeschichte sehr lange kontrovers diskutiert. Am Anfang stehen die völlig konträren Auffassungen von Rönsch und Zahn.[130] Rönsch (1871) vermutet, daß Tertullian einer sehr alten Übersetzung aus Karthago folgte und deren Wortlaut mit gewissen Freiheiten im wesentlichen getreu wiedergegeben habe. Aus den Bibelzitaten Tertullians hat Rönsch diese karthagische Bibel zu rekonstruieren versucht. Zahn (1888) dagegen vertritt die entgegengesetzte Position: Nach seinen Erwägungen übersetzt Tertullian seine Zitate ohne Kenntnis einer lateinischen Übersetzung immer direkt aus dem Griechischen. Übereinstimmungen im Wortlaut mit anderen Versionen erklärt Zahn für zufällig. Die Stellen, an denen er über andere Übersetzungen schreibt, sind nach Zahns Meinung so zu verstehen, daß er dort auf die aus dem liturgischen Gebrauch erwachsene Tradition der mündlichen Übersetzung Bezug nehme. Es folgt eine große Zahl von Untersuchungen, die meist eine vermittelnde Position zwischen diesen beiden Extrempositionen einnehmen. So urteilt etwa Monceaux[131] (1901), Tertullians Bibelzitate trügen einen afrikanischen Charakter und

---

129 Die lateinische Übersetzung des Klemensbriefes ist wahrscheinlich doch jünger; zur Datierung in den Anfang des vierten Jahrhunderts: Vetus Latina, Sigelliste, 384.

130 Zahn I, 51–56; Rönsch, Das Neue Testament Tertullians, 43; Rönsch, Itala und Vulgata, 2f.

131 Monceaux, 115–118.

stünden der Cyprianbibel recht nahe. Er bezeuge die Existenz einer schriftlichen lateinischen Übersetzung für die vier großen Propheten, den Psalter,
die Proverbien, Lukas, Johannes, die Apostelgeschichte und die Paulusbriefe. Allerdings greife Tertullian immer wieder auf den griechischen Text
zurück[132]. Ähnlich urteilt Capelle[133] (1914) in einer Arbeit über den Psalter
in der lateinischen Bibelübersetzung. Tertullians Psalter sei, so Capelle, der
erste Zeuge des afrikanischen Bibeltextes, der in schriftlicher Form vorge-
legen habe. Die häufigen Unterschiede zwischen den Zitaten seien sowohl
auf Gedächtnislücken als auch auf Vergleiche mit dem griechischen Text zu-
rückzuführen. Von Soden[134] (1909) meint in seinem Buch über die Bibel zur
Zeit Cyprians, daß Tertullian zwar Zeuge für eine afrikanische Version der
Bibelübersetzung sei, diese aber keineswegs als verbindlich anerkenne. Eine
ähnliche Auffassung vertreten in der Folgezeit auch Labriolle[135] (1914),
nachdem er Selbstzeugnisse zur Bibelübersetzung untersucht hat, und Vogels[136] (1920), der die wenigen Zitate Tertullians aus der Apokalypse behandelt hat. Dieser Meinung schließt sich auch Stummer (1928) an.[137] Diese
stimmen nur darin nicht überein, nämlich ob Tertullian eine einzige schriftliche Übersetzung (Monceaux, von Soden, Vogels) oder mehrere verschiedene Übersetzungen (Capelle) kannte.

Kurze Zeit später sind drei Arbeiten erschienen, in denen jeweils ein größerer Teil der Bibel untersucht wird. Billen (1927)[138] behandelt sehr ausführlich die verschiedenen Versionen der Übersetzung des Heptateuchs und
bemerkt dabei, daß Tertullian weniger mit den afrikanischen als vielmehr
mit den moderneren europäischen Versionen übereinzustimmen scheine.
Daraus folgert Billen, daß Tertullian eine Übersetzung benutzt habe, die
diesen Textformen sehr ähnlich war, einige Stellen aber auch selbst wiedergegeben habe.[139] Aalders (1932) untersucht Tertullians Zitate aus dem Mat-
thäus- und Johannesevangelium. Auf das Lukasevangelium verzichtet er,
weil er hier den Einfluß der markionitischen Bibelübersetzung vermutet (s.
u.); er kommt zu dem Ergebnis,[140] daß Tertullian das Matthäusevangelium
meistens frei aus dem griechischen Text zitiere und nur sehr selten einer

---

132 Monceaux, 118–120.
133 Capelle, 20f.
134 Von Soden, Lat. NT., 5, 67–69, 96.
135 Labriolle, 211.
136 Vogels, 126, 130.
137 Stummer, 12.
138 Billen, 74–77.
139 Billen, 132.
140 Aalders, 192–199.

fremden Übersetzung folge. Ein ähnliches Ergebnis erhält er auch bei der
Untersuchung der Zitate aus dem Johannesevangelium. Aalders vermutet,
daß Tertullian dieses Evangelium kurz vor der Abfassung der Schrift Adversus Praxeam gründlich studiert habe, denn dort zitiere er das Evangelium
auffallend häufig. Wenn Tertullian auf ältere Übersetzungen hinweist, so
liegen ihm, wie Aalders vermutet, mehrere verschiedene schriftliche Versionen vor. Auch Schildenberger (1941)[141] urteilt nach einer Untersuchung
der lateinischen Texte des Proverbienbuches, daß Tertullian meist selbständig übersetze und nur selten eine lateinische Vorlage durchscheinen
lasse. Zudem legt er dar, daß Tertullians lateinische Bibelübersetzungen außerhalb der Textgeschichte der altlateinischen Bibel stünden. In derselben
Weise hatte sich kurz zuvor auch Schäfer[142] (1939) geäußert.

Eine ganz eigene Position vertritt Stenzel (1949/1953). In seiner Habilitationsschrift[143] zur lateinischen Übersetzung des Dodekapropheton versucht er zu zeigen, daß Tertullian immer aus dem Griechischen übersetzt und
selbst durch seine Übersetzungen einen gewissen Einfluß auf die lateinische
Bibelübersetzung ausgeübt habe.

Seit dem Beginn der Vetus-Latina-Edition in Beuron lassen sich diese
Fragen mit dem nun dargebotenen Material genauer erfassen. Auf der Basis
der vorliegenden Editionen urteilt Fischer[144] (1972) in einer Studie, die die
Ergebnisse der bisherigen Arbeit an der Neuedition zusammenfaßt, daß
Tertullian schriftlich fixierte lateinische Bibelübersetzungen zwar kenne,
diese aber für ihn keine Autorität besäßen. Zu dieser knapp formulierten
Grundposition fügt Fischer noch hinzu, daß Tertullian die Bibel in je ver-
schiedener Form zitiere und sich keine einheitliche, für ihn maßgebliche
Übersetzung werde konstituieren lassen. Dieses zusammenfassende Urteil
zeichnet sich auch schon in den vorher erschienenen einzelnen Editionen
ab. So weist Fischer[145] (1950) selbst in seiner bewußt knapp formulierten
Einleitung zur Edition der Genesis auf Tertullians singuläre Stellung in der
Textgeschichte der Vetus Latina hin. Ähnlich wie Billen vor ihm stellt Fischer fest, daß Tertullian, obwohl er älter als Cyprian sei, an einigen
Stellen einen Text biete, der eher den moderneren europäischen Versionen
als der Textform seines Landsmannes Cyprian entspreche. Noch eindeu-

---

141   Schildenberger, 59–61.
142   Schäfer, 28–33.
143   Stenzels Habilitationsschrift ist ungedruckt und war mir nicht zugänglich. Die
      Ergebnisse finden sich in knapper Form in seinem im Literaturverzeichnis genann-
      ten Aufsatz.
144   Fischer, 108.
145   Fischer, Vetus Latina 1/1, 17*.

tiger zeigt Thiele[146] (1958–65) in seinen Arbeiten zu den katholischen Briefen, daß Tertullian zwar eine alte afrikanische Übersetzung gekannt, aber immer wieder deutlich von ihr abweicht und meist einer anderen griechischen Textbasis folgt, die weniger Zusätze hat als der westliche Text, der der Bibel Cyprians zugrunde liegt.[147] Auch in den katholischen Briefen beobachtet Thiele wieder die überraschenden Übereinstimmungen zwischen Tertullians Zitaten und den jüngeren europäischen Versionen. Thiele erklärt dieses Phänomen damit, daß Tertullian an einigen Stellen, wie später etwa Hieronymus, die alten Formulierungen wegen ihrer sprachlichen Unbeholfenheit ablehnt und lieber selbst übersetzt. Er räumt aber ein, daß diese Erklärung nicht alle Schwierigkeiten beseitigen kann. Frede[148] (1962) weist in seiner parallel zu Thieles Edition erarbeiteten Ausgabe des Epheserbriefes darauf hin, daß Tertullian die längeren Zitate öfter selbst übersetzt haben dürfte, während er bei kürzeren Zitaten eher auf fremde Vorlagen zurückzugreifen scheine. Ein ähnliches Urteil fällt auch Gryson[149] (1987) bei der Beschreibung der Texttypen seiner Jesajaedition: Tertullian benutze eine lateinische Übersetzung mit großer Freiheit unter häufiger Bezugnahme auf die griechischen Texte. Zu vergleichbaren Ergebnissen kommt Petitmengin[150] (1986) in einer Frede gewidmeten Untersuchung zur Kritik der Jesajazitate bei Tertullian. Er stellt fest, daß Tertullian einige feste Formeln immer wieder weitgehend gleich wiedergibt, sie aber dann, wenn sie ihm im Argumentationszusammenhang besonders wichtig sind, sehr wörtlich und direkt aus dem Griechischen übersetzt. Dasselbe Phänomen hatte Aalders auch bei den Zitaten aus dem Johannesevangelium beobachtet.

Die von der Vetus-Latina-Edition unabhängige Forschung seit 1950 kommt zu ähnlichen Schlußfolgerungen. O'Malley[151] (1967) vermutet in seiner umfangreichen Studie, daß Tertullian außerhalb von Adversus Marcionem einer wohl aus der liturgischen Praxis entstandenen „katholischen Übersetzung" verpflichtet war, die er dennoch oft dem griechischen Text gegenüberstellt. Ähnlich urteilt Braun[152] (1962, 1977): Er nimmt eine schriftliche Version der lateinischen Bibel in Karthago für das Jahr 180 an,

---

146 Thiele, Petrusbriefe, 34–37; Thiele, Vetus Latina 26/1, 79*.
147 Zu einem ähnlichen Ergebnis kommt Frede (1975), Vetus Latina 25/1, 144, für den griechischen Text der Deuteropaulinen.
148 Frede, Vetus Latina 24/1, 30*.
149 Gryson, Vetus Latina 12, 16*.
150 Pettitmengin, 28–30.
151 O'Malley 3, 26, 37.
152 Braun, 20f; zur Frage der Liturgie: Glaue passim.

wobei er sich vor allem auf das Zeugnis der Passio Scillitanorum und die Nachrichten über die sehr frühe Entstehung einer lateinischen Liturgie in Afrika beruft, die sich dort fast 200 Jahre früher als in Rom entwickelt habe.

Zwei weitere Übersetzungen, die Tertullian beeinflußt haben können, sind die jüdische Bibelübersetzung und die lateinische Übersetzung des markionitischen Evangelium und Apostolikon. Jedoch ist eine schriftliche jüdische Bibelübersetzung nach dem Zeugnis Augustins, so Blondheim[153] in seinem Buch über das jüdische Latein und die Vetus Latina, erst im vierten Jahrhundert sicher anzunehmen. Blondheim[154] vermutet zwar, daß eine solche Übersetzung auch schon am Anfang des dritten Jahrhunderts vorlag, kann aber dafür kaum überzeugende Argumente vorbringen. Zudem finden sich weder in Rom noch in Afrika jüdische Inschriften mit lateinischen Bibelzitaten, dafür aber umso mehr mit griechischen Zitaten, wie die Arbeiten von Kedar und Leon[155] zeigen. Daher ist der Einfluß einer jüdischen Übersetzung unwahrscheinlich.

Die Existenz einer lateinischen Übersetzung von Markions Evangelium und des Apostolikon dagegen wurde seit dem Markionbuch von Harnack (1920) zunächst nicht mehr angezweifelt. Denn Harnack[156] glaubte beweisen zu können, daß Tertullian im vierten und fünften Buch von Adversus Marcionem recht exakt die Übersetzung der markionitischen Kirche wiedergebe. Er nimmt als Ausgangspunkt seiner Beweisführung die lateinischen Prologe zu den Paulusbriefen, die er für markionitisch hält und die damit die ersten Zeugen für ein lateinisches Apostolikon Markions seien. Im folgenden stellt er die These[157] auf, daß sich die Zitate aus den Paulusbriefen im vierten und fünften Buch von Adversus Marcionem lexikalisch, syntaktisch und stilistisch scharf von den übrigen Zitaten unterschieden. Nach diesen Beweisversuchen rekonstruiert Harnack[158] den lateinischen und griechischen Bibeltext Markions. Von Soden[159] hat 1927 Harnacks Theorie weiter ausgeführt, indem er die Zitate aus Adversus Marcionem mit der von ihm aus den anderen Schriften Tertullians hergestellten „katholischen Übersetzung" verglichen hat. Auch von Soden kommt zu dem Ergebnis, daß sich die Zitate in Adversus Marcionem deutlich von den anderen Zitaten unter-

---

153 Blondheim, XLI.
154 Blondheim, XXXIV.
155 Leon, 75–93; Kedar, 308. Zeitgenössische lateinische Bibelzitate kann auch Blondheim, XXXIV, nicht aufweisen.
156 Harnack, Marcion, 46*–53*.
157 Harnack, Marcion, 46*f.
158 Harnack, Marcion, 65*–124*.
159 Von Soden, Markion, 229–231.

scheiden, so daß er Harnacks Theorie zunächst weiter gefestigt hat. Ähnliche Untersuchungen haben auch Aalders (1937)[160] und Higgins (1951)[161] für die Zitate aus dem Lukasevangelium im vierten und fünften Buch von Adversus Marcionem vorgelegt und sind zu dem gleichen Ergebnis gekommen. O'Malley[162] hat in einer späteren Studie (1967) die Harnacksche Hypothese behandelt, indem er sorgfältig die Stellen untersucht, an denen Tertullian Bibelzitate in Adversus Marcionem glossiert. Dabei ermittelt er, daß Tertullian in der Regel dem „katholischen" Vokabular der Bibelübersetzung das markionitische gegenüberstellt. Allein Quispel[163] hat sich in seiner Arbeit von 1942 der Harnackschen Hypothese entgegengestellt und weiterhin einen griechischen Text des Markion angenommen. Zudem hat er als erster die Argumente Harnacks zu widerlegen versucht. Zuletzt hat noch Zimmermann[164] (1960) diese Theorie für den zweiten Korintherbrief vertreten. Auch hier hat sich erst unter dem Eindruck der wachsenden Vetus-Latina-Edition und der dadurch verbesserten Kenntnis der altlateinischen Bibeltexte die Sichtweise geändert. Denn da Tertullian den Bibeltext in allen biblischen Büchern mit vielen Schwankungen und Variationen zitiert, wie Frede (1962–64) und Fischer[165] (1972) zeigen, sagen Abweichungen zwischen einzelnen Zitaten wenig aus. Methodisch bedenklich ist zudem bei derartigen Wortuntersuchungen, wie sie von Soden und seine Nachfolger vornehmen, daß in der Regel[166] aus zwei oder drei verschiedenen Übersetzungen eines Wortes ohne Rücksicht auf den Kontext und die gesamte Formulierung des Satzes auf die Sonderstellung gerade des Zitates in Adversus Marcionem geschlossen wird. Zudem ist es nach neueren Forschungen nicht mehr sicher, daß die Paulusprologe wirklich markionitischer Herkunft sind, wie die Arbeiten von Frede (1962) und Regul[167] (1969) zeigen. Daher gibt es keinen Anhaltspunkt mehr für die Existenz lateinischer Texte der Markioniten, der von Harnacks Theorie unabhängig ist. Zudem haben seither Clabeaux (1989) und Schmid (1994) in ihren Arbeiten die Hypothese Harnacks vollständig widerlegt. Clabeaux[168] analysiert eine Reihe von Texten und

---

160 Ohne ausführliche Untersuchung hat sich Schäfer (1939), 16f, dieser Theorie für den Galaterbrief angeschlossen.
161 Higgins, passim.
162 O'Malley, 173–178.
163 Quispel, 104–142.
164 Zimmermann, 118–134.
165 Frede, Vetus Latina, 24/1, 30*; Fischer, Neues Testament, 196f.
166 Cf. die Bemerkungen zu *recapitulare* Kap. 3.2.
167 Frede, Paulushandschriften, 171–178; Regul, 84–94; Forschungsüberblick bei Metzger, 94–97.
168 Clabeaux, 51–57.

zeigt aus glossierenden Bemerkungen Tertullians und verschiedenen Übersetzungen der gleichen Bibelstelle mit überzeugenden Argumenten, daß Tertullian im vierten und fünften Buch von Adversus Marcionem einer griechischen Vorlage folgte. Schmid[169] kommt mit einer umfangreichen Wortstati-
stik und der allgemeinen Untersuchung der Zitierweise Tertullians zum gleichen Ergebnis. So ist anzunehmen, daß Tertullian Markions Bibel auf
Griechisch las.

3.2   Tertullian und seine Stellungnahmen zu fremden Bibelüber-
setzungen

Nur an wenigen Stellen äußert sich Tertullian zu fremden und eigenen Übersetzungen. In diesem Abschnitt sollen einige dieser Stellen daraufhin untersucht werden, wie Tertullian den Wortlaut der fremden Übersetzungen benutzt und kommentiert und sich schließlich entscheidet. Für eine Stelle läßt
sich aber mit Sicherheit zeigen, daß Tertullian einer fremden Übersetzung
folgt.

In Adversus Marcionem 2, 9, 1–2 bespricht Tertullian die korrekte Übersetzung und Auslegung von Gen. 2, 7:

(Gen. 2, 7) *Καὶ ἔπλασεν ὁ θεὸς τὸν ἄνθρωπον χοῦν ἀπὸ τῆς γῆς
καὶ ἐνεφύσησεν εἰς τὸ πρόσωπον αὐτοῦ πνοὴν ζωῆς, καὶ ἐγένετο
ὁ ἄνθρωπος εἰς ψυχὴν ζῶσαν.*

(Adv. Marc. 2, 9, 1–2) *Quoquo tamen, inquis, modo substantia creatoris
delicti capax invenitur, cum adflatus dei, id est anima, in homine deliquit nec
potest non ad originalem summam referri corruptio portionis. Ad hoc interpretanda erit qualitas animae. Inprimis tenendum quod Graeca scriptura
signavit, adflatum nominans, non spiritum. 2. Quidam enim de Graeco inter-
pretantes non recogitata differentia nec curata proprietate verborum pro ad-
flatu spiritum ponunt et dant haereticis occasionem spiritum dei delicto in-
fuscandi, id est ipsum deum. Et usurpata iam quaestio est.*

Tertullian bezieht sich hier auf eine ihm wahrscheinlich schriftlich vor-
liegende Version, auf die, wie Labriolle[170] meint, die Wendung *inter-
pretantes ponunt* hinweist. Er kritisiert an dieser Übersetzung anhand des
ihm vorliegenden griechischen Textes die fehlende Differenzierung zwischen πνοή und πνεῦμα, die es seinen Gegnern wie Markion möglich
mache, den Geist des Schöpfergottes als sündig darzustellen. Dieser Fehler
liege sowohl in der falsch wiedergegebenen Wortbedeutung (*nec curata*

---

169   Schmid, 58f.
170   Labriolle, 213.

proprietate verborum)[171] als auch in ihrer sachlichen Unkenntnis (*non recogitata differentia*). Tertullian ist allerdings selbst nicht ganz konsequent, weil er πνοή aus Genesis 2, 7 sowohl mit *adflatus* als auch häufiger mit *flatus* übersetzt. *Flatus* verwendet er an allen Stellen, an denen er den gesamten Wortlaut von Gen. 2, 7 in einem direkten Zitat wiedergibt (An 3, 4; 11, 3; 26, 5; Herm 26, 1; 31, 4; Res. Mort. 5, 8; 7, 3). Eine Sonderstellung nimmt nur De Anima 11, 1–3 ein, wo Tertullian das gleiche Problem wie in Adversus Marcionem 2, 9, 1–2 diskutiert, in der Diskussion aber stets *flatus* statt des zu erwartenden *adflatus* schreibt. Doch geht es ihm in diesem Text darum, den Zusammenhang zwischen dem menschlichen Atem (*flatus* [An. 11, 1–2]) und dem göttlichen Hauch zu betonen, so daß er *adflatus* nicht wählen kann. Dieses Wort dagegen findet sich nur in Anspielungen auf Gen. 2, 7, wo die Seele zudem nur abstrakt als göttlicher Hauch bezeichnet wird (Bapt. 5, 7; Paen. 3, 5; An. 16, 1; 27, 7; Res. Mort. 9, 1; Adv. Val. 24, 2). So könnte man nun annehmen, daß ihm zwar der Unterschied zwischen *spiritus* und *adflatus*, nicht aber der zwischen *adflatus* und *flatus* wichtig ist. Dagegen spricht aber, daß er sich in Adversus Marcionem 2, 9, 2 ausdrücklich auf den Text der ihm vorliegenden griechischen Bibel bezieht und im folgenden Text (Adv. Marc. 2, 9, 3–4) auch konsequent *adflatus* schreibt. Die Wahl von *adflatus* läßt sich aber auch mit der im Septuagintatext des Philoponus[172] bezeugten Lesart ἀναπνοή erklären, die Tertullian, wenn er sie in seinem Text vorfand, zur wörtlichen Übersetzung mit dem lateinischen Kompositum bewogen haben könnte. Zudem ist auch in der Vetus Latina[173] die Übersetzung mit einem Kompositum bezeugt. Denn bei Ps.-Vigilius Thapsus finden sich beispielsweise *inspiratio* (trin. 12 p. 327a) und *inspiramen* (trin. 12 p. 331d). Ähnliche Übersetzungen bieten auch Filastrius (97, 4) und Hilarius [myst. 5, 2 p. 6, 24]), während Priscillian (tract. 1 p. 20, 8) *inspiramentum* schreibt. Auch diesen Übersetzungen könnte die bei Philoponus bezeugte Variante zugrundeliegen. Augustin diskutiert die Übersetzung von πνοή an zwei Stellen (anim. 13, 24; quaest. hept. 1, 9 p. 7, 20) ausführlich und spricht sich aus ähnlichen Gründen wie Tertullian für *flatus* anstelle von *spiritus* aus, wobei er schreibt, daß er beide Versionen aus den Codices kenne. Diese Wahl von *flatus* bezeugt auch Tertullians Landsmann Cyprian (ep. 74, 7).

Wenn man Tertullians Übersetzungen zu diesem Befund in Beziehung setzt, so wird wahrscheinlich, daß er die Tradition kannte, die *flatus* als Übersetzung für πνοή wählte. Dieser Version folgt er, sooft er Gen 2, 7 wie-

---

171   Zur Bedeutung von *proprietas verborum* cf. Quint., Inst. or. 5, 14, 34.
172   Cf. Septuaginta I, 84.
173   Cf. Vetus Latina 2, 39–41.

dergibt, ohne den griechischen Text ausdrücklich zu konsultieren. Die Wiedergabe mit *spiritus* dagegen könnte aus häretischen Quellen[174] stammen; doch ist hier ein eindeutiges Urteil nicht möglich, zumal *spiritus* auch später bezeugt ist. Dagegen ist *adflatus* sicher Tertullian zuzuschreiben. Es weckt aber in direkten Bibelzitaten nicht zutreffende Assoziationen zu heidnischem Gedankengut. Denn *adflatus* bezeichnet den Atem in medizinisch-technischem Sinne und davon abgeleitet in paganen Texten den göttlichen Hauch, den der Thesaurus[175] mit ἐνθουσίασις umschreibt (cf. Cic., div. 1, 34; nat. deor. 2, 167). Deswegen scheint *adflatus* für die Bibelübersetzung weniger zu passen als das allgemeinere Wort *flatus*[176], während *adflatus* in abstrakter formulierten Texten nicht nur nicht stört, sondern sogar treffender ist. So strebt Tertullian einerseits nach größtmöglicher Wörtlichkeit und sucht aber auch sorgfältig nach einem zur Argumentation passenden Wort.

Spätestens seit den Arbeiten von Schmid und Clabeaux ist, wie angedeutet, die Frage nach einem lateinischen Text des markionitischen Apostolikon und Evangelium nicht mehr ernsthaft zu stellen. Hier soll eine vieldiskutierte Stelle erläutert werden, an der Tertullian bei der Wiedergabe des griechischen markionitischen Textes seine Übersetzung ausführlich diskutiert. Diese Stelle (Eph. 1, 9–10) zitiert Tertullian zuerst in seiner Schrift Adversus Marcionem und greift sie später noch einmal in De Monogamia auf:

(Eph. 1, 9–10) *(sc.* Εὐλόγητος ὁ θεός*)* γνωρίσας ἡμῖν τὸ μυστήριον τοῦ θελήματος αὐτοῦ, κατὰ τὴν εὐδοκίαν *(αὐτοῦ)*[177] ἣν προέθετο ἐν αὐτῷ 10. εἰς οἰκονομίαν τοῦ πληρώματος τῶν καιρῶν, ἀνακεφαλαιώσασθαι τὰ πάντα ἐν τῷ Χριστῷ καὶ τὰ ἐπὶ τοῖς οὐρανοῖς καὶ τὰ ἐπὶ τῆς γῆς.

(Adv. Marc. 5, 17, 1) *Secundum boni existimationem, quam proposuerit in sacramento voluntatis suae, in dispensationem adimpletionis temporum – ut ita dixerim, sicut verbum illud in Graeco sonat – recapitulare – id est ad in-*

---

174 Quispel, 139, nimmt an, daß Tertullian in De Anima 11, 1–3 wie in Adversus Marcionem 2, 9, 1–2 die fehlerhafte Übersetzung *spiritus* des Hermogenes kritisiert. Dagegen spricht sich O'Malley, 12, mit dem Hinweis auf die in der Vetus Latina häufig belegte Übersetzung *spiritus* aus. In der Literatur (Braun, Kom. Adv. Marc. I, 123; Meijering, 111–113; Waszink, Kom. An. 11, 1–3, 151) wird weniger die Frage der Wortwahl als die nach der Tertullians Argumenten zugrundeliegende platonische Vorstellung behandelt.

175 H. Zimmermann, ThLL I, sv., 1903, 1228f.

176 H. Brandt, ThLL VI 1, sv., 1919, 877–883.

177 αὐτοῦ fehlt nach Nestle-Aland, app. cr., in einem Teil der griechischen Überlieferung (beispielsweise im Codex Cantabrigiensis).

itium redigere vel ab initio recensere – omnia in Christum, quae in caelis et quae in terris (...).

(Mon. 5, 2) *Dicit et apostolus (...) Deum proposuisse in semetipso ad dispensationem adimpletionis temporum ad caput, id est ad initium, reciprocare universa in Christo, quae sunt super caelos et quae super terras in ipso.*

Außerdem gibt es zwei Anspielungen in De Monogamia:

(Mon. 5, 3) *Et adeo in Christo omnia revocantur ad initium, ut et fides reversa sit a circumcisione ad integritatem carnis (...).*

(Mon. 11, 4) *Si enim secundas nuptias permittit, quae ab initio non fuerunt, quomodo affirmat omnia ad initium recolligi in Christo.*

Harnack[178], der nur das Zitat in Adversus Marcionem erwähnt, begründet seine Zuordnung des Zitates in Adversus Marcionem zur markionitischen Bibelübersetzung damit, daß Tertullian in der markionitischen Übersetzung den ihm unerträglichen Gräzismus *recapitulare* gefunden, ihn erst danach mit dem griechischen Text verglichen und erläutert habe. Denn, so fährt Harnack fort, hätte Tertullian sogleich aus dem Griechischen übersetzt, hätte er doch nur „*ad initium reciprocare* oder ähnlich" geschrieben. Von Soden[179] stimmt Harnacks Überlegungen ausdrücklich zu und erklärt die Glosse in De Monogamia 5, 2 (*id est ad initium*) damit, daß Tertullian dort die „katholische Übersetzung" (*ad caput reciprocare*) glossierend wiedergebe, während die späteren Anspielungen in De Monogamia Tertullian zuzuschreiben seien.

O'Malley[180], der ebenfalls eine lateinische Übersetzung der markionitischen Bibel annimmt, urteilt nach einer sehr gründlichen Analyse der Stelle in Adversus Marcionem, daß man über die Sprache der Vorlage aus der Glosse nichts entnehmen könne, sondern nur sehe, wie genau Tertullian auf eine präzise Ausdrucksweise achte. Quispel[181] dagegen hält das Zitat für Tertullians Übersetzung aus dem Griechischen und weist zudem darauf hin, daß Tertullian als einziger in der Tradition an beiden Stellen κεφαλή als etymologischen Bestandteil von ἀνακεφαλαιοῦσθαι betont. Das mache eine griechische Vorlage, so Quispel, sehr wahrscheinlich. Ähnlich äußert sich Clabeaux:[182] Die Glosse in Adversus Marcionem 5, 17, 1 sei nur sinnvoll, wenn sie sich auf das lateinische *recapitulare* als eigene Übersetzung von ἀνακεφαλαιοῦσθαι beziehe. Vergleicht man die verschiedenen Versionen

---

178 Harnack, Marcion, 53*.
179 Von Soden, Markion, 238, 246.
180 O'Malley, 60f.
181 Quispel, 138.
182 Clabeaux, 51.

Tertullians mit den späteren Übersetzungen von Eph. 1, 9–10 aus der Vetus-Latina-Edition[183], so gibt es für *recapitulare* mehrere weitere Belege bei Irenäus Latinus (1, 3, 4; 3, 18, 7) und bei Hieronymus (Adv. Iovin. 1, 18 p. 277a; In Ezech. 12 p. 380a), während es zu von Sodens „katholischer" Lesart *reciprocare* keine Parallelen gibt. Hieronymus selbst äußert sich auch grundsätzlich zur Frage der korrekten Übersetzung von ἀνακεφαλαιοῦσθαι in seinem Epheserkommentar (Hier, In Eph. 1 p. 453b). Er habe, so Hieronymus, *recapitulare* in einigen Codices als Übersetzung von ἀνακεφαλαιοῦσθαι gefunden und es für zu wörtlich und gräzisierend gehalten. So entscheidet er sich in der Vulgata für *instaurare*.

Ein ähnliches Bild ergibt sich für die Übersetzung von ἀνακεφαλαιοῦσθαι in Röm. 13, 9. Nach dem Material des Vetus-Latina-Instituts sind als Übersetzung *restaurare* (Hes., In lev. 7 p. 1143a) und *recapitulare* (Aug., Un. eccl. 1, 32; Hier., In Gal. 3 p. 409b) bezeugt, während die Vulgata und viele andere Zeugen *instaurare* schreiben. Dieser Befund aus der Überlieferung macht es wahrscheinlich, daß *recapitulare* aus einer schriftlich fixierten „katholischen" Überlieferung stammt und wohl kaum aus einer markionitischen Tradition, während *recolligere* und *reciprocare* wohl als tertullianeisches Gut anzusehen sind. Daher dürfte *recapitulare* der ersten schriftlichen Fassung der Übersetzung der Paulusbriefe angehören und Tertullian auf diese Weise bekannt geworden sein. Bei der Abfassung der späteren[184] Schrift De Monogamia scheint Tertullian wie später Hieronymus *recapitulare* dann nicht mehr gefallen zu haben, so daß er auf die glossierende Wiedergabe *ad caput, id est ad initium, reciprocare* auswich. Zu beachten ist außerdem, daß auch die anderen Wörter des Zitates variierend übersetzt werden. Für τὰ πάντα schreibt er einmal *universa* (Mon. 5, 2) und zweimal *omnia* (Mon. 11, 4; Adv. Marc. 5, 17, 1), für ἐν Χριστῷ einmal *in Christum* (Adv. Marc. 5, 17, 1) und zweimal *in Christo* (Mon. 5, 2; 11, 4). Außerdem ist seine Übersetzung von κατὰ τὴν εὐδοκίαν mit *secundum boni existimationem*[185] in Adversus Marcionem 5, 17, 1 singulär. Diese Abweichungen ergeben ebenfalls keine Sonderstellung des Textes in Adversus Marcionem.

Die Glossen, wie auch der Rückgriff auf den Urtext, haben zudem eine Funktion im Kontext. Denn durch sie wird in beiden Schriften der Schlüsselbegriff des ganzen Zitates, ἀνακεφαλαιοῦσθαι, interpretiert. Dieses Verb macht Tertullian in den folgenden Paragraphen zum Angelpunkt seiner Argumentation, in der es um die Wiederholung der Schöpfung in Jesus Chri-

---

183 Vetus Latina 24/1, 21–23.
184 Cf. Braun, 576.
185 Vetus Latina 24/1, 21–23.

stus geht. In Adversus Marcionem (Adv. Marc. 5, 17, 2–3) legt er nämlich die enge Verbindung zwischen dem Schöpfergott als dem Architekten des Heilsplans und Christus aus, auf den der Heilsplan von Anfang an bezogen sei. Ähnlich ist die Wortwahl in De Monogamia[186] 5, 2 zu erklären: Tertullian will dort mit dem Zitat die Verknüpfung von der Schöpfung und der Verheißung im Anfang und der Erfüllung am Schluß in Christus beweisen und in eine etwas gewagte Analogie auf die Unauflöslichkeit der Ehe über den Tod hinaus übertragen. Diese vielfältige Bedeutung von ἀνακεφαλαιοῦσθαι kann Tertullian nicht mit einem Wort wiedergeben, so daß er zu den Glossen gezwungen ist.

An einer Reihe weiterer Stellen in seinem Werk kommentiert Tertullian den griechischen Text und weist auf die korrekte Wortwahl hin:

(1) (Adv. Marc. 4, 11, 8) *Veni, sponsa de Libano, eleganter Libani utique montis mentione iniecta, qui turis vocabulum est penes Graecos* (Cant. 4, 8).

(2) (Adv. Marc. 4, 8, 4) *Hic, inquit, imbecillitates nostras aufert et langores portat. Portare autem Graeci etiam pro eo solent ponere, quod est tollere* (Jes. 53, 4).

(3) (Adv. Marc. 5, 4, 8) *Haec sunt enim duo testamenta sive ‚duae ostensiones‘, sicut invenimus interpretatum* (Gal. 4, 24).

(4) (Mon. 11, 11) *Sciamus plane non sic esse in Graeco authentico, quomodo in usum exiit per duarum syllabarum aut callidam aut simplicem eversionem: Si autem dormierit vir eius* (1. Kor. 7, 39).

Alle diese Stellen zeigen, daß Tertullian den griechischen Wortlaut kennt und zur Erläuterung der Zitate verwendet. In Adversus Marcionem 5, 4, 8 scheint er, so legen es Harnack[187] und seine Nachfolger nahe, Markions Übersetzung zu besprechen. Doch muß man hier wohl *interpretatum* nicht wie Harnack im Sinne von „übersetzt", sondern von „ausgelegt" verstehen[188], zumal Tertullian sonst deutlicher mit *male interpretatum* formuliert hätte. Zudem ist *interpretatus* in der Bedeutung „ausgelegt" sehr häufig auch bei Tertullian[189] bezeugt. Daher scheint er auch hier in Kenntnis des griechischen Textes formuliert zu haben. So zeigen diese Stellen, daß er oft direkt aus dem griechischen Text übersetzt und über die Probleme der korrekten Übersetzung reflektiert.

Allerdings läßt sich auch zeigen, daß Tertullian mindestens einmal einer fremden Übersetzung ohne den Rückgriff auf das Griechische gefolgt ist.

---

186   Cf. mit eingehenderen Überlegungen Mattei, Kom Mon., 250.

187   Harnack, Marcion, 50*; O'Malley, 54–56.

188   Cf. Clabeaux, 54.

189   Cf. Paen. 7, 8; Carn. Chr. 13, 1; Prob., gr. IV p. 56, 8 *nomen bilis iracundiam significare interpretatur.*

Das zeigt die Wiedergabe von Ez. 28, 12–13 in Adversus Marcionem 2, 10, 3:

(Ez. 28, 12–13) Σὺ ἀποσφράγισμα ὁμοιώσεως καὶ στέφανος κάλλους 13. ἐν τῇ τρυφῇ τοῦ παραδείσου τοῦ Θεοῦ ἐγενήθης.

(Adv. Marc. 2, 10, 3) *In persona enim principis Sor ad diabolum pronuntiatur: Et factus est sermo domini ad me dicens: fili hominis, sume planctum super principem Sor et dices: Haec dicit dominus: tu es resignaculum similitudinis, qui scilicet integritatem imaginis et similitudinis resignaveris, corona decoris (...).*

Hier wird ἀποσφράγισμα „Siegel" unkommentiert mit *resignaculum*[190] „Entsiegelung" wiedergegeben, so daß ein Fehler vorzuliegen scheint. Denn für ἀποσφράγισμα ist nach Liddell-Scott-Jones[191] nur die Bedeutung „impression of a seal" bezeugt. Auch im Apparat der Septuaginta-Ausgabe[192] finden sich keine Varianten im Sinne von „Entsiegelung", die Vorlagen für diese Übersetzung sein könnten. Das lateinische Wort *resignaculum* kann auch nicht anders als mit der Bedeutung „Entsiegelung" erklärt werden. Denn das verwandte Verb *resignare* heißt bei Tertullian stets „entsiegeln" (cf. Virg. Vel. 5, 11; Apol. 6, 4; Res. Mort. 39, 1 u. ö.). Serbat[193] dagegen meint, daß *resignaculum* hier zweifelsohne die Bedeutung „Siegel" tragen müsse und auch *resignare* in entsprechender Weise als „versiegeln" zu verstehen sei. Jedoch widerspricht dieser Deutung auch der Kontext, in dem Tertullian zeigen will, daß der Teufel die Unberührtheit des Menschen zerstört habe und so gleichsam das Ebenbild Gottes „entsiegelt" habe[194]. In den späteren Bibelübersetzungen finden sich zwei korrekte Versionen, *signaculum similitudinis* (Aug., gen. ad litt. 11, 1; Ps.-Aug., spec. 128) und *consignatio similitudinis* (Arnob. iun. confl. 2; cod. 175.), während Tertullians *resignaculum similitudinis* auch bei Hieronymus bezeugt ist. Dieser zitiert in seinem Werk Ez. 28, 12 recht oft (hom. Orig. in Ezech. 1, 3 p. 326, 8 u. ö.; ep. 21, 24) und übersetzt ἀποσφράγισμα ὁμοιώσεως in seinen etwa bis zum Jahre 410[195] entstandenen Schriften immer mit *resignaculum similitudinis*. Diese Übersetzung verteidigt er gegen die Lesart *signaculum similitudinis* auch ausdrücklich:

---

190 Diese Überlegungen sind mit der förderlichen Kritik von Frau Dr. Schulz-Flügel, Beuron, entstanden.
191 LSJ, sv., 221.
192 Septuaginta XVI/2, 222f.
193 Serbat, 250f.
194 In entsprechender Weise übersetzt Evans den Text, während Braun, Kom. Marc. II, 75, Serbats Interpretation folgt.
195 Jahresangaben nach Frede, Sigelliste, 520–531.

(Tract. in ps. 81 p. 78, 8M) *Tu es resignaculum similitudinis. Videte, quid dicat, resignaculum similitudinis. Non dixit tu es signaculum similitudinis, sed resignaculum similitudinis.*

Erst seit seinem Jesajakommentar, der zwischen 408 und 410 entstanden ist, schreibt Hieronymus *signaculum similitudinis* (In Is. 2, 25 p. 71a). In dem später (413–415) erschienenen Ezechielkommentar urteilt er abschließend zu dieser Frage und erklärt den Übersetzungsfehler als eine Folge des blinden Strebens der alten Übersetzer nach Wörtlichkeit:

(In Ezech. 28, 12 p. 269b) *Et quia in Latinis codicibus pro ‚signaculo‘, resignaculum legitur – dum κακοζήλως, verbum e verbo exprimens, qui interpretatus est, iuxta Septuaginta translationem ἀποσφράγισμα resignaculum posuit.*

Hieronymus schließt sich also erst bei besserer Kenntnis des hebräischen Textes der zweiten, korrekten Übersetzungtradition an, während er die dritte Tradition, die *consignatio similitudinis* schreibt, nicht zu kennen scheint. Tertullian folgt wohl der ersten, von Hieronymus bezeugten Tradition. Er selbst hat wohl kaum diesen Fehler begangen, da es unwahrscheinlich ist, daß er als vir bilinguis ἀποσφράγισμα falsch übersetzt hätte. Vielmehr folgt er hier wohl einer fremden Übersetzung, die diesen Fehler wegen der Doppeldeutigkeit des zugrundeliegenden Verbs ἀποσφραγίζειν begangen haben dürfte. Schließlich ist bei Diogenes Laertios, 4, 59, ἀποσφραγίζειν auch in der Bedeutung „entsiegeln" bezeugt.

Nur am Anfang seiner Schrift Adversus Valentinianos äußert sich Tertullian grundsätzlich zu den Prinzipien der Übersetzung einzelner Termini. Dort erläutert er dem Leser, wie er die schwierigen Begriffe der Valentinianer möglichst sachgerecht wiedergeben will.

(Adv. Val. 6, 1–2) *Igitur hoc libello, quo demonstrationem solum praemittentes sumus illius arcani, ne quem ex nominibus tam peregrinis et coactis et compactis et ambiguis caligo suffundat, quomodo iis usuri sumus, prius demandabo. Quorundam enim de Graeco interpretatio non occurrit ad expeditam proinde nominis formam, quorundam nec de sexu genera conveniunt, quorundam usitatior in Graeco notitia est. 2. Itaque plurimum Graeca ponemus; significantiae per paginarum limites aderunt, nec Latinis quidem deerunt Graeca, sed in lineis desuper notabuntur, ut signum hoc sit personalium nominum propter ambiguitates eorum, quae cum alia significatione communicant.*

Tertullian bezeichnet die Begriffe der Valentinianer zunächst mit einer gewissen Polemik als fremdartig (*pergegrina*), künstlich (*coacta*), schwierig zusammengesetzt (*compacta*) und mehrdeutig (*ambigua*).[196] Die Bezeich-

---

196 Cf. Fredouille, Kom. Val., 215–217.

nung fremder Termini als *ambigua* war in der Tradition seit Lukrez üblich.
Auch die Klage über die Schwierigkeiten, griechische Kompositionen angemessen wiederzugeben, finden sich häufig in den in Kapitel 2 vorge-
stellten Bemerkungen paganer Autoren zu neuen Wörtern. Die Begriffe,
deren Übersetzung sich Tertullian vornimmt, stehen zwischen eigentlichen
Namen und abstrakten Nomina und sind auch wegen dieser Doppeldeutigkeit schwer zu übertragen. Für die korrekte Wiedergabe stellt er zwei
Kriterien auf: Das lateinische Äquivalent soll sowohl der flektierten Form
(*genus*) als auch der Wortbildung (*forma*) nach der griechischen Vorlage entsprechen und das gleiche grammatische Geschlecht haben. Wenn kein entsprechendes Äquivalent zu finden ist, so will er das griechische Wort im Text
beibehalten, aber eine lateinische Übersetzung am Seitenrand notieren.
Ebenso will er auch bei eingebürgerten griechischen Fremdwörtern ver-
fahren. Solche Glossen haben sich allerdings, wie Fredouille[197] bemerkt, im
Laufe der Überlieferungsgeschichte rasch verloren. Das so formulierte
Prinzip der größtmöglichen Genauigkeit ist bemerkenswert, weil es sich weniger als etwa die römische Tradition an der Latinitas als an der Ausgangs-
sprache orientiert, da es alle Bestandteile eines Wortes nachbilden will. Es
ist zu vermuten, daß Tertullian in der Bibelübersetzung nach ähnlichen Prinzipien verfährt.

Die untersuchten Stellen zeigen, daß Tertullian fremde Übersetzungen
kennt und produktiv verwendet. Die Kritik an den Übersetzungen hat jeweils
eine Funktion im Kontext.[198] Viele der hier untersuchten Stellen werden
auch in der späteren Literatur kritisch diskutiert, wobei Tertullian mit seinen
Übersetzungen und Bemerkungen nie ganz alleine steht, sondern an einigen
Stellen die gleichen Probleme wie später etwa Hieronymus sieht. Daher ist
ein Vergleich mit der späteren Tradition zur Einordnung Tertullians stets
sinnvoll; es scheint, als seien Tertullian einige dieser Diskussionen schon geläufig.

Aus den Bemerkungen Tertullians zur Wortwahl seiner Vorgänger lassen
sich zwei Prinzipien ableiten:

(1) Tertullian sucht stets nach einer formal möglichst genauen Übersetzung, wobei ihm aber auch seine eigenen Lösungen nicht immer zu gefallen
scheinen, wenn er trotz einer längeren Diskussion einer Vokabel später
wieder eine andere Übersetzung verwendet.

(2) Tertullian will seine Interpretation eines Zitates auch in der Übersetzung schon durchscheinen lassen, um mit dem Zitat wirkungsvoll argumentieren zu können.

---

197   Fredouille, Kom. Val., 207–210.
198   Cf. Schmid, 68–72, der eine Liste derartiger Stellen angibt.

3.3   Verba nova aus fremden Bibelübersetzungen

In diesem Abschnitt werden einige Ausdrücke behandelt, die Tertullian nach den oben vorgetragenen Überlegungen wahrscheinlich aus einer ihm bekannten Übersetzung entnommen hat.

3.3.1   Einzeluntersuchungen

Als erstes Beispiel ist das polemische Wort *incrassare* zu nennen. Es kommt nach dem Thesaurus[199] zunächst vor allem im Kontext der Bibelübersetzung vor und wird ausschließlich von christlichen Autoren verwendet, so daß es wahrscheinlich auch aus der Bibelübersetzung stammt. Tertullian verwendet es an drei Stellen zur Übersetzung von παχύνειν aus Jes. 6, 10 und Dt. 32, 15:

(1) (Jes. 6, 10) Ἐπαχύνθη γὰρ ἡ καρδία τοῦ λαοῦ τούτου, καὶ τοῖς ὠσὶν αὐτῶν βαρέως ἤκουσαν καὶ τοὺς ὀφθαλμοὺς ἐκάμμυσαν.

(Adv. Marc. 3, 6, 5) *Incrassatum est enim cor populi huius et auribus graviter audierunt et oculos concluserunt (...).*

(Ie. 6, 4) *Per illam scilicet incrassatum erat cor populi, ne oculis videret et auribus audiret.*

Die erste Hälfte des Jesajazitates (ἐπαχύνθη γὰρ ἡ καρδία τοῦ λαοῦ τούτου) übersetzt Tertullian an beiden Stellen bis auf die Auslassung von *huius* in De Ieiunio wörtlich mit *incrassatum est cor populi huius* und weicht dabei auch nicht von der späteren Tradition der Vetus Latina[200] ab. Die zweite Hälfte des Zitates dagegen gibt er einmal mit einem Finalsatz und einmal mit einem beigeordneten Hauptsatz wieder; das zeigt eine gewissse Freiheit bei der Übersetzung.

(2) (Dt. 32, 15)[201] Καὶ (...) ἐλιπάνθη καὶ ἐπαχύνθη καὶ ἐπλατύνθη καὶ ἐγκατέλιπεν θεὸν τὸν ποιήσαντα αὐτὸν καὶ ἀπέστη ἀπὸ θεοῦ σωτῆρος αὐτοῦ.

(Ie. 6, 3) *Incrassatus est dilectus et pinguefactus et dilatatus est, et dereliquit deum, qui fecit eum, et abscessit a domino, salutificatore suo.*

Die erste Vershälfte des Deuteronomiumzitats übersetzt Tertullian zwar mit den gleichen Worten wie die späteren Übersetzer, ändert aber als ein-

---

199   J. B. Hofmann, ThLL VII 1, sv., 1941, 1035f; cf. Wissemann, 7f.
200   Vetus Latina 12, 1021–1023.
201   Tertullian und die meisten anderen Altlateiner folgen der Übersetzung des Theodotion, der im Gegensatz zur Septuaginta den Satz mit dem Polysyndeton aus καί wiedergibt (cf. Septuaginta III 2, 349).

ziger die Wortstellung von *incrassatus, pinguefactus* und *dilatatus*[202]. Für
diese Umstellung der Wörter gibt es keine überlieferte Parallele in der griechischen Übersetzung; Tertullian folgt wohl einer verlorenen Rezension der
Septuaginta, die den an dieser Stelle schwer verständlichen hebräischen Text
in eigener Weise wiedergibt. Die Übersetzung von σωτῆρ mit *salutificator* in
der zweiten Hälfte des Verses (zur Wortgeschichte cf. Kap. 6.1.1.4) ist dagegen singulär. Diese Abweichung läßt sich nur damit erklären, daß Tertullian die anderen Übersetzungsmöglichkeiten für σωτῆρ wie das später geläufige *salvator*, das er durchaus als Wiedergabe von σωτῆρ kennt (cf. Kap.
6.1.1.4), hier für nicht geeignet hält und daher auf seine ältere Neubildung
salutificator zurückgreift. *Incrassare* jedoch scheint ihm in allen drei Fällen
die am besten treffende Wiedergabe von παχύνειν zu sein.

Das novum verbum *miserator* verwendet Tertullian an zwei Stellen (Adv.
Marc. 5, 11, 1; Pud. 2, 1) zur Wiedergabe einer häufigen Formel (Ioel. 2, 13;
Iona 4, 12; Ps. 85, 15; 102, 8; 144, 8 und Ex. 34, 12[203]) aus dem Alten Testament. In Ioel 2, 13 findet sich die der lateinischen Fassung am genauesten
entsprechende griechische Vorlage:

(Ioel 2, 13) (sc. ὁ θεός) ἐλεήμων καὶ οἰκτίρμων ἐστίν, μακρόθυμος
καὶ πολυέλεος.

(Adv. Marc. 5, 11, 1) *Proinde si ,pater' potest dici sterilis deus, [nullius
magis nomine quam creatoris]*[204] *misericordiarum tamen pater idem erit,
qui misericors et miserator et misericordiae plurimus dictus est.*

(Pud. 2, 1): *Ceterum deus, inquiunt, bonus et optimus et misericors et
miserator et misericordiae plurimus (...).*

Diese Verbindung von *miserator* mit *misericors* zur Wiedergabe von
ἐλεήμων καὶ οἰκτίρμων gibt es in allen nachweisbaren Übersetzungen dieser
Formel.[205] Dagegen läßt nur Tertullian μακρόθυμος aus und umschreibt als
einziger das im Lateinischen schwierig wiederzugebende πολυέλεος mit der
Wendung *misericordiae plurimus.* Auch die späteren Übersetzer haben mit der
Wiedergabe von πολυέλεος große Schwierigkeiten; sie übersetzen es deshalb
mit einem ablativus qualitatis (*multa misericordia* cod. 103, Aug., bapt. 2, 15
p. 191, 25 zu Ex. 34, 6) oder einem genitivus qualitatis (*multae miserationis*

---

202 Zettelkasten der Vetus Latina; allein Ambrosius, Joseph 38, liest statt *incrassatus
      obesus factus,* wobei es die schlecht bezeugte Variante *incrassatus est* gibt.

203 Bis auf Iona 4, 2 ist an diesen Stellen ἐλεήμων und οἰκτίρμων vertauscht.

204 Der Text ist umstritten; Kroymann athetiert *nullius magis nomine quam creatoris.*
      Doch scheint die Überlieferung zuzutreffen, wenn man mit Evans statt hinter
      creatoris hinter *deus* interpungiert.

205 Zur theologischen Bedeutung dieser Formel, Braun, 128–130. Die hier zitierte
      Form hält Braun für eine Prägung Tertullians.

Hier., In Ion. 4, 9 p. 1494 a) oder einer Adjektivkonstruktion (*multum misericors* Vg.). Tertullians Übersetzung von πολυέλεος entspricht zwar der griechischen Vorlage genauer als die späteren Versionen, wirkt aber sehr kühn, weil sonst kaum *plurimus* mit einem Genitiv verbunden wird.[206] Dagegen stimmt er mit der Tradition bei der Wiedergabe von ἐλεήμων mit *miserator* überein. Dieser Ausdruck bleibt auch in späterer Zeit auf diesen Kontext beschränkt und wird zu einem Epitheton des gnädigen Gottes.[207] Diese einheitliche Verwendung deutet darauf hin, daß *miserator* in der frühen Bibelübersetzung geprägt wurde, aus der es Tertullian auch bekannt war. Mohrmann[208] dagegen hält *miserator* für einen „indirekten Christianismus", also eine nicht durch die Bibelübersetzung beeinflußte Neubildung. Diese Einschätzung erscheint angesichts der Herkunft der Formel wenig überzeugend (cf. Kap. 1.2).

Die Verben *consepelire* und *conresuscitare* verwendet Tertullian zur Übersetzung von συντάπτειν und συναγείρειν aus Röm. 6, 4–5 und der Parallelstelle Kol. 2, 12:

(1) (Röm. 6, 4–5) Συνετάφημεν οὖν αὐτῷ διὰ τοῦ βαπτίσματος εἰς τὸν θάνατον, ἵνα ὥσπερ ἠγέρθη Χριστὸς ἐκ νεκρῶν (διὰ τῆς δόξης τοῦ πατρός)[209], οὕτως καὶ ἡμεῖς ἐν καινότητι ζωῆς περιπατήσωμεν. 5. Εἰ γὰρ σύμφυτοι γεγόναμεν τῷ ὁμοιώματι τοῦ θανάτου αὐτοῦ, ἀλλὰ καὶ τῆς ἀναστάσεως ἐσόμεθα.

(Res. Mort. 47, 10–11) *Consepulti ergo illi sumus per baptisma in mortem, uti, quemadmodum surrexit Christus a mortuis ita et nos in novitate vitae incedamus* (...) 11. *Si enim consati sumus simulacro mortis Christi, sed et resurrectionis erimus.*

(Pud. 17, 5–6) *Consepulti ergo illi sumus per baptismum in mortem, ut, sicut Christus resurrexit a mortuis, ita et nos in novitate vitae incedamus.* 6. *Si enim consepulti sumus simulacro mortis eius, sed et resurrectionis erimus.*

Tertullian wählt das bei ihm zuerst belegte novum verbum *consepelire* in beiden Schriften zur Übersetzung von συντάπτειν. Dieses Wort verwendet er gemeinsam mit allen späteren Zeugen. Einige von ihnen konstruieren (cf. Ruf., Orig. in Rom. 5, 8 p. 1037c; Aug., ep. 55, 3 p. 172, 4) *consepelire* gräzisierend wie auch Tertullian mit dem reinen Dativ, während etwa Ambro-

---

206   E. Baer, ThLL VIII, sv., 1966, 1609 l 74–76, nennt nur noch eine Parallelstelle zu dieser Konstruktion bei Silius Italicus 6, 362.

207   H. Wieland, ThLL VIII, sv., 1957, 1114. Der erste Beleg für *miserator* steht in der lateinischen Übersetzung des Klemensbriefes, die von einem Teil der Forschung für älter als Tertullian gehalten wird. Dazu cf. Anm. 1.

208   Mohrmann I, 34; II, 238. Dagegen hat sich auch Braun, 128–130, gewandt.

209   Die Auslassung von διὰ τῆς δόξης τοῦ πατρός ist auch bei Irenäus Latinus 3, 16, 9; 5, 9, 3 und Ps.-Aug., spec. 103 p. 627, 7 bezeugt.

sius (ep. 70, 10 p. 1236b) und die Vulgata *consepelire* freier mit *cum illo* verbinden. Die Abweichungen in der Wortwahl zwischen den Zitaten in De Resurrectione Mortuorum und De Pudicitia lassen sich leicht klären. In De Pudicitia, einer Schrift, die erst nach De Resurrectione Mortuorum[210] entstanden ist, versucht Tertullian die Formulierung etwas zu glätten, indem er statt des Gräzismus *baptisma* die latinisierte Form *baptismum* wählt, *sicut* für das etwas umständliche *quemadmodum* einsetzt und ἐγείρεσθαι statt mit dem Simplex *surrexerit* mit dem inhaltlich genaueren *resurrexerit* wiedergibt. Der Wechsel von dem in der Übersetzung dieses Zitates singulären *consati* in De Resurrectione Mortuorum 47, 12 zu *consepulti* in De Pudicitia 17, 6 ist durch die mechanische Wiederholung von *consepulti* aus dem vorhergehenden Vers zu erklären. Eine mögliche Vorlage in der Überlieferung des griechischen Textes durch eine Variante συνετάφημεν statt σύμφυτοι γεγόναμεν findet sich in den kritischen Bibelausgaben nämlich nicht. Tertullian variiert in der Wortwahl also mit einer gewissen Freizügigkeit, behält aber das seiner Meinung nach treffende Wort *consepelire* mit dem sehr wörtlichen bloßen Dativ an beiden Stellen bei.

(2) (Kol. 2, 12) Συνταφέντες αὐτῷ ἐν τῷ βαπτίσματι[211], ἐν ᾧ καὶ συνηγέρθητε διὰ τῆς πίστεως τῆς ἐνεργείας τοῦ θεοῦ τοῦ ἐγείραντος αὐτὸν ἐκ νεκρῶν.

(Res. Mort. 23, 1) *Docet quidem apostolus (....) dehinc consepultos Christo in baptismate et conresuscitatos in eo per fidem efficaciae dei, qui illum suscitavit a mortuis.*

Ein ähnliches Bild bietet die Parallelstelle im Kolosserbrief (Kol. 2, 12), in der Tertullian συντάπτειν wiederum mit *consepelire* übersetzt, das ἐγείρειν (Röm. 6, 4) entsprechende συναγείρειν aber mit dem seltenen verbum novum *conresuscitare* wiedergibt. Diese Übersetzung an dieser Stelle ist nach der Vetus-Latina-Edition[212] singulär, stellt aber im Vergleich zu den späteren Versionen, in denen συνηγέρθητε mit aktiven Formen von *surgere* oder *resurgere* umschrieben wird, die bei weitem genaueste Wiedergabe dar. Solche Umschreibungen von συνεγείρεσθαι und ἐγείρεσθαι ἐκ νεκρῶν (Röm. 6, 4; 1. Kor. 15, 4. 52; Kol. 3, 1 u. ö.) aus den Paulusbriefen mit aktivischen Formen ist bei nahezu allen Übersetzern – auch bei Tertullian (cf. Röm. 6, 4 Res. Mort. 47, 10; 1. Kor. 15, 4 Adv. Marc. 3, 8, 5) – zu beobachten. Das ist damit zu erklären, daß bei der wörtlichen Wiedergabe mit passivischen Formen etwa von *suscitare*[213] und den entsprechenden Kom-

---

210   Cf. Braun, 576.
211   Tertullian folgt einer gut bezeugten Variante (cf. Nestle-Aland, app. cr.).
212   Vetus Latina 24/1, 413–415.
213   Dieser Doppelsinn findet sich aber an einigen wenigen Stellen. Ein Beispiel aber ist

posita ein im Lateinischen ungewollter Doppelsinn entstünde. Daher werden diese Ausdrücke fast immer aktivisch mit Komposita von *surgere* übersetzt.

Die beiden Wörter *conresuscitare* und *consepelire* sind der frühen Bibelübersetzung entlehnt. *Conresuscitare* findet sich sonst fast ausschließlich[214] bei der Übersetzung von Eph. 2, 6 (καὶ συνήγειρεν καὶ συνεκάθισεν) bei nahezu allen Texttypen.[215] Auch wenn Tertullian diese Stelle selbst nicht zitiert, dürfte sie ihm doch bekannt gewesen sein, so daß er *conresuscitare* wahrscheinlich aus einer früheren Übersetzung übernahm. Doch verbreitet sich *conresuscitare* nicht über diese Stelle hinaus. Das Verb *consepelire*[216] dagegen ist – allerdings nur bei christlichen Autoren – weitaus häufiger bezeugt und wird meist im Kontext der Wiederauferstehung mit Christus benutzt. Allerdings verwendet schon Cyprian (ep. 67, 6)[217] das Verb *consepelire* ohne Zusammenhang mit der Bibel, so daß man auf einen Ursprung im profanen Sprachgebrauch schließen könnte. Dagegen spricht aber, daß *consepelire* einen der wichtigsten Inhalte christlicher Verkündigung ausdrückt, sich deswegen wohl sehr rasch verbreitete und so auch Eingang in die Umgangssprache der Christen fand.[218]

Hier zeigt sich wieder Tertullians Tendenz, angemessene Ausdrücke der ihm bekannten Tradition zu entnehmen, sich aber bei der Formulierung von seinem eigenen Stilempfinden leiten zu lassen.

Tertullians penible Übersetzung von Röm. 6, 9 (εἰδότες, ὅτι Χριστὸς ἐγερθεὶς ἐκ τῶν νεκρῶν οὐκέτι ἀποθνῄσκει) in De Pudicitia 17, 6: *Scientes, quod Christus suscitatus a mortuis iam non moriatur.* Hier scheint der Fehler mit einer gedankenlosen Übersetzung Wort für Wort zu erklären zu sein, die zu dem ungewollten Doppelsinn führt. Auf Tertullians Tendenz zu sklavisch genauen Übersetzungen weist auch Valgiglio, 39, 133f, hin. Valgiglio hält ihn allerdings für einen Zeugen der afrikanischen Bibelübersetzung. Eine ähnliche Übersetzung findet sich nur bei Julian, dem Bischof von Eclanum, nach einem Zitat des Augustin: (Aug., c. Iulian. op. imperf. 2, 225 p. 1241) *scientes, quia Christus suscitatus a mortuis iam non moriatur.*

214 H. Lambertz, ThLL IV, sv., 1908, 1032.

215 Vetus Latina 24/1, 61–63.

216 H. Bayer, ThLL IV, sv., 1907, 402.

217 *Quapropter cum (...) Martialis quoque praeter gentilium turpia et lutulenta convivia in collegio diu frequentata et filios in eodem collegio exterarum gentium more apud profana sepulcra depositos et alienigenis consepultos, actis etiam publice habitis apud procuratorem ducenarium obtemperasse se idolatriae et Christum negasse contestatus sit, (...) frustra tales episcopatum sibi usurpare conantur.*

218 Mohrmann II, 238, rechnet *consepelire* wiederum zu den „indirekten Christianismen“, ohne auf die spezifisch theologische Bedeutung des Wortes einzugehen.

Ein weiteres Beispiel für Tertullians Übereinstimmung mit der Tradition ist das Verb *superordinare*, das er mit beinahe allen späteren Bibelübersetzern gemeinsam zur Übersetzung von ἐπιδιατάσσεσθαι aus Gal. 3, 15 verwendet:

(Gal. 3, 15) Ὅμως ἀνθρώπου κεκυρωμένην διαθήκην οὐδεὶς ἀθετεῖ ἢ ἐπιδιατάσσεται[219].

(Adv. Marc. 5, 4, 1) *Sed tamen testamentum hominis nemo spernit aut superordinat.*

Superordinare ist nach den Angaben des Thesaurus fast ausschließlich in Übersetzungen dieser Stelle belegt und scheint daher eine Neubildung der frühen Bibelübersetzung zu sein. Die anderen Wörter des Zitates gibt Tertullian dagegen in eigener Weise wieder. Als einziger stellt er *testamentum* vor *hominis* und läßt als einziger κεκυρωμένην aus. Das bestätigen die oben mitgeteilten Beobachtungen, daß er ihm treffend erscheinende neue Wörter anderer Übersetzer gerne wählt, sonst aber mit einer gewissen Freiheit vorgeht, wie sich hier besonders an der Wortstellung zeigt.

Textkritisch umstritten ist dagegen die Übersetzung von ἀνεξιχνίαστος aus Röm. 11, 33:

(Röm. 11, 33) Ὦ βάθος πλούτου καὶ σοφίας καὶ γνώσεως θεοῦ, ὡς ἀνεξερεύνητα τὰ κρίματα αὐτοῦ καὶ ἀνεξιχνίαστοι αἱ ὁδοὶ αὐτοῦ.

(Adv. Herm. 45, 5) *<O> profundum divitiarum et sophiae, ut <in>inventibilia iudicia eius et <in>vestigabiles viae eius!*

(Adv. Marc. 2, 2, 4) *Cui et apostolus condicet: O profundum divitiarum et sophiae ut <in>investigabilia iudicia eius, utique dei iudicis et <in>investigabiles viae eius.*

(Adv. Marc. 5, 14, 9) *O profundum divitiarum et sapientiae dei et investigabiles viae eius!*

Tertullian gibt Röm. 11, 33 an den drei zitierten Stellen jeweils mit einem leicht geänderten Wortlaut wieder. Die Übersetzung von ἀνεξιχνίαστος mit dem novum verbum *investigabilis* scheint den meisten Herausgebern (Waszink [Adv. Herm. 45, 5]; Moreschini, Evans, Braun, Kroymann [Adv. Marc. 2, 2, 4]) nicht sinnvoll zu sein, so daß sie gegen die Überlieferung zu der Konjektur *<in>investigabilis* (Adv. Herm. 45, 5 [Pamelius]; Adv. Marc. 2, 2, 4 [Mesnartius]) greifen. Lediglich die letzte Stelle (Adv. Marc. 5, 14, 9) wird von allen Herausgebern so konstituiert, wie sie in den Handschriften über-

---

219 *Superordinare* stimmt genauer mit der in einigen Handschriften (Codex Claromontanus) bezeugten Variante ἐπιτάσσεται als mit dem mehrheitlich überlieferten Dekompositum ἐπιδιατάσσεται überein. Man kann aber nicht sicher sein, daß die Übersetzer alle dieser Lesart folgten, weil es im Lateinischen fast unmöglich ist, dieses griechische Dekompositum wörtlich wiederzugeben.

liefert ist. Die Änderung von *investigabilis* zu <*in*>*investigabilis* wird vorgenommen, weil *investigabilis*, wenn es von dem geläufigen Verb *investigare* abgeleitet wird, nicht den gewünschten negativen Sinn „unaufspürbar" trägt, sondern als „aufspürbar" verstanden werden muß. Dagegen ist aber einzuwenden, daß die Vertauschung von *in*-Privativum und dem Präfix *in* im Lateinischen nicht völlig ungewöhnlich ist. Dies zeigt sich etwa bei der Bildung von *incorporabilis* und *instructilis* (cf. Kap. 6.1.2.2; Kap. 7.3.2). Zudem ist nach dem Thesaurus *investigabilis* im negativen Sinn gerade in der Bibelübersetzung[220] vielfach bezeugt. So findet es sich in der gesamten Tradition der Übersetzung von Röm. 11, 33. Daher ist an der Überlieferung der Handschriften festzuhalten. Nach diesen Überlegungen *investigabilis* gehört zu den Ausdrücken, die Tertullian aus einer ihm bekannten Übersetzung übernahm, weil *investigabilis* ihm als das beste Äquivalent von ἀνεξιχνίαστος[221] erschien.

3.3.2 Tabelle 1: Nova verba aus fremden Bibelübersetzungen

In der Tabelle 1 sind alle anderen nova verba aufgeführt, die Tertullian gemeinsam mit einem großen Teil der Bibelübersetzer verwendet und die ihm als Übersetzung wohl aus fremden Bibelübersetzungen bekannt gewesen sein könnten. Dabei werden die Belege in Auslegungen unmittelbar im Kontext dieser Zitate nicht aufgeführt. Auf die Behandlung im einzelnen kann verzichtet werden, da die angegebene Herkunft sich wie in den oben herausgegriffenen Beispielen begründen läßt: Wenn ein Wort nur in der Bibelübersetzung bezeugt ist und möglicherweise noch eine spezifisch biblische Bedeutung besitzt, wurde es wahrscheinlich von Bibelübersetzern vor Tertullian geprägt (in der Tabelle als „Bibelübersetzung" gekennzeichnet). Das Vorliegen einzelner paganer Belege und eine technische oder zum alltäglichen Sprachgebrauch gehörende Bedeutung sprechen dagegen eher für den Ursprung eines Wortes in der gesprochenen Sprache (bek.) oder in einer Fachsprache. Die Angaben über die Zeugen in der Tabelle sind entweder den

---

220 E. Wolf-O. Hiltbrunner, ThLL VII 2, sv., 1959, 166, l. 65–83, verweisen auf eine große Zahl von Belegen gerade im Kontext dieser Stelle; cf. Hiltbrunner, 217–223. Labhardt, 202f, weist noch auf das spätlateinische Adjektiv *vestigabilis* hin.

221 Aus den geschilderten Gründen sollte man auch in Adv. Herm. 45, 5 der einheitlich überlieferten Lesart *inventibilis* folgen, da diese leicht durch das griechische Vorbild ἀνεξεραύνητα und den Parallelismus mit *investigabilis* zu erklären ist. Später findet sich bei Hieronymus, hom. orig. In Is. 2, 2 p. 251, 15, das positive *inventibilis* (cf. I. Kapp, ThLL VII2, sv., 1956, 152).

bereits erschienen Faszikeln der Beuroner Vetus-Latina-Edition entnommen
oder stammen aus den Zettelkästen des Beuroner Vetus-Latina-Instituts. Angegeben sind entweder die entsprechenden Texttypen nach den Siglen der
Ausgabe oder die Abkürzungen für die Zeugen. Diese sind nach dem Index
des Thesaurus linguae Latinae abgekürzt; aus Platzgründen wird das pseu-
doaugustinische Speculum nur mit Spec. gekennzeichnet. Deswegen wird
auch auf Stellenangaben verzichtet. Wenn alle Zeugen dasselbe Wort
schreiben, so ist dies mit *omnes* gekennzeichnet. Die Schriften Tertullians
werden in Kurzform zitiert.

Adversus Marcionem	M.
Adversus Praxeam	Prax.
Adversus Valentinianos	Val.
De Anima	An.
De Carne Christi	Carn.
De Cultu Feminarum I	F. I.
De Fuga	Fug.
De Monogamia	Mon.
De Ieiunio	Ie.
De Pudicitia	Pud.
De Resurrectione Mortuorum	Res.
Scorpiace	Sc.

TABELLE I: (Abschnitt 1 von 2)

Wort	Herkunft	gr. Vorlage	Bibelstellen	Stellen bei Tertullian	Andere Zeugen
appretiare	Bibelübersetzung	τιμᾶν	Mt. 27, 9	Res. 9, 1; 20,5; M. 4, 40, 8	omnes (aestimare cod. 3)
benedictio	bek.	εὐλογία	Deut. 11, 26	M. 5, 3, 9; Sc. 2, 5	omnes
		εὐλογία	Deut. 11, 27	Sc. 2, 5	omnes
		εὐλογία	Deut. 30, 9	M. 4, 15, 5	omnes
		εὐλογία	Ps. 23, 5	M. 2, 19, 3	omnes
circumcisio	Mediziner	περιτομή	Röm. 4, 11	Mon. 6, 2	omnes
		περιτομή	Gal. 5, 6	M. 5, 4, 10	omnes
		περιτομή	Eph. 2, 11	M. 5, 17, 2	omnes
		περιτομή	Kol. 2, 13	Res. 23, 2	omnes
conglorificare	Bibelübersetzung	συνδοξάζειν	Röm. 8, 17	Res. 40, 4	omnes (simul glorificare cod. 75)
consepelire	Bibelübersetzung	συνθάπτειν	Kol. 2, 12	Res. 23, 1	omnes
		συνθάπτειν	Röm. 6, 4	Res. 47, 10; Pud. 17, 6	omnes
conspersio	bek.	φύραμα	1. Kor. 5, 6	M. 5, 7, 3; Pud. 13, 25	omnes
contemptibilis	bek.	ἐξουθενημένος	1. Kor. 1, 28	M. 5, 5, 9	omnes
cucumerarium	Bibelübersetzung	σικυήρατον	Jes. 1, 8	M. 3, 23, 3; 4, 31, 6; 4, 42, 5	omnes
fornicatio	Bibelübersetzung	πορνεία	1. Kor. 6, 13	M. 5, 7, 4	omnes
glorificare	Bibelübersetzung	δοξάζειν	Mt. 17, 5	Prax. 23, 3; 23, 5; 24, 5	omnes
illuminatio	Bibelübersetzung	φωτισμός	2. Kor. 4, 6	Res. 44, 2; M. 5, 11, 11	omnes
inaccessibilis	Bibelübersetzung	ἀπρόσιτος	1. Tim. 6, 16	Prax. 16, 6	omnes
incrassare	Bibelübersetzung	παχύνειν	Jes. 6, 10	M. 4, 13, 4; Ie. 6, 9	omnes
		παχύνειν	Dt. 32, 15	Ie. 6, 3	omnes
inhonorare	Bibelübersetzung	ἀτιμάζειν	Jes. 53, 3	M. 3, 7, 6; 3, 17, 1	omnes
investigabilis	Bibelübersetzung	ἀνεξιχνίαστος	Röm. 11, 33	M. 5, 14, 9; M. 2, 12, 4	omnes
irreprehensibilis	Bibelübersetzung	ἀνεπίλημπτος	1. Tim. 6, 14	Res. 23, 11	omnes

TABELLE I: (Abschnitt 2 von 2)

miserator	Bibelübersetzung	οἰκτίρμων	Joel 4, 2	M. 5, 11, 1; Pud. 2, 1	omnes
mortificatio	Bibelübersetzung	νέκρωσις	2. Kor. 4, 10	Res. 44, 4	omnes
mortificare	Bibelübersetzung	θανατοῦν	Röm. 8, 13	Res. 46, 8	omnes
perditio	Bibelübersetzung	ἀπώλεια	2. Thess. 2, 3	M. 5, 16, 4; Res. 24,12	omnes
		ἀπώλεια	Dt. 12, 2	Sc. 2, 6	omnes
primogenitus	bek.	πρωτότοκος	Kol. 1,15	M. 5, 19, 9; Prax. 7, 1	omnes
regeneratio	Bibelübersetzung	παλιγγενεσία	Tit. 3, 5	Pud. 1, 5	omnes
revelatio	Bibelübersetzung	ἀποκάλυψις	2. Thess. 1, 7	M. 5, 16, 1	omnes
sanctificare	Bibelübersetzung	ἁγιάζειν	Jer. 1, 5	An. 26, 5	omnes
		ἁγιάζειν	1. Kor. 7, 14	An. 39, 4	
		ἁγιάζειν	1. Thess. 5, 23	Res. 47, 17	
		ἁγιάζειν	Joh. 10, 36	Prax. 22, 12	
spiritalis	bek.	πνευματικός	1. Kor. 15, 46	Res. 52, 16	omnes
subintrare	Bibelübersetzung	παρεισέρχεσθαι	Gal. 2, 4	M. 5, 3, 2	omnes (intrare Hier.)
superabundare	bek.	ὑπερπερισσεύειν	Röm. 5, 20	Res. 34, 3; 47, 14; M. 5, 3, 10	omnes (abundare Ruf.)
superaedificare	bek.	ἐποικοδομεῖν	Eph. 2, 20	M. 5, 17, 6	omnes
superordinare	Bibelübersetzung	ἐπιδιατάσσεσθαι	Gal. 3, 15	M. 5, 4, 1	omnes
superseminare	Bibelübersetzung	ἐπισπείρειν	Mt. 13, 25	Prax. 1, 6	omnes
					(seminare codd. 1, 2)
unigenitus	Bibelübersetzung	μονογενής	Joh. 1, 18	Prax. 7, 1; Prax. 15, 6 bis	omnes (unicus cod. 3)
vivificare	bek.	ζῳοποιεῖν	1. Kor. 15, 22	M. 5, 9, 5	omnes
		ζῳοποιεῖν	1. Kor. 15, 36	Res. 52, 1	omnes
		ζῳοποιεῖν	1. Kor. 15, 45	Carn. 17, 3	omnes
		ζῳοποιεῖν	Joh. 5, 21	Prax. 21, 10	omnes
		ζῳοποιεῖν	Röm. 8, 11	M. 5, 14, 5	omnes
		ζῳοποιεῖν	2. Kor. 14, 36	M. 5, 11, 4	omnes

3.3.3 Auswertung und Zusammenfassung

Die Tabelle zeigt eine große Zahl von Ausdrücken, die das genaue Äquivalent zum Ausdruck der griechischen Bibel darstellen. Bei den Nomina entsprechen sich Wortstamm und grammatisches Geschlecht:

benedictio, fornicatio, mortificatio, perditio, regeneratio, revelatio.

Bei Verben und Adjektiven werden Präfix, Wortstamm und Suffix der griechischen Vorlage genau nachgeahmt:

conglorificare, consepelire, glorificare, inaccessibilis, incrassare, inhonorare, investigabilis, irreprehensibilis, mortificare, sanctificare, spiritalis, subintrare, superabundare, superaedificare, superordinare, superseminare, vivificare.

Zwei Ausdrücke stammen aus Fachsprachen und behalten in der Übersetzung den Aspekt der Konkretheit:

circumcisio, conspersio.

Daneben tritt eine Reihe von Wörtern, die nur semantisch dem Griechischen genau entsprechen:

appretiare, contemptibilis, illuminatio, miserator.

Tertullian dürfte einen großen Teil dieser Ausdrücke aus einer fremden Bibelübersetzung kennen, für deren genauen Wortlaut er aber nur sehr eingeschränkt Zeuge ist, da seine Formulierungen der Zitate immer wieder auf seine eigene Übersetzung hinweisen.

3.4 Nova verba in Abweichung von der Tradition

In diesem Abschnitt werden nova verba behandelt, die Tertullian entweder als einziger oder gemeinsam mit nur wenigen anderen Bibelübersetzern verwendet.

3.4.1 Einzeluntersuchungen

Wie in der vorhergehenden Untersuchung werden auch hier die neugebildeten Wörter nach Wortarten getrennt untersucht.

3.4.1.1 Nomina

Ein Beispiel für eine geschlossene Gruppe neu gebildeter Nomina sind die Neubildungen mit den Suffixen *mentum* und *men*, die nach Perrots Untersuchung besonders im Spätlatein und in der Bibelübersetzung produktiv sind.[222] Dazu gehört das Wort *aspernamentum*, das an drei Stellen zur Übersetzung von τὸ βδέλυγμα bzw. βδελύσσεσθαι aus der Septuaginta[223] gebraucht wird:

(1) (Jes. 2, 20) Τῇ γὰρ ἡμέρᾳ ἐκείνῃ ἐκβαλεῖ ἄνθρωπος τὰ βδελύγματα αὐτοῦ τὰ ἀργυρᾶ καὶ τὰ χρυσᾶ.

(Adv. Marc. 3, 23, 1) *Secundum Esaiam proiecit homo aspernamenta sua aurea et argentea.*

(2) (Dt. 27, 15) Ἐπικατάρατος ὁ ἄνθρωπος, ὅστις ποιήσει γλυπτὸν καὶ χωνευτόν βδέλυγμα κυρίῳ[224].

(Scorp. 2, 12) *Maledictus homo, qui fecit sculptile aut fusile aspernamentum.*

(3) (Amos 5, 10) Ἐμίσησαν ἐν πύλαις ἐλέγχοντα καὶ λόγον ὅσιον ἐβδελύσσαντο. (Pud. 8, 5) *Quando enim non transgressor legis Iudaeus, aure audiens et non audiens, odio habens traducentem in portis et aspernamento sermonem sanctum?*

Tertullian übersetzt die ersten beiden Zitate (Jes. 2, 20; Dt. 27, 15) sehr genau; das dritte (Amos 5, 10) gibt er wegen des Kontexts, der ein Partizip erfordert, mit der ungewöhnlichen periphrastischen Formulierung *odio habens et aspernamento* wieder, die zudem einen Satzreim möglich macht. An allen drei Stellen wird in der ganzen Tradition[225] βδέλυγμα mit dem geläufigen Femininum *abominatio* übersetzt; nur in der umstrittenen Schrift Adversus Iudaeos (Ps.-Tert., Adv. Iud. 13, 24) wird zur Übersetzung von βδέλυγμα (Jes. 2, 20) das Neutrum *abominamentum* verwendet. Tertullian versucht also mit *aspernamentum* eine möglichst genaue, selbst das grammatische Geschlecht und das Suffix[226] μα der Vorlage nachahmende Übersetzung zu liefern, während die Tradition lieber einen bekannten Ausdruck wählt. Nicht erklärbar dagegen ist bisher ein Satz (Adv. Marc. 4, 14, 16) mit *aspernamentum,* den Tertullian[227] zwar Jesaja zuschreibt, der sich aber

---

222 Perrot, 88–91.
223 Angegeben ist jeweils die nach den Varianten der Septuaginta wahrscheinliche Vorlage Tertullians (cf. Septuaginta XIV, 139; III 2, 349; XIII, 192).
224 Nach Septuaginta VI, 289 lassen Tertullian und eine Handschrift κυρίῳ aus. Tertullian liest hier die gutbezeugte Variante καί.
225 Zu Jes. 2, 20 cf. Vetus Latina 12, 108f.
226 Auf diese Koinzidenz weist auch André, 102–104, hin.
227 Adv. Marc. 4, 14, 16 (...) *Per Esaiam ad auctores odii Iudaeos: (...) sancite eum, qui circumscribit animam suam, qui aspernamento habetur a nationibus, famulis et magistratibus.* Das Zitat dürfte ein mündlich umlaufendes Logion sein, das vielleicht jüdischer Tradition entstammte, und von Tertullian irrtümlich Jesaja zugeschrieben worden sein.

weder bei Jesaja noch anderswo in der Bibel lokalisieren läßt. Da *asper-namentum* nur noch an ganz wenigen Stellen in der Bibelübersetzung bezeugt[228] ist, kann ein Urteil über seine Herkunft nicht gegeben werden.

Ein ähnliches Bild ergibt die Untersuchung von *nullificamen*. Dieses Wort verwenden nach dem Material der Vetus Latina und des Thesaurus allein Tertullian (Adv. Marc. 3, 7, 2; 3, 17, 3; 4, 21, 12) und der Codex 136 zur Wiedergabe von ἐξουδένημα λαοῦ aus Ps. 21, 7. Alle anderen Übersetzer dagegen ziehen wie später die Vulgata das geläufige Wort[229] *opprobrium* vor. *Nullificamen* entspricht dem griechischen Wort ἐξουδένημα in Wortstamm und Endung außer dem Präfix genau. Tertullian bevorzugt auch bei dieser Übersetzung ein ungewöhnliches Wort anstelle eines geläufigen, um die Vorlage möglichst exakt wiederzugeben. Die Herkunft von *nullificamen* ist wegen des Belegs im Codex 136 nicht eindeutig zu bestimmen; man könnte voneinander unabhängige Neubildungen annehmen. Tabellarisch folgen hier die anderen Bildungen mit diesem Suffix, soweit sie in Bibelzitaten bezeugt sind:

(1) *factitamentum*

(Röm. 1, 20) Τὰ γὰρ ἀόρατα αὐτοῦ ἀπὸ κτίσεως κόσμου τοῖς ποιήμασιν νοούμενα καθορᾶται.

Tertullian	andere Zeugen
factitamentum (An. 18, 12);	*facta* (Vg.; cod. 5, 77; Ps.-Aug., spec.)
opera (Adv. Marc. 4, 25, 3)	
facta (Adv. Herm. 45, 5)	

Tertullian scheint länger nach einer geeigneten Übersetzung zu suchen, bis er auf das Hapaxlegomenon[230] *factitamentum* kommt; ihm ist anscheinend auch die geläufige Wiedergabe *facta* bekannt.

(2) *genimen*

(Mt. 3, 7) Γεννήματα ἐχιδνῶν, τίς ὑπέδειξεν ὑμῖν φυγεῖν ἀπὸ τῆς μελλούσης ὀργῆς;

---

228 W. Bannier, ThLL II, 1902, sv., 1902, 823.
229 K. Bohnenkamp, ThLL IX 2, sv., 1976, 796–799.
230 O. Hey, ThLL VI 1, sv. 1912, 138.

Tertullian	andere Zeugen
genimina viperarum (An. 21, 4; Adv. Herm. 12, 2)	*progenies* (Vg.); *generatio* (Ambr.); *natio* (Ambrosiast.); *genera* (Aug.); *genimina* (Ps.-Cypr.)

Tertullian wählt mit *genimen* für Mt. 3, 7, wie man im Vergleich mit den Parallelstellen sieht, die genaueste Übersetzung. Dieses Wort wird auch an Stellen ohne Bezug zur Schrift verwendet: In De Anima 23, 5 gibt es γεννήμασι aus Platon, Tim. 69c (cf. Kap. 4.1.2), wieder, während es an den übrigen Stellen (An. 34, 2; 39, 2; Adv. Val. 3, 4) ohne fremde Vorlage stets pejorativ im Sinne von „Brut" gebraucht wird. Später ist *genimen* nach dem Thesaurus[231] ausschließlich in Bibelübersetzungen (besonders der Vulgata) und Bibelkommentaren bezeugt. Dort ist es zur Übersetzung von γεννήματα ἐχιδνῶν (Mt. 23, 33), von γεννήματα τῆς ἀμπέλου (Mt. 26, 29) und von κάρπος τῶν ἀμπέλων (Prov. 18, 20) bezeugt. So muß *genimen* aus der Bibelübersetzung stammen.

(3) *novamen*

(Jer. 4, 3) Νεώσατε ἑαυτοῖς νεώματα.

Tertullian	andere Zeugen
novamen (Adv. Marc. 1, 20, 4; 4, 1, 6; 4, 11, 9; 5, 19, 11).	*novale* (Vg.); *novitas* (Cypr.; Lact.); *novalia* (Ruf.; Hier.); *novamen* (Pelag.).

Bei *novamen* ergibt sich das gleiche Ergebnis wie bei den zuvor untersuchten Wörtern: Tertullian entscheidet sich für einen seltenen Ausdruck, der der griechischen Vorlage auch etymologisch entspricht, während die meisten späteren Übersetzer auf geläufigere Wörter zurückgreifen. Wegen des Beleges für *novamen* bei Pelagius (Gal. 6, 13 p. 342, 2) ist ein Urteil über die Herkunft nicht möglich.

---

231 O. Hey, ThLL VI 2, sv., 1929, 1810f.

(4) *sputamen*

(Jes. 50, 6) Τὸν νῶτον μου δέδωκα εἰς μάστιγας (...) τὸ δὲ πρόσωπόν μου οὐκ ἀπέστρεψα ἀπὸ αἰσχύνης ἐμπτυσμάτων.

Tertullian	andere Zeugen
sputamen (Res. Mort. 20, 5; Fug. 12, 2; Carn. Chr. 9, 7; Adv. Marc. 3, 5, 2)	*conspuens* (Vg.); *sputum* K; *sputamentum* O

Sputamen verwendet Tertullian ausschließlich zur Übersetzung von ἔμπτυσμα. Im Vergleich zu den späteren Übersetzern wählt er die der Vorlage am besten entsprechende Wiedergabe. Das Wort *sputamen* scheint bekannt zu sein, weil es später auch bei römischen Ärzten in medizinisch-technischem Sinne (Oribas., syn., 6, 5, 1; Cael. Aur., chron. 2, 199) und bei anderen paganen Autoren (Amm. 14, 9, 6) verwendet wird.

Ein ähnliches Bild für Tertullians Sonderstellung in der Wortwahl zeigen die Ausdrücke für Beschneidung und Vorhaut in den Paulusbriefen, περιτομή und ἀκροβυστία. Die vier Belegstellen für diese Ausdrücke in Bibelzitaten Tertullians und die späteren Übersetzungen werden in der folgenden Übersicht dargestellt.

(1) (Röm. 4, 11) Καὶ σημεῖον ἔλαβεν περιτομῆς σφραγῖδα τῆς δικαιοσύνης τῆς πίστεως τῆς ἐν τῇ ἀκροβυστίᾳ.

(Mon. 6, 2) *Adeo autem monogami Abrahae filius es (...), ut si circumcidaris iam non sis filius, quia non eris ex fide, sed ex **signaculo fidei in praeputiatione iustificatae.***

(Vg.) *Et signum accepit circumcisionis signaculum iustitiae fidei, quae est in praeputio.*

(2) (Gal. 5, 6) Ἐν γὰρ Χριστῷ Ἰησοῦ οὔτε περιτομή τι ἰσχύει οὔτε ἀκροβυστία, ἀλλὰ πίστις δι' ἀγάπης ἐνεργουμένη.

(Adv. Marc. 5, 4, 10) *Cur etiam negat (sc. Marcion) praeputiationem quicquam valere in Deo sicut et circumcisionem?* (Vg.) *Nam in Christo Iesu neque circumcisio aliquid valet neque praeputium, sed fides, quae per caritatem operatur.*

(3) (Eph. 2, 11) Διὸ μνημονεύετε, ὅτι ποτὲ ὑμεῖς τὰ ἔθνη ἐν σαρκί, οἱ λεγόμενοι ἀκροβυστία ὑπὸ τῆς λεγομένης περιτομῆς ἐν σαρκὶ χειροποιήτου (sc. ἦτε).

(Adv. Marc. 5, 17, 12) *Memores vos aliquando nationes in carne, qui appellamini praeputiatio, ab ea, qui dicitur circumcisio in carne manu facta.*

(Vg.) *Propter quod memores estote, quod aliquando vos gentes in carne, qui dicimini praeputium, ab ea, quae dicitur circumcisio in carne manu facta.*

(4) (Kol. 2, 13) *Καὶ ὑμᾶς νεκροὺς ὄντας [ἐν] τοῖς παραπτώμασι καὶ τῇ ἀκροβυστίᾳ τῆς σαρκὸς ὑμῶν, συνεζωοποίησεν ὑμᾶς σὺν αὐτῷ.*
(Res. Mort. 23, 2) *Et vos, cum mortui essetis in delictis et praeputiatione carnis vestrae, vivificavit cum eo.*
Vg. *Et vos, cum mortui essent in delictis et in praeputio carnis vestrae, convivificavit cum eo.*

Fast alle altlateinischen Zeugen[232] übersetzen an diesen Stellen *ἀκρο-βυστία* mit *praeputium*; nur Hilarius[233], De trinitate 1, 13, gibt *ἀκροβυστία* aus Kol. 2, 13 mit *praeputiatio* wieder.

Tertullian dagegen bevorzugt an allen Stellen das ungewöhnliche Wort *praeputiatio,* während er *circumcisio* gemeinsam mit allen anderen Bibel-übersetzern gebraucht. *Cicrcumcisio* dürfte aus der medizinischen Sprache stammen, da es nach den Stellenangaben des Thesaurus[234] bei einem spä-teren Mediziner (Ps.-Soran, quaest. med. 245)[235] als eine der Operationen der Chirurgen genannt ist. Die Sonderstellung von Tertullians Übersetzung *praeputiatio* an den oben aufgeführten Stellen läßt sich damit erklären, daß *praeputiatio* der griechischen Vorlage *ἀκροβυστία* im Gegensatz zu *prae-putium* im grammatischen Geschlecht und im Suffix[236] genau entspricht. Zudem kann er mit *praeputiatio* an zwei der vier aufgeführten Stellen, den Übersetzungen von Gal. 5, 6 und Eph. 2, 11, den Satzreim der griechischen Vorlage nachahmen. Um stilistischer Effekte willen dürfte Tertullian an den zwei weiteren Belegstellen *praeputiatio* wählen:

(Adv. Marc. 5, 13, 7) *Praefert et circumcisionem cordis praeputiationi. Apud deum legis est facta circumcisio cordis*[237](...). (Mon. 6, 2) *Digamus cum circumcisione esse orsus est, monogamus cum praeputiatione. Recipis*

232   Vetus Latina 24/1, 71–73; zu Gal. 5, 6 und Röm. 4, 11 habe ich die Zettelkästen in Beuron verglichen.
233   Vetus Latina 24/2, 415–417.
234   O. Hey, ThLL IV, 1909, 1125. Mohrmann, Augustin, 170f, dagegen rechnet *circumcisio* ohne Würdigung der paganen Belege zu den mittelbaren Christianis-men.
235   An den von Hey genannten weiteren Belegstellen bei Caelius Aurelianus liest der letzte Herausgeber (Bendz, 1990) jetzt *circumincisio.*
236   Weitere Beispiele für diese Praxis, gr. *-ία* mit lat. *-tio* wiederzugeben, sind die in den Tabellen 1 und 3 genannten Wörter *acceptatio* (*προσωποληψία*), *adnuntiatio* (*ἀγ-γελία*), *fornicatio* (*πορνεία*), *incriminatio* (*ἀνεγκλησία*) und *perditio* (*ἀπώλεια*).
237   Kroymann will hier trotz der einheitlichen Überlieferung den Text ändern und zum besseren Anschluß des folgenden Satzes konjizieren: *(...) praeputii. Atenim apud deum legis (...).* Diese Konjektur ist zwar sicher bedenkenswert, aber nicht nötig, weil man den schlechten Anschluß des folgenden Satzes mit Tertullians Flüchtigkeit erklären kann.

digamiam, admitte et circumcisionem. Tueris praeputiationem, teneris et monogamiae.

Durch die Wahl von *praeputiatio* können in Adversus Marcionem 5, 13, 7 alle Abstrakta mit dem gleichen Suffix gebildet werden, während sich in De Monogamia 6, 2 ein Anklang von *circumcisionem* an *praeputiationem* bildet.

Diese Sonderstellung Tertullians bei der Wiedergabe von ἀκροβυστία mit *praeputiatio* bestätigt sich auch, wenn man die anderen Belegstellen für ἀκροβυστία in den Paulusbriefen (Röm. 2, 26–27; 3, 30; 6, 15; 1. Kor. 7, 18f; Kol. 3, 11) in der altlateinischen Bibelübersetzung überprüft. Nach dem Material der Vetus Latina[238] ist auch dort als Übersetzung immer das geläufige Wort *praeputium* zu finden. Ein ähnliches Bild ergibt auch die Überprüfung der Belege für ἀκροβυστία im Alten Testament an einer Stelle aus dem jüdischen Gesetz (Lev. 12, 3): Nur ein Zeuge, der Codex Lugdunensis, übersetzt ἀκροβυστία dort mit *praeputiatio,* während bei allen anderen Übersetzern nur *praeputium* bezeugt ist. Dieses geläufige Wort verwendet auch Tertullian an drei Stellen (Adv. Marc. 1, 20, 4; 4, 1, 6; 5, 4, 10; 5, 13, 7) zur Übersetzung von ἀκροβυστία aus Jer. 4, 4, wo auch die meisten anderen Zeugen *praeputium* schreiben.[239] *Praeputiatio* bleibt auch später selten. Das liegt einerseits an dem geläufigeren Synonym *praeputium*, das sich nicht verdrängen läßt, und andererseits daran, daß *praeputiatio* im Vergleich dazu einen zu abstrakten Klang besaß. Seine Herkunft ist ungewiß; es ist nur bei Tertullian und im Codex Lugdunensis bezeugt.[240] Möglicherweise ist es von Tertullian und einem frühen Bibelübersetzer jeweils unabhängig voneinander gebildet worden.

Einen anderen Aspekt der Übersetzungstechnik Tertullians zeigt die Bildung des Hapaxlegomenons[241] *incriminatio*, das Tertullian zur Übersetzung von ἀνεγκλησία aus Phil. 3, 14 in De Resurrectione Mortuorum 23, 9 verwendet. Er übersetzt dabei einen Text, der nur durch Origenes[242] und eine Minuskel (1739 mg) bezeugt ist:

---

238 Alle Stellen an den Zettelkästen der Vetus Latina überprüft; zu Kol. 3, 11 cf. Vetus Latina 24/2, 481–484.
239 Cf. Cypr., testim. 1, 8; Vg.
240 H. Maslowski, ThLL X 2, sv., 1991, 787f. Maslowski schreibt einige Stellen bei Tertullian der *Itala* zu; diese Zuordnung ist aber nach den oben vorgetragenen Argumenten nicht haltbar.
241 V. Bulhart, ThLL VII 1, sv., 1941, 1058.
242 Nach Zuntz, 84.

(Phil. 3, 13–14) Ἀδελφοί, ἐγὼ ἐμαυτὸν οὔπω²⁴³ λογίζομαι κατ-
ειληφέναι ἓν δέ, τὰ μὲν ὀπίσω ἐπιλανθάνομαι, εἰς τὸ ἔμπροσθεν
ἐπεκτεινόμενος 14. κατὰ σκοπὸν διώκω εἰς τὸ βραβεῖον τῆς ἀν-
εγκλησίας (τῆς ἄνω κλήσεως rell.) τοῦ θεοῦ ἐν Ἰησοῦ Χριστῷ.

(Res. Mort. 23, 9) *Ego me, fratres, nondum puto adprehendisse: unum*
tamen, oblitus posteriorum in priora me extendens secundum scopum per-
sequor ad palmam incriminationis, per quam concurrerem utique in
resurrectionem a mortuis, suo tamen tempore.

Tertullians Neubildung *incriminatio* entspricht der griechischen Vorlage
ἀνεγκλησία etymologisch genau. Wie schon öfter beobachtet, korrespondiert das ἀ-Privativum mit *in* und das Suffix *ία* mit *tio*. Auch die Wortstämme
mit der in beiden Sprachen juristischen Konnotation²⁴⁴ und das grammatische Geschlecht entsprechen einander. Die Fortsetzung dieses Zitates mit
dem von *ad palmam incriminationis* abhängigen Relativsatz ist schwer zu
erklären, weil für sie keine direkte Vorlage im griechischen Bibeltext zu
finden ist. Dieser Relativsatz ist daher entweder als Erinnerungsfehler Tertullians oder als bewußt eingeführte erläuternde Übernahme aus Phil. 3, 11
zu erklären, wie Evans²⁴⁵ in seinem Kommentar ausführt. Da Tertullian aber
gerade diesen Vers, Phil. 3, 11 (εἴ πως καταντήσω εἰς τὴν ἐξανάστασιν
τὴν ἐκ νεκρῶν) kurz vorher, in De Resurrectione Mortuorum 23, 8, ausge-
schrieben hatte, ist ein Gedächtnisfehler recht unwahrscheinlich; vielmehr
versucht Tertullian wohl, den durch die falsche Lesart unverständlichen Text
durch den Einschub dieses Verses verständlicher zu machen. Dafür spricht
auch die Glosse *utique in resurrectionem.* Diese Stelle zeigt wiederum eine
erstaunliche Treue zum Urtext, dem Tertullian selbst dann folgt, wenn er
eindeutig falsch überliefert ist und ihn zu einer umständlichen Erläuterung
zwingt.

Duricordia prägt Tertullian zur Übersetzung von σκληροκαρδία aus Deuteronomium 10, 16 in Adversus Marcionem 5, 4, 10 und 5, 13, 7:

(Dt. 10, 16) Καὶ περιτεμεῖσθε τὴν σκληροκαρδίαν ὑμῶν καὶ τὸν
τράχηλον ὑμῶν οὐ σκληρυνεῖτε ἔτι.

(Adv. Marc. 5, 4, 10) *Circumcidetis duricordiam vestram.*

(Adv. Marc. 5, 13, 7) *Sicut et Moysei: circumcidemini duricordiam*
vestram.

---

243 Tertullian liest hier die gut bezeugte Variante *οὔπω*, der Nestle-Aland die lectio dif-
     ficilior *οὔ* vorgezogen haben.
244 *ἀνεγκλησία* ist nach LSJ, sv., 129, nur noch einmal in einem Papyrus belegt (PLips.
     29, 13) und bezeichnet dort, in einem Testament, die γραφὴ ἀνεγκλησίας, die
     Indemnitätsurkunde.
245 Evans, Kom. Res. Mort., 102.

Tertullian ahmt mit seiner Übersetzung *duricordia* das griechische Wort σκληροκαρδία genau nach und ist dabei sehr viel exakter als die späteren Bibelübersetzer[246], die, insofern sie der gleichen Vorlage wie Tertullian folgen, σκληροκαρδία mit *duritia cordis* (codd. 86, 100; Ambrosiast., in Rom. 2, 29) wiedergeben. Gebildet ist *duricordia* nach dem Muster von *misericordia*. Eine denkbare Ableitung von *duricors*[247], einem in der späteren Bibelübersetzung erst nach der Lebenszeit Tertullians belegten Adjektiv, ist dagegen eher unwahrscheinlich, weil *duricordia* bewußt auf sein Gegenteil *misericordia* anspielen und damit der Übersetzung eine gewisse Pointe geben soll. Zudem ist es bemerkenswert, daß Tertullian sogar eine Komposition prägt, um einen Bibelvers wörtlich wiederzugeben. Später greift niemand diese recht kühne Wortbildung wieder auf.[248]

Das novum verbum *defensa* findet sich in der Übersetzung von ἐκδίκησις aus Dt. 32, 35:

(Dt. 32, 35) Ἐμοὶ ἐκδίκησις καὶ ἐγὼ ἀνταποδώσω, λέγει κύριος.

(Adv. Marc. 2, 18, 1) *Sed quae potius legis bona defendam quam quae haeresis con<cutere concu>piit? ut talionis definitionem, oculum pro oculo dentem pro dente et livorem pro livore repetentis. Non enim iniuriae mutuo exercendae licentiam sapit, sed in totum cohibendae violentiae prospicit, ut, quia durissimo et infideli in deum populo longum vel etiam incredibile videretur a deo exspectare defensam, edicendam postea per prophetam: mihi defensam, et ego defendam, dicit dominus, interim commissio iniuriae metu vicis statim occursurae repastinaretur et licentia retributionis prohibitio esset provocationis (...).*

Tertullian verwendet das Zitat, das entgegen seiner Angabe nicht von einem Propheten, sondern aus dem Deuteronomium (Dt. 32, 35) stammt, in einer nach dem hebräischen Text korrigierten Fassung. Diese dürfte mündlich überliefert gewesen sein, zumal Tertullian das Zitat auch an allen anderen Belegstellen (Adv. Marc. 4, 16, 3; 5, 14, 12; Pat. 10, 6) fälschlich den Propheten zuordnet.[249] Er will mit diesem Zitat beweisen, daß das scheinbar erbarmungslose *ius talionis* von dem gütigen Gott selbst zur Abschreckung

---

246 Die Vulgata und ein großer Teil der anderen lateinischen Bibelübersetzer lesen einen anderen griechischen Text und können daher nicht verglichen werden (cf. Septuaginta III 2, 160).

247 W. Bannier, ThLL V 1, sv., 1934, 2289.

248 W. Bannier, ThLL V 1, sv., 1934, 2289.

249 Nach Koch, 79–81, 95, ist dieses Zitat, das auch Paulus (Röm. 12, 19) in dieser Form verwendet, ein „mündlich überliefertes Logion". Braun, Kom. Marc. II, 223f, findet die Übersetzung Tertullians sehr bemerkenswert, hält sie jedoch für unerklärlich.

von Übeltätern eingeführt und daher im Gegensatz zur Auffassung Markions gut (cf. Kap. 7.4.1) ist. Diese Absicht kündigt er mit der einleitenden Bemerkung *sed quae potius legis bona defendam* an, in der mit dem Doppelsinn[250] von *defendere*, „verteidigen" und „rächen", spielt. Denn er will nicht nur das Gesetz verteidigen, sondern an seinem Gegner für seine Kritik gleichsam auch Rache nehmen. Diesen Doppelsinn greift er wieder auf, wenn er im folgenden Satz mit dem novum verbum *defensa* die von den Israeliten schon nicht mehr erwartete Zuwendung Gottes, wie sie sich im *ius talionis* als Teil des Gesetzes zeigt, als Rache und Hilfe kennzeichnet. Diese Behauptung bestätigt dann das Bibelzitat, in dem *defensa* wortgleich wieder vorkommt und so Argumentation und Zitat wirkungsvoll miteinander verknüpft. So kann er gerade durch den Doppelsinn von *defensa* zeigen, daß das *ius talionis* sowohl als rächendes wie als helfendes Gesetz zu verstehen ist. Hier ist also die Wortwahl bei der Übersetzung durch die beabsichtigte Aussage bestimmt; zudem ergibt sich ein Wortspiel zwischen *defensam* und *defendam*. Die Wiedergabe von ἐκδίκησις mit *defensa* und von ἀνταποδίδοναι mit *defendere* bleibt singulär; sie ist hier nur durch den Kontext bedingt. *Defensa*[251] erscheint auch später nicht mehr in der lateinischen Literatur; es ist von Tertullian ad hoc neugeprägt. Auch an den anderen Stellen, wo Tertullian dieses Zitat wiedergibt, sucht er nach einem möglichst prägnanten Ausdruck. Er bildet nämlich auch dort Nomen und Verb vom gleichen Stamm, indem er (Adv. Marc. 4, 16, 3; 5, 14, 12; Pat. 10, 6) *mihi (enim) vindictam et ego vindicabo* schreibt. Diese Übersetzung stimmt mit der Tradition zumindest teilweise überein, die ἐκδίκησις mit *vindictam* (Cypr., Demetr. 17; test. 3, 106) und später öfter mit *vindicta* (Vg.; Aug., In ps. 78, 14, 9 u. ö.) wiedergibt, während Tertullian anstatt des überall geläufigen *retribuam* als einziger *vindicabo* schreibt.

In De Resurrectione Mortuorum 22, 4 findet sich in einigen Handschriften das Hapaxlegomenon[252] *conculcatus*. Der Text mit den wichtigsten Varianten nach den Sigla der CCSL-Edition von Borleffs (1954) lautet:

Et tunc erit Hierusalem conculcata in T *conculcatui* MPX *nationibus, donec adimpleantur tempora nationum (...).*

Dieser Satz steht in einem längeren Referat von Lukas 21, 9–36 und wird daher von den meisten Herausgebern Lukas 21, 24 zugeordnet:

---

250 G. Jachmann, ThLL V 1, sv. defendere, 1910, 304 l. 75–82, führt für die Bedeutung *ultionem alicuius sumere* außer vielen christlichen Belegen auch noch einige Belege bei paganen Schriftstellern auf.

251 G. Jachmann, ThLL V, sv. 1910, 305.

252 E. Lommatzsch, ThLL IV, sv., 1906, 101.

Καὶ Ἰερουσαλῆμ ἔσται πατουμένη ὑπὸ ἐθνῶν, ἄχρι οὗ πληρωθῶσιν καιροὶ ἐθνῶν.

Angesichts dieser Textüberlieferung lesen Borleffs (1954) und Evans (1960) *conculcata in nationibus*, während Oehler (1856) und Kroymann (1906) *conculcatui nationibus* bevorzugen. Beide Varianten, sowohl das Perfektpartizip *conculcata in nationibus* als auch die Konstruktion mit dem doppelten Dativ *conculcatui nationibus*, sind sprachlich korrekt, wobei *conculcatui nationibus* etwas besser bezeugt ist. Diese Lesart läßt sich aber noch mit einem äußeren Indiz als genuine Lesart Tertullians rechtfertigen. Denn ein Vorbild für diese Konstruktion findet sich in der dem Lukaszitat zugrundeliegenden Septuagintastelle (Zach. 12, 3). Eine Vermischung[253] von Zitaten ist bei Tertullian nicht selten:

Καὶ ἔσται ἐν τῇ ἡμέρᾳ ἐκείνῃ· θήσομαι τὴν Ἰερουσαλῆμ λίθον καταπατούμενον πᾶσιν τοῖς ἔθνεσιν.

Der Dativkonstruktion *καταπατούμενον πᾶσιν τοῖς ἔθνεσιν* entspricht die Variante *conculcatui nationibus* formal genau. Als lectio difficilior ist sie daher der anderen Lesart *conculcata in nationibus* vorzuziehen. Zudem ist die Verwendung eines doppelten Dativs mit einem Nomen auf -*us* für Tertullian durchaus charakteristisch.[254] Auch hier ist seine Übersetzung wesentlich genauer als die der späteren Versionen. Denn dort wird *καταπατούμενος* mit einem Adjektiv *conculcabilis* (Aug., apoc. hom. 11 p. 2437; Bea, Apc., 7, 16 [515]) wiedergegeben oder wie in der Vulgata umständlich umschrieben (Vg. *lapidem oneris cunctis populis*).

In De Anima 40, 4 wählt Tertullian ein Nomen, um damit einen präpositionalen griechischen Infinitivausdruck wiederzugeben:

(Mt. 5, 28) *Ἐγὼ δὲ λέγω ὑμῖν, ὅτι πᾶς ὁ βλέπων γυναῖκα πρὸς τὸ ἐπιθυμῆσαι (αὐτὴν)*[255] *ἤδη ἐμοίχευσεν αὐτὴν ἐν τῇ καρδίᾳ αὐτοῦ.*

(An. 40, 4) *Qui viderit ad concupiscentiam, iam adulteravit in corde.*

Tertullians Übersetzung weicht erheblich von der Vorlage ab, da er *γυναῖκα* und das zweite *αὐτήν* nicht übersetzt. Diese Auslassung ist inhaltlich zu erklären: Tertullian möchte mit diesem Vers ein Beispiel für die Sündigkeit der Seele und des Denkens geben und nichts zum Ehebruch sagen, so daß eine Übersetzung von *γυναῖκα* etwa mit *mulier* einen unpassenden inhaltlichen Akzent bedeutet hätte. Aus diesem Grund fehlt dieses Wort auch in De Anima 58, 6, De Resurrectione Mortuorum 15, 4 und De Pudicitia 6,

---

253 Cf. Bauer, Vexierzitate, passim; Bauer, Apponiana, 524.
254 Hoppe, Sprache, 26f.
255 *αὐτήν* fehlt bei den griechischen Zeugen Pap. 67 und Cod. Sin. und bei einigen lateinischen Zeugen, die Nestle-Aland nicht aufführen: Ambr., fug. saec. 21 p. 181, 5; Aug., c. Iulian., 4, 65 p. 14, 65.

6, wo Tertullian diesen Vers jeweils mit der gleichen Absicht zitiert. In De
Exhortatione Castitatis 9, 2 dagegen übersetzt er beide Wörter (*Qui viderit,
inquit, mulierem ad concupiscendum, iam stupravit eam in corde suo*), da er
dort die Bedeutung der Ehe bespricht und sie daher in seiner Argumentation
braucht. Das zeigt eine große Freiheit im Umgang mit dem Bibeltext. Bemerkenswert ist an dieser Stelle die Fügung *ad concupiscentiam*, die den
knappen griechischen Infinitiv πρὸς τὸ ἐπιθυμῆσαι sehr genau wiedergibt
und dessen nominale Struktur[256] nachahmt. Später verzichtet Tertullian auf
diese kühne Konstruktion und wählt lieber das Gerundium *ad concupiscendum*, das sich auch in einem Teil der späteren Tradition findet (Ruf.,
Num. 11, 2 p. 79, 20). Doch kehrt die Konstruktion mit *concupiscentia*
später noch einmal in einer anonymen Predigt (An. Tit. p. 54, 243) wieder;
dabei läßt sich ein Zusammenhang aber kaum herstellen. Das Wort *concupiscentia* verwendet Tertullian noch an vielen anderen Stellen zur Übersetzung vor allem von ἐπιθυμία aus Bibelzitaten (cf. Kap. 3.4.2) und benutzt
es auch als dogmatischen Begriff (cf. Kap. 6.4.2). Wegen der vielen Belege[257] in der altlateinischen Bibelübersetzung scheint es von den ersten Bibelübersetzern geprägt worden zu sein.

3.4.1.2 Adjektive

In De Resurrectione Mortuorum 49, 1–7 diskutiert Tertullian 1. Kor. 15,
40–49 (cf. Kap. 5.2.6). Dabei zitiert er auch 1. Kor. 15, 49:
(1. Kor. 15, 49) Καὶ καθὼς ἐφορέσαμεν τὴν εἰκόνα τοῦ χοϊκοῦ,
φορέσομεν καὶ τὴν εἰκόνα τοῦ ἐπουρανίου.
(Res. Mort. 49, 6) *Sicut portavimus imaginem choici portemus etiam
imaginem supercaelestis.*
Diesen Vers gibt Tertullian sehr genau wieder; auch seine Wortwahl ist
einzigartig. Denn nur er verwendet das Fremdwort *choicus* (cf. Kap. 5.2.6).
Seine Übersetzung von ἐπουράνιος mit dem novum verbum *supercaelestis*
findet sich zwar noch bei einigen anderen Zeugen (Hier., in Is. 24, 1 p. 330
u. ö.), kann sich aber gegenüber der Wiedergabe mit dem Simplex *caelestis*
nicht durchsetzen. Dieses Wort greift Tertullian später in Adversus Marcionem 5, 18, 2 wieder auf, wenn er Eph. 3, 10 wiedergibt:

---

256   Auf ähnliche Fälle weist Schmidt I, 19f, hin.
257   Nach H. Hoppe, ThLL IV, sv., 1906, 102–104, ist *concupiscentia* vor allem in der
      Vetus Latina belegt, während es in der Vulgata später zugunsten geläufiger Aus-
      drücke gemieden wird.

(Eph. 3, 10) (sc. Ἐμοὶ ἐδόθη ἡ χάρις αὕτη), ἵνα γνωρισθῇ νῦν ταῖς ἀρχαῖς καὶ ταῖς ἐξουσίαις ἐν τοῖς ἐπουρανίοις διὰ τῆς ἐκκλησίας ἡ πολυποίκιλος σοφία τοῦ θεοῦ.

(Adv. Marc. 5, 18, 2) *Infert enim apostolus: Ut nota fiat principatibus et potestatibus in supercaelestibus per ecclesiam multifaria sapientia dei.*

Hier ist seine Wiedergabe von ἐπουράνιος durch *supercaelestis* singulär; auch die Wahl von *multifarius* zur Übersetzung von πολυποίκιλος findet später keine Parallelen.[258] Das Adjektiv *multifarius* ist der gesprochenen Sprache entlehnt, da es auch bei Grammatikern[259] bezeugt ist. Tertullian selbst bezeichnet damit in der Auseinandersetzung mit dem Gott Markions (Adv. Marc. 1, 4, 6) eine Gottesvorstellung in mehreren Personen, wobei er ein Wortspiel mit dem geläufigen *plurifarius* bildet. Auch *supercaelestis* ist wohl schon geläufig, da es auch zur Wiedergabe häretischer Vorstellungen (cf. Ir. 5, 31, 2; 5, 33, 2) und philosophischer Termini gebraucht (Mar. Vict., gen. div. verb. 7) wird. In dieser Verwendung findet es sich selbst bei Tertullian (An. 23, 2), der *supercaelestis* in einer Übersetzung eines markionitischen Textes verwendet (cf. Kap. 4.3.2). Dieser Befund läßt darauf schließen, daß *supercaelestis* für die Bibelübersetzung einen unpassenden Beiklang hatte und deswegen weitgehend gemieden wurde.

Das Hapaxlegomenon[260] *pacatorius* prägt Tertullian in Adversus Marcionem 4, 29, 15, um εἰρηνικός aus Zacharias 8, 16 zu übersetzen:

(Zach. 8, 16)[261] Οὗτοι οἱ λόγοι, οὓς ποιήσετε· Λαλεῖτε ἀλήθειαν ἕκαστος πρὸς τὸν πλησίον αὐτοῦ καὶ κρίμα καὶ ⌊δίκαιον⌋ καὶ εἰρηνικὸν κρίνατε ἐν ταῖς πύλαις ὑμῶν.

(Adv. Marc. 4, 29, 15) *Olim hoc mandat per Ezechielem: iustum iudicium et pacatorium iudicate (...).*

Tertullian ordnet das Zitat fälschlich Ezechiel statt Zacharias zu und kürzt den Text auf die ihm wesentlichen Worte. Im Vergleich zu den späteren Übersetzern wählt er mit *pacatorius* für εἰρηνικός die wohl genaueste Übersetzung. Denn diese umschreiben εἰρηνικός entweder mit *iudicium pacis* wie die Vulgata (ähnlich Ps.-Aug., spec. 17 p. 84, 25) oder wählen das Kausativum *pacificus* wie Hieronymus (In Zach. 2, 8 p. 1473 a), Lucifer (Athan. 37 p. 132, 13) und der Irenäusübersetzer (4, 17, 3). Gegen die Wahl des naheliegenden *pacificus* spricht für Tertullian, daß es bei ihm anscheinend auf den Kontext der Bergpredigt festgelegt ist. *Pacificus* wird nämlich aus-

---

258 Cf. Vetus Latina 24/1, 197.
259 J. Gruber, ThLL VIII, sv., 1963, 1583f.
260 F. M. Fröhlke, ThLL X 1, sv., 1982, 11.
261 Nach Septuaginta XIII, 307, um die in einigen Handschriften bezeugte Variante καὶ δίκαιον erweitert.

schließlich zur Übersetzung von εἰρηνοποιός aus Mt. 7, 9 (Pud. 5, 15; Pat. 11, 8) und zur Bezeichnung der daraus begründeten Eigenschaft (Bapt. 14, 2; Pud. 2, 2) gebraucht.

Das Adjektiv *superinducticius* verwendet Tertullian nur zur Übersetzung von παρείσακτος aus Gal. 2, 3–4:

(Gal. 2, 3–4) ’Αλλ’ οὐδὲ Τίτος ὁ σὺν ἐμοὶ ῞Ελλην ὢν ἠναγκάσθη περιτμηθῆναι· 4. διὰ δὲ τοὺς παρεισάκτους ψευδαδέλφους, οἵτινες παρεισῆλθον κατασκοπῆσαι τὴν ἐλευθερίαν ἡμῶν ἣν ἔχομεν ἐν Χριστῷ Ἰησοῦ, ἵνα ἡμᾶς καταδουλώσουσιν.

(Adv. Marc. 5, 3, 3) *Ergo propter falsos, inquit, superinducticios fratres, qui subintraverant ad speculandam libertatem nostram, quam habemus in Christo, ut nos subigerent servituti (...).*

Das hier zuerst belegte Wort *superinducticius* gibt die griechische Vorlage παρείσακτος sehr genau wieder. Denn im Gegensatz zu den Versionen der späteren Bibelübersetzer, die Perfektpartizipien wie *subintroductos* (Vg.; codd. 65, 75; Aug., ep. 82, 12) oder *subinductos* (Mar. Vict., in Gal. 1 p. 1158c) verwenden, ist Tertullians Übersetzung zeitstufenlos und entspricht als Adjektiv genauer dem griechischen Verbaladjektiv. Sie betont ferner noch die Nuance der Widerrechtlichkeit des Eindringens, weil *superinducticius* den römischen Leser an juristische Ausdrücke wie *superindicticius* und *superinductio* erinnert.[262] Dieses Adjektiv ist außerdem nur in Einleitung (Adv. Marc. 5, 3, 2 *falsos et superinducticios fratres*) und Auslegung (Adv. Marc. 5, 3, 5 *propter superinducticios illos*) der abgedruckten Stelle bezeugt; eine weitere Belegstelle findet sich in einer späteren Anspielung auf Gal. 2, 3–4 (Mon. 14, 1 *circumcidens Titum propter superinducticios falsos fratres*).[263] Allerdings verbreitet sich *superinducticius* nicht weiter. So scheint es eine der um der genauen Übersetzung willen geprägten Neubildungen Tertullians zu sein.

Harnack[264] erklärt zu *superinducticius*, daß es „vielleicht der marcionitischen Übersetzung angehört" und aus dieser später von Tertullian in De

---

262   Cf. Heumann-Seckel, sv., 571.

263   An allen Belegstellen bei Tertullian wird *superinducticius* nur in frühen Drucken überliefert (Pamelius [Adv. Marc.] bzw. Gelenius [Mon.]). Die Handschriften schreiben in Adv. Marc. 5, 3, 2; 5, 3, 3 und in Mon. 14, 1 *superducticios*, das als Übersetzung von παρεισακτός keinen Sinn ergibt. In Adv. Marc. 5, 3, 5 dagegen gibt die in den Handschriften überlieferte Lesart *superinductos,* die auch Kroymann in seinen Text aufgenommen hat, die Bedeutungsnuance der Heimlichkeit schlechter als *superinducticios* wieder und stört zudem, da Tertullian vorher zweimal (Adv. Marc. 5, 3, 2. 3) *superinducticios* geschrieben hat. Daher ist auch hier *superinducticius* zu lesen.

264   Harnack, Marcion, 70f*.

Monogamia 14, 1 übernommen worden sei. Das schließt er daraus, daß *superinducticius* in Adversus Marcionem 1, 20, 4 fehlt, wo Tertullian außerdem Gal. 2, 4 zitiere und noch keine Kenntnis des markionitischen Bibeltextes habe. Harnack übersieht dabei außerdem die weiteren Bezüge zu dieser Stelle in Adversus Marcionem 4, 3, 2 und 5, 2, 7[265], wo Tertullian die Kenntnis des markionitischen Apostolikons ausdrücklich bezeugt und trozdem die „falschen Brüder" als *quosdam fratres* (Adv. Marc. 1, 20, 4; 5, 2, 7) bzw. als *pseudapostolos* (Adv. Marc. 4, 3, 2) bezeichnet. Daher ist Harnacks Darlegung kaum zu halten.

Das Verb *subintrare*, mit dem hier παρεισέρχεσθαι übersetzt wird, ist gleichfalls bei Tertullian zuerst bezeugt. Es entspricht der griechischen Vorlage genau und wird von einem großen Teil der späteren Übersetzer ebenfalls hier verwendet[266], während die Vulgata das synonyme und von Tertullian in der Auslegung dieser Stelle (Adv. Marc. 5, 3, 4) gebrauchte *subintroire* wählt. Das Verb *subintroire* findet sich dagegen in Adversus Marcionem 5, 13, 9, wo mit ihm παρεισέρχεσθαι aus Röm. 5, 20 wiedergeben wird. Bei dieser Wortwahl stimmt Tertullian wiederum mit einem Teil der Tradition[267] überein, während die Vulgata dort *subintrare* schreibt. Die beiden Verben *subintroire* und *subintrare* scheinen also austauschbar zu sein. Sie dürften beide aus der frühen Bibelübersetzung stammen, wo sie nach den Angaben in den Zettelkästen des Thesaurus sehr häufig bezeugt sind.

Das Adjektiv *incontemplabilis* verwendet Tertullian an zwei Stellen in seinem Werk, in Adversus Marcionem 5, 11, 5 und in De Resurrectione Mortuorum 55, 8. An beiden Stellen geht es um die Verhüllung von Moses' Gesicht nach seiner Rückkehr vom Berg Sinai, wie sie in Ex. 34, 29–35 beschrieben ist. Tertullian zitiert den Text dort aus dem zweiten Korintherbrief, wo Paulus auf diese Stelle anspielt:

(2. Kor. 3, 13) Καὶ οὐ καθάπερ Μωϋσῆς ἐτίθει κάλυμμα ἐπὶ τὸ πρόσωπον αὐτοῦ πρὸς τὸ μὴ ἀτενίσαι τοὺς υἱοὺς Ἰσραὴλ εἰς τὸ τέλος τοῦ καταργουμένου.

---

265 (Adv. Marc. 4, 3, 2) *Sed enim Marcion nactus epistolam Pauli ad Galatas etiam ipsos apostolos suggillantis ut non recte pede incedentes ad veritatem evangelii, simul et accusantis pseudapostolos quosdam pervertentes evangelium Christi, conititur ad destruendum statum eorum evangeliorum.*
(Adv. Marc. 5, 2, 7) *(sc. Paulus confirmat) intercessisse quosdam, qui dicerent circumcidi oportere et observandam esse Moysi legem.*

266 Cf. Ambrosiast., In 2. Cor. 11, 26 p. 295, 6; Pelag., in Gal. 2, 4 p. 312, 12 u. ö. Die Vulgata und einige andere Zeugen schreiben *subintroire*: Hier., ep. 116, 12; codd. 2, 4.

267 *Subintroire* lesen hier auch Rufin, Orig., Rom. 6, 7 p. 1027a und einige wenige andere Zeugen.

(Adv. Marc. 5, 11, 5) *Commemorat et de velamine Moyse, quo faciem tegebat incontemplabilem filiis Israhel.*

(Res. Mort. 55, 8) *Mutatur postea et facies eiusdem (sc. Moyse) incontemplabili claritate.*

Das Zitat wird in Adversus Marcionem 5, 11, 5 knapp referiert, die entscheidenden Worte werden aber genau wiedergegeben, indem Tertullian den im Lateinischen nicht direkt übersetzbaren substantivierten Infinitiv τὸ μὴ ἀτενίσαι in ungewöhnlicher Weise mit dem Adjektiv *incontemplabilis* wiedergibt. An das Adjektiv kann er auch das Objekt τοὺς υἱοὺς ᾽Ισραῆλ mit *filiis Israhel* anschließen, wobei allerdings die finale Bedeutung der griechischen Vorlage nicht ausgedrückt werden kann. Die späteren Übersetzer dagegen umschreiben den Infinitiv entweder mit einem Finalsatz (*ne intenderent oculos filii Israhel* [Vg., plerique]) oder einem Konsekutivsatz (*ut non intenderent oculos filii Israhel* [Cod 78; Aug., c. adv. leg. 2, 26 p. 652]). Nur in einer Anspielung auf Ex. 34, 29 findet sich eine ähnliche Konstruktion (*ut quid Moyses descendens de monte cum tabulis vultum splendidum habuit et intolerabile* (Ambrosiast. q. 8. tit. 32, 4 [Ps. Aug. quaest. test.]). So erweist sich auch hier Tertullians Übersetzung als die bei weitem eleganteste.

In der genannten Anspielung auf Ex. 34, 29 in De Resurrectione Mortuorum 55, 8 erscheint *incontemplabilis* zuerst, wo es *incontemplabilis* den Grund der Verhüllung, den die Israeliten blendenden Glanz im Gesicht Moses', bezeichnet. Dort trägt es also eine andere Bedeutung als an der späteren Belegstelle. Da es aber den gleichen Sachverhalt der Exodusstelle nur aus einer anderen Perspektive beschreibt und *incontemplabilis* bei Tertullian sonst nicht belegt ist, scheint Tertullian mit diesem seltenen Wort ausschließlich das Geschehen im Exodus zu assoziieren. Die Herkunft dieses Wortes ist kaum sicher zu bestimmen, weil es noch zwei weitere Belege[268] bei christlichen Autoren gibt, die nicht auf diese Stelle bezogen sind. Bemerkenswert ist zudem, daß Tertullian hier nicht das bedeutungsähnliche Wort *invisibilis* wählt, das er ausschließlich zur Bezeichnung von tatsächlich Unsichtbarem wie der Seele und Gott verwendet.[269] *Incontemplabilis* bezeichnet also im Gegensatz zu *invisibilis* Körperliches, was Menschen zeitlich begrenzt nicht betrachten können.

---

268   H. Rubenbauer, ThLL VII 1, sv., 1940, 1016f.
269   Cf. K. Stiewe, ThLL VII 2, 1959, sv., 219–221.

3.4.1.3 Verben

Das Verb *obaemulari* bildet Tertullian in Adversus Marcionem 4, 31, 6 zur Übersetzung von παραζηλοῦν aus Deuteronomium 32, 21:

(Dt. 32, 21) Αὐτοὶ παρεζήλωσάν με ἐν οὐ θεῷ παρώργισάν, με ἐν τοῖς εἰδώλοις αὐτῶν· κἀγὼ παραζηλώσω αὐτοὺς ἐν[270] οὐκ ἔθνει.

(Adv. Marc. 4, 31, 6) *Illi obaemulati sunt me in non deo et provocaverunt me in iram in idolis suis et ego obaemulabor eos in non natione.*

Die Übersetzung des griechischen Wortes παραζηλοῦν bereitet den späteren Bibelübersetzern erhebliche Schwierigkeiten: Einige schreiben *provocaverunt* (Vg.; Hier. ep. 78, 43; cod. 309), *ipsi in zelum me concitaverunt* (cod. 86; Ruf. ps. 36, 11 p. 32, 20), *ipsi praezelaverunt* (codd. 104, 250) oder *ipsi aemulati sunt me super non deum* (Hier. hom. Orig in Is. 6, 2).[271] Tertullian meidet für dieses schwer wörtlich zu übertragende Verb die Umschreibungen und Gräzismen und bildet von dem geläufigen Wort *aemulari* ein dem Griechischen entsprechendes Kompositum, das die genaueste mögliche Übersetzung zu sein scheint. Das Präfix *ob* scheint dabei aber keinen eigenen semantischen Wert zu haben. Den folgenden Satz mit den sehr ungewöhnlichen Fügungen *in non deo* und *in non natione*, die sich auch in den späteren Übersetzungen finden, gibt auch Tertullian sklavisch genau wieder. Sein geringer Einfluß auf die Textgeschichte zeigt sich an dieser Stelle besonders deutlich: Nur er allein verwendet *obaemulari*, das Hapaxlegomenon[272] bleibt, obwohl es sich vor den anderen Versionen dadurch auszeichnet, daß es weder gräzisiert noch umständlich umschreibt.

Ebenfalls Hapaxlegomenon[273] bleibt *multificare* aus Adversus Marcionem 4, 15, 9:

(Dt. 8, 13–14) (sc. μὴ) καὶ τῶν βοῶν σου καὶ τῶν προβάτων σου πληθυνθέντων σοι, ἀργυρίου καὶ χρυσίου πληθυνθέντος σοι, (...) ὑψώθη ἡ καρδία σου καὶ ἐπιλάθης τοῦ κυρίου σου.[274]

(Adv. Marc. 4, 15, 9) *Ne, inquit (sc. Moyses), cum manducaveris (...), pecoribus et bobus et tuis multificatis et pecunia et auro, exaltetur cor tuum et obliviscaris domini tui (...).*

---

270 Außer dem geläufigen ἐπ' ist an beiden Stellen nach Septuaginta III 2, 351, auch ἐν bezeugt.

271 Weitere Varianten nach den Zettelkästen der Vetus Latina sind die gräzisierenden Versionen *ipsi in zelum compulerunt* (Cod. 100; Pros., voc. 102), und *ipsi enim zelati sunt* (Ep.-Sc. Ca. 222) *in zelum incitaverunt* (codd. 300, 400).

272 H. Wieland, ThLL IX 2, sv., 1968, 34.

273 J. Gruber, ThLL VIII, sv., 1963, 1584.

274 Zur Textkonstitution cf. Septuaginta V, 141f.

Auch dieses Zitat übersetzt Tertullian sehr genau; er prägt für die Wiedergabe des griechischen Kausativum πληθύνειν *multificare* neu. Dieses Wort entspricht in seiner Bildung den vielen in der Bibelübersetzung zuerst belegten lateinischen Kausativa auf *-ficare*, die Tertullian als Muster gedient haben[275]. Diese Übersetzung scheint ihm aber zu pointiert zu sein, so daß er später[276] in De Ieiunio 6, 3 statt des gewagten *multificare* das geläufige und zur Übersetzung dieser Stelle auch sonst gebräuchliche Verb *multiplicare* verwendet:

(Ie. 6, 3) *Ne, inquit, cum manducaveris (...), ovibus et bubus tuis multiplicatis et argento et auro tuo extollatur cor tuum et obliviscaris domini dei tui.*

Das Verb *praesperare* verwendet Tertullian zweimal in Adversus Marcionem 5, 17, 3–4. Dort behandelt Tertullian die Funktion Jesu Christi im Heilsplan des Schöpfergottes (cf. Kap. 3.2) und versucht die Verbindung von der Verheißung im Alten Testament mit der Erfüllung im Neuen Testament, die Markion bestritten hatte, zu beweisen. Seine Auffassung soll die Auslegung von Eph. 1, 12 untermauern:

(Eph. 1, 12) (sc. ἐκληρώθημεν) εἰς τὸ εἶναι ἡμᾶς εἰς ἔπαινον δόξης αὐτοῦ τοὺς προηλπικότας ἐν τῷ Χριστῷ.

(Adv. Marc. 5, 17, 3–4) *Nam et sequentia quem renuntiant Christum, cum dicit: ut simus in laudem gloriae <eius> nos, qui praesperavimus in Christum? Qui enim praesperasse potuerunt, id est ante sperasse in deum quam venisset, nisi Iudaei, quibus Christus praenuntiabatur ab initio? 4. Qui ergo praenuntiabatur, ille et praesperabatur. Atque adeo hoc ad se, id est ad Iudaeos, refert, ut distinctionem faciat conversus ad nationes (...).*

Mit der Neubildung *praesperare* gibt Tertullian προελπίζειν wieder, das er danach mit einer glossierenden Bemerkung (*id est ante sperasse in deum quam venisset*) erläutert. Diese Glosse hält O'Malley[277] für ein Anzeichen dafür, daß *praesperare* Tertullian hier aus der lateinischen Übersetzung des Markion zitiert, während Quispel[278] sie für eine rein sprachliche Erläuterung von Tertullians eigener Übersetzung aus dem Griechischen hält. Jedoch muß man berücksichtigen, daß zu *ante sperare* noch *in deum quam venisset* hinzugefügt ist und damit aus der scheinbar allein die Vokabel erklärenden Glosse eine das Zitat auch inhaltlich interpretierende Bemerkung wird. Diese soll zeigen, daß die in Eph. 1, 12 geäußerte Erwartung zeitlich weit vor dem Christusgeschehen liegt und daher zuerst aus der Perspektive der Juden zu verstehen ist, denen das Christusgeschehen schon seit der Schöp-

---

275 Cf. Kap. 3.3.2; 3.4.2; cf. Baecklund, 99f.
276 Cf. Braun, 721f.
277 O'Malley, 61f.
278 Quispel, 132.

fung verheißen ist. An diese Überlegungen schließt Tertullian dann den Gedanken an, daß der den Juden verheißene Messias auch der von ihnen erwartete und erhoffte sei. Diesen Schluß, der nur als allgemeine Überlegung vor-
gebracht wird, formuliert er wirkungsvoll mit den ähnlich klingenden Wörtern *praesperare* und *praenuntiare* (Adv. Marc. 5, 17, 4) und überspielt
damit eine gewisse Schwäche des Arguments, weil die Juden im Alten Testament nicht immer der Verheißung gefolgt sind und das Verheißene erhofft
haben. Nach zwei weiteren Zitaten aus dem Epheserbrief (Eph. 1, 13) und
dem Propheten Joel (Joel 3, 1) (Adv. Marc. 5, 17, 4), mit denen er die Verheißung Jesu und die Aussendung des heiligen Geistes auch an die Heiden
darlegt, beendet Tertullian dann seine Argumentation mit einem eindrucksvoll formulierten Schluß:

(Adv. Marc. 5, 17, 4) *Ita <et> spiritus et evangelium in eo erit Christo, qui
praesperabatur, dum praedicabatur.*

Hier bildet Tertullian ein Wortspiel zwischen *praesperare* und *praedicare*, das noch einmal die Übereinstimmung von Verheißung und Erfüllung unterstreicht. Er prägt also *praesperare*[279], um damit προελπίζειν aus
dem Zitat genau zu übersetzen und macht sich dabei zunutze, daß er durch
dieses Wort seine Argumentation durch Wortspiele mit den geläufigen
Worten *praenuntiare* und *praedicare* wirkungsvoll unterstützen kann.
Zudem hat er eine gewisse Vorliebe für Wörter mit diesem Präfix: Außer den
von Quispel[280] genannten Wörtern *praecellentia* und *praefugere* prägt er
noch die Verben *praemaledicere* (cf. Kap. 6.1.2.2) und *praeluminari* (cf.
Kap. 5.3.2) neu. Später greift nach den Stellenangaben des Thesaurus[281] niemand mehr seine Neubildung *praesperare* auf.

3.4.2 Tabelle 2: Unabhängig von der Tradition gewählte Neubildungen

Hier sind alle Neubildungen, die Tertullian als einziger in der Tradition verwendet, verzeichnet. Darunter fallen auch die Wörter, die nicht einzeln untersucht werden können. Der Aufbau der Tabelle entspricht im wesentlichen
der Tabelle 1: In der Spalte „Zeugen" sind entweder alle Varianten der Text-

---

279 Harnack, Marcion, 49*, 52*, hält dagegen *praesperare* für eine eindeutige Erfin-
     dung des Markion und erklärt den Text so (52*): „Hier ist es doch wohl evident, daß
     er das gebildete Ohren beleidigende Wort *praesperare* in dem Codex gelesen und
     es durch *sperare antequam* (sic!) wiedergibt."
280 Quispel, 132; grundsätzliche Bemerkungen zur Verwendung solcher Wörter für
     Ausdrücke der Prophetie bei van der Geest, 100–106.
281 J. Ramminger, ThLL X 2, sv., 1991, 896.

typen schon vorliegender Vetus-Latina-Editionen angegeben oder, wenn
noch keine Vetus-Latina-Edition vorliegt, diejenigen Übersetzungen der
späteren Bibelübersetzer, die besonders stark von der Vulgata abweichen.
Diese Stellen entstammen dem Zettelmaterial des Vetus-Latina-Instituts in
Beuron. In der Spalte „Herkunft" gilt für die Zuordnungen dasselbe wie zu
Tabelle 1. Mit $\dot{\alpha}\lambda$ werden Hapaxlegomena gekennzeichnet, die alle sehr
wahrscheinlich von Tertullian gebildet wurden.

TABELLE 2: (Abschnitt 1 von 7)

Wort	Herkunft	gr. Vorlage	Bibelstelle	Stelle bei Tert.	ältere Zeugen	Vulgata
adflictator	*ἀλ*	*θλίβων*	2. Thess. 1, 6	M. 5, 16, 1	*tribulare* D; *deprimere* I	*tribulatio*
adimpletio	Bibelübers.	*πλήρωμα*	Eph. 1, 10	M. 5, 17, 1; Mon. 5, 2	*plenitudo* (omnes)	*plenitudo*
apparentia	Bibelübers.	*ἐπιφάνεια* / *ἐπιφάνεια*	2. Thess. 2, 8 / 1. Tim. 6, 14	Res. 24, 19 / Res. 23, 11	*aspectus* D; *illuminatio* I / *adventus* D	*illustratio* / *adventus*
cavositas	Tertullian	*κοιλάς*	Lev. 14, 37	Pud. 20, 8	*cavationes* (cod. 104); *pallida* (cod. 100)	*vallicula*
complaudere	bek.	*ἐπικροτεῖν*	Amos 6, 5	M. 4, 15, 12	*plaudere* (Spec.); *concrepare* (Hier.)	*canere*
concivis	Bibelübers.	*συμπολίτης*	Eph. 2, 19	M. 5, 17, 16	*civis* I; *concivis* D	*civis*
conculcatus	*ἀλ*	*(κατα)πατούμενος*	Lk. 21, 24 (Zach. 8, 16)	Res. 22, 4	*conculcabilis* (Aug)	*lapis oneris*
concupiscentia	Bibelübers.	*ἐπιθυμία*	Lk. 22, 15	M. 4, 40, 1	*desiderium* (cod. 2); *concupiscentia* (cod. 3)	*desiderium*
		ἐπιθυμία	Gen. 49, 6	M. 3, 18, 5	*cupiditas* I; *concupiscentia* S	*voluntas*
		πρὸς τὸ ἐπιθυμῆσαι	Mt. 5, 28	An. 40, 4; Pud. 6,6	*ad concupiscentiam* (An. Tit.)	*ad concupiscendum*
conformalis	Tertullian	*σύμμορφος*	Phil. 3, 21	M. 5, 20, 7; Res. 47, 15; 55, 11	*conformatus* K; *aequiformis* I	*configuratus*
conresuscitare	Bibelübers.	*συνεγείρειν*	Kol. 2, 12	Res. 23, 1	*surgere* D; *simul surgere* I	*resurgere*

TABELLE 2: (Abschnitt 2 von 7)

contradicibilis	ἀλ	ἀντιλεγόμενος	Lk. 2, 34	Carn. 23, 4	contradici (cod. 3); contradictio (Iun.)	contradici
dedecoratio	Bibelübers.	ἀτιμία	1. Kor. 15, 43	Res. 52, 16; 53, 2; Cor. 14, 20	contumelia (cod. 64) ignominia (Amst.)	ignobilitas
defensa	Tertullian	ἐκδίκησις	Dt. 32, 39 (Röm. 12, 19)	M. 2, 8, 1	vindicta (fere omnes)	vindicta
delinquentia	Tertullian	ἁμαρτία	Röm. 8, 10 u. ö.	Res. 46, 4 u. ö. (cf. Kap. 6.5.2)	delictum (Cypr.); peccatum (fere omnes)	peccatum
depetere	Tertullian	παρακαλεῖν	Lk. 8, 31	M. 4, 20, 6	rogare (codd.)	rogare
despoliatio	Juristen	ἀπέκδυσις	Kol. 2, 11	Res. 7, 6	exspoliatio (omnes)	exspoliatio
dilectio	Bibelübers.	ἀγάπη ἀγάπη	2. Thess. 2, 11 Eph. 3, 17	M. 5, 16, 5 Res. 40, 4	caritas K; dilectio I caritas (fere omnes)	caritas caritas
dulcor	bek.	γλύκυσμα	Joel 3, 18	M. 3, 5, 3	dulcedo (omnes)	dulcedo
duricordia	Tertullian	σκληροκαρδία	Dt. 10, 16	M. 5, 4, 10; 5, 13, 7	duritia cordis (codd.; Ambr.)	
exalbare	Bibelübers.	λευκαίνειν καθαρίζειν	Jes. 1, 18 Thren. 4, 7	M. 4, 10, 2 M. 4, 8, 1	exalbare K candidatum (Greg. magn.); speciosum factum (Spec.)	dealbare condidior
figulare	Tertullian	πλάττειν	Gen. 2, 7	Carn. 9, 6; Val. 24, 2; Cast. 5, 1	plasmare (Aug.;Fil.); figurare (codd.)	formare
frendor	bek.	κλαυθμός	Lk. 13, 28	M. 1, 27, 1; 4, 30, 4; Res. 35, 12	stridor (omnes)	stridor
genimen	bek.	γέννημα	Mt. 3, 7	Herm. 12, 2; An. 21, 2	natio (Amst.); generatio (Ambr.)	progenies

TABELLE 2: (Abschnitt 3 von 7)

glorificare	Bibelübers.	δοξάζειν	Mal. 1, 11	M. 3, 22, 6; 4, 25, 5	clarum factum (Aug.); clarificare (Cypr.)	magnum est nomen
humiliare	bek.	ταπεινοῦν	Jes. 5, 15	M. 4, 15, 10	incurvari A; G; H	incurvari
			Jes. 2, 12	M. 4, 33, 6	humiliare A; G; H	humiliare
humiliatio^a	Bibelübers.	ταπεινωθῆναι	Dan. 10, 12	Ie. 9, 3	—	—
ignavescere	ἀλ	κοπιάζειν	Jes. 40, 28	An. 43, 12	laborare (omnes)	laborare
importabilis	Bibelübers.	δυσβάστακτός	Lk. 11, 46	M. 4, 27, 6	gravis (codd.); importabilis (Hier.)	quae portari non possunt
illiberis	ἀλ	σπέρμα μὴ ᾖ αὐτῷ	Dt. 25, 5	M. 4, 34, 8	sine filiis (Aug.); semen non est (cod. 100)	absque liberis
inaquosus	bek.	ἄνυδρος	Jes. 43, 19	M. 3, 6, 5	in sicca terra E; in loco inaquoso K; in siccitate A	in invio
incontemplabilis	?	πρὸς τὸ μὴ ἀτενίσαι	2. Kor. 3, 13 (Ex. 34, 29)	M. 5, 11, 5; Res. 55, 8	ne intenderent (Amst.)	ut non intenderent
incorruptela	Bibelübers.	ἀφθαρσία	1. Kor. 15, 42	Res. 52, 16	incorruptela (Amst.)	incorruptio
		ἀφθαρσία	1. Kor. 15, 53	M. 5, 10, 4; 5, 12, 3; Res. 42, 2	incorruptibilitas (Claud. Mamert.)	incorruptio
indeterminabilis	Bibelübers.	ἀπέραντος	1. Tim. 6, 4	M. 1, 9, 7	infinitus D; interminatus I	interminatus
inobsoletus	bek.	τυλοῦσθαι	Dt. 8, 4	Res. 58, 6	deterere (Novat.); non incallare (cod. 100)	non subtritus
inoperari	Bibelübers.	ἐνεργεῖν	Eph. 1, 20	M. 5, 17, 6	operari (omnes)	operari

TABELLE 2: (Abschnitt 4 von 7)

inoperari	Bibelübers.	ἐνεργεῖν	Eph. 1, 20	M. 5, 17, 6	operari (omnes)	operari
insensatus	bek.	ἀνόητος	Lk. 24, 25	M. 4, 43, 4	insensatus (Ruf.; Aug.; codd.)	stultus
insufflare	bek.	ἀνόητος ἐμφυσᾶν	Gal. 3, 1 Gen. 2, 8	Pr. H. 27, 3 Res. 5, 8	stultus (Aug.) insufflare (Aug.)	insensatus inspirare
inventibilis	ἀλ	ἀνεξερεύντος	Röm. 11, 33	Herm. 45, 5	inexscrutabilis (Cypr.); inscrutabilis (Aug.)	incomprehensibilis
invituperabilis	Bibelübers.	ἄμωμος	Ps. 18, 8	M. 4, 1, 5	perfectus (codd.); irreprehensibilis (Ambr.); sine macula (Amob. j.)	immaculatus
		ἄμωμος	Ez. 28, 15	M. 2, 10, 3	immaculatus (Hier.)	perfectus
laesura	bek.	κακία	3. Kg. 21, 29	Ie. 6, 5 M. 2, 10, 4	mala (codd.); malitia (Hier.)	malum
minorare	bek.	κακία ἐλλαττοῦν	Ez. 28, 15 Ps. 8, 6	Prax. 23, 5 u. ö.	iniquitas (omnes) minorare (Aug.)	iniquitas minuere
molinus	ἀλ	λίθος μυλικός	Lk. 17, 2	M. 4, 35, 1	mola asinaria (Aug.; Ruf.)	lapis molaris
momentaneus motus oculi	bek.	ῥιπὴ ὀφθαλμοῦ	1. Kor. 15, 52	Res. 42, 1; 51, 8; M. 5, 10, 14	ictus oculi (Aug.)	ictus oculi
mortificare	Bibelübers.	θανατοῦν θανατοῦν	Mt. 10, 21 1. Kor. 15, 22	Sc. 10, 17 Res. 48, 8; M. 5, 9, 5	interficere (Hier.); morte afficere (cod. 27) mori (omnes)	morte afficere mori
multifarius	bek.	πολυποίκιλος	Eph. 3, 10	Res. 49, 6	multifarius (fere omnes)	multifarius

TABELLE 2: (Abschnitt 5 von 7)

multificare	ἀλ	πληθύνειν	Dt. 18, 13	M. 4, 15, 9	multiplicare (omnes)	multiplicare
mundifenens	Tertullian	κοσμοκράτωρ	Eph. 6, 12	M. 5, 18, 12; Fug. 12, 3	principes mundi K	rectores mundi
novamen	Bibelübers.	νέωμα	Jer. 4, 3	M. 1, 20, 4; 4, 1, 6; 4, 11, 9; 5, 19, 11	novitas (Cypr.); novamen (Pel.)	novale
nullificamen	Bibelübers.	ἐξουδένημα	Ps. 21, 7	M. 3, 7, 2; 3, 17, 3; 4, 21, 12	opproprium (Cypr.); nullificamen (cod. 136)	opproprium
nullificatio	ἀλ	φαυλισμός	Jes. 51, 7	M. 4, 14, 15	detractio E; contemptus O	opproprium
obaemulari	ἀλ	παραζηλοῦν	Dt. 32, 21	M. 4, 31, 6	ad zelum provocare (Hier.); praezelare (codd.)	provocare
obnexus	ἀλ	στραγγαλιά	Jes. 58, 6	M. 4, 37, 1	obligatio (Ambr.)	fasciculus
olentia	ἀλ	ὀσμή	Ez. 29, 18	M. 2, 22, 3	odor (omnes)	odor
pacatorius	ἀλ	εἰρηνικός	Zach. 8, 16	M. 4, 29, 15	pacificus (Hier.)	iudicium pacis
pelliceus	bek.	δερμάτινος	Gen. 3, 21	Res. 7, 2; F I 1, 21; Val. 24, 3	pellicius (omnes)	pellicius
placibilis	Tertullian	εὐάρεστος	Röm. 12, 1	Res. 47, 16	acceptabilis (Amst)	placens
		εὐάρεστος	2. Kor. 5, 9	Res. 43, 6	placens (cod. 77, Aug.)	placens
potentator	ἀλ	δυναστής	1. Tim. 6, 14	Res. 23, 11	potens (omnes)	potens
praedesignare	ἀλ	προχειρίζειν	Act. 3, 20	Res. 23, 12	praedestinare (codd.)	praedicare

TABELLE 2: (Abschnitt 6 von 7)

praeputiatio	?	ἀκροβυστία	Gal. 5, 6	M. 5, 4, 10	*praeputium* (fere omnes)	*praeputium*
		ἀκροβυστία	Eph. 2, 11	M. 5, 17, 12		
		ἀκροβυστία	Röm. 2, 11	Mon. 6, 2		
		ἀκροβυστία	Kol. 2, 13	Res. 23, 2		
praesperare	Tertullian	προελπίζειν	Eph. 1, 12	M. 5, 17, 3	*ante sperare* (omnes)	*ante sperare*
reaedificare	bek.	οἰκοδομεῖν	Gal. 2, 18	M. 5, 3, 8	*aedificare* (Amst.:Aug.); *reaedificare* (codd.)	*aedificare*
		ἀνοικοδομεῖν	Dt. 13, 15	Sc. 2, 11	*reaedificare* (cod. 100; Cypr.)	*aedificare*
recapitulare	Bibelübers.	ἀνακεφαλαιοῦσθαι	Eph. 1, 9	M. 5, 17, 1	*recapitulare* (Aug.); *restaurare* (Hier.)	*instaurare*
resignaculum	Bibelübers.	ἀποσφράγισμα	Ez. 28, 12	M. 2, 10, 1	*signaculum* (Hier.); *consignatio* (Ambr)	*signaculum*
resuscitatio	Bibelübers.	ἐξανάστασις	Phil. 3, 11	Res. 23, 8	*resurrectio* (omnes)	*resurrectio*
salutificator	Tertullian	σωτήρ	Dt. 32, 15	Ie. 6, 3	*salvator* (Hier.)	*salutaris*
		σωτήρ	Ps. 23, 5	M. 2, 19, 3	*salvator* (cod. 300)	*salutaris*
		σωτήρ	Phil. 3, 20	Res. 47, 5	*salutaris* I; *salvator* K, D	*salutaris*
sanctificium	Bibelübers.	ἁγιασμός	Röm. 6, 19	Res. 47, 5	*sanctificatio* (omnes)	*sanctificatio*
		ἁγιασμός	Röm. 6, 22	Res. 47, 6	*sanctificatio* (omnes)	*sanctificatio*
sputamen	bek.	ἔμπτυσμα	Jes. 50, 6	Res. 20, 5; M. 3, 5, 2; Carn. 9, 7; Fug. 12, 2	*sputum* K; *sputamentum* O	*conspuentes*
subintroire	Bibelübers.	παρεισέρχεσθαι	Röm. 5, 20	M. 5, 13, 10	*subintrare* (omnes)	*subintrare*
subtililoquentia	Tertullian	πιθανολογία	Kol. 2, 4	M. 5, 17, 7 - 8 quater	*subtilitas* D; *sublimitas* (Lucif.)	*subtilitas*

TABELLE 2: (Abschnitt 7 von 7)

supercaelestis	bek.	ἐπουράνιος	1. Kor. 15, 49	Res. 49, 6	caelestis (plerique); supercaelestis (Hier.)	caelestis
supergressus	Tertullian	ἐπουράνιος ὑπερβολή	Eph. 3, 10 / 2. Kor. 4, 17	M. 5, 18, 2 / Sc. 13, 8; Res. 40, 2	caelestis D; I; V incredibils modus (Aug.); supra modum (Ruf.)	supra modum in sublimitatem
superinducticius	Tertullian	παρείσακτος	Gal. 2, 4	M. 5, 3, 2	subinductus (Mar. Vict.; Amst.)	subintroductus
superterrenus	ἀλ	ἐπίγειος	1. Kor. 15, 41	Res. 49, 5	terrestris (omnes)	terrestris
suscitatio	Bibelübers.	ἀνάστασις	Lk. 2, 34	Carn. 23, 5	resurrectio (omnes)	resurrectio
temporaneus	bek.	πρόμος	Jes. 58, 8	Res. 27, 3	matutinus (Aug.); temporaneus (Cypr)	quasi mane
triturare	Bibelübers.	ἀλοᾶν	Dt. 25, 4	M. 5, 16, 7	terere(Is); triturare (codd., Ambr., Aug.)	terere
ventriloquus	Bibelübers.	ἐγγαστρίμυθος	Jes. 44, 25	M. 4, 25, 4; Prax. 19, 4	pytho O	divinus
vivificare	bek.	ζῆν ποιεῖν	Dt. 32, 39	Fug. 3, 1;Res. 28, 3; M. 4, 1, 10	vivere facere (Cypr.)	vivere facere

a. Tertullian folgt der oʹ-Rezension der Septuaginta als einziger in der Tradition (cf. Septuaginta XVI/2, 195), so daß kein Vergleich mit anderen Übersetzungen möglich ist.

3.4.3 Auswertung und Zusammenfassung

Die Tabelle bestätigt die in den Einzeluntersuchungen gemachten Beobachtungen: Tertullian strebt bei den Nomina eine Entsprechung von Wortstamm, Flexionsendung und grammatischem Geschlecht an. So läßt sich das
vor allem bei der Wiedergabe der Suffixe *ία* und *σις* mit dem lateinischen
Suffix *io* und bei der Übersetzung des griechischen Suffixes *μα* mit lateinisch *men* beobachten. Auch griechische Präfixe versucht Tertullian genau
wiederzugeben. Die späteren Bibelübersetzer wählen in solchen Fällen oft
geläufigere Wörter, die aber formal der griechischen Vorlage weniger nahe
kommen:

> *apparentia, cavositas, concivis, concupiscentia, defensa, delinquentia,
> depetere, dilectio, genimen, inaquosus, incorruptela, inhabitatio, mor-
> tificare, multificare, novamen, nullificamen, olentia, potentator, prae-
> designare, praeputiatio, salutificator, sputamen, subintoire, subtililo-
> quentia.*

Sogar Kompositionen bildet Tertullian, um ein Nomen exakt wiederzugeben
(cf. Kap. 5.3.3; 4.2.2):

> *duricordia, munditenens.*

Ähnliche Beobachtungen lassen sich bei der Bildung von Adjektiven machen. Bisweilen wählt Tertullian ein seltenes Adjektiv, wenn die späteren Bibelübersetzer lieber auf ein eingebürgertes Perfektpartizip zurückgreifen:

> *conformalis, contemptibilis, contradicibilis, importabilis, indetermina-
> bilis, indeterminatus, insensatus, inventibilis, invituperabilis, molinus,
> pacatorius, placibilis, supercaelestis, superinducticius, ventriloquus.*

Bei Verben wird das Präfix oder das Suffix nachgebildet; so erscheint oft ein
ungewöhnliches Kompositum. Später wird dafür lieber ein geläufiges Simplex verwendet:

> *complaudere, conresuscitare, inobaudire, inoperari, multificare, obae-
> mulari, praedesignare, praesperare.*

Bei einigen anderen Übersetzungen bevorzugt Tertullian einen anschaulichen, oft aus der Umgangssprache stammenden Ausdruck, der später zugun-
sten etwas blasserer und allgemeinerer Wörter gemieden wird:

> *adimpletio, dedecoratio, despoliatio, dulcor, exalbare, figulare, frendor,
> insufflare, inobsoletus, laesura, minorare, nullificatio, obnexus, resuscitatio,
> sanctificium, triturare, unigenitus.*

Wie oben demonstriert, ist in manchen Fällen die Wortwahl auch damit zu
erklären, daß Tertullian versucht, schwierig wiederzugebende Fügungen des
Griechischen mit einem einzigen lateinischen Ausdruck wiederzugeben.
Diese Formulierungen finden später kaum Parallelen:

> *adflictator, concupiscentia, humiliatio, incontemplabilis, illiberis.*

Tertullian paßt zudem, wie gezeigt, seine Übersetzungen manchmal dem Kontext an; er ändert sogar um einer besseren Argumentation willen den Wortlaut einzelner Zitate. Außerdem scheint er oft mit seinen Übersetzungen nicht zufrieden zu sein, so daß er die Wiedergabe einzelner Zitate immer wieder ändert, wobei es scheint, daß er in der zweiten Fassung eines Zitates auf ungewöhnliche Ausdrücke eher verzichtet. Zudem vermeidet er nach Möglichkeit Wörter, die aus der philosophischen Fachsprache stammen. Beispiele dafür sind etwa *figulare* statt *formare* und *laesura* statt *malum*.

4. Neue Wörter zur Übersetzung nichtbiblischer Ausdrücke

In diesem Kapitel werden diejenigen neuen Wörter untersucht, die zur Übersetzung philosophischer, gnostischer und markionitischer Ausdrücke verwendet werden. Philosophische Lehren finden sich vor allem in De Anima, gnostische Texte fast ausschließlich in Adversus Valentinianos, während die wenigen Zitate aus den markionitischen Schriften in Adversus Marcionem und in De Anima besprochen werden.

4.1 Neue Wörter zur Übersetzung philosophischer Ausdrücke

Problematisch bei der Untersuchung der neugeprägten philosophischen Ausdrücke ist die Quellenlage. Denn in De Anima verwendet Tertullian mehrere doxographische Quellen, von denen die wichtigsten, Sorans Schrift Περὶ ψυχῆς sowie seine Quelle, die ἐπιτομή des Albinus, verloren sind. Gerade aus der Schrift Sorans aber hat Tertullian, wie Waszink[282] in seiner Einleitung zum Kommentar zu dieser Schrift gezeigt hat, den größten Teil seines Materials entnommen. Eine weitere wichtige Quelle ist die ebenfalls nicht überlieferte Schrift über die Träume des Hermipp von Berytus, der Tertullian in De Anima 46–49 weitgehend folgt.[283] Daher können viele philosophische Ausdrücke nur durch Rückübersetzung wiedergewonnen werden.

4.1.1 Einzeluntersuchungen

In De Anima zitiert Tertullian nicht größere Textpartien, sondern übersetzt einzelne, aus Sorans Schrift stammende griechische Ausdrücke, die dieser wiederum älteren doxographischen Schriften entnommen hat. So werden in De Anima 24, 1 nach einer verlorenen doxographischen Quelle[284] die Eigenschaften der Seele nach Platon referiert:

Innatam eam facit (sc. Plato), quod et solum armare potuissem ad testimonium plenae divinitatis; adicit immortalem, incorruptibilem, incor-

---

282 Waszink, Kom. An., 28*–34 *; Karpp, passim; Diels, 207–213.
283 Waszink, Kom. An., 49*.
284 Waszink, Kom. An., 304, vermutet die ἐπιτομή des Albinus, dem Soran hier gefolgt zu sein scheint.

poralem, quia hoc et deum credidit, invisibilem, ineffigiabilem, uniformem, principalem, rationalem, intellectualem.

Tertullian verwendet in diesem Text vier neue Wörter: *Innatus, incorruptibilis, ineffigiabilis* und *intellectualis*. *Innatus* (zur Wortgeschichte cf. Kap. 6.1.2.1) entspricht dem platonischen ἀγένητος, mit dem Platon beispielsweise in Phaedr. 245d[285] den ungewordenen Ursprung der Seele beschreibt. *Incorruptibilis* scheint ἄφθαρτος wiederzugeben, mit dem in doxographischer Literatur die Unzerstörbarkeit der Seele bezeichnet wird.[286] In dieser Bedeutung findet es sich auch an den beiden anderen Belegstellen,[287] wo mit *incorruptibilis* ἄφθαρτος aus epikureischer (Adv. Marc. 1, 25, 3) bzw. gnostischer (An. 50, 2)[288] Tradition übersetzt wird. Seine Herkunft ist umstritten: Matzkow[289] meint, *incorruptibilis* als Übersetzung von ἄφθαρτος stamme aus der um äußerste Genauigkeit bemühten Bibelübersetzung. Denn in der paganen Tradition werde ἄφθαρτος mit *aeternus, immortalis* und *incorruptus* wiedergegeben, während sich dort erst unter dem Einfluß der Bibelübersetzung die wörtliche Übersetzung *incorruptibilis* eingebürgert habe. Braun[290] dagegen hält *incorruptibilis* für ein Gottesprädikat der Markioniten. Dafür führt er vor allem an, daß es in der Bibelübersetzung sehr selten belegt sei, während es in Adversus Marcionem 1, 25, 3 in einem wahrscheinlich markionitischen Text bezeugt sei. Doch ist diese Vorstellung kaum zutreffend, da in Adversus Marcionem 1, 25, 3 *incorruptibilis* in einem von Tertullian Markion wahrscheinlich untergeschobenen Epikurzitat[291] steht und die Existenz lateinischer Ausdrücke der Markioniten sehr unwahrscheinlich (cf. Kap. 1.2) ist. Vielmehr dürfte *incorruptibilis* aus der

---

285 Ἐπειδὴ δὴ δὲ ἀγένητόν ἐστιν, καὶ ἀδιάφθορον αὐτὸ ἀνάγκη ἐστίν.

286 (Aet. Did. 4, 7, 1) Πυθαγόρας Πλάτων ἄφθαρτον εἶναι τὴν ψυχήν.

287 In De Anima 50, 2 beschreibt *incorruptibilis* die Vorstellung des Häretikers Menander über den Tod: *In hoc scilicet se a superna et arcana potestate legatum, ut (sc. Marcionitae) immortales et incorruptibiles et statim resurrectionis compotes fiant, qui baptisma eius induerint.* In Adversus Marcionem 1, 25, 3 gibt *incorruptibilis* ἄφθαρτον aus der epikureischen Vorstellung von Gott wieder:
(Epikur, ep. 123) (sc. Πρᾶττε καὶ μέλετα) τὸν θεὸν ζῷον μακάριον καὶ ἄφθαρ τον νομίζων.
(Adv. Marc. 1, 25, 3) *Si aliquem de Epicuri schola deum adfectavit Christi nomine titulare, ut quod beatum et incorruptibile sit, neque sibi neque alii molestias praestet.*

288 Tertullian referiert einen Text des Gnostikers Menander, der sonst nicht überliefert ist.

289 Matzkow, 44.

290 Braun, 61, 557.

291 Cf. Meijering, 75f.

paganen philosophischen Sprache stammen, da es zwei Belege bei paganen Autoren (Claud. Don. Aen. 5, 344; Oribas. syn. 4, 27)[292] gibt. Zudem verwendet Tertullian *incorruptibilis* anscheinend bewußt nicht in Bibelübersetzungen[293], in denen er gerade auf Ausdrücke weitgehend verzichtet, die an die philosophische Terminologie erinnern (cf. Kap. 3.3.3; Kap. 3.4.3). Das Adjektiv *ineffigiabilis* dagegen, ein Hapaxlegomenon[294], ist für diese Stelle geprägt, um das platonische ἀσχημάτιστος genau wiederzugeben. Dieser Ausdruck bezeichnet beispielsweise in Platon, Phaedr. 247 c[295], die Unabbildbarkeit des himmlischen Aufenthaltsortes der Seelen, auf den Tertullian hier anspielt. Anders als das in ähnlichem Zusammenhang verwendete, geläufige Adjektiv *ineffigiatus* (An. 19, 2) macht die Neubildung *ineffigiabilis* die besonders kunstvolle Figur mit den Alliterationen und den Homoioteleuta von zunächst drei und dann noch einmal zwei Adjektiven möglich. Zudem entsprechen bei *ineffigiabilis* und ἀσχημάτιστος die Suffixe τός und *bilis* sowie das ἀ-Privativum und das *in*-Privativum einander genau. Das letzte Adjektiv dieser Aufzählung, *intellectualis*, bezeichnet den Bereich der geistigen Welt wie seine Vorlage, das griechische νοητός. Mit diesem Adjektiv bezeichnet Platon, Phaedo 80b[296], die Zugehörigkeit der Seele zur Welt der Ideen. Diese extreme Häufung von abstrakt klingenden Adjektiven stellt Platons Auffassung als allzu pedantisch dar.

Das Adjektiv *intellectualis* findet sich in De Anima und Adversus Valentinianos an einer Reihe von Stellen, wo die Bedeutung manchmal umstritten ist. Dazu gehört auch De Anima 9, 1–2, wo die Gestalt der Seele im Sinne Platons mit *forma intellectualis* gekennzeichnet wird:

(An. 9, 2) *Ceterum compositiciam et structilem (sc. esse animam Plato adicit), si effigiatam, tamquam alio eam modo effigians intellectualibus formis, pulchram iustitia et disciplinis philosophiae, deformem vero contrariis artibus.*

---

292   W. Bauer, ThLL VII 1, sv., 1940, 1030f.
293   Braun, 550f, weist gerade in diesem Zusammenhang auf einen gewissen Purismus Tertullians hin. So übersetzt Tertullian ἄφθαρτος aus 1. Tim. 1, 17 in Adv. Prax. 15, 8 mit *immortalis*.
294   B. Rehm, ThLL VII 1, sv., 1943, 1289.
295   Ἡ γὰρ ἀχρώματός τε καὶ ἀσχημάτιστος καὶ ἀναφὴς οὐσία ὄντως οὖσα, ψυχῆς κυβερνήτῃ μόνῳ θεατὴ νῷ, περὶ ἣν τὸ τῆς ἀληθοῦς ἐπιστήμης γένος, τοῦτον ἔχει τὸν τόπον.
296   Σκόπει δή, ἔφη, ὦ Κέβης, εἰ ἐκ πάντων τῶν εἰρημένων τάδε ἡμῖν συμβαίνει, τῷ μὲν θείῳ καὶ ἀθανάτῳ καὶ νοητῷ μονοειδεῖ καὶ ἀδιαλύτῳ καὶ ἀεὶ ὡσαύτως κατὰ ταῦτα ἔχοντι ἑαυτῷ ὁμοιότατον εἶναι ψυχή. Cf. Plato, Tim. 48e; rep. 509d.

Intellectualis ist wie an der oben besprochenen Stelle die Wiedergabe des griechischen νοητός, so daß es auch hier aktivisch, als „zur geistigen Welt gehörend", zu verstehen ist. Lumpe[297] dagegen ordnet *intellectualis* der Bedeutung „*quae solo intellectu percipiuntur*" zu. Diese Auffassung dürfte wohl deswegen nicht zutreffen, da es an dieser Stelle nicht um die Erkennbarkeit der Seele, sondern um deren Beschaffenheit geht, die geistiger Natur ist.

Intellectualis verwendet Tertullian in einer etwas anderen Bedeutungsnuance in De Anima 6, 4, wo er διανοίας λογισμός aus Platon, Phaedo 79a, mit *sensus intellectualis* umschreibt:[298]

(*An. 6, 4*) *Sed quomodo divisi videntur in homine sensus corporales et intellectuales? Corporalium aiunt rerum qualitates, ut terrae ut ignis, corporalibus sensibus renuntiari, ut tactui, ut visui, incorporalium vero intellectualibus conveniri, ut benignitatis, ut malignitatis. Itaque incorporalem esse animam constat, cuius qualitates non corporalibus, sed intellectualibus sensibus comprehendantur.*

Intellectualis wird hier anders als an den oben besprochenen Stellen nicht auf die Ideenwelt, sondern auf den Bereich der geistigen Wahrnehmung, die *sensus intellectuales,* bezogen, dem mit *sensus corporales* der Bereich der sinnlichen Wahrnehmung gegenübergestellt wird.

Am häufigsten ist *intellectualis* in De Anima 18 belegt, wo es um die Trennung zwischen *anima* und *animus* geht, wie sie nach Tertullians Meinung Platon und seiner Ansicht nach in dessen direkter Nachfolge die Gnostiker behauptet hätten. Tertullian will dagegen die Einheit des körperlichen *animus* mit der *anima* beweisen. Die Darstellung beginnt damit, daß das Erkenntnisvermögen als aus zwei Teilen bestehend beschrieben wird. Der eine Teil (*anima*) gehört zum Körper und erfaßt körperliche Dinge mit der sinnlichen Wahrnehmung (An. 18, 1); der andere (*animus*) erkennt Unkörperliches, die Welt der Ideen, mit der reinen Vernunft (An. 18, 2). Die Eigenschaften der Welt der Ideen führt Tertullian zunächst weiter aus:

(*An. 18, 3*) *Vult enim Plato esse quasdam substantias invisibiles, incorporales, supermundiales, divinas et aeternas, quas appellat ideas (...).*

Unter den genannten Adjektiven ist das neue Wort *supermundialis*, das dem philosophischen ὑπερκόσμιος[299] in der Wortbildung genau entspricht. Da *supermundialis* Hapaxlegomenon bleibt, ist es sicher eine Prägung Ter-

---

297 A. Lumpe, ThLL VII 1, 1963, 2090.

298 Cf. Waszink, Kom. An., 138.

299 Waszink, Kom., An., 258. Eine Quelle bei Platon läßt sich nach Waszink nicht nennen; ὑπερκόσμιος ist aber nach LSJ, sv., 1865, in kaiserzeitlicher philosophischer Literatur häufig belegt (cf. Procl., inst. 164).

tullians. Durch seinen Klang als Neubildung verstärkt es den satirischen Ton dieser Aufzählung, den vor allem die große Zahl der Eigenschaftsbezeichnungen und das einleitende *vult* bewirken. Die Teilung des Erkenntnisvermögens bezieht Tertullian danach auf die gnostische Einteilung der Menschen in Psychiker und Pneumatiker:[300]

(An. 18, 4–5) *Hinc enim arripiunt differentiam corporalium sensuum et intellectualium virium, quam etiam parabolae decem virginum adtemperant, ut quinque stultae sensus corporales figuraverint, stultos videlicet, quia deceptui faciles, sapientes autem intellectualium virium notam expresserint, sapientium scilicet, quia contingentium veritatem illam arcanam et supernam et apud pleroma constitutam, haereticarum idearum sacramenta (...). 5. Itaque et sensum dividunt et intellectualibus quidem a spiritali suo semine, sensualibus vero ab animali, quia spiritalia nullo modo capiat.*

Zunächst setzt Tertullian anhand des Gleichnisses von den fünf törichten und den fünf klugen Jungfrauen die platonische Einteilung der Wahrnehmung mit der gnostischen Einteilung der Menschen in zwei Klassen in Beziehung. Dazu wird *stultae* aus dem Gleichnis mit Glosse *stultos videlicet, id est deceptui faciles* interpretiert, um so die Identität zwischen der untersten Klasse der Menschen, die von den fünf törichten Jungfrauen repräsentiert wird, und der trügerischen, sinnlichen Wahrnehmung zu verdeutlichen. Das Nomen *deceptus* aus dieser Glosse ist eine Neubildung, die eine besonders knappe Formulierung möglich macht und zugleich durch seine Neuartigkeit die Verbindung zwischen der Sinneswahrnehmung und den Jungfrauen betont. Da *deceptus* sich nur noch in Adversus Marcionem 3, 6, 3[301] und in den sehr späten Statiusscholien (Schol. Stat. Theb. 10, 720)[302] findet, ist es nicht unwahrscheinlich, daß es eine Neubildung Tertullians ist. Zudem sind Neubildungen mit dem Suffix *us* gerade für eine Konstruktion mit dem Dativus commodi[303] auch an anderen Stellen zu beobachten.

In den Statiusscholien dagegen dürfte *deceptus* unabhängig von Tertullian entstanden sein. Im folgenden Satz (An. 18, 5) wird die vorher schon durch das Gleichnis gezeigte Parallelität zwischen gnostischen und platonischen Vorstellungen auf die beiden nun mit *semina* bezeichneten Menschenklassen bezogen. In diesem Satz spielt Tertullian mit einer eindrucksvollen, parallel gebauten Antithese (*intellectualibus quidem a spiritali suo semine,*

---

300   Waszink, Kom. An., 258f.
301   In Adversus Marcionem 3, 6, 3 (*sola utique humana condicio deceptui obnoxia*) ist *deceptus* ähnlich wie hier konstruiert.
302   K. Simbeck, ThLL V 1, sv., 1910, 139.
303   Cf. *conculcatus* (Res. Mort. 22, 4) Kap. 3.4.1.1; cf. *defunctus* (Adv. Val. 26, 2) cf. Kap. 4.2.2.

sensualibus vero ab animali), die vom Homoioteleuton der entgegengesetzten Begriffe *intellectualibus* und *sensualibus* bzw. *animalis* und *spiritalis* (zu *spiritalis* cf. Kap. 4.2.2; 6.2) bestimmt ist. *Intellectualis* schwankt
in diesen Sätzen zwischen der Bedeutung „zur geistigen Welt (d. h. den
Pneumatikern) gehörig" und „zum Bereich der geistigen Wahrnehmung gehörig". Diese Doppeldeutigkeit von *intellectualis* kann die eigentlich nicht
zutreffende Gleichsetzung zwischen den Menschenklassen und den unterschiedlichen Arten der Wahrnehmung verschleiern.

In den darauf folgenden Sätzen (An. 18, 6) versucht Tertullian dann,
diese Gleichsetzung zu widerlegen, indem er nun vor allem die Einheit von
geistiger und sinnlicher Wahrnehmung betont, während er auf die gnostischen Menschenklassen nicht zurückkommt. Dazu bildet er eindrucksvoll
stilisierte Sätze, in denen er immer wieder *intellectualis* und *sensualis* bzw.
intellegere und *sentire* antithetisch gegenüberstellt. *Sensualis* bezeichnet
darin die sinnliche, *intellectualis* die geistige Wahrnehmung (An. 18, 6). In
gleicher Bedeutung finden sich die zugrundeliegenden Verben *sentire* und
intellegere in diesen Sätzen (An. 18, 6). Nachdem in De Anima 18, 7 die Einheit von sinnlicher und geistiger Wahrnehmung schließlich bewiesen zu sein
scheint, versucht Tertullian mit einer Kette von Schlüssen, diese Behauptung
auf die Beziehung zwischen *anima* und *animus* auszuweiten:

> (An. 18, 8) *Si corporalia quidem sentiuntur, incorporalia vero intelleg-
> untur, rerum genera diversa sunt, non domicilia sensus et intellectus, id
> est, non anima et animus.*
> *Denique a quo sentiuntur corporalia?*
> *Si ab animo,*
> *ergo iam et sensualis est animus non tantum intellectualis,*
> *nam dum intellegit, sentit, quia si non sentit, nec intellegit;*
> *si vero ab anima corporalia sentiuntur,*
> *iam ergo et intellectualis est vis animae, non tantum sensualis,*
> *nam dum sentit, intellegit, quia si non intellegit, nec sentit.*
> *Proinde a quo intelleguntur incorporalia?*
> *Si ab animo, ubi erit anima?*
> *Si ab anima, ubi erit animus?*
> *Quae enim distant, abesse invicem debent, cum suis muneribus
> operantur.*

Diese von Waszink[304] als eine der verworrensten Beweisführungen Tertullians beschriebene Passage ist ein kunstvolles Gefüge aus drei Typen von
Sätzen: Es besteht aus drei Konditionalsätzen und je zwei Frage- und Be-
gründungssätzen, in denen jeweils außer Partikeln nur die Gegensatzpaare

---

304 Waszink, Kom. An., 263f.

anima – animus, intellectus – sensus, incorporalis – corporalis, intellectualis – sensualis und *sentire – intellegere* vertauscht sind. Dieses Spiel mit den Begriffen überschattet sogar das ungewollte Ergebnis[305] der Argumentation, daß der *animus*, wenn er nicht anwesend ist, immateriell erscheint, und läßt auch die Schwäche der Begründungen, die erst positiv und mit denselben Worten noch einmal ex negativo gegeben werden, nicht deutlich werden.

Auch in der eigentlichen Auseinandersetzung mit der Gnosis, in Adversus Valentinianos, findet sich *intellectualis* an zwei Stellen. So übersetzt Tertullian in Adversus Valentinianos 32, 2 mit *spiritus intellectuales* πνεύματα νοερά aus Irenäus, Adversus Haereses 1, 7, 1:

(...) *ipsi autem spiritus in totum fient intellectuales neque detentui neque conspectui obnoxii (....).*

An dieser Stelle charakterisieren die *spiritus intellectuales* die zum vernunftbegabten Geist gewordenen Seelen der Pneumatiker[306], so daß für *intellectalis* also wieder die Bedeutung „zur geistigen Welt gehörig" anzunehmen ist, die sich auch an der oben untersuchten Stelle (An. 18, 5) findet. In dieser Weise wird *intellectualis* auch in Adversus Valentinianos 37, 1 verwendet, wo Tertullian mit *initium omnium intellectuale* ἀρχὴ τῶν πάντων νοητόν aus Irenäus, Adv. Haer. 1, 11, 3, wiedergibt. Auch hier versteht Lumpe[307] *intellectualis* passivisch als „mit der Vernunft allein wahrnehmbar", übersieht dabei aber, daß mit *initium intellectuale* allein die zum allein Geistigen, Übersinnlichen gehörende erste Monade wie in Adversus Valentinianos 32, 2 gemeint ist,[308] so daß es auch hier aktivisch zu verstehen ist (cf. Kap. 4.2.1).

Auf diese Möglichkeit der Übersetzung von νοητός bzw. νοερός mit *intellectualis* scheint Tertullian erst während der Arbeit an Adversus Valentinianos aufmerksam geworden zu sein. Denn zunächst, in Adversus Valentinianos 20, 1, hatte er νοερός, das die Zugehörigkeit zur geistigen Welt[309] bezeichnet, nicht übersetzt, sondern das griechische Fremdwort im Text stehen lassen:

(Adv. Val. 20, 2) *Caelos autem* νοερούς *deputant et interdum angelos eos faciunt (...).*

---

305 Waszink, Kom. An., 263f.
306 Rudolph, 204; Fredouille, tr. val., 145, übersetzt „intellegible".
307 A. Lumpe, ThLL VII 1, 1963, 2090 l. 14–34.
308 Cf. Lampe, sv. II B, 917: „spiritual, belonging to the intelligible world"; cf. Sagnard, 356.
309 Fredouille, Kom. Val., 301; Sagnard, 648.

Diese Beobachtung ist ein deutlicher Hinweis auf die Priorität von Adversus Valentinianos gegenüber De Anima. Zudem zeigt sie, daß Tertullian die Terminologie der Übersetzung erst bei der Erarbeitung der Schrift entwickelt. *Intellectualis* hat also zwei ähnliche Verwendungsweisen: Es wird zur Charakterisierung der Zugehörigkeit zur geistigen Welt und der Bestimmung der geistigen Wahrnehmung verwandt. An allen Stellen ist es aktivisch zu verstehen. Da es nach den Angaben des Thesaurus[310] außer bei vielen christlichen Autoren auch bei paganen Grammatikern (Serv. Aen. 5, 81; Candid. gen. div. verb. 7 [Mar. Vict.]) belegt ist, scheint es schon bekannt gewesen zu sein.

Das schon mehrfach genannte Adjektiv *sensualis* verwendet Tertullian in der bisher skizzierten Bedeutung „zum Bereich der sinnlichen Wahrnehmung gehörend" auch an einigen Stellen als direkte Übersetzung griechischer Ausdrücke. So gibt er in De Anima 43, 2. 5 $\alpha i \sigma \theta \eta \tau i \kappa \grave{o} \varsigma \ \tau \acute{o} \nu o \varsigma$ aus stoischer Lehre (cf. SVF 2, 266) mit *sensualis vigor* wieder, während er es in De Anima 14, 5 substantiviert in der Bedeutung „Sinnesorgan" verwendet, um $\alpha i \sigma \theta \eta \tau \acute{\eta} \rho i o \nu$ (cf. Sext. Emp., Adv. Math. 7, 349f) zu übersetzen. In anderer Bedeutung dagegen erscheint *sensualis* an zwei weiteren Stellen, an denen es fast der Bedeutung von *intellectualis* nahekommt. So bezeichnet es in De Carne Christi 12, 2 in einer Darstellung der Seele Jesu Christi deren geistig-sinnliche Eigenschaft:[311]

(Carn. Chr. 12, 2) *Opinor, sensualis est animae natura. Adeo nihil animale sine sensu, nihil sensuale sine anima.*

Die abweichende Bedeutung von *sensualis* wird hier durch das vorausgehende *sensus* (Carn. Chr. 12, 1) bestimmt, das in diesem dogmatisch – christlichen Abschnitt die Vernunft und nicht wie an den meisten Stellen in De Anima die Sinneswahrnehmung bezeichnet. Formal auffällig ist hier außerdem das Spiel mit den oppositionellen Begriffen *animus – animalis* und *sensus – sensualis* in den parallel gebauten Sätzen. Im biblischen Kontext wird *sensualis* in Adversus Hermogenem 45, 5 verwendet. Dort findet es sich in der Überleitung von Röm. 1, 20 zu Röm. 11, 33:

(Röm. 1, 20) $T \grave{\alpha} \ \gamma \grave{\alpha} \rho \ \grave{\alpha} \acute{o} \rho \alpha \tau \alpha \ \alpha \grave{v} \tau o \hat{v} \ \grave{\alpha} \pi \grave{o} \ \kappa \tau \acute{i} \sigma \epsilon \omega \varsigma \ \kappa \acute{o} \sigma \mu o \hat{v} \ \tau o \hat{i} \varsigma$
$\pi o i \acute{\eta} \mu \alpha \sigma i \nu \ \nu o o \acute{v} \mu \epsilon \nu \alpha \ \kappa \alpha \theta o \rho \hat{\alpha} \tau \alpha i.$

(Röm. 11, 33) $T \acute{i} \varsigma \ \gamma \grave{\alpha} \rho \ \acute{\epsilon} \gamma \nu \omega \ \nu o \hat{v} \nu \ \kappa \nu \rho \acute{i} o \nu;$

---

310 A. Lumpe, ThLL VII 1, sv., 1963, 2090 l. 14f, schreibt, „quae solo intellectu percipiuntur".

311 Cf. Evans, Kom. Carn. Chr., 135; Mahé, Kom. Carn. Chr., 375, weist auf die Nähe zu stoischen Vorstellungen hin.

(Adv. Herm. 45, 5) *Haec autem sunt invisibilia eius, quae secundum apostolum ab institutione mundi factis eius conspiciuntur, non materiae nescio quae, sed sensualia ipsius. Quis enim cognovit sensum domini?*
Sensualis weist auf *sensus* aus dem folgenden Bibelzitat Röm. 11, 33 voraus, das ähnlich wie in De Carne Christi 12, 2 das geistige Vermögen Gottes (νοῦς) bezeichnet. Zugleich spielt es auf νοούμενα aus Röm. 1, 20 (cf. Kap. 3.3.1; 3.4.1.1) an[312], so daß es durch den Anklang die beiden Bibelverse, Röm. 1, 20 und Röm. 11, 33, miteinander verbindet. Daher kann man *sensualia* hier im Sinne von „Produkte des geistigen Vermögens Gottes" verstehen. Tertullian will mit diesen Zitaten beweisen, daß das Schöpfungshandeln Gottes allein geistiger Natur ist, während sein Gegner Hermogenes alle Dinge der Schöpfung materiell verstand. Als Übersetzung von νοούμενα ist *sensualia* singulär, weil Tertullian (An. 18, 12) selbst und die spätere Tradition νοούμενα meist mit *intellecta* (cf. Hil., trin., 8, 56, 6; Aug., conf. 7, 10 [16] u. ö.) übersetzen. So ist hier die Wortwahl durch das Argumentationsziel bedingt.[313]
Später ist *sensualis* außer bei christlichen auch bei paganen Autoren bezeugt. Servius, Aen. 5, 81,[314] etwa verwendet *sensualis* in einer doxographischen Partie, um das emotionale Vermögen der Seele zu bezeichnen. Auch er grenzt es wie Tertullian vorher in De Anima 18 von *intellectualis* ab. In einer weiteren Bedeutung bezeichnet *sensualis* bei den römischen Medizinern die Sinnesorgane (cf. Physiogn. Latin. 12). Aufgrund dieses weiten Bedeutungsspektrums und der Belege bei paganen Autoren dürfte *sensualis* zur paganen Umgangssprache gehören.
Die Rolle der Seele als bestimmender Teil des Menschen wird in De Anima 13, 1 besprochen:
Ad hoc dispicere superest, principalitas ubi sit, id est quid cui praeest, ut cuius principalitas apparuerit, illa sit substantiae massa, id autem, cui massa substantiae praeerit, in officium naturale substantiae deputetur. Enimvero quis non animae dabit summam omnem, cuius nomine totius hominis mentio titulata est?

---

312   Hiltbrunner, 217.
313   Diese Erklärung von *sensualia* als Übersetzung löst auch das textkritische Problem des etwas ungelenk formulierten Satzes, das Kroymann veranlaßt hat, *non materiae nescio quae, sed sensualia ipsius* an den Satzanfang hinter *haec autem* zu stellen. Denn wenn man *sensualia* als Anspielung versteht, kann man *non materiae nescio quae* als einen erläuternden Einschub erklären, der noch einmal gegen Hermogenes die Nichtmaterialität des göttlichen Handelns verdeutlichen soll.
314   *Nam Plato et Aristoteles et omnes periti dicunt in homine quattuor esse animas: unam intellectualem, per quam et cogitare et iudicare possumus, alteram esse sensualem, ut in mutis animalibus, in quibus est sensus timoris et gaudii (...).*

Diese Definition[315] der Seele scheint von den *communes sensus* der Stoiker[316] beeinflußt zu sein. Dort fand Tertullian τὸ ἡγεμονικόν vor, das er mit dem Abstraktum *principalitas* wiedergibt. Dieses Wort ist sicher schon bekannt, da es paganen Texten und selbst bei Tertullian in einem weiten Bedeutungsspektrum bezeugt ist. So umschreibt es die zeitliche Priorität (Adv. Herm. 31, 1), während es später die Ausgangsform in der Morphologie (Serv., Aen. 2, 601) und die Würde eines Prinzipals bezeichnet (Cod. Theod. 9, 35, 6).[317] Jedoch scheint diese Übersetzung Tertullian nicht zu gefallen, weil er wenig später τὸ ἡγεμονικόν als Fremdwort im Text sehen läßt, es aber ausführlich umschreibt:

(An. 15, 1) *Imprimis an sit aliqui summus in anima gradus vitalis et sapientialis, quod* ἡγεμονικόν *appellant, id est principale, quia si negetur, totus animae status periclitatur.*

Τὸ ἡγεμονικόν wird mit *gradus vitalis et sapientialis* eingeleitet und mit der Glosse *id est principale* erläutert. Für die erste Umschreibung prägt Tertullian *sapientialis* neu, um einen Satzreim mit *vitalis* zu bilden. Allerdings scheint *sapientialis* hier kein griechisches Wort zugrundezuliegen, wenn auch sonst das meiste in diesem Kapitel griechischen Quellen entlehnt ist.[318] *Sapientialis* bleibt auf den Kontext dieses Kapitels beschränkt (cf. An. 15, 4). Daher ist es als Augenblicksbildung zu erklären. Im folgenden Text dieses Kapitels gibt Tertullian τὸ ἡγεμονικόν dann mit dem substantivierten Adjektiv *principale* (An. 15, 1. 2) wieder, kehrt aber in De Resurrectione Mortuorum 15, 5 (cf. Kap. 5.2.5), wo es um das gleiche Thema geht, wieder zu seiner ursprüngliche Übersetzung *principalitas* zurück. Er schwankt also zwischen der inhaltlich genaueren Wiedergabe mit einem lateinischen Abstraktum, die etwa auch Cicero[319] vorzieht, und der Übersetzung mit einem substantivierten Adjektiv, die formal der Vorlage mehr entspricht. In De Anima 16, 3 findet sich dagegen eine polemische Übersetzung philosophischer Begriffe:

---

315 Auch das Verb *titulare,* das sich im abschließenden Relativsatz findet, ist hier zuerst bezeugt. Es stammt aus der exegetischen Fachsprache (Schol. Iuv. 6, 459; Claud. Don. I 161, 26; cf. Hier., hom. luc. 1 p. 5, 6). In dieser Bedeutung verwendet Tertullian *titulare* nicht nur hier, sondern auch bei der Auslegung eines Jesajazitates (Adv. Marc. 3, 13, 10 Jes. 8, 4) und der Besprechung der κυρία δόξα des Epikur (Adv. Marc. 1, 25, 3 cf. Anm 5).

316 Waszink, Kom. An., 206f.

317 Heumann-Seckel, 458.

318 Cf. Waszink, Kom. An., 219f.

319 Cicero gibt τὸ ἡγεμονικόν in Nat. deor. 2, 159 und Tusc. 1, 20 mit *principatus* wieder.

Proinde cum Plato soli deo segregans rationale duo genera subdividit ex irrationali, indignativum, quod appellant θυμικόν, *et concupiscentivum, quod vocant* ἐπιθυμητικόν, *ut illud quidem commune sit nobis et leonibus, istud vero cum muscis (...).*

Tertullian bespricht hier die platonische Einteilung der emotionalen Seite der Seele in zwei Teile, das θυμικόν und das ἐπιθυμητικόν. Beide griechische Ausdrücke, die wohl aus doxographischer Literatur[320] entnommen sind, werden mit neuen Wörtern umschrieben, die einen polemischen Unterton haben. Denn *indignativus*[321] bezeichnet in der Grammatik die pathetische Redeweise (Prisc. Rhet. 9, 28 p. 558, 14), so daß es hier die Vorlage überzeichnet wiedergibt. *Concupiscentivus* dagegen karikiert Platons Vorstellung durch seinen übertriebenen Klang als Neubildung. Das bewirkt besonders die sehr ungewöhnliche denominative Bildungsweise, auf die Hauschild[322] hinweist. Zudem ist es nur im Kontext dieses Kapitels (zu An. 16, 4 cf. Kap. 6.3.1)[323] bezeugt; daher ist es sicher eine Neubildung Tertullians. Auch die Einleitung der Übersetzung ist ironisch gestaltet, da das geläufige Verb *subdividere,* das sowohl bei als Christen als auch bei einigen Heiden bezeugt ist (Schol. Hor. Vind. ars 255; Sulp. Vict. 14), durch sein Präfix *sub* die Einteilung als allzu pedantisch darstellt.

4.1.2 Tabelle 3

In der Tabelle sind alle neuen Wörter aufgeführt, die Tertullian in dem untersuchten Kanon zur Übersetzung philosophischer Ausdrücke verwendet. Der Asterisk kennzeichnet jeweils eine Vorlage, die nicht genau zugeordnet werden kann. Mit (1) werden Waszinks, mit (2) Brauns Rückübersetzungen gekennzeichnet. Die Abkürzung ἀλ bezeichnet ein Hapaxlegomenon, ein Wort, das sehr sicher von Tertullian geprägt wurde. Die Abkürzung bek. bedeutet, daß das Wort wohl schon geläufig war. Derartige Angaben werden aufgrund der Verteilung der späteren Belege gemacht (vgl. die Bemerkungen zur Herkunft von *intellectualis*). Bei der Angabe der Zwischenquelle bedeutet Albin, ἐπιτομή, daß Soran an den betreffenden Stellen seinerseits von Albin abhängt.

---

320 Cf. Waszink, Kom. An. 233; Vorlagen dafür bei Platon könnten etwa Rep. 438c oder Phaedr. 246a sein.
321 V. Bulhart, ThLL VII 1, sv., 1942, 1182.
322 Hauschild II, 32; Leumann-Hofmann-Szantyr, 303f.
323 F. Burger, ThLL IV, sv., 1906, 104.

TABELLE 3: (Abschnitt 1 von 2)

Wort	Herkunft	Stelle	Vorlage	Quelle	Zwischenquelle
actorium (1)	ἀλ	An. 14, 3	*τὸ πρακτικόν	*Aristoteles	*Soran
auruginare (1)	ἀλ	An. 17, 9	*ἐκθεροῦν	*Sceptici	*Soran
cavositas (1)	Tertullian	An. 55,1	τὰ κοιλά	Plato, Phaedo 109c	*Soran
circumcordialis (1)	Tertullian	An. 15,5	περικάρδιος	Emp. fr. B105 Diels	*Soran
		An. 43,2	περικάρδιος	*Aristoteles	*Soran
coaegrescere	ἀλ	An. 5, 5	*συννοσεῖν	*Soran	
cogitatorium (1)	Tertullian	An. 14, 3	*τὸ διανοητικόν	*Aristoteles	*Soran
		Spect. 2, 10	*τὸ φροντιστήριον	*Aristophanes., nub. 94	
coimplicare	bek.	An. 17, 2	περιληπτός	Plato, Tim. 28c	*Soran
compinguescere (1)	ἀλ	An. 25, 2	*ζωοπλαστεῖν	*Stoici	*Soran
concupiscentivus (1)	ἀλ	An. 16, 3	ἐπιθυμητικόν	Plato, rep. 438 d u.ö.	*Soran
defetiscentia	Tertullian	An. 43, 2 bis	*ὁ κόπος	*Stoici	*Soran
defraudatio	Tertullian	An. 43, 8	*ἀποστέρησις	*Soran	
discentia (1)	Tertullian	An. 23, 6; 24, 11	ἡ μάθησις	Plato, Phaedo 72e u.ö.	*Albin, ἐπιτομή
distantivus (1)	Tertullian	An. 9, 1	*διαστατικός	Aristoteles	*Soran
elementicius	ἀλ	An. 32, 2	στοιχεῖος	*Empedocles	*Soran
extranaturalis	ἀλ	An. 43, 1	*παρὰ φύσιν	*Soran	*Soran
genimen	Bibelübers.	An. 23, 5	*γέννημα	Plato, Tim. 69c	*Soran
impassibilis	bek.	An. 12, 3	*ἀπαθής	*Aristoteles	*Soran
incomminiscibilis	Tertullian	An. 12, 2	μέμεικται οὐδενὶ χρήματι	Anaxagoras, B 9. 12	*Soran
incorruptibilis (1) (2)	bek.	An. 24, 1	*ἄφθαρτος	*Soran	*Albin, ἐπιτομή
incubator	bek.	An. 49, 2	καθεύδειν	Aristoteles, phys. 4, 11 p. 218 b 21	*Soran

TABELLE 3: (Abschnitt 2 von 2)

	Grammatik				
indignativus (1)	äl	An. 16, 3	θυμικός	Plato, rep. 438 d u.ö	*Soran
ineffigiabilis	bek.	An. 24, 1	ἀσχημάτιστός	Plato, Phaedr. 247c	*Albin, ἐπιτομή
innatus (1)	bek.	An. 24, 1	ἀγέννητος	Plato, Phaedr. 245d	*Albin, ἐπιτομή
intellectualis	bek.	An. 24, 1 u.ö.	νοητός	Plato, Phaedo 80b	*Albin, ἐπιτομή
		An. 6, 4	διανοίας λογισμός	*Plato, Phaedo 79a	*Soran
minutiloquium (1)	bek.	An. 6, 7	*μικρολογία	*Aristoteles	
motator	bek.	An. 12, 1	βασιλεὺς οὐρανοῦ καὶ γῆς	Plato, Phileb. 28c	
motorium (1)	bek.	An. 14, 3	*τὸ κινητικόν	*Aristoteles	* Soran
obmussare (1)	äl	An. 18, 1	θρυλεῖν	Plato, Phaedo 65b	* Soran
pervolaticus	äl	An. 46, 13	*διαπετόμενος	*Hermipp	
puerarius (1)	Tertullian	An. 55, 4	*παιδεραστής	?	
quadrangulatus (1)	äl	An. 17, 2	*τετράγωνος	*Sextus Empiricus	*Soran
redinvenire	äl	An. 46, 9	*ἀνευρίσκειν	*Hermipp	
refrigescentia	äl	An. 43, 3	καταψύξις	Empedocles B 85 Diels	*Soran
reminiscentia (1)	bek.	An. 23, 6; 24, 11	ἀνάμνησις	Plato, Phaedo 72c u.ö.	*Albin, ἐπιτομή
renidentia	äl	An. 49, 1	γελᾶν	Aristoteles, gen. rec. anim. 5, 1 p. 779a	*Hermipp
segregatio (1)	bek.	An. 43, 2	*διαίρεσις	*Strato	*Soran
sensualis (1)	bek.	An. 43, 2.5	*αἰσθητικός	*Stoici	*Soran
		An. 14, 5	*αἰσθητήριον	*Sext. Emp.	*Soran
sensualitas	Tertullian	An. 38, 6	αἴσθησις	Plato, Tim. 28c	*Soran
supermundialis (1)	äl	An. 18, 3	*ὑπερκόσμιος	*Albin, ἐπιτομή	
supersapere (1)	Tertullian	An. 18 ,2	τοῦτο καθωρτώτατα ποιεῖν	Plato, Phaedo 65e	*Soran
supparare	Tertullian	An. 25, 9	*ἐμποιεῖν	?	*Soran

4.1.3 Auswertung und Zusammenfassung

Die Tabelle zeigt, daß Tertullian auch bei philosophischen Begriffen darauf bedacht ist, die griechische Vorlage etymologisch genau wiederzugeben. In ähnlicher Weise war dies auch bei den Bibelzitaten zu beobachten. Das gilt vor allem für folgende Wörter:

actorium, auruginare, circumcordialis, coaegrescere, cogitatorium, coimplicare, compinguescere, defetiscentia, defraudatio, distantivus, elementicius, genimen, impassibilis, incorruptibilis, indignativus, ineffigiabilis, innatus, intellectualis, motorium, minutiloquium, obmussare, pervolaticus, quadrangulatus, redinvenire, refrigescentia, segregatio, sensualitas, supermundialis, supparare.

Eine andere Gruppe besteht aus den Ausdrücken, mit denen Tertullian den zugrudeliegenden Text besonders knapp zu formulieren versucht:

incommiscibilis, renidentia, supersapere.

Viele dieser Wörter finden sich in rhetorisch ausgefeilten Konstruktionen, für die auch einige Wörter neu gebildet werden, obwohl passende Äquivalente schon existieren:

concupiscentivus (libidinosus), ineffigiabilis (ineffigiatus), segregatio (divisio, disiunctio), refrigescentia (refrigeratio).

Einige Wörter wie *incorruptibils, innatus, sensualis* und *intellectualis* stammen aus der philosophischen Sprache. Prägungen Tertullians können sich nicht durchsetzen. Darin zeigt sich auch, daß die Römer ein philosophisches Vokabular zu Tertullians Zeit bereits weitgehend entwickelt hatten und er keinen Einfluß auf diesen Bereich der Wortbildung hat. Sein Purismus zeigt sich darin, daß er keine neuen Wörter der Bibelübersetzung entnimmt.

4.2 Neue Wörter zur Übersetzung gnostischer Ausdrücke

In der Schrift Adversus Valentinianos folgt Tertullian über weite Strecken der zumindest lateinisch vollständig überlieferten Schrift Adversus Haereses des Irenäus. Die übrigen Quellen dagegen, Schriften der Valentinianer, Justin, Proculus und Miltiades, sind uns nicht mehr greifbar.[324] Wegen der umfangreichen Auszüge bei Irenäus ist eine genaue Untersuchung zumindest einiger größerer Textpartien leichter als in den philosophischen Texten möglich.

---

324 Fredouille, Ed. Adv. Val., 20, 28.

4.2.1 Einzeluntersuchungen[325]

Tertullian möchte die komplizierte Terminologie, wie er in Adversus Valentinianos 6, 2–3 darlegt, möglichst sachgerecht übersetzen und darstellen (cf. Kap. 3.2). Aber dennoch will er, so kündigt er in diesem Kapitel an, auf Widerlegungen und Kritik nicht ganz verzichten; an manchen Stellen beabsichtigt er, die gnostische Lehre vor allem lächerlich zu machen (Adv. Val. 6, 3). In Adversus Valentinianos 37 schreibt Tertullian über die Monadenlehre eines sonst nicht bekannten Valentinianers (Adv. Val. 37, 1–2) nach Irenäus, Adversus Haereses 1, 11, 3:

(Ir., Adv. Haer. 1, 11, 3) Ἔστι τις πρὸ πάντων Προαρχὴ ἀνεννόητος[326], ἄρρητός τε καὶ ἀνονόμαστος, ἣν ἐγὼ Μονότητα καλῶ. Ταύτῃ τῇ Μονότητι συνυπάρχει Δύναμις, ἣν καὶ αὐτὴν ὀνομάζω Ἑνότητα. Αὕτη ἡ Ἑνότης ἥ τε Μονότης ἅτε ἓν οὖσαι προήκαντο μὴ προέμεναι Ἀρχὴν τῶν πάντων νοητήν, ἀγέννητόν τε καὶ ἀόρατον, ἣν Ἀρχὴν ὁ λόγος Μονάδα καλεῖ. Ταύτῃ τῇ Μονάδι συνυπάρχει Δύναμις ὁμοούσιος αὐτῇ, ἣν καὶ αὐτὴν ὀνομάζω τὸ Ἕν. Αὗται αἱ <δὲ> Δυνάμεις, ἥ τε Μονότης καὶ Ἑνότης Μονάς τε καὶ τὸ Ἕν προήκαντο τὰς λοιπὰς προβολὰς τῶν Αἰώνων.

(Adv. Val. 37, 1–2) ‚Est‘, inquit, ‚ante omnia Proarche, inexcogitabile et inenarrabile <et> innominabile, quod ego nomino Monoteta. Cum hac erat alia virtus, quam et ipsam appello Henoteta. 2. Monotes et Henotes, id est Solitas et Unitas, cum unum essent, protulerunt non proferentes initium omnium intellectuale, innascibile, invisibile, quod sermo <Monada> vocavit. Huic adest consubstantiva virtus, quam appellat Unionem. Hae igitur virtutes: Solitas, Unitas, <Singularitas>, Unio, ceteras prolationes Aeonum propagarunt‘.

Tertullian übersetzt diesen Text recht genau, indem er im ersten Satz der Wortstellung der Vorlage sehr eng folgt und nur das Femininum der drei Adjektive ἀνεννόητος, ἄρρητός τε καὶ ἀνονόμαστος zu dem definitorischen Neutrum von inexcogitabile[327] et inennarrabile <et> innomminabile

---

325 Zu incorruptibilis (An. 50, 2) cf. Kap. 4.1.1 Anm. 7; zu trinitas (An. 21, 4; 21, 7; Adv. Val. 17, 2) cf. Kap. 6.3.1.

326 Rousseau-Doutreleau folgen der Variante προαννενόητος (N), während Tertullian die Lesart ἀννενόητος (P) gelesen haben dürfte.

327 J. Delz, ThLL VII 1, sv innominabilis, 1955, 1710, führt nur noch einen früheren Beleg bei Apuleius, De Platone 1, 5, auf. Inennarabilis ist dagegen in philosophischen Texten seit der frühen Kaiserzeit belegt: B. Rehm, ThLL VII 1, sv., 1943, 1293; cf. Sen., nat. 3, 22. In Adv. Val. 27, 2 wird das inenarrabilis zugrundeliegende ἄρρητος dagegen mit dem Hapaxlegomenon inenarrativus (cf. B. Rehm, ThLL VII

ändert.[328] Von diesen Adjektiven, die wie in der Vorlage ein Trikolon mit Homoioteleuton mit Alliteration bilden, stellt *inexcogitabilis* einen Neologismus[329] dar, der hier wohl vor allem aus stilistischen Gründen gewählt wird. Ob Tertullian *inexcogitabilis* selbst geprägt hat, ist nicht genau zu bestimmen. Denn die wenigen Belege des ausschließlich bei christlichen Autoren bezeugten Wortes zeigen ein sehr weites Bedeutungsspektrum, so daß eine Abhängigkeit der späteren Autoren von dieser Stelle nicht sehr wahrscheinlich ist. Auch die folgenden Sätze entsprechen der Vorlage sehr genau. In diesen gibt Tertullian die Eigenschaften der ersten Monade (νοητήν, ἀγέννητόν τε καὶ ἀόρατον) mit einer wiederum als Trikolon formulierten Gruppe aus drei Adjektiven wieder. Diese besteht aus dem bereits untersuchten *intellectualis* (cf. Kap. 4.1.1), dem geläufigen *invisibilis* und dem neugeprägten *innascibilis*. Diese Fügung halten Braun und Fredouille[330] wegen der rhetorisch ausgefeilten Formulierung für ironisch und bizarr und fügen hinzu, daß Tertullian das neugebildete Wort *innascibilis* statt des geläufigen *innatus* (cf. Kap. 6.1.2.1) wähle, um den Leser durch den ungewohnten Ausdruck zusätzlich zu frappieren. Dem ist nur zum Teil zuzustimmen, weil die Anordnung der Adjektive und auch das Homoioteleuton schon durch die Vorlage vorgegeben sind und Tertullian sehr oft auf diese Weise (cf. Kap. 4.1.1) formuliert, so daß die bizarre Wirkung der rhetorischen Figur nicht allzu groß gewesen sein muß. Zudem dürfte ein ironischer Beiklang von *innascibilis* kaum zu spüren gewesen sein, da sich eine große Zahl ähnlicher Neubildungen findet, bei denen das Suffix *bilis* ebenfalls nicht mehr die Nuance der Möglichkeit ausdrückt (cf. *incorporabilis* Kap. 6.1.2.2). Für dieses Verständnis spricht auch der Sprachgebrauch des Hilarius (syn. 52 u. ö.), der *innascibilis*[331] wie andere spätere Autoren ohne ironische Note als Gottesprädikat verwendet. Da es nicht klar ist, ob Hilarius den Ausdruck von Tertullian übernahm oder ob er beiden bereits vorlag, ist die Herkunft von *innascibilis* nicht zu bestimmen. Im vorletzten Satz übersetzt Tertullian ὁμοούσιος mit dem wörtlich entsprechenden Adjektiv *consubstantivus*, das in Adversus Valentinianos noch an zwei weiteren Stellen

---

1, sv., 1943, 1293) wiedergegeben: *Nam in figuram principalis tetradis quatuor eum substantiis stipant, spiritali Achamothiana, animali Demiurgina, corporali inenarrativa et illa Sotericina, id est columbina.* Hier ermöglicht *inenarrativus* ein Homoioteleuton mit *Sotericana* und *columbina.*

328 Fredouille, Kom. Val., 356.

329 B. Rehm, ThLL VII 1, sv., 1943, 1319.

330 Fredouille, Kom. Val., 357; auch Braun, 48, hält es für eine Neubildung des Tertullian.

331 M. van den Hout, ThLL VII 1, sv., 1955, 1690.

(Adv. Val. 12, 5; 18, 1) zur Wiedergabe von ὁμοούσιος gebraucht wird. In dieser Funktion findet sich *consubstantivus*, das eine etymologisch exakte Wiedergabe der Vorlage darstellt, in der späteren christlichen Literatur noch an einigen Stellen. Daher dürfte es eine Neubildung[332] Tertullians sein. In der Reihe der Abstrakta am Schluß des Textes (*Solitas, Unitas, <Singularitas>, Unio*), die die weiteren Äonen bezeichnen, verwendet Tertullian das bei ihm zuerst bezeugte Wort *singularitas* zur Wiedergabe von *Μονάς*. *Singularitas* ist keine Neubildung, weil es schon bei Tertullian ein großes Bedeutungsspektrum hat und später auch bei paganen Autoren, besonders bei Grammatikern,[333] zu finden ist (cf. Kap. 6.3.1). Auch das novum verbum *unio*, das einen weiteren Äonen (τὸ Ἕν) bezeichnet, scheint schon bekannt gewesen zu sein (cf. Kap. 6.3.1). Zusammenfassend läßt sich sagen, daß Tertullian sich bei dieser sehr genauen Übersetzung sich nicht scheut, auf ungewöhnliche oder fachsprachliche Ausdrücke zurückzugreifen. Zudem lassen sich keine Spuren einer bewußten Verzeichnung nachweisen.

Mit einem karikierenden Zusatz dagegen wird in Adversus Valentinianos 26, 2 eine Passage aus Irenäus, Adversus Haereses 1, 6, 1 wiedergegeben, wo es um die Entstehung des irdischen Christus geht:

(Ir., Adv. Haer. 1, 6, 1) Ὃν γὰρ ἤμελλε σώζειν τὰς ἀπαρχὰς αὐτὸν εἰληφέναι φάσκουσιν ἀπὸ μὲν τῆς Ἀχαμὼθ τὸ πνευματικόν, ἀπὸ δὲ τοῦ Δημιουργοῦ ἐνδέδυσθαι τὸν ψυχικὸν Χριστὸν ἀπὸ δὲ τῆς οἰκονομίας περιτεθεῖσθαι τὸ σῶμα, ψυχικὴν ἔχον οὐσίαν, κατεσκευασμένον δὲ ἀρρήτῳ τέχνῃ πρὸς τὸ καὶ ἀόρατον καὶ ψηλαφητὸν καὶ παθητὸν γενέσθαι.

(Adv. Val. 26, 2) *Volunt illum prosicias earum substantiarum induisse, quarum summam saluti esset redacturus, ut spiritalem quidem susceperit ab Achamoth, animalem vero a Demiurgo, quem mox induerit Christum; ceterum corporalem, ex animali substantia sed miro et inenarrabili rationis ingenio constructam, administrationis causa interim tulisse, quo congressui et conspectui et contactui et defunctui ingratis subiaceret (...).*

Diesen Text referiert Tertullian frei, da er die Satzstellung des Irenäus ändert und pointiertere Ausdrücke wählt. So wird das übergeordnete Verb φάσκουσιν mit dem tendenziös klingenden *volunt* (cf. An. 18, 3 Kap. 4.1.1) wiedergegeben, während die Glosse κατεσκευασμένον δὲ ἀρρήτῳ τέχνῃ in der Übersetzung *miro et inenarrabili rationis ingenio constructam* durch die Hinzufügung von *ingenio* und *miro* einen spöttischen Beiklang erhält. Die im folgenden genannten drei Eigenschaften des irdischen Christus

---

332 *Consubstantivus* bleibt nach E. Lommatzsch, ThLL IV, sv., 1907, 549, auch später selten; Braun, 198f, hält *consubstantivus* ebenfalls für eine Neubildung Tertullians.
333 Braun, 48.

(ἀόρατον καὶ ψηλαφητὸν καὶ παθητόν) gibt Tertullian in geänderter Reihenfolge mit dem viergliedrigen Homoioteleuton aus *congressus, conspectus, contactus* und *defunctus* wieder, wobei *defunctus* gegen die Intention des Textes hinzugefügt ist. Denn nach Tertullians Darstellung wäre der irdische Christus sterblich (*defunctui subiaceret*), was aber der doketischen Vorstellung der Gnosis von der menschlichen Natur Jesu Christi widerspricht[334]. Daher ist auch sehr unwahrscheinlich, daß der Zusatz auf einem Irrtum beruhen könnte, der etwa in der fälschlichen Erinnerung an φθαρτός im Irenäuszitat bestanden haben könnte. Das Wort *defunctus*, mit dem dieser Zusatz formuliert wird, wirkt zudem als okkasionelle Neubildung auffällig, so daß es die Verzeichnung noch betont; es bleibt Hapaxlegomenon[335].

In ähnlicher Weise gegen die Intention des Textes referiert Tertullian in Adversus Valentinianos 16, 2–3 die Rettung der Achamoth nach Irenäus, Adversus Haereses, 1, 4, 5, für die der himmlische gnostische Christus auf die materielle Welt hinunterkommt:

(Ir., Adv. Haer. 1, 4, 5) Κἀκεῖνον μορφῶσαι αὐτὴν μόρφωσιν τὴν κατὰ γνῶσιν καὶ ἴασιν τῶν παθῶν ποιήσασθαι αὐτῆς, χωρίσαντα αὐτὰ αὐτῆς μὴ ἀμελήσαντα δὲ αὐτῶν – οὐ γὰρ ἦν δυνατὸν ἀφανισθῆναι ⟨αὐτὰ⟩ ὡς τὰ τῆς προτέρας, διὰ τὸ ἑκτικτὰ ἤδη καὶ δυνατά εἶναι –, ἀλλ' ἀποκρίναντα χωρὶς συγχέαι καὶ πῆξαι καὶ ἐξ ἀσωμάτου πάθους εἰς ἀσώματον [τὴν] ὕλην μεταβαλεῖν αὐτά. Εἶθ' οὕτως ἐπιτηδειότατα καὶ φύσιν ἐμπεποιηκέναι αὐτοῖς, ὥστε εἰς συγκρίματα καὶ σώματα ἐλθεῖν, πρὸς τὸ γενέσθαι δύο οὐσίας, τὴν φαύλην ⟨ἐκ⟩ τῶν παθῶν, τήν δὲ ⟨ἐκ⟩ τῆς ἐπιστροφῆς ἐμπαθῆ.

(Adv. Val. 16, 2–3) *Susceptam ille confirmat atque conformat agnitione iam et ab omnibus iniuriis Passionis expumicat, non eadem neglegentia in exterminium discretis, quam acciderat in casibus matris. 3. Sed enim exercitata vitia et usu viriosa confudit atque ita massaliter solidata defixit seorsum, in materiae corporalem paraturam commutans ex incorporali passione, indita habilitate atque natura, qua pervenire mox possent in aemulas aequiperantias corpulentiarum, ut duplex substantiarum condicio ordinaretur, de vitiis pessima, de conversione passionalis.*

Bei der Wiedergabe dieses Abschnitts wählt Tertullian dieselbe Technik wie bei der oben besprochenen Passage Irenäus, Adversus Haereses 1, 6, 1. Auch hier ändert er die Satzstellung, macht Zusätze und wählt schärfer pointierte Ausdrücke. So gibt er die blasse Fügung ἴασιν τῶν παθῶν ποιη'σασθαι χωρίσαντα αὐτὰ αὐτῆς aus dem ersten Satz knapp und pointiert mit *expumicare ab iniuriis* wieder. Das Verb *expumicare* macht aus der gei-

---

334 Rudolph, 170f.
335 G. Jachmann, ThLL V 1, sv., 1910, 376.

stig vorzustellenden Reinigung, mit der der zur geistigen Welt gehörende Christus die Achamoth retten will, eine gleichsam handgreifliche Tätigkeit. Das Verb *expumicare* bleibt auf dieses Kapitel beschränkt und ist später nicht mehr bezeugt,[336] so daß es wahrscheinlich eine Bildung Tertullians ist. Auch die folgende Fügung, die Partizipialkonstruktion μὴ ἀμέλησαντα, ist gegenüber der Vorlage verändert, da aus ihr eine adverbiale Bestimmung *non eadem neglegentia* wird. An diese knüpft er die Übersetzung des Einschubs οὐ γὰρ ἦν δύνατον ἀφανισθῆναι <αὐτὰ> ὡς τὰ τῆς προτέρας, διὰ τὸ ἐκτικτὰ ἤδη καὶ δύνατα εἶναι mit *in exterminium discretis, quam acciderat in casibus matris* an. Dessen Verb ἀφανισθῆναι gibt das wohl aus der Bibelübersetzung stammende Nomen *exterminium*[337] wieder. Zudem ersetzt Tertullian die nüchterne Angabe ὡς τὰ τῆς προτέρας durch die konkretere Bemerkung *quam acciderat in casibus matris*. Die ganze Fügung wirkt dadurch weitaus eleganter als die griechische Vorlage. Auch im zweiten Teil der Darstellung gibt Tertullian dem Text einen satirischen Klang. So wird aus dem griechischen Hendiadyoin χωρὶς συγχέαι καὶ πῆξαι der im Lateinischen redundant wirkende Ausdruck *massaliter solidata defixit seorsum*. Darin wirkt *massaliter* zudem als Neologismus sehr auffällig und gibt dem Ausdruck einen abfälligen Ton. Später greift Tertullian *massaliter* noch einmal in De Fuga 13, 3 an einer ähnlich polemischen Stelle auf. Dieses Adverb[338] findet sich nur bei ihm, so daß er es sicher selbst gebildet hat. Im Schlußteil wird mit der gleichen Technik aus συγκρίματα καὶ σώματα der hochtrabende Ausdruck *aequiperantiae corpulentiarum*. Hier soll das *novum verbum aequiperantia* mit seinem übertriebenen Klang die Darstellung weiter karikieren. Diese Wortbildung erklärt Demmel[339] mit dem in Adversus Valentinianos 8, 1 vorkommenden Verb *aequiperare*. Den Schluß der Periode hingegen gibt Tertullian recht genau wieder. Denn er übersetzt ἐμπαθής mit dem wörtlich entsprechenden *passionalis*, um den geläufigen Ausdruck *passibilis* zu vermeiden, der wohl zu sehr die der Vorlage nicht entsprechende Bedeutungsnuance der Leidensfähigkeit besitzt. *Passionalis* war wahrscheinlich schon bekannt. Dafür spricht der Beleg bei Priscian, bei dem es (rhet. 9, 28 p. 558, 4) die pa-

---

336 E. Koestermann, ThLL V 2, sv., 1953, 1813.

337 O. Hiltbrunner, ThLL V 2, sv., 2012f.

338 Von *massa* leitet Tertullian auch das *massaliter* entsprechende Adjektiv *massalis* ab. *Massalis* bleibt ebenfalls auf sein Werk beschränkt und wird an beiden Belegstellen unterschiedlich verwendet: In Adv. Marc. 4, 18, 4 bezeichnet es die Macht des Heiligen Geistes, während es in Adv. Herm. 30, 1 bloßes Attribut der physischen Substanz wie hier *massaliter* ist. Cf. H. Rubenbauer, ThLL VIII, sv., 1939, 431.

339 Demmel, 72f.

thetische Redeweise[340] bezeichnet. Auch Tertullian greift es an anderen
Stellen wieder auf (Test. An. 2, 3; 4, 1).

In anderer Weise pointiert gibt Tertullian die Entstehung der Menschen
durch den Fall der Achamoth in Adversus Valentinianos 17, 1 nach Irenäus,
Adversus Haereses 1, 4, 5 wieder:

(Ir., Adv. Haer. 1, 4, 5) Τὴν δὲ Ἀχαμὼθ ἐκτὸς τοῦ πάθους γενομένην συλλαβοῦσαν τῇ χαρᾷ τῶν σὺν αὐτῷ φώτων τὴν θεωρίαν,
τουτέστιν τῶν Ἀγγέλων τῶν μετ᾽ αὐτοῦ (sc. Σωτῆρος), καὶ ἐγκισσήσασαν <εἰς> αὐτούς, κεκυηκέναι καρποὺς κατὰ τὴν <ἐκείνων>
εἰκόνα διδάσκουσι, κύημα πνευματικὸν καθ᾽ ὁμοίωσιν γεγονὸς τῶν
δορυφόρων τοῦ Σωτῆρος.

(Adv. Val. 17, 1) *Abhinc Achamoth expedita tandem de malis omnibus –
ecce iam proficit et in opera maiora frugescit – prae gaudio enim tanti ex
infelicitate successus concalefacta simulque contemplatione ipsa angeli-
corum luminum, ut ita dixerim, subfermentata – pudet, sed aliter exprimere
non est – quodammodo subsuriit intra et ipsa in illos et conceptu statim in-
tumuit spiritali ad imaginem ipsam, quam vi laetantis <et> ex laetitia
prurientis intentionis imbiberat et sibi intimarat.*

Schon die Übersetzung des Anfangs ist sehr frei, da die knappe Wendung
ἐκτὸς τοῦ πάθους γενομένην mit der pointierteren Fügung *expedita de
malis omnibus* umschrieben wird. An diese schließt sich der von *ecce* einge-
leitete Einschub an, dem *ecce*, wie Fredouille[341] betont, einen erzähleri-
schen Charakter gibt. Dieser Einschub beschreibt den Wandel der Achamoth
mit dem geläufigen Verb *proficit* und dem Neologismus *frugescit*, der auf die
gnostische Metapher καρποφορεῖν anspielt.[342] Damit wird im System der
Valentinianer jede weitere Emanation – hier die der 30 Äonen[343] – beschrieben. Die Übersetzung *frugescere* scheint eine Prägung Tertullians[344]
zu sein, die nur bei ihm vorkommt. Er greift sie später noch einmal, in De
Resurrectione Mortuorum 22, 8, auf, um ein Wortspiel zu *florescere*[345] zu
bilden. Nach diesem Einschub fährt Tertullian mit der Paraphrase des Textes
fort und spielt mit *gaudium* auf χαρᾷ an. Dabei ändert er aber die abhängigen Genitive, indem er statt τῶν σὺν αὐτῷ φώτων die spöttische Bemer-

---

340   Weitere Belege bei K.-H. Kruse, ThLL X 1, sv., 1988, 622.
341   Fredouille, Kom. Val., 292.
342   Fredouille, Kom. Val., 231, 292.
343   Sagnard, 388f, 432f.
344   Später greift nur noch Prudentius (Contra Symmachum 2, 914) das Wort auf, ver-
       wendet es aber im eigentlichen Sinne: F. Vollmer, ThLL VI 1, sv., 1921, 1408.
345   *Ita etsi (sc. regnum dei) in agnitione sacramenti fruticat, sed in domini reprae-
       sentatione florescit atque frugescit.*

kung *tanti pro infelicitate successus* einfügt. Das folgende Partizip συλ-λαβοῦσα umschreibt Tertullian mit den beiden Partizipien *concalefacta* und *subfermentata*. Während *concalefacta* wohl im Sinne von „hitzig erregt" zu verstehen ist (cf. Ter., Haut. 349), hat *subfermentata* einen sehr stark herabsetzenden Unterton, auf den auch die einschränkende Bemerkung *ut ita dixerim* hinweist. Er läßt sich aus der Nebenbedeutung des Simplex *fermentare* ableiten, das in medzinischen Texten den aufgeblasenen Bauch[346] bezeichnen kann. So dürfte *subfermentare* hier im Sinne von „innerlich aufgebläht" zu verstehen zu sein. Das Prädikat des lateinischen Satzes, das novum verbum *subsuriit*,[347] gibt das griechische Partizip ἐγκισσήσασαν wieder. Irenäus[348] spielt damit auf Gen. 30, 38f an, wo ἐγκισσᾶν Schafe bezeichnet, die allein durch den Anblick von Futter trächtig werden. Dieser Bedeutung scheint Tertullian aber nicht zu folgen, weil er sonst kaum die abermals einschränkende zweigliedrigen Floskel *pudet, sed aliter exprimere non est – quodammodo* hinzuzufügen bräuchte. Vielmehr dürfte er ἐγκισσᾶν gemäß seiner zweiten Bedeutung, die die Suda (S 98) und Hesych (sv.) verzeichnen, „sexuell aktiv sein" verstehen. Dafür spricht außerdem die obszöne Bedeutung des Simplex *surire*, das die sexuelle Erregung bezeichnet.[349] So ist *subsurire* wohl im Sinne von „unmäßige sexuelle Begierde zeigen" gemeint. Die beiden Ausdrücke *subfermentare* und *subsurire* bleiben Hapaxlegomena. Sie verstärken als Neubildungen die Obszönität der Vorstellung. Diesen Klang der beiden Ausdrücke vergrößert er durch das gegenüber der Vorlage hinzugefügte *intra*.

Man kann daher diese Übersetzung also polemisch verzeichnet beschreiben, da Tertullian die Schwangerschaft der Achamoth als einen Zustand großer sexueller Lüsternheit darstellt. Er bedient sich dabei vor allem entsprechende konnotierter Ausdrücke, deren Neuartigkeit den aggressiven Ton noch verstärkt.

In Adversus Valentinianos finden sich, wie oben angedeutet, auch Übersetzungen aus uns verlorenen Quellen. Ein Beispiel dafür ist eine allegori-

---

346   H. Bannier, ThLL VI 1, sv., 1914, 525 l. 27–33, führt beispielsweise Celsus, 2, 8 p. 49, 37 auf: *si venter est quasi fermentatus, pinguis atque rugosus est.*

347   Nach den kritischen Apparaten von Kroymann und Fredouille überliefern die Handschriften einheitlich *substruxit*; dieses Wort gibt aber hier keinen Sinn, so daß man entweder *subavit* mit Rhenanus oder – nach einer Konjektur des Rigaltius – das paläographisch besser erklärbare *subsuriit* lesen sollte.

348   Rousseau-Doutreleau, Not. Just., 193.

349   Arnobius maior 1, 2; 5, 13; 5, 28 und Nonius 90 verwenden *surire* in ähnlicher Weise. Bezeichnend ist auch die Defintion des Nonius: *Catulire: surire vel libidinari.* Engelbrecht (Neue lexikal. Beitr., 66) zeigt zudem, daß das zugrundeliegende Verb *surire* sowohl mit weiblichen als auch mit männlichen Wesen verbunden wird.

sche Darstellung des Werdens der Menschen aus der Achamoth (Adv. Val. 31, 1):

Ubi Achamoth totam massam seminis sui presserit, dein colligere in horreum coeperit, [vel] cum ad molas delatum et defarinatum in conspersionis alutacia absconderit, donec totum confermentetur[350], tunc consummatio urgebit.

Dieser Text beruht auf der Kombination von drei Anspielungen auf das biblischen Motiv vom Sauerteig, die der unbekannte Autor[351] seiner Darstellung zugrunde gelegt hat: *In horreum colligerit* spielt auf Mt. 3, 12 ((...) καὶ διακαθαρεῖ εἰς τὴν ἄλωνα αὐτοῦ) an, *confermentare* und *in consparsionis alutacia* auf ζυμοῦν und φύραμα νέον aus 1. Kor. 5, 6–7 (Οὐκ οἴδατε, ὅτι μικρὰ ζύμη ὅλον τὸ φύραμα ζυμοῖ, ἐκκάθαρατε τὴν παλαιὰν ζύμην, ἵνα ἦτε νέον φύραμα, καθώς ἐστε ἄζυμοι) und *donec in totum confermentetur* auf Mt. 13, 33 (ἕως οὗ ἐζυμώθη ὅλον). Zur Wiedergabe dieser Anspielungen finden sich einige neue Wörter. So spielt die geläufige Übersetzung für φύραμα, *conspersio* (cf. Kap. 3.3.2), ein ursprünglich landwirtschaftlicher Ausdruck, auf 1. Kor. 5, 6–7 an, während das seltene *confermentare* ζυμοῦν aus Mt. 13, 33 umschreibt. Es bildet einen Anklang zu *consparsio* und *consummatio*, der die gemeinsame Entstehung der Menschen aus dem Sauerteig betonen soll. Da *confermentare*[352] nur an sehr wenigen späteren Stellen bezeugt ist, die aber nicht unbedingt von Tertullian beeinflußt sind, ist ein Urteil über seine Herkunft kaum möglich. Das Hapaxlegomenon[353] *defarinatus* in der Überleitung von Mt. 3, 12 zu 1. Kor. 5, 6–7 bildet ein Wortspiel mit *delatum* und spielt auf den zugrundeliegenden landwirtschaftlichen Begriff *farina* an, um die Assoziationen an die ländliche Sphäre zu verstärken. Tertullian scheint sich zwar um eine pointierte Übersetzung zu bemühen, läßt aber keine Spur von Polemik erkennen, so daß er den zugrundeliegenden Text wohl recht getreu wiedergibt.

---

350   In den Handschriften ist *confrequentetur* überliefert, das auch Kroymann übernimmt; Rigaltius schreibt in der dritten Auflage seiner Edition das im Kontext der biblischen Parallelen hier wohl zu bevorzugende *confermentetur*.

351   Fredouille, Kom. Val., 340, äußert sich zur Herkunft nur sehr vorsichtig, weist aber wie Riley, 157, auf die Anspielung auf 1. Kor. 5, 6–8 hin.

352   F. Burger, ThLL IV, sv., 1906, 173.

353   A. Leissner, ThLL V 1, sv., 1910, 285.

4.2.2 Tabelle 4

In dieser Tabelle sind die neuen Wörter aufgeführt, mit denen Ausdrücke der valentinianischen Gnosis wiedergegeben werden (zur Technik der Darstellung cf. Kap. 4.1.2). Bei dem häufig belegten *spiritalis* fehlen Stellenangaben, weil Tertullian bei diesem Fachterminus der valentinianischen Gnosis nicht jedesmal eine bestimmte Vorlage hat (cf. Kap. 6.2). In der letzten Spalte der Tabelle sind zum Vergleich die Übersetzungen des antiken Irenäusübersetzers angegeben.

TABELLE 4: (Abschnitt 1 von 2)

Wort	Herkunft	Stelle bei Tert.	Griech. Vorlage	Stelle bei Iren.	Irenäus lat.
aequiperantia	ἀλ	Val. 16, 3	σύγκριμα	1, 2, 5	*visus*
agnitionalis	ἀλ	Val. 27, 3	κατὰ γνῶσιν	1, 4, 1	*secundum agnitionem*
apprehensibilis	bek.	Val. 11, 4 bis	κατάληπτός	1, 2, 5	*comprehensibilis*
circumductor	ἀλ	Val. 10, 3	μεταγωγεύς	1, 2, 4	*metagogeus*
consubstantivus	Tertullian	Val. 12, 5	ὁμοούσιος	1, 2, 6	*eiusdem generis*
		Val. 18, 1	ὁμοούσιος	1, 5, 1	*eiusdem substantiae*
		Val. 37, 2	ὁμοούσιος	1, 11, 3	*eiusdem substantiae*
decinerare	ἀλ	Val. 32, 4	συναναλίσκειν	1, 7, 1	*consumere*
defectiva (et abortiva genitura)	bek.	Val. 14, 1	ἔκτρωμα	1, 4, 1	*abortus*
defectrix	ἀλ	Val. 38, 1	ἀποστᾶσα	1, 11, 2	*discedens*
desultare	bek.	An. 34, 3	*καταβαίνειν	1, 23, 2	*degredi*
desultrix	ἀλ	Val. 38, 1	ὑστερήσασα	1, 11, 1	*destituta*
detentus	ἀλ	Val. 32, 2	ἀκρατητῶς	1, 7, 1	*inapprehensibilis*
eruditus	ἀλ	Val. 29, 3	παιδευθεὶς καὶ ἐκτραπείς	1, 7, 5	*erudiri*
exterminium	Bibelübersetzung	Val. 16, 3	ἀποφανίζεσθαι	1, 4, 5	*segregare*
factitator	Tertullian	Val. 21, 2 bis	δημιουργός	1, 5, 4	*demiourgus*
feturare	bek.	Val. 25, 2	κυοφορεῖν	1, 5, 6	*gestare*
fluxilis	Tertullian	Val. 24, 1. 2	ῥευστός	1, 5, 5	*fluidus*
frugescere	Tertullian	Val. 17, 1	καρποφορεῖν	1, 5, 4	*fructus parere*
illaesibilis	Tertullian	Val. 27, 2	ἀκράτητος	1, 7, 2	*incomprehensibilis*
impassibilis	bek.	Val. 27, 2	οὐ πάσχειν	1, 7, 2	*non pati*
inapprehensibilis	Tertullian	Val. 27, 2	ἀόρατος	1, 7, 2	*invisibilis*
inenarrativus	ἀλ	Val. 27, 2	ἄρρητος	1, 7, 2	*inenarrabilis*

TABELLE 4: (Abschnitt 2 von 2)

inexcogitabilis	bek.	Val. 37,1	ἀνενόητος	1,11,3	proannenoetos[a]
innatus	bek.	Val. 7,3	ἀγένητος	1,1,1	ingenitus
		Val. 11,2	ἀγένητος	1,7,2	innatus
innascibilis	Tertullian	Val. 37,2	ἀγένητος	1,11,3	innatus
inornare	bek.	Val. 12,5	συνεπισφραγίζεσθαι	1,2,6	—
insubditivus	ἀλ	Val. 27,3	ἀπαθής	1,7,2	impassibilis
intellectualis	bek.	Val. 32,2	νοερός	1,7,1	intellectualis
		Val. 37,1	νοητός	1,11,3	noetus
invaletudo	Tertullian	Val. 21,1	φόβος	1,5,4	timor
materialis	bekannt	Val. 17,2	ὑλικός	1,5,1	hylicus
		Val. 26,1 u. ö.	ὑλικός	1,6,1	materiale
munditenens	Tertullian	Val. 22,2	κοσμοκράτωρ	1,5,4	cosmocrator
naturificatus	ἀλ	Val. 29,4	διὰ τὸ φύσει πνευματικὸν εἶναι	1,6,2	naturaliter spiritalis
passionalis	Tertullian	Val. 16,3	ἐμπαθής	1,4,5	passibilis
primogenitus	bek.	Val. 36,2	πρωτότοκος	1,12,3	primogenitus
primordialis	bek.	Val. 7,8	ἀρχέγονος	1,5,2	primogenitus
scintillula	Tertullian	An. 23,1	σπινθήρ	1,24,1	scintilla
sequestrare	bek.	Val. 25,1	κατατιθέναι	1,5,6	deponere
singularitas	Grammatiker	Val. 37,1	μονάς	1,11,3	monas
spiritalis	bek.	fere passim	πνευματικός		
subfermentare	ἀλ	Val. 17,1	συλλαμβάνειν	1,4,5	concipere
substantivalis	ἀλ	Val. 27,3	κατ' οὐσίαν	1,4,1	secundum substantiam
subsurire	ἀλ	Val. 17,1	ἐγκισσᾶν	1,4,5	delectata in conceptu
unio	bek.	Val. 37,1	τὸ ἕν	1,11,3	hen

a. Tertullian folgt hier einer Variante; der Irenäusübersetzer las προανενόητος.

4.2.3 Auswertung und Zusammenfassung

Nur wenige Wörter sind Neuprägungen, die für die schwierig zu benen-
nenden Äonen und Pleromen der Valentinianer gebildet werden. Tertullian
verwendet dafür lieber Fremdwörter wie *Soter*, *Achamoth* und *Pleroma* (cf.
Adv. Val. 20, 2):

> *circumductor, munditenens, singularitas, trinitas, unio.*

Eine andere Gruppe besteht aus Ausdrücken, die Tertullian zur möglichst
knappen Wiedergabe für im Griechischen meist mehrgliedrige Fügungen
verwendet:

> *agnitionalis, eruditus, exterminium, naturificatus, substantivalis.*

Ein anderer Teil, der meist aus tatsächlichen Neuprägungen besteht, soll
durch seinen übertriebenen Klang die Lehre der Valentinianer verspotten:

> *aequiperantia, decinerare, defectivus, desultare, detentus, insubditivus,*
> *invaletudo, scintillula, subfermentare, subsurire.*

Die übrigen Ausdrücke verwendet Tertullian, da sie ein genau entsprechendes Äquivalent zur griechischen Vorlage darstellen:

> *consubstantivus, defectrix, desultrix, factitator, feturare, fluxilis, fru-*
> *gescere, illaesibilis, impassibilis, inapprehensibilis, inenarrativus,*
> *inexcogitabilis, intellectualis, innatus, inornare, materialis, passio-*
> *nalis, primordialis, primogenitus, sequestrare, spiritalis.*

Bemerkenswert ist ferner, daß Tertullian sogar zwei Kompositionen, *circum-
ductor* und *munditenens*, zu verwenden wagt. Kompositionen sind bei ihm
sehr selten und finden sich fast ausschließlich in der Bibelübersetzung (cf.
Kap. 3.3.2; 3.4.2; 5.3.3). Im Vergleich zu dem spätlateinischen Irenäusübersetzer zeigt sich, daß Tertullian sich wesentlich mehr vom Prinzip der Latinitas leiten läßt, da er auf Fremdwörter bis auf die oben angeführten Ausnahmen weitgehend verzichtet.

4.3   Neue Wörter aus markionitischen Texten

Für die Zitate aus den Antithesen Markions und der Schrift seines Schülers
Apelles gibt es keine erhaltenen Textzeugen, die einen genauen Vergleich
der Übersetzung Tertullians möglich machen würden. Daher werden diese
Stellen nur knapp behandelt.

4.3.1 Einzeluntersuchungen

Im folgenden werden die fünf Stellen untersucht, an denen Tertullian neue
Wörter zur Übersetzung von Ausdrücken aus markionitischen Texten verwendet:

(1) In De Anima 23, 3 prägt Tertullian zur Übersetzung einer Bemerkung
des Apelles das Hapaxlegomenon[354] *circumfinxerit* und verwendet die bei
ihm häufiger bezeugten neuen Wörter *peccatrix* (cf. Kap. 6.4.1) und
supercaelestis (cf. Kap. 3.4.1.2):

(An. 23, 3) *Apelles sollicitatas refert animas terrenis escis de supercaelestibus sedibus ab igneo angelo, deo Israelis et nostro, qui exinde illis
peccatricem circumfinxerit carnem.*

Da keinerlei Textgrundlage mehr vorliegt, ist man hier auf Vergleiche an-
gewiesen: *Circumfingere* ist wie *circumcordialis* (cf. Kap. 4.1.2) gebildet,
mit dem Tertullian das aristotelische περικάρδιος übersetzt. Daher hat es
etwas für sich, als Vorlage für dieses neue Wort περιπλάττειν anzunehmen,
für dessen Gebrauch im Kontext der Schöpfung es bei Gregor von Nyssa[355]
eine Parallelstelle gibt. *Supercaelestis* dürfte dem biblischen ὑπερουράνιος
(cf. Kap. 3.4.2) entsprechen, *peccatrix* (cf. Kap. 6.4.1) ἁμαρτωλός, das
ebenfalls oft im Neuen Testament belegt ist.[356] Falls diese Hypothesen zutreffen, hat Tertullian den Text des Apelles recht genau und ohne Polemik
übertragen.

(2) Ebenfalls aus Markions Antithesen stammt wohl eine Bemerkung
über die Verfälschung des Lukasevangeliums, die Tertullian in Adversus
Marcionem 4, 4, 4 wiedergibt:

*(sc. Id evangelium) Marcion per antitheses suas arguit ut interpolatum a
protectoribus Iudaismi ad concorporationem legis et prophetarum.*

In diesem Text bezeichnet der bildliche Ausdruck *ad concorporationem
legis et prophetarum* Markions Meinung, daß dem Lukasevangelium[357]
vieles aus dem Alten Testament fälschlich hinzugefügt wurde. Die griechische Vorlage für das *novum verbum concorporatio* ist schwer zu bestimmen.
Am wahrscheinlichsten ist aber, falls Tertullian auch dieses Zitat so wörtlich
wie möglich übersetzt hat, das Verb συμμορφοῦσθαι bzw. das Adjektiv

354   H. Bannier, ThLL III, sv., 1909, 1144.

355   Eun. 4 p. 637 a – b Τότε λαβὼν χοῦν ἀπὸ τῆς γῆς, τὸν ἄνθρωπον ἔπλασε.
      Πάλιν λαβὼν τὸν ἐκ τῆς παρθενίας χοῦν, οὐχ ἁπλῶς τὸν ἄνθρωπον ἔπλασε,
      ἀλλ᾽ ἑαυτῷ περιέπλασε.

356   Z. B. Röm. 7, 13 ἁμαρτωλὸς ἡ ἁμαρτία hier dürfte ἁμαρτωλὸς σάρξ zugrun-
      deliegen.

357   Harnack, Marcion, 39–42.

σύμμορφος, die in der Vorlage wahrscheinlich in einem substantivierten Infinitiv standen. Denn beispielsweise Gregor von Nyssa[358] bezeichnet mit diesen Wörtern die Zusammenfügung von zwei nichtmateriellen Dingen. In dieser Weise wird *concorporatio*[359] auch an den beiden anderen Belegstellen in der lateinischen Literatur, Tertullian, De Baptismo 8, 1 und Hieronymus, in Mt. 7, 6, verwendet. Wegen dieser Belege ist es wahrscheinlich eine Neubildung Tertullians, da Hieronymus durchaus von Tertullian abhängig sein kann. *Protector*[360] dagegen ist der Rechtssprache entlehnt, wo es in der Verbindung *protector domesticus* den Leibgardisten[361] des Kaisers bezeichnet.

(3) Genau übersetz scheint auch ein Zitat aus den Antithesen in Adversus Marcionem 4, 24, 1 zu sein, in dem Tertullian das Hapaxlegomenon[362] *offarcinare* bildet:

Profectionem filiorum Israhelis creator etiam illis spoliis aureorum et argenteorum vasculorum et vestium praeter oneribus consparsionum offarcinatam educit ex Aegypto.

Quispel[363] weist auf Adamantinus, Dial. de recta fide I 811 c, hin, wo dieselbe Geschichte inhaltlich beinahe identisch referiert wird und wahrscheinlich aus den Antithesen übernommen wurde:

Ὁ θεὸς τῆς γενέσεως ἐντέταλται Μωσεῖ ἐκβαίνοντι ἐκ γῆς Αἰγύπτου λέγων· ἕτοιμοι γένεσθε, τὴν ὀσφὺν ἐζωσμένοι, τοὺς πόδας ὑποδεδεμένοι, τὰς ῥάβδους ἐν ταῖς χερσὶν ὑμῶν, τὰς πήρας ἔχοντες ἐφ᾿ ἑαυτούς. Χρυσὸν καὶ ἄργυρον καὶ τὰ ἄλλα πάντα ἀπενέγκασθε τῶν Αἰγυπτίων.

Tertullian umschreibt den Text knapp, entstellt ihn aber anscheinend nicht. Mit dem Hapaxlegomenon *offarcinare* versucht er, die Situation der schwer beladenen Israeliten besonders anschaulich darzustellen. *Offarcinare* leitet Tertullian von dem bedeutungsverwandten Verb *suffarcinare* ab, das zuerst in der Komödie (Plaut., Curc. 289; Ter., Andr. 770) und dann erst wieder bei Apuleius (Met. 9, 7, 8) bezeugt ist. Diese Bezeugung deutet

---

358   Cf. Gr. Nyss., hom. 1 in Cant. (MPG 44 p. 764 D) *(...) Τὰ φωτεινὰ τοῦ Κυρίου ἱμάτια (...) περιεβάλεσθε (...) καὶ συμμορφωθόντος αὐτῷ πρὸς τὸ ἀπαθές τε καὶ θειότερον.* Cf. Gr. Nyss., or. 1 in Gen. 1, 26 (MPG 44 p. 261a) *Εἰ κατ᾿ εἰκόνα θεοῦ γεγόναμεν, φησί, σύμμορφος ἡμῖν ὁ θεός.*

359   F. Burger, ThLL IV, sv., 1906, 89.

360   Tertullian verwendet diesen Rechtsausdruck (Amm. 14, 7, 9; Cod. Iust. 5, 4, 21; Nov. Iust. 8, 3, 3 u. ö.) auch als Gottes- (Adv. Marc. 2, 17, 1) und Christusprädikat (Adv. Marc. 4, 11, 3).

361   Heumann-Seckel, 473.

362   F. Oomes, ThLL IX 2, sv., 1974, 486.

363   Quispel, 82.

darauf hin, daß *suffarcinare* ein ausschließlich in der gesprochenen Sprache
verwendetes Wort ist. Diese Herkunft dürfte der Leser auch bei *offarcinare*
assoziiert haben. Mit diesem Wort scheint Tertullian, wenn Adamantinus die
Antithesen auch wörtlich getreu wiedergibt, auf das Bild der schwer bepackt
marschierenden Israeliten anzuspielen.

(4) In Adversus Marcionem 4, 9, 3 spielt Tertullian auf eine markionitische Selbstbezeichnung an:

Sed quoniam adtentius argumentatur apud illum suum nescio quem
συνταλαίπωρον *(commiseronem) et* συμμισούμενον *(coodibilem) in leprosi*
purgatione, non pigebat ei occurrere et imprimis figuratae legis vim osten-
dere.

Die beiden griechischen Ausdrücke συνταλαίπωρον und συμμισούμενον werden mit neu gebildeten lateinischen Äquivalenten *coodibilis* und
commisero übersetzt. Harnack[364] folgert aus dieser Stelle, daß Markion
seine Antithesen einem Leidensgenossen widmete, dem er mit diesen beiden
Bezeichnungen die Widmung aussprach. Dafür spricht, daß Tertullian die lateinischen Begriffe in Adversus Marcionem 4, 36, 5 wiederaufgreift und dort
Markion und alle anderen Häretiker als *coodibiles et commiserones* anspricht. *Commisero*[365] wird später nicht mehr verwendet, *coodibilis*[366]
nimmt nur noch Victricius (Victr. 28) wieder auf. So sind beide Adjektive
sehr wahrscheinlich Neubildungen Tertullians. Im Gegensatz zu Hauschilds
Darstellung dürfte *coodibilis* auch keine überzeichnende Bedeutung wegen
des Suffixes *bilis* haben, da die von Hauschild[367] vorgeschlagene Bedeutung
„hassenswerth (sic!)“ nicht zwingend ist. Denn das Suffix *bilis* ist oft abge-
blaßt zu einer bloß passivischen Bedeutung (zu *incorporabilis* cf. Kap.
6.1.2.2).[368]

4.3.2 Zusammenfassung

Diese Texte scheint Tertullian also zwar mit in seinem Sinne erläuternden
Zusätzen, aber inhaltlich doch recht getreu zu übersetzen. Dazu benötigt er
einige Neuschöpfungen.

---

364 Harnack, Marcion, 71.
365 K. Simbeck, ThLL IV, sv., 1911, 1894.
366 E. Lommatzsch, ThLL IV, sv., 1906, 891.
367 Hauschild II, 25.
368 Leumann, 80.

5. Neue Wörter in Auslegungen und Anspielungen

In diesem Kapitel werden die neuen Wörter in Auslegungen und Anspielungen untersucht, die sich zum größten Teil in den Schriften Adversus Marcionem und De Resurrectione Mortuorum finden. Tertullian bedient sich in den Auslegungen an vielen Stellen einer bestimmten Technik der Abstraktion. Dabei verwendet er die sogenannten „Namen für Satzinhalte", die besonders in anderen Literaturgattungen von der Forschung beschrieben sind. Verwandt mit dieser Art der Exegese ist das Referat eines Bibelzitates durch ein lateinisches Abstraktum. Außerdem werden alle anderen Anspielungen und Exegesen untersucht, für die Tertullian neue Wörter bildet. In der Forschung haben vor allem O'Malley (1967) und Siniscalco (1984)[369] die hermeneutische Technik Tertullians und die zentralen Begriffe wie *aenigma* und *portendere* gründlich untersucht; dabei aber auf die Behandlung der Neubildungen verzichtet.

5.1 Exkurs: Die Namen für Satzinhalte in der Forschung

Die „Namen für Satzinhalte" hat Porzig (1942) zuerst in der Sprache des frühgriechischen Epos untersucht. Er versteht darunter Abstrakta, die andere Wörter aus vorangehenden Sätzen wiederaufgreifen. Der einfachste Fall, der in entsprechender Weise auch bei Tertullian zu beobachten ist, besteht darin, daß das Prädikat eines Satzes im folgenden Satz durch ein etymologisch verwandtes Abstraktum wiederaufgenommen wird.[370] Ein Beispiel dafür ist d 649–651, wo Noemon sich dafür rechtfertigt, Telemach ein Schiff geliehen zu haben:

Αὐτὸς ἑκών οἱ δῶκα τί κεν ῥέξειε καὶ ἄλλος.
Ὁππότ' ἀνὴρ τοιοῦτος, ἔχων μελεδήματα θυμῷ,
αἰτίζῃ; χαλεπόν κεν ἀνήνασθαι δόσιν εἴη.

Homer nimmt mit dem Nomen actionis δόσις das Verb δῶκα des vorausgehenden Satzes wieder auf, wobei δόσις, wie Porzig[371] bemerkt, zum „Verbindungsglied in der Rede" wird und die Handlung des Satzes in einen neuen Zusammenhang stellt. Diesen Typ der Wiederaufnahme bespricht Porzig in vielen weiteren Fällen im homerischen Epos. Im folgenden weist

369 O'Malley, 141–172; cf. Siniscalco, Terminologia esegetica, passim.
370 Porzig, 32–39.
371 Porzig, 34.

er auf einen weiteren, für diese Untersuchung wichtigen Typ hin, wo ein mit dem vorausgehenden Verb etymologisch nicht verwandtes Abstraktum verwendet wird. Das zeigt ein Beispiel aus einer Kampfszene (P 366–369):

Ὣς οἱ μὲν μαρνάναντο δέμας πυρός, οὐδέ κε φαίης
οὔτε πότ ἠέλιον σῶν ἔμμεναι οὔτε σελήνην
ἠέρι γὰρ κατέχοντο μάχης ἐπί θ’ ὅσσον ἄριστοι
ἕστασαν ἀμφὶ Μενοιτιάδῃ κατατεθνηῶτι.

Das nomen actionis μάχη (P 368) greift das Verb μάρνασθαι (P 369) auf, zu dem es kein etymologisch verwandtes Verbalabstraktum gibt, wie Porzig[372] bemerkt. Dem Dichter ermöglicht das Verbalabstraktum μάχη eine Umschreibung des Geschehens durch eine generelle Angabe. Porzig betont, daß gerade bei den Verben des Aufhörens und Ablassens wie hier bei κατέχοντο diese Art der Ergänzung sehr häufig ist.

Für das Lateinische hat Porzigs Schüler Seitz (1938) die „Namen für Satzinhalte" in seiner Dissertation über die Abstrakta bei Gregor dem Großen untersucht und dabei vor allem die Wiederaufnahme des zugrundeliegenden Verbes bei Zitaten (cf. Kap. 5.3.1) durch ein Abstraktum[373] mit einem Demonstrativpronomen behandelt. Er ist ferner der Frage nachgegangen, inwieweit die vom Prädikat des vorhergehenden Satzes abhängigen Ergänzungen[374] wiederaufgenommen werden. Diese Technik beobachtet Seitz auch bei bloßen Anspielungen auf Bibelzitate. Er[375] gibt dafür als Beispiel eine Anspielung Gregors des Großen auf einen Bibelvers:

(Mt. 20, 21) Εἰπέ, ἵνα καθίσωσιν οὗτοι οἱ δύο υἱοί μου εἷς ἐκ δεξιῶν σου, καὶ εἷς ἐξ εὐωνύμων σου ἐν τῇ βασιλείᾳ σου.

(Greg. magn. dial. 3, 26 p. 197, 24) *Zebedaei filiis, adhuc prae infirmitate mentis maiora sessionis loca quaerentibus dicit:* **potestis bibere calicem, quem ego bibiturus sum?** (Mt. 20, 22)

Gregor referiert das Prädikat καθίσωσιν ἐκ δεξίων σου καὶ ἐξ εὐωνύμων σου aus Mt. 20, 21 mit der Fügung *loca sessionis. Sessio* entspricht dabei dem Verb καθίσωσιν, die adverbialen Bestimmungen werden mit *loca* aufgenommen. Wie bei den „Namen für Satzinhalte" wird das Verb mit einem Abstraktum aufgegriffen, während die Ergänzungen zum Teil wegfallen. Diese Art der Anspielung ist mit der Auslegung mit „Namen für Satzinhalte" eng verwandt; sie setzt einen Leser voraus, der die intendierten Zitate kennt. Die neuen Wörter in Anspielungen werden in Kap. 5.3 behandelt.

---

372 Porzig, 79.
373 Seitz, 7–19.
374 Seitz, 21–30.
375 Seitz, 8.

Erst 1982 und 1983 sind zwei weitere Arbeiten zu diesem Phänomen erschienen, zum einem die auf einer ungedruckten älteren Dissertation fußende Untersuchung Freundlichs (1982) über die Verbalabstrakta bei Thukydides und zum anderen die knappen Bemerkungen Roséns (1983) dazu in der römischen Literatur. Freundlich versucht die „Namen für Satzinhalte" sprachwissenschaftlich genau zu typisieren. Da er dabei aber sehr stark linguistisch interessiert ist, sind nur einige seiner Beobachtungen für diese Untersuchung nützlich. Er weist zunächst darauf hin, daß die Wiederaufnahme eines Prädikates auch über mehrere Sätze hinweg erfolgen kann.[376] Ein Beispiel für diese „entfernte Wiederaufnahme" ist die Beziehung von παράδοσις τῆς πόλεως zu παρέδωσαν τὴν πόλιν im folgenden Beispiel aus Thukydides 3, 52, 3–3, 53, 1, wo es um die Meldung der Übergabe von Platää an die Spartaner geht:

(3, 52, 3) Τοσαῦτα μὲν ὁ κῆρυξ εἶπεν· οἳ δὲ (ἦσαν γὰρ ἤδη ἐν τῷ ἀσθενεστάτῳ) παρέδωσαν τὴν πόλιν.

Darauf folgen drei Paragraphen, in denen die Umstände der Übergabe geschildert werden, und schließlich beginnt die Rede der Platäer, die dem Boten antworten:

(3, 53, 1) Τὴν μὲν παράδοσιν τῆς πόλεως, ὦ Λακεδαιμόνιοι, πιστεύσαντες ὑμῖν ἐποιησάμεθα.

Ein anderer Fall, den Freundlich „Valenzreduktion" nennt, ist die Wiederaufnahme von ἀπέστη durch ἀπόστασις in Thukydides 3, 2, 1. Dabei werden die adverbialen Bestimmungen und Objekte nicht mitaufgenommen, sondern gehen bei der Abstraktion verloren:

Μετὰ δὲ τὴν ἐσβολὴν τῶν Πελοποννησίων εὐθὺς Λέσβος πλὴν Μηθύμνης ἀπέστη ἀπ' Ἀθηναίων, βουληθέντες μὲν καὶ πρὸ τοῦ πολέμου, ἀλλ' οἱ Λακεδαιμόνιοι οὐ προσεδέξαντο, ἀναγκασθέντες δὲ καὶ ταύτην τὴν ἀπόστασιν πρότερον ἢ διενοοῦντο ποιήσασθαι.

Freundlich[377] zeigt hier, daß das Demonstrativpronomen ταύτην bei ἀπόστασις die Ergänzungen ἀπ' Ἀθηναίων und μετὰ δὲ τὴν ἐσβολὴν τῶν Λακεδαιμονίων von ἀπέστην vertritt. Dadurch werde der Abstraktionsgrad höher als bei der wörtlichen Aufnahme in dem oben aufgeführten Beispiel.

Rosén[378] (1983) nennt die „Namen für Satzinhalte" im Lateinischen „Wiederaufnahme" und verweist zunächst auf die Verbreitung über alle Epochen und Gattungen der römischen Literatur, verwendet in ihrer Darstellung aber neben Beispielen aus der römischen Komödie nur eine längere Analyse

---

376 Freundlich, 43–47.
377 Freundlich, 45.
378 Rosén, 187–189.

von Caesar, De bello gallico 1, 1. Deshalb werden hier die folgenden Beispiele nicht ihrer Darstellung entnommen, sondern stammen aus christlichen und paganen Exegesen. In ihrer Arbeit beschreibt Rosén[379] die semantische Leistung dieser Verbalabstrakta, die nämlich nicht die Handlung an
sich, sondern vielmehr das Ergebnis der Handlung mitteilen. Das läßt sich
an einem Beispiel aus dem Aeneiskommentar des Servius demonstrieren:
(Serv. Aen. 4, 351–453)
me patris Anchisae, quotiens umentibus umbris
nox operit terras, quotiens astra ignea surgunt,
admonet in somnis et turbida terret imago,
quasi adhuc responsis non crederet, addidit patris admonitionem.
Admonitio greift *admonere* aus dem Vergilzitat auf und hat als abhängigen
Genitiv das logische Subjekt *Anchisae* des zugrundeliegenden Satzes. Die
adverbiale Ergänzung *in somnis* und der Nebensatz (*quotiens... surgunt*) aus
dem Vergilzitat fehlen dagegen, so daß hier ein Fall von „Valenzreduktion"
vorliegt. Auf diese Weise wird mit einem einzigen Begriff, *admonitio,* das
Ergebnis der Handlung, die wiederholte Ermahnung durch den Vater bezeichnet. Für diese Technik gibt es sowohl bei Grammatikern als auch bei
christlichen Autoren viele weitere Beispiele.[380]
Rosén[381] unterscheidet einen weiteren Typ der „Namen für Satzinhalte",
bei dem nicht das Verb mit einem Abstraktum wiederaufgenommen wird,
sondern die Art der zugrundeliegenden Aussage mit einem Abstraktum beschrieben wird. Exemplarisch sieht man das an einer Glosse aus dem Mat-
thäuskommentar des Hieronymus (In Matth. 9, 14 l. 1306-10):
Tunc acesserunt ad eum discipuli Ioannis dicentes: quare nos et Pharisaei
ieiunamus frequenter, discipuli autem tui non ieunant? Superba interrogatio
et plena de supercilio Pharisaeorum. Certe (ut aliud non dicamus) repre-
henda ieiunii iactantia.
Hieronymus bezeichnet mit *interrogatio* die Rede der Jünger als Frage,
die er durch das von *interrogatio* abhängige Adjektiv *superba* interpretiert.
Diese Form der „Namen für Satzinhalte" ist, wie Rosén[382] darlegt, nur bei
verba sentiendi et dicendi möglich.[383] Nach Rosén finden sich beide beschriebenen Formen der „Namen für Satzinhalte" auch in proleptischer
Form. Ein Beispiel dafür ist die Vorwegnahme von *nolite timere eos, qui*

---

379   Rosén, 187.
380   Don. Ter. Andria 4, 13, 1; Cypr., De Unitate 14; Hieronymus, In Matth. 9, 7 p. 57.
381   Rosén, 188.
382   Rosén, 188.
383   Weitere Beispiele: Don. Ter. Andria 3, 27, 3; Don. Ter. Eunuchus 130.

occidunt corpus aus dem Bibelzitat Mt. 10, 37 durch die abstrakte Umschreibung *contemptus mortis* in Cyprian, Fort. 5 p. 326:

Unde nos ad contemptum mortis hortatur dominus et corrobat dicens:
Nolite timere eos, qui occidunt corpus, animam autem non possunt occidere.
Magis autem metuite eum, qui potest animam et corpus occidere in gehennam.

Mit *contemptus mortis* teilt Cyprian knapp den Inhalt des folgenden, viel längeren Satzgefüges mit. Auf diese Weise fungiert das Abstraktum als Einleitung.

Die Prolepse bei dem sprachbeschreibenden Typ der „Namen für Satzinhalte" findet sich ebenfalls an vielen Stellen. So bestimmt beispielsweise Hieronymus den Abrahamssegen der Genesis als *repromissio*:

(In Matth. 1, 1 l. 10–14) *Ideo autem ceteris praemissis horum filiorum nuncupavit, quia ad hos tantum est facta de Christo repromissio, ad Abraham: **In semine,** inquit, **tuo benedicentur omnes gentes,** quod est Christus; ad David: **De fructu ventris tui ponam super sedem tuam.***

Das Abstraktum *repromissio* weist das folgende Zitat, das als Beweis dienen soll, einer bestimmten Gattung zu; es zeigt dem Leser Hieronymus' Verständnis des Bibelverses.

Es sind also drei Typen der „Namen für Satzinhalte" zu unterscheiden: Die Wiederaufnahme durch ein etymologisch verwandtes, durch ein bedeutungsverwandtes und durch ein sprachbeschreibendes Verbalsubstantiv. Alle drei Typen liegen auch in der entsprechenden proleptischen Form vor.

5.2 Neue Wörter in Auslegungen[384]

Längere exegetische Partien finden sich vor allem bei der Diskussion der Bibel Markions in Adversus Marcionem sowie bei den Schriftbeweisen für die körperliche Wiederauferstehung in De Resurrectione Mortuorum. Daneben gibt es Auslegungen aber auch in allen anderen untersuchten Schriften.

5.2.1 Auslegungen mit Namen für Satzinhalte

Die „Namen für Satzinhalte" werden nach den oben beschriebenen drei Typen getrennt behandelt.

---

384 Die Auslegung der Vision des Ezechiel (Ez. 37, 1–14 Res. Mort. 29, 2–15) wird in Kap. 6.5.2 behandelt.

5.2.1.1 Stammverwandte Abstrakta

In Adversus Marcionem 4, 39, 16 bespricht Tertullian das Gleichnis vom
Feigenbaum und dem Reich Gottes (Lk. 21, 29–31):

> *Adspicite ficum et arbores omnes; cum fructum protulerint. Intellegunt
> homines aestatem appropinquasse; sic et vos, cum videritis haec fieri, scitote in
> proximo esse regnum dei. Si enim fructificationes arbuscularum signum
> aestivo tempori praestant antecedendo illud, proinde et conflictationes orbis
> signum praenotant regni praecedendo illud.*

Fructificationes arbuscularum greift den Bildteil des Gleichnisses auf,
wobei *fructificatio* dem iterativen Konditionalsatz *cum fructum protulerint*
entspricht und *arbuscularum* die Einleitung *arbores omnes* wiedergibt. Die
Aussage des Zitates wird durch das Abstraktum *fructificatio* von einem er-
zählten Geschehen zu einer Folge einzelner, abgeschlossener Ereignisse.
Die so verallgemeinerte Aussage kann Tertullian *signum* nennen, um damit
die Bildebene zu verlassen und zu allgemeinen Überlegungen überzugehen.
Dabei wird *fructificatio* als positives Zeichen für den gekommenen Messias
mit *conflictationes orbis* in Beziehung gesetzt, die die alttestamentlichen
Vorhersagen des Unheils (*incommoda nationum* Adv. Marc. 4, 39, 14) vor
dem Kommen des Messias bezeichnen. Diese abstrakte Ausdrucksweise
macht hier also den Vergleich zweier Geschehnisse möglich. Das Nomen
fructificatio, das Tertullian in der folgenden Argumentation noch einmal
verwendet (Adv. Marc. 4, 39, 17), war anscheinend schon bekannt, weil es
sehr häufig in verschiedenen Bedeutungsnuancen bei dem Übersetzer des
Irenäus belegt ist, der sehr viel Vokabular aus der Umgangssprache[385]
schöpft. Zudem findet es sich auch bei den späteren christlichen Autoren[386]
in übertragener und eigentlicher Bedeutung.

In ähnlicher Weise verwendet Tertullian *ablatio* in der Diskussion von
Lk. 8, 18 in Adversus Marcionem 4, 19, 4–5:

> *Ei, qui habet, dabitur, ab eo autem, qui non habet, etiam quod habere se
> putat, auferetur ei. Quid dabitur? Adiectio fidei vel intellectus vel salus ipsa.
> Quid auferetur? Utique quod dabitur. A quo dabitur, auferetur? Si a creatore
> auferetur, ab eo et dabitur; si a deo Marcionis dabitur, ab eo et auferetur. 5.
> Quoquo tamen nomine comminatur ablationem, non erit eius dei, qui nescit
> comminari, qui non novit irasci.*

Ablatio bezieht sich auf das mehrfach genannte, etymologisch verwandte
Verb *auferre*, das der Schlüsselbegriff der gesamten Perikope und Auslegung ist. Tertullian möchte mit dieser Auslegung zeigen, daß die Verwerfung

---

385 Cf. Lundströms Forschungsübersicht, 13–15.
386 H. Bacherler, ThLL VI 1, sv., 1922, 1368f.

(*auferre*) und die Annahme (*dare*) des Sünders nicht getrennt werden und
nur einem Gott zukommen können, um auf diesem Wege die Nichtexistenz
des markionitischen Gottes, der den Sünder nur annehmen und nicht ver-
werfen kann, aus dem Evangelium des Markion zu beweisen. Das versucht
er in der Auslegung des Zitates mit einer Kette von Bedingungssätzen deutlich zu machen. Aus diesen Sätzen zieht er schließlich den Schluß, daß die
Verwerfung nur dem Schöpfergott zukommen kann und greift dabei das
Verb *auferre* mit dem Abstraktum *ablatio* auf. Auch hier bildet das Abstraktum also wieder eine allgemeine Aussage. *Ablatio* scheint aus der spät-
antiken Umgangssprache zu stammen. Darauf deuten besonders die zahlreichen Belege bei Grammatikern[387] (Diom. Gr. 1, 441, 22 u. ö.) hin, die damit
ἀποκοπή übersetzen, während es in der Bibelübersetzung zur Wiedergabe
von ἀφαίρεμα (Cod. 100 Lev. 8, 27 u. ö.) verwendet wird.

Die Technik der Auslegung mit „Namen für Satzinhalten" an den folgenden Stellen soll nur kurz vorgestellt werden:

(1) In De Resurrectione Mortuorum 54, 1 nimmt *devoratio* das Verb
devorare aus 2. Kor. 5, 4 wieder auf:

*Nam quia et illud apud apostolum positum est: **uti devoretur mortale a
vita**, caro scilicet, devorationem quoque ad perditionem scilicet carnis
adripiunt (sc. haeretici quidam).*

Die Herkunft von *devoratio*[388] ist wegen seines weiten Bedeutungsspektrums kaum klar zu bestimmen. Es könnte auch aus der frühen Bibelübersetzung stammen, weil es schon im Codex Lugdunensis (Cod. 100 num. 14, 9)
belegt ist, der hier, wie Fischer[389] zeigt, einen recht alten, afrikanisch eingefärbten Bibeltext bietet. Später greift Tertullian *devoratio* in De Pudicitia 14,
22 noch einmal auf.[390]

(2) In Adversus Marcionem 4, 30, 3 spielt Tertullian auf das Gleichnis
vom Sauerteig (Lk. 13, 21) an, das er im Hinblick auf den strafenden Gott
zu interpretieren versucht:

*De sequenti plane similitudine vereor, ne forte alterius dei regnum
portendat. Fermento enim comparavit illud, non azymis, quae familiariora*

---

387 G. Lehnert, ThLL I, sv., 1900, 103f.
388 A. Gudeman, ThLL V 1, sv., 1912, 872.
389 Vetus Latina 2, 6*, 16*.
390 In der späteren Schrift De Pudicitia 14, 22 verwendet Tertullian *devoratio* (cf. Le
      Saint, Kom. Pud. 254) zur Anspielung auf 2. Kor. 2, 7: (2. Kor. 2, 7) μή πως τῇ
      περισσοτέρᾳ λύπῃ κατεπόθη ὁ τοιοῦτος. (Pud. 14, 22) *Si ei ignoscebatur, cui
      devoratio ex maerore nimio timebatur, devorari adhuc increpitus periclitabatur de-
      ficiens ob comminationem et maerens ob increpationem (...).* Diese Art der Anspie-
      lung wird in Kap. 5.3.2 weiter untersucht.

sunt creatori. Congruit et haec coniectura mendicantibus argumenta. Itaque et ego vanitatem vanitate depellam, fermentationem quoque congruere dicens regno creatoris, quia post illam clibanus vel furnus gehennae sequatur.

Dieser Fall ist einzigartig, weil mit dem Abstraktum *fermentatio* kein Verb, sondern das Nomen *fermentum* wiederaufgegriffen wird. Diesem Nomen aber entspricht in der griechischen Vorlage eine verbale Fügung (Lk. 13, 21 ὁμοία (sc. ἡ βασιλεία τοῦ θεοῦ) ἐστιν ζύμῃ, ἣν λαβοῦσα γυνὴ ἐνέκρυψεν εἰς ἀλεύρου σάτα τρία, ἕως οὗ ἐζυμώθη ὅλον), die Tertullian bei der Formulierung dieser Auslegung sicher vor Augen hat. Das *novum verbum fermentatio* scheint, weil es sehr selten bleibt und auch später nur bei christlichen Autoren[391] belegt ist, für diese Stelle geprägt worden zu sein.

(3) In Adversus Marcionem 4, 7, 13–15 wird die Versuchung Jesu nach Lk. 4, 35 diskutiert. Dabei geht es darum, warum Jesus den Teufel gescholten hat und ob der Fluch dem markionitischen Jesus zukommen kann. Diesen Fluch zitiert Tertullian im Laufe der Auseinandersetzung Lk. 4, 35 (*Atquin, inquis, increpuit eum Iesus* [Adv. Marc. 4, 7, 13]; *Aut cur eum increpuit?* [Adv. Marc. 4, 7, 14]) zweimal, bis er schließlich folgert, daß es der Christus des Schöpfergottes war, der den Teufel sogleich erkannt und wegen seiner Bösartigkeit gescholten habe:

(Adv. Marc. 4, 7, 15) *Quodsi verisimiliorem statum non habet increpatio nisi quem nos interpretamur, iam ergo et daemon nihil mentitus est, non ob mendacium increpitus; ipse enim erat Iesus, praeter quem alium daemon agnovisse non poterat, et Iesus eum confirmavit, quem agnoverat daemon, dum non ob mendacium increpat daemonem.*

Increpatio (zur Wortgeschichte Kap. 5.2.2) nimmt das Verb *increpare* (Adv. Marc. 4, 7, 13. 14 bis) aus den Zitaten auf; gleichzeitig weist es auf *increpitus* (Adv. Marc. 4, 7, 15) voraus.

(4) In Adversus Marcionem 4, 9, 6 wird die Heilung des syrischen Kriegers Naaman durch den Propheten Elisa nach 2. Kg. 5, 9–18 besprochen. Tertullian referiert Markions Meinung zu dieser Stelle, daß dadurch, daß Elisa als Gestalt des Schöpfergottes nur einen Leprakranken geheilt hätte, die Unterlegenheit des Christus des Schöpfergottes gegenüber dem Christus des guten Gottes gezeigt werde. Denn dieser habe viel mehr Leprakranke geheilt als Elisa:

(Adv. Marc. 4, 9, 6) *Si autem Heliseus, prophetes creatoris, unicum leprosum Naaman Syrum ex tot leprosis Israhelitis emundavit, nec hoc ad diversitatem facit Christi, quasi hoc modo melioris, dum Israheliten*

---

391   W. Bannier, ThLL V 1, sv., 1915, 524f.

leprosum emundat extraneus, quem suus dominus emundare non valuerat:
Syro facilius emundato significat per nationes emundationes[392] *in Christo,*
lumine earum, quae septem maculis capitalium delictorum inhorrerent (...).
Der wahrscheinlich bekannte Ausdruck[393] *emundatio* greift *emundavit*
und *emundato* aus dem Referat des Zitates auf; *emundatio* faßt die altesta-
mentlichen Geschichte mit einem allgemeinen Begriff zusammen.

(5) In Adversus Marcionem 5, 9, 5 legt Tertullian 1. Kor. 15, 22 aus:
Quodsi sic in Christo vivificamur omnes, sicut mortificamur in Adam
quando in Adam corpore mortificemur, sic necesse est et in Christo [cor-
pore] vivificemur. Ceterum similitudo non constat, si non in eadem
vivificatio concurrat in Christo.
Die beiden Abstrakta *mortificatio* und *vivificatio* greifen *mortificemur*
und *vivificemur* auf. *Mortificatio* stammt wahrscheinlich aus der Bibelübersetzung[394] (cf. Kap. 3.3.2), während *vivificatio* wohl von Tertullian geprägt
wurde (cf. Kap. 6.5.1).

5.2.1.2 Bedeutungsverwandte Abstrakta

An den folgenden Stellen ist der Abstraktionsgrad höher, weil kein etymologisch verwandtes, sondern ein bedeutungsverwandtes Verbalabstraktum
verwendet wird.

(1) So schreibt Tertullian in der Auslegung von Jesaja 6, 9–10 in Adversus Marcionem 3, 6, 5–6:
Auferam, inquit, sapientiam sapientium illorum et prudentiam prudentium
eorum abscondam, et: aure audietis et non audietis et oculis videbitis et non
videbitis: Incrassatum est enim cor populi huius et auribus graviter audierunt
et oculos concluserunt, ne quando auribus audiant et oculis videant et corde
coniciant et convertantur et sanem illos. 6. Hanc enim obtusionem salutarium
sensuum meruerant labiis diligentes deum, corde autem longe absistentes ab
eo.

---

392 Der Text ist korrupt. Denn für *significat* (MR[1]) ist auch *significato* (R[3] † Kroy) über-
     liefert. Für das gleichfalls korrupte *emundationis* ist Engelbrechts Konjektur *emun-*
     dationes deswegen besonders überzeugend, weil es paläographisch leicht als Ver-
     schreibung zu *emundationis* leicht zu erklären ist und sich ein befriedigender Sinn
     ergibt.
393 Nach E. Hahn, ThLL V 2, sv., 1934, 540, ist *emundatio* unter anderem in der Bibel-
     übersetzung zur Wiedergabe von καθαρισμός bezeugt (cf. Vet. Lat. Lev. 14, 23 cod.
     100); cf. Tert., Bapt. 5, 6.
394 Cf. J. Gruber, ThLL VIII, sv., 1963, 1518f.

Obtusio beschreibt das Ergebnis der Drohung Gottes; der abhängige Genitiv *salutarium sensuum* bezieht sich auf die in der Perikope genannten Sinnesorgane. Wie oben mehrfach beobachtet, knüpft Tertullian an das Verbalabstraktum die Deutung an. Das Wort *obtusio*,[395] das sich nur noch einmal in De Resurrectione Mortuorum 57, 3 findet,[396] stammt wohl aus der Sprache der römischen Mediziner,[397] in der es in der Junktur *obtusio sensuum* häufig bezeugt ist (cf. Kap. 6.5.2).

(2) In Adversus Marcionem 5, 6, 10–11 legt Tertullian die große „Allegorie vom Bau der Kirche" (1. Kor. 3, 12–15; Jes. 28, 16) aus und greift dabei in der Auslegung des frei übersetzten Textes das Verb *superstruere* mit dem bedeutungsverwandten Nomen *superaedificatio* auf:

*Ecce ego, inquit, inicio in fundamenta Sionis lapidem pretiosum, honorabilem, et qui in eum crediderit, non confundetur. 11. Nisi si structorem se terreni operis deus profitebatur, ut non de Christo suo significaret, qui futurus esset fundamentum credentium in eum. **Super quod prout quisque superstruxerit,** dignam scilicet vel indignam doctrinam, si opus eius per ignem probabitur, si merces illi per ignem rependetur, creatoris est, quia per ignem iudicatur nostra superaedificatio.*

Superaedificatio bleibt zunächst auf den Kontext dieser Stelle beschränkt: Marius Victorinus, Commentatio in Ephesos 2, 20, verwendet es in gleicher Weise wie Tertullian in der Auslegung der Parallelstelle zu 1. Kor. 3, 12–15 im Epheserbrief.[398] Aufgrund der weitgehenden Übereinstimmungen in Gedankenführung und Wortwahl an dieser Stelle ist es nicht unwahrscheinlich, daß Marius Victorinus *superaedificatio* aus der Auslegung Tertullians übernahm. Erst später wird *superaedificatio* von Augustin (Ps. 31, 2, 3) und Mutian (Chrys. hom. 9, 1 p. 300) in davon unabhängiger Weise verwendet. So dürfte *superaedificatio* eine Neubildung Tertullians sein.

---

395 Zur Orthographie: Braun, Kom. Marc. III, 224.

396 (Res. Mort. 57, 3) *Cuiusque membri detruncatio vel obtusio nonne mors membri est?* Tertullian bildet mit *obtusio* einen Satzreim mit dem geläufigen *detruncatio*.

397 F. Paschoud, ThLL IX, sv., 1971, 301, führt neben einigen Belegen bei christlichen Autoren mehrere Belege mit dieser Junktur bei Caelius Aurelianus und Cassius Felix auf: Cael. Aur. chron. 1, 1, 6; Cass. Fel. 29 p. 56, 18; 42 p. 100, 9).

398 (Mar. Vict., Comm. in Eph. 2, 20 p. 1261 a) *Superaedificati supra fundamentum apostolorum. Satis ipse declaravit aliud esse sanctos, aliud cives, si quidem superaedificatos dixit istos supra fundamentum apostolorum, id est ut praecepta vel observare debeant vel ad dei cognitionem vel ad cultum ac religionem. Iesus Christus et praecepta eius fundamenta sunt apostolorum, quae fundamenta superaedificationem iam habent ex vita et ex moribus et ex genere vivendi et disciplina.*

(3) *Evacuatio,* das ebenfalls aus der medizinischen Fachsprache[399] stammt, steht in der Auslegung von Jesaja 35, 8–9 in Adversus Marcionem 4, 24, 11:

Via munda et via sancta vocabitur et non transibit illic immundum nec erit illic via immunda; qui autem dispersi erunt, vadent in ea et non errabunt, et non erit iam illic leo nec ex bestiis pessimis quicquam ascendet in eam nec invenietur illic, cum viam fidem demonstret, per quam ad deum pervenimus, iam tunc eidem viae, id est fidei, hanc bestiarum evacuationem et subiectionem bestiarum pollicetur.

(4) In Adversus Marcionem 4, 39, 4–5 deutet Tertullian einen Satz aus Zacharias 9, 15–16 mit dem novum verbum *cruentatio:*

Dominus, inquit, omnipotens proteget eos et consument illos et lapidabunt lapidibus fundae et bibent sanguinem illorum velut vinum et replebunt pateras quasi altaris, et salvos eos faciet dominus illo die velut oves, populum suum, quia lapides sancti voluntant. 5. Et ne putes haec in passiones praedicari, quae illos tot bellorum nomine ab allophylis manebant, respice ad species. Nemo in praedicatione bellorum legitimis armis debellandorum lapidationem enumerat popularibus coetibus magis et inermi tumultui familiarem; nemo tanta in bello sanguinis flumina paterarum capacitate metitur aut unius altaris cruentationi adaequat.

Cruentatio, das später nur noch bei Ps.-Fulgentius Ruspensis, sermo 46,[400] verwendet wird, scheint Tertullian speziell für diese Exegese geprägt zu haben; es bezieht sich auf *bibent sanguinem.* In ähnlicher Weise referiert das geläufige Wort *lapidatio* einen anderen Teil des Verses, indem es *lapidabunt lapidibus* aufgreift.

(5) In Adversus Marcionem 4, 28, 2 wird Lk. 12, 2 besprochen:

Ideo adicit: nihil autem opertum, quod non patefiet, et nihil absconditum, quod non dinoscetur, ne quis existimet illum dei ignoti retro et occulti revelationem et adagnitionem intentare (...).

Tertullian greift die Verben *patefiet* und *dinoscetur* aus den beiden Nebensätzen des Zitates mit *revelatio* und *adagnitio* auf. *Revelatio* ist im dogmatischen Vokabular als Begriff der Offenbarung geläufig (cf. Kap. 6.7.2.3), während *adagnitio* eine Augenblicksbildung darstellt. Dieses Wort, ein Hapaxlegomenon,[401] scheint geprägt zu sein, um ein Homoioteleuton zweier Wörter mit gleicher Silbenzahl zu bilden.

---

399   I. Kapp-W. Meyer, ThLL V 2, sv., 1936, 983–986, nennen die medizinische Spezialbedeutung „de exonerando corpore", die sich auch bei den früheren christlichen Autoren findet.

400   H. Hoppe, ThLL IV, sv., 1909, 1236.

401   E. Bickel, ThLL I, sv., 1901, 563.

(6) *Recogitatus* beschreibt in Adversus Marcionem 4, 43, 1–2 nach Hosea 6, 2 die Sorgen und Vorahnungen der Frauen:

Eamus et convertamur ad dominum, quia ipse eripuit et curabit nos, per-cussit et miserebitur nostri, sanabit nos post biduum, in die tertia resurgemus. 2. Quis enim haec non credat in recogitatu mulierum illarum volutata inter dolorem praesentis destitutionis (...)?

In proleptischer Verwendungsweise findet sich *recogitatus* in De Anima 15, 4 in der Einleitung zu Mt. 9, 4, wo es auf das Prädikat des Verses *cogitatis* vorausweist:

Si enim scrutatorem et dispectorem cordis (Sap. 1, 6) *deum legimus, si etiam prophetes eius occulta cordis traducendo probatur, si deus ipse recogitatus cordis in populo praevenit: quid cogitatis in cordibus vestris nequam* (Mt. 19, 4)?

Verwandt mit dem Gebrauch in De Anima 15, 4 ist die Verwendung in De Resurrectione Mortuorum 37, 5[402], wo Tertullian mit *recogitatus* auf οὐ πιστεύουσιν aus Joh. 6, 64 anspielt. *Recogitatus* ist nach dem Zettelarchiv des Thesaurus nur bei Tertullian, wenn auch in verschiedenen Be-deutungsnuancen (Apol. 22, 7; Pal. 6, 1; Ie. 7, 7; 9, 3), bezeugt. Dieser scheint *recogitatus* aus dem Mangel an sinnverwandten Abstrakta gebildet zu haben, da sich an keiner Stelle eine stilistische Ursache für die Neubil-dung findet.

(7) In Adversus Marcionem 4, 31, 1–2 greift Tertullian mit *paratura* (zur Wortgeschichte cf. Kap. 6.7.2.3) *cenam fecit* aus der Übersetzung von Lk. 14, 16 auf:

Homo quidam fecit cenam et vocavit multos: 2. Utique cenae paratura vitae aeternae et saturitatem figurat.

(8) Der Rechtausdruck *novatio*[403] leitet in Adversus Marcionem 4, 1, 6 zwei Bibelzitate ein:

Sed quid plurius, cum manifestius et luce ipsa clarius novatio praedicetur a creatore per eundem? Ne rememineritis priorum et antiqua ne recogitaveritis (Jes. 43, 18) – *vetera transierunt, nova oriuntur* (2. Kor. 5, 17). (...) *Item per Hieremiam: Novate vobis novamen novum et ne severitis in spinas et circumcidimini praeputia cordis vestri (...).*

Tertullian weist mit *novatio* auf die Ausdrücke des Neuen Bundes (*novare, nova, novamen*) voraus und bezeichnet in der folgenden Auseinan-

---

402   (Joh. 6, 64) Ἀλλ εἰσὶν ἐξ ὑμῶν τινες οἱ οὐ πιστεύουσιν. (Res. Mort. 37, 5) *Igitur conversus ad recogitatus illorum, quia senserat dispargendos: Caro, ait, nihil prodest.* (Joh. 6, 63).

403   Nach Heumann-Seckel, 372f, bezeichnet *novatio* die Umwandlung einer Obliga-tion.

dersetzung mit Markion mit *novatio* (Adv. Marc. 5, 1, 1; 5, 7, 14; ähnlich Pud. 6, 2) die neue Haltung zum Gesetz, die mit diesem Zitat begründet wird.

5.2.2 Abstrakta zur Beschreibung der Redegattung

Eng verwandt mit diesem Typ der „Namen für Satzinhalte" ist die Verwendung von sprachbeschreibenden Verbalabstrakta, auf die Rosén[404] hingewiesen hatte.

(1) Auf diese Weise verwendet Tertullian das in derartigen Auslegungen häufige Wort *increpatio* (cf. Kap. 5.2.1.1), wenn er in Adversus Marcionem 4, 23, 1 eine Auseinandersetzung zwischen dem Volk Israel und dem Christus des Markion fingiert, in der es um die Auslegung von Lk. 9, 41 (ʾΩ γενεὰ ἄπιστος καὶ διεστραμμένη, ἕως πότε ἔσομαι πρὸς ὑμᾶς καὶ ἀνέξομαι ὑμῶν;) geht:

Suscipio in me personam Israhelis. Stet Christus Marcionis et exclamet: ,O genitura incredula, quousque ero apud vos? Quousque sustinebo vos?' Statim a me audire debebit: ,Quisquis es, o oeconome, prius ede, qui sis et a quo venias et quod in nobis tibi ius? Usque adhuc creatoris est totum apud te. Plane, si ab alio venis et illi agis, admittimus increpationem.

Increpatio charakterisiert die Worte des markonitischen Christus als Scheltrede; im folgenden Text in diesem Kapitel (Adv. Marc. 4, 23, 4) nimmt Tertullian mit *increpatio* das Zitat noch einmal auf.

(2) Die gleiche Bedeutung „Scheltrede" hat *increpatio* auch in der Einleitung eines Prophetenzitates (Jes. 52, 5; cf. Röm. 2, 24), wo es proleptisch verwendet wird:

(Adv. Marc. 5, 13, 7) *Adeo autem Iudaeos incesserat, ut ingesserit propheticam increpationem:* **Propter vos nomen dei blasphematur.**

Außer an den bisher angeführten Stellen findet sich *increpatio* in freiem Gebrauch in Adversus Marcionem 5, 20, 2 wiederum in der Bedeutung „Scheltrede", während es in De Pudicitia 13, 2 und 14, 2 (ter) zur Übersetzung und Auslegung von ἐπιτιμία aus 2. Kor. 2, 6 verwendet wird. *Increpatio* stammt, wenn es nach den Stellen des Thesaurus auch vor allem bei christlichen Autoren belegt ist, wahrscheinlich aus der Fachsprache der Grammatiker.[405] Donat beispielsweise nennt in seinem Terenzkommentar (Don. Ter. Andria 666) einen Vers *increpatio*:

---

404 Rosén, 189.
405 W. Buchwald, ThLL VII 1, sv., 1941, 1047–1049 zählt außerdem noch zahlreiche Belege bei christlichen Autoren auf.

At tibi di dignum exitium duint. ‚At' *principium increpationi aptum, ut Vergilius (Aen. 2, 535) ‚at tibi pro scelere facti' et Horatius (ep. 5, 1–2) ‚at o deorum quidquid in caelo regit terras et h. g.'*

(3) Das wohl ebenfalls aus der Fachsprache der Grammatiker[406] entlehnte Wort *inclamatio* verwendet Tertullian in der Diskussion von Markions Kritik am unwissenden Schöpfergott (Gen. 3, 9) in Adversus Marcionem 2, 25, 1:

*‚Inclamat deus: **Adam, ubi es?** Scilicet ignorans ubi esset, et causato nuditatis pudore an de arbore gustasset interrogat, scilicet incertus'* *Immo nec incertus admissi nec ignorans loci. Enimvero oportebat conscientia peccati delitescentem evocatum prodire in conspectum domini, non sola nominis inclamatione, sed cum aliqua iam tunc admissi suggillatione.*

Tertullian greift *inclamat* aus der Einleitung des Zitates mit *inclamatio* auf und beschreibt damit gleichzeitig die Art der Rede Gottes. An den beiden anderen Belegstellen bezeichnet es den Weheruf *vae* aus der Feldrede (Lk. 6, 24 Adv. Marc. 4, 15, 8) und den Fluch Jesu über Judas (Lk. 22, 22 Adv. Marc. 4, 41, 1).

(4) *Dehortatio* findet sich in der Auslegung eines Amoszitates (Am. 6, 4–6) in Adversus Marcionem 4, 15, 12–13:

Vae, inquit, qui dormiunt in lectis eburnaceis et deliciis fluunt in toris suis, qui edunt haedos de gregibus caprarum et vitulos de gregibus boum lactantes, complaudentes ad sonum organorum: Tamquam perseverantia deputaverunt et non tamquam fugientia, qui bibunt vinum liquatum et unguentis primariis unguuntur. 13. Igitur et si tantummodo dehortantem a divitiis ostenderem creatorem, non etiam praedamnantem divites, etiam verbo ipso quo et Christus, nemo dubitaret ab eodem adiectam in divites comminationem per ‚vae' Christi, a quo ipsarum materiarum, id est divitiarum, dehortatio praecucurisset.

Dehortatio charakterisiert die Gattung des Zitates und bezieht sich zudem auf das in der Auslegung genannte Partizip *dehortantem.* Später[407] verwenden dieses Wort sowohl Grammatiker (Sacerd., gr. VI p. 465, 20; Char., gr. I p. 277, 16; Mar. Vict., rhet. 1, 5) als auch der Ambrosiaster (Ambrosiast., 1. Cor. 16, 14) in der skizzierten, sprachbeschreibenden Bedeutung. Daher dürfte *dehortatio* aus der grammatischen Fachsprache stammen.

(5) Das seltene Wort *monela*[408] leitet eine Aufforderung Gottes aus der Verklärung Jesu (Lk. 9, 35) ein, die in einem Zitat aus Markions Antithesen steht, das Tertullian wohl fingiert hat:

---

406   J. B. Hofmann, ThLL VI, sv., 1939, 935.

407   A. Gudeman, ThLL V 1, sv., 1910, 392f.

408   Nach Leumann-Hofmann-Szantyr II 2. 1, 312, ist wohl *monela* (R) statt *monella*

(Adv. Marc. 4, 34, 15) ,*Immo'*, *inquit*, ,*nostri dei monela de caelo non Moysen et prophetas iussit audiri, sed Christum:* **Hunc audite'**.

In der gleichen Bedeutung weist *monela* in De Patientia 8, 2 eine der Forderungen Jesu aus der Bergpredigt (Mt. 5, 39) hin:

Si manu quis temptaverit provocare, praesto est dominica monela: **Verberanti te**, *inquit*, **in faciem etiam alteram genam obverte.**

Monela bezeichnet an beiden Stellen proleptisch eine Ermahnung; es entspricht in seiner Bedeutung und Verwendung dem oben untersuchten grammatischen Fachausdruck *dehortatio*. In dieser einleitenden Funktion verwendet es an der einzigen späteren Belegstelle[409] auch Lucifer von Calaris (Lucif., Ath. 2, 5 p. 154, 28).[410] Da das Suffix *ela* nach Meinung der Forschung[411] nicht mehr produktiv ist, könnte *monela* aus dem sermo plebeius stammen.

(6) *Adnuntiatio* bezieht sich in Adversus Marcionem 4, 24, 7 auf *scitote* aus Lk. 10, 11:

Etiam adicit, ut eis, qui illos non recepissent, dicerent: **Scitote tamen appropinquasse regnum dei**. *Si hoc non et comminationis gratia mandat, vanissime mandat. Quid enim ad illos, si appropinquaret regnum, nisi quia cum iudicio appropinquat? In salutem scilicet eorum, qui adnuntiationem eius recepissent.*

Nach den Belegstellen des Thesaurus[412] stammt *adnuntiatio* wohl aus der Bibelübersetzung. In deren Kontext steht es auch in De Carne Christi 7, 5, wo es in Anspielung auf Mk. 6, 2–4 referiert, wie Jesus die Ankunft seiner Brüder gemeldet wird.

(MF) zu schreiben, da *monela* wie *suadela* und *querela* deverbativ gebildet ist. Für die Schreibung als Deminutivum **monella* fehlt die nominale Zwischenstufe, ohne die nach Leumann-Hofmann-Szantyr kein Deminutivum gebildet werden kann. Ähnliches gilt für die Schreibweise von *fovela* (Kap. 7.2.1) und *incorruptela* (Kap. 6.5.2).

409 W. Buchwald, ThLL VIII 1, sv., 1961, 1405.

410 *Tempore quo venisti ad Italiam, sic te lupum finxeras ovem, tamquam non fuissemus ex operibus tuis te reperturi, tamquam fugisset nos domini monela dicentis:* **Adtendite vos a falsis prophetis** (Mt. 7, 15).

411 Cooper, 31f; Leumann-Hofmann-Szantyr II 2. 1., 312.

412 H. Oertel, ThLL I, sv., 1900, 787.

5.2.3 Adverbien, Adjektive und Verben zur Beschreibung der Redeweise in Zitaten

Außer diesen Abstrakta gibt es eine Reihe von Adjektiven, Adverbien und Verben, die die Redeweise in Bibelzitaten beschreiben. Diese treten ebenfalls zum größten Teil in der Schrift Adversus Marcionem auf. Ein Beispiel dafür ist die Darstellung von Jesu Auftritt vor dem hohen Rat (Lk. 22, 66–71) in Adversus Marcionem 4, 41, 4–5:

> *Et tamen adhuc eis (sc. Pharisaeis) manum porrigens:* **abhinc,** *inquit,* **erit** *filius hominis sedens ad dexteram virtutis dei. Suggerebat enim se esse <de> Danihelis prophetia ‚filium hominis' et de psalmo David ‚sedentem ad dexteram dei'. Itaque ex isto dicto et scripturae comparatione illuminati, quem se vellet intellegi:* **ergo,** *inquiunt,* **tu dei filius es.** *Cuius dei, nisi quem solum noverant? Cuius dei, nisi quem in psalmo meminerant dixisse filio suo:* **sede ad dexteram meam.'** *Sed respondit:* **vos dicitis,** *quasi:* **non ego.** *5. Atquin confirmavit id se esse, quod illi dixerant, dum rursus interrogant. Unde autem probabis interrogative et non et ipsos confirmative*[413] *pronuntiasse: ‚ergo tu filius dei es', ut, quia oblique ostenderat, se per scripturas filium dei intellegendum esse, sic senserint: ‚ergo tu dei es filius', quod te non vis aperte dicere? Atque ita et ille ‚vos dicitis' confirmative respondit, et adeo sic fuit pronuntiatio eius, ut perseveraverint in eo, quod pronuntiatio sapiebat.*

Markion hatte die Worte Jesu und der Richter jeweils als Fragen verstanden (‚*ergo tu dei filius dei es'*, ‚*vos dicitis'*) und daraus geschlossen, daß Jesus nicht als der Messias der Juden erkannt wurde. Tertullian will diese Auffassung widerlegen und erklärt daher die Rede der Pharisäer und Jesu Entgegnung als affirmative Aussagen. Dieses Verständnis beschreiben im ersten Satz der Auslegung (Adv. Marc. 4, 41, 5) die Verben *confirmare* und *interrogare,* im folgenden Nebensatz die Adverbien *confirmative* und *interrogative.* Auf diese Weise wird die Antithese wiederholt, der Satzbau aber variiert, so daß kein ermüdender Parallelismus entsteht. Die adverbiale Fügung des Nebensatzes mit *confirmative* und *interrogative* betont im Vergleich zur verbalen Ausdrucksweise mit *confirmare* und *interrogare* mehr die Art und Weise der Rede als den bloßen Sprechakt. Beide Adverbien

---

413 Kroymanns Wahl der lectio diffcilior *interrogativo (sc. sono)* (M F) statt *interrogative* (R) und *confirmativo* (M F) statt *confirmative (sc. sono)* (R) gegen die anderen Herausgeber ist nicht unbedingt sinnvoll, weil die Verschreibung von *e* zu *o* sowohl bei *confirmative* als auch bei *interrogative* paläographisch leicht zu erklären ist. Zudem gibt es im Kontext keinen Anhaltspunkt für das zu ergänzende Wort *sono.* Für *confirmative* und *interrogative* spricht auch der folgende Text, in dem *confirmative* – nun einheitlich überliefert – noch einmal vorkommt.

werden in der grammatischen Literatur der Römer in gleicher Weise wie hier verwendet, wobei insbesondere die verwandten Adjektive *interrogativus* und *confirmativus* häufig belegt sind.[414] So stammen beide aus dem technischen Sprachgebrauch der römischen Grammatiker.

Eine andere umstrittene Stelle (1. Kor. 15, 49) wird in Adversus Marcionem 5, 10, 10–11 ausgelegt. Tertullian will beweisen, daß Paulus die vollständige leibliche Auferstehung aller Sünder verkündet, während Markion nur die geistige Wiederauferstehung zulassen wollte[415]:

Sicut portavimus, inquit, imaginem terreni, portemus et imaginem caelestis, non ad substantiam illam referens resurrectionis, sed ad praesentis temporis disciplinam. 11. ,Portemus' enim, inquit, non ,portabimus' praeceptive, non promissive volens nos sicut ipse incessit ita incedere et a terreni, id est veteris hominis imagine abscedere, quae est carnalis operatio.

Tertullian erklärt *portemus* mit den beiden antithetisch gegenüber gestellten grammatischen Fachausdrücken *praeceptive* und *promissive*, um seine nicht unbestreitbare Auslegung von *portemus* als Adhortativ dem Leser zu verdeutlichen. *Praeceptive* und *promissive* kommen aus der grammatischen Fachsprache;[416] beide Ausdrücke sind hier zum ersten Mal belegt.

Derartige Adjektive und Adverbien finden sich ferner im Anschluß an die oben bei der Untersuchung von *inclamatio* (Adv. Marc. 2, 25, 2 cf. Kap. 5.2.2) behandelte Auslegung von Genesis 2, 7. Markion sieht Gottes Frage an Adam nach seinem Aufenthaltsort als Zeichen seiner Unwissenheit.[417]

(Adv. Marc. 2, 25, 6) *Nec enim simplici modo id est interrogatorio sono legendum est: Adam, ubi es? sed impresso et incusso et imputativo: Adam ubi es! Id est in perditione es, id est iam hic non es, ut et increpandi et dolendi exitus vox sit.*

Tertullian legt erst dar, daß die Frage Gottes keinesfalls als eine Klage im juristischen Sinne verstanden werden darf (*non interrogatorio sono*). Denn er spielt zunächst mit dem römischen Rechtsausdruck *interrogatorius*[418] auf

---

414 E. Lommatzsch, ThLL IV, sv. *confirmative*, 1906, 218; F. Oomes, ThLL VII 1, sv. *interrogative*, 1964, 2268.

415 Harnack, Marcion, 139.

416 M. Massaro, ThLL X 2, sv., 1983, 423; das zugrundeliegende Adjektiv *praeceptivus* ist zuerst bei Seneca bezeugt; bei Tertullian (Res. Mort. 49, 8) und nach ihm bei den Grammatikern ist es ausschließlich im grammatisch-technischen Sinne belegt (M. Massaro, ThLL X 2, sv., 1983, 422 f).

417 Braun, Kom. Marc. II, 148, 230–234, nennt als Tertullians Quellen Philo, legg. alleg. 3, 51; quaest. gen. 1, 45 und Theophil. autol. 2, 25 (cf. Meijering, 150f; Quispel, 40–41). Auf die sprachliche Gestaltung der Diskussion in Adversus Marcionem haben diese Texte allerdings keinen Einfluß.

418 F. Oomes, ThLL VII 1, sv., 1964, 2298.

die *interrogatoria actio* an, die um die *responsio* erweiterte Klageformel im römischen Zivilprozeß.[419] Vielmehr muß diese Äußerung Gottes als eine Drohung verstanden werden. Dieses Verständnis von *Adam, ubi es?* erläutert das eindrucksvolle Trikolon aus den drei Adjektiven *impressus, incussus* und *imputativus*. Die Wortwahl ist sehr auffällig: Das geläufige Adjektiv *impressus* verbindet nämlich nur Tertullian mit Ausdrücken des Sprechens[420], auch *incussus* ist in diesem Gebrauch singulär.[421] *Imputativus*, das betont am Schluß steht, ist sogar ein Hapaxlegomenon.[422] Es ist von der seit der mittleren Kaiserzeit bezeugten Bedeutung ‚*vituperare*' des zugrundeliegenden Verbs *imputare* abgeleitet und erinnert mit seinem Suffix *ivus* an die vielen ähnlich gebildeten Adjektive der römischen Grammatik, so daß die Auslegung noch den Anschein schulmäßiger Exaktheit erhält. Dieses Trikolon bildet also einen besonders kraftvollen Ausdruck, der die Schwäche des Argumentes überspielen und keine Zweifel zulassen soll, daß es sich um einen Zornesausbruch und nicht um eine Frage Gottes handelt (zu *perditio* cf. Kap. 6.4.3).

Im weiteren Verlauf dieses Kapitels diskutiert Tertullian noch die von Markion aufgeworfene Frage, warum Gott bei dem Fall von Sodom und Gomorrha vom Himmel stieg (Gen. 18, 21). Markion hatte darin ein Zeichen der Schwäche des Schöpfergottes gesehen:

(Adv. Marc. 2, 25, 6) *Sed ad Sodomam et Gomorram descendens: videbo, ait, si secundum clamorem pervenientem ad me consummantur, si vero non, ut agnoscam, et hic videlicet ex ignorantia incertus et scire cupidus. An <et> hic sonus pronuntiationis necessarius, non dubitativum, sed comminativum exprimens sensum sub sciscitationis obtentu? Quodsi descensum quoque dei inrides, quasi aliter non potuerit perficere iudicium, nisi descendisset, vide, ne tuum aeque deum pulses. Nam et ille descendit, ut quod vellet, efficeret.*

Tertullian widerlegt Markions Auffassung in zweierlei Weise: Einerseits zieht er Markions Christus als Beispiel dafür heran, daß Gott selbst nach dessen Lehre vom Himmel steigen könne,[423] und deutet andererseits die Rede Gottes als eine Drohung gegen die Sodomiter und damit als eine Tat der Stärke. Diese Interpretation drücken in der schon öfter beobachteten Weise die antithetisch gegenübergestellten Adjektive *comminativus* und

---

419   Berger, RE IX, sv., 1916, 1724.
420   O. Prinz, ThLL VII 1, sv., 1938, 684 l. 10–17.
421   V. Bulhart, ThLL VII 1, sv., 1941, 1101f.
422   B. Rehm, ThLL VII 1, sv., 1938, 727. Das entsprechende Adverb *imputative* verwendet nur Cassiodor, In psalm 77, 22 p. 560d ‚*numquid*' *imputative legendum est* (cf. Cassiod., In Psalm 4, 6 p. 50b).
423   Harnack, Marcion, 124.

dubitativus aus, die beide in der technisch-grammatischen Bedeutung auch bei Grammatikern[424] belegt sind. Daher dürften auch sie eine Anleihe aus deren Fachsprache darstellen.

Aus dieser Quelle kommen auch *definitive* und *sententialiter*[425], die in De Carne Christi 18, 5 ein Zitat aus dem Johannesevangelium (Joh. 3, 6) einleiten:

Vel quia ipse dominus sententialiter et definitive pronuntiat: **Quod in carne natum est, caro est.**

Das Verb *reconsignare* beschreibt die Redeweise in 1. Kor. 15, 45. Im Kontext geht es um den Beweis der leiblichen Wiederauferstehung, den Tertullian aus dem ersten Korintherbrief führen will:

(Res. Mort. 52, 18) *Hinc et apostolus concepit seminari eam (sc. carnem) dicere, cum redhibetur in terram, quia et seminibus sequestratorium terra est, illic deponendis et inde repetendis. Ideoque et reconsignat imprimens:* **Sic enim scriptum est, ne aliud existimes esse seminari quam In terram ibis, ex qua es sumptus(...).**

Reconsignare[426] bedeutet hier nicht, wie etwa Georges[427] vorschlägt, „wieder bemerken", sondern „eindringlich sagen".[428] Dafür spricht vor allem, daß Paulus in der ganzen von Tertullian zitierten Partie keinen Satz wiederholt, sieht man von der Formel οὕτως γὰρ γέγραπται ab, die hier aber nicht gemeint sein kann. Vielmehr soll mit *reconcludere* betont werden, daß nun der für die Argumentation entscheidende Beweis kommt, daß der menschliche Leib nur aus Erde besteht.[429] Auch formal läßt sich diese Bedeutung von *reconsignare* rechtfertigen, da es Parallelen dafür gibt, daß das

---

424 K. Wulff, ThLL III, sv. comminativus, 1911, 1986; V. Bulhart, ThLL V 1, sv. dubitativus, 1932, 1079f. V. Bulhart, ThLL V 1, sv. dubitativus, 1932, 2079f, führt zahlreiche Belege auf, etwa Diom., gr. I 411, 30 *Aut coniunctio dubitativam, si geminetur, habet potestatem.*

425 *Definitive* ist nach E. Lommatzsch, ThLL V 1, sv., 1910, 356 in der Grammatik häufig bezeugt, während *sententialiter* nur noch einmal in Schol. Hor. c. 4, 4, 29G bezeugt ist.

426 Statt *reconsignare* T (Gel.) ist auch das geläufige *consignare* (M B C) überliefert. Doch das seltene *reconsignare* ist trotz der oben geschilderten unklaren Bedeutung als lectio difficilior wahrscheinlich ursprünglich, zumal die Vorsilbe *re* durch Haplographie mit dem vorausgehenden *et* ausgefallen sein wird.

427 Georges II, 2232.

428 Evans, Kom. Res. Mort., 157, übersetzt „he insists".

429 Dafür ist das Zitat bewußt verändert, indem statt des ursprünglichen ἐγένετο ὁ πρῶτος ἄνθρωπος (...) εἰς ψυχὴν ζῶσαν (1. Kor. 15, 45) Gen. 3, 19 eingefügt wird: Ἐν ἱδρῶτι τοῦ προσώπου σου φάγῃ τὸ ἄρτον σου ἕως τοῦ ἀπο στρέψαι σε εἰς τὴν γῆν, ἐξ ἧς ἐλήμφθης, ὅτι γῆ εἶ καὶ εἰς γῆν ἀπελεύσῃ (cf. Evans, Kom. Res. Mort., 323).

Präfix *re* keine wiederholende, sondern nur eine verstärkende Bedeutung hat. Denn auch bei *reconcludere* (Adv. Prax. 16, 6 cf. Kap. 5.3.3) und *reconvincere* (Ambr., de pud. 8, 39) hat *re* nur eine die Aussage intensivierende Funktion. So schließt sich *reconsignare* in seiner Bedeutung eng an das zugrundeliegende Verb *consignare* an, das etwa in Adversus Marcionem 5, 5, 9 in gleicher Bedeutung „eindringlich sagen" erscheint. In De Resurrectione Mortuorum 52, 18 bildet *reconsignare* mit dem vorausgehenden *repetendis* zudem einen Anklang. *Reconsignare* scheint eine Bildung Tertullians zu sein, da es erst sehr viel später ohne erkennbaren Zusammenhang mit dieser Stelle in der Regula Benedicti (4, 76) und in einer sehr späten Predigt aus Gallien (Ps.-Euseb., gallic. hom. 676 e) aus dem siebten Jahrhundert belegt ist.

Die Kürze des Neuen Testamentes gegenüber dem Alten Testament beschreibt Tertullian im Anschluß an Jes. 51, 4 mit dem Verb *compendiare*:

(Adv. Marc. 4, 1, 5–6) *(...) hic erit et sermo, de quo idem Esaias (Es. 10, 3): quoniam, inquit,* **decisum sermonem faciet dominus in terra.** *6. Compendiatum est enim novum testamentum et a legis laciniosis oneribus expeditum.*

Diese Vorstellung überträgt Tertullian wenig später auf die Rede Jesu, indem er das gleiche, sehr seltene Verb wieder aufgreift:

(Adv. Marc. 4, 9, 7) *Quapropter septies, quasi per singulos titulos, in Iordane lavit, simul ut et totius hebdomadis caneret expiationem, et quia unius lavacri vis et plenitudo Christo soli dicabatur, facturo in terris sicut sermonem compendiatum ita et lavacrum.*

Compendiare scheint nach einer Notiz des Augustin aus der Umgangssprache zu stammen:

(Quaest. Hept. 7, 56) *Solet et vulgo apud nos dici: compendiavit illi, quod est occidit illum. Et hoc nemo intelleget, nisi qui audire consuevit.*

Diese Bemerkung, die die einzige weitere Belegstelle[430] für *compendiare* ist, deutet daraufhin, daß *compendiare* als umgangssprachlicher Ausdruck schon bekannt war.

---

430   K. Wulff, ThLL III, sv., 1911, 2036; auf die Herkunft aus der Umgangssprache weist auch Bartelink, 285, hin.

5.2.4 Neue Wörter zur Zusammenfassung und Einleitung von Zitaten

Mit einer Reihe von Abstrakta leitet Tertullian in ein Bibelzitat ein oder faßt mit einem Wort seine Gesamtaussage zusammen. Diese Abstrakta, die sich in ihrer Funktion deutlich von den „Namen für Satzinhalte" unterscheiden, werden hier untersucht.

In Adversus Marcionem 4, 17, 12–13 wird Lk. 6, 46 unter dem Aspekt diskutiert, ob der markionitische Christus überhaupt den Jüngern ihren Ungehorsam vorwerfen konnte. Denn dieser hatte, so stellt es Tertullian dar, doch bis dahin nie andere getadelt:

(Adv. Marc. 4, 17, 12–13) *Quis item adiecisse potuisset: et non facitis, quae dico? Utrumne qui cum maxime edocere temptabat an qui a primordio ad illos et legis et prophetarum eloquia mandaverat? Qui et inobaudientiam illis exprobrare posset etiam, si numquam alias exprobrasset?*

Mit *inobaudientia* faßt Tertullian die Gesamtaussage des Zitates zusammen, um es so in seine Argumentation einzufügen. Das Abstraktum stammt aus der Bibelübersetzung, wo es an vielen Stellen[431] zur Wiedergabe von παρακοή verwendet wird.

Den Inhalt von Jes. 50, 4 deutet das Abstraktum *sumministratio*:

(Adv. Marc. 4, 39, 7) *Nec mirum, si is cohibuit praecogitationem, qui et ipse a patre excepit pronuntiandi tempestive sumministrationem: dominus mihi dat linguam disciplinae, quando debeam proferre sermonem, nisi Marcion Christum non subiectum patri infert.*

Pronuntiandi sumministratio beschreibt die Verleihung des Rechts der Verkündigung allein an Jesus Christus durch den Schöpfergott. Ihm gegenübergestellt ist das neu gebildete Wort *praecogitatio*, das das vorher zitierte Verbot Jesu an die Jünger (Adv. Marc. 4, 39, 6; Lk. 21, 14) aufgreift, sich um ihre Verteidigung vor dem Gericht der Juden nicht zu sorgen. Dieses Wort[432] prägt Tertullian, um einen Satzreim mit *sumministratio* zu bilden. Später ist es nur noch einmal in einer Wortliste bei Isidor von Sevilla (synon. 2, 28) zu finden. Dabei ist es nicht unwahrscheinlich, daß Isidor *praecogitatio* aus Adversus Marcionem exzerpiert hat. Das häufiger bezeugte *sumministratio* (zuerst in Apol. 48, 13) dagegen war wahrscheinlich aus der Bibelübersetzung bekannt, wo es etwa in Phil. 1, 19 und Eph. 4, 16

---

431 G. Busch, ThLL VII 1, sv., 1955, 1732; Demmel, 102f, hält es für eine Gegensatzbildung Tertullians zu *obaudientia* aus der Schrift De Exhortatione Castitatis 2, 5, deren Datierung umstritten ist (cf. Braun, 573f).

432 J. C. Korteweg, ThLL X 2, sv., 1995, 500.

zur Wiedergabe von ἐπιχορηγία belegt ist;[433] zudem ist das Wort bei vielen christlichen Autoren zu finden (Aug., civ. 22, 18 u. ö.).

Das Abstraktum *transactio*, das auch bei paganen Autoren[434] belegt und daher wohl schon bekannt ist, bezeichnet das kommende Reiches Gottes nach Mt. 10, 7:

(Res. Mort. 33, 7–8) *Tolerabilius erit, inquit, Tyro et Sidoni in die iudicii* (Mt. 11, 24) *et: Dicite illis, quod appropinquaverit regnum dei* (Mt. 10, 7), *et: retribuetur tibi in resurrectione iustorum* (Lk. 14, 14) 8. *Si nomina absoluta sunt rerum, id est iudicii et regni dei et resurrectionis, ut nihil eorum in parabolam comprimi possit, nec [ea] in parabolas compellentur, quae ad dispositionem et transactionem et passionem regni Iudaici et resurrectionem praedicantur (...).*

Auch die beiden anderen Zitate nimmt Tertullian mit Abstrakta wieder auf: *Passio regni Iudaici* bezieht sich auf Mt. 11, 24, *resurrectio* auf Lk. 14, 14, während *dispositio* in der Bedeutung „Heilsplan" den Oberbegriff zu den drei eschatologischen Ankündigungen der Bibelzitate bildet. Mit diesen Abstrakta wird die bildliche Redeweise der Bibelzitate in einem allgemeinen Kontext gedeutet.

In Adversus Marcionem 3, 22, 3 leitet Tertullian mit *obligamentum* in Ps. 2, 3 ein:

Sic et ab ipso Iudaismo divertentes, cum legis obligamenta et onera evangelica iam libertate mutarent, psalmum exsequebantur: Disrumpamus vincula eorum et abiciamus a nobis iugum eorum.

Legis obligamenta et onera beschreibt die Situation der drückenden Verpflichtung des Gesetzes, unter der nach Tertullians Ansicht der Psalm geschrieben wurde. Der Ausdruck

obligamentum, der sich auch an den anderen Belegstellen (Cor. 14, 1. 5; Id. 15, 5) in dem Sinne von „religiöser Verpflichtung" findet, scheint aus der Bibelübersetzung zu stammen,[435] wo mit ihm im Codex Lugdunensis etwa σύνδεσμός aus 4. Kg. 12, 20 wiedergegeben wird.

In De Resurrectione Mortuorum 43, 1 soll die gnostische Ansicht über 1. Kor. 5, 6–7, Paulus wolle mit diesen Versen darlegen, daß die Menschen Gott durch ihren Leib entfremdet seien, widerlegt werden:

Itaque confisi semper et scientes quod, cum immoramur in corpore, peregrinamur a domino; per fidem enim incedimus non per speciem, manifestum

---

433 Vetus Latina, 24/1, 173; Vetus Latina 24/2, 70f.
434 Cf. Mart. Cap. 164; Cod. Iust. 4, 43, 6. Tertullian verwendet *transactio* noch einmal in An. 55, 3 im gleichen Sinne wie hier, aber ohne Bezug auf ein Bibelzitat.
435 W. D. Lebek, ThLL IX, sv., 1968, 85.

est hoc quoque non pertinere ad offuscationem carnis quasi separantis nos a domino.

Nach Tertullian verurteilt Paulus hier nicht den Leib, sondern fordert dazu auf (Res. Mort. 43, 2), im Glauben zu leben. Diese Verdammung bezeichnet das Abstraktum *offuscatio,* das von dem sehr bildlichen Verb *offuscare* abgeleitet wird. In diesem Satz vertritt es in der adverbialen Konstruktion *ad offuscationem carnis* einen Finalsatz.[436] Seine Herkunft ist wegen der weit gestreuten weiteren Belege[437], die nicht alle von Tertullian abhängig sein können, ungewiß.

In Adversus Marcionem 5, 8, 8–9 wird die Verteilung der Charismen nach Jes. 11, 2–3 und 1. Kor. 12, 8–10 untersucht:

Alii, inquit, datur per spiritum sermo sapientiae: statim et Esaias sapientiae spiritum posuit; alii sermo sapientiae: hic erit sermo intelligentiae et consilii; alii fides in eodem spiritu: hic erit spiritus religionis et timoris dei; alii donum curationum, alii virtutum; hic erit valentiae spiritus; alii prophetia, alii distinctio spirituum, alii genera linguarum, alii interpretatio linguarum: hic erit agnitionis spiritus. 9. Vide apostolum et in distributione facienda unius spiritus et in specialitate interpretanda prophetae conspirantem.

Die einzelnen Charismen erläutert Tertullian zunächst durch glossierende Einschübe mit *hic est,* aus denen er dann den Schluß zieht, daß Paulus und Jesaja bei deren Einteilung völlig übereinstimmen. In diesem abschließenden Satz bezeichnet das Abstraktum *specialitas* als Oberbegriff die Eigenart der einzelnen Charismen. Dieser Ausdruck ist nach einer Notiz des Charisius (lib. gr. V 395, 27 Barwick) von dem sonst unbekannten Grammatiker Antoninus Grammaticus erfunden worden:

Speciem et specialitatem et specietatem; species divisio est generis, specialitas ficta est ab Antonino Grammatico, specialitas, qualitas.

In der Grammatik bezeichnet *specialitas* das Besondere gegenüber dem Allgemeinen (cf. Serv., Aen. IV 462; V 139); später findet es sich auch bei christlichen Autoren (Avellana 431, 5 u. ö.). So dürfte auch *specialitas* der grammatischen Fachterminologie entlehnt sein.

(1) Mit abstrakten Ausdrücken, die mit den adjektivisch verwendeten Nomina *deprecatrix, iustificatrix* und *reprobatrix* (cf. Kap. 6.4.1) genauer bestimmt werden, legt Tertullian zwei Stellen aus Adversus Marcionem aus:

(Adv. Marc. 4, 12, 8) *Sed quoniam discipulos non constanter tuetur, sed excusat quoniam humanam opponit necessitatem quasi deprecatricem, quoniam potiorem honorem sabbati servat non contristandi quam vacandi,*

---

436 Cf. Hoppe, Sprache, 26f.
437 H. Beikircher, ThLL IX 2, sv., 1974, 532f.

quoniam David comitesque eius cum discipulis suis aequat in culpa et in venia (...), ideo alienus est a creatore?

Tertullian bespricht hier die vorher in Adversus Marcionem 4, 12, 5 referierte Erzählung von der Verletzung des Sabbatgebotes durch Jesu Jünger (Lk. 6, 1–5), die Markion als Untreue gegenüber dem Schöpfergott erklärt hatte. Diese Auffassung will er durch eine genaue Bestimmung der Entschuldigung Jesu widerlegen. Dazu erläutert er diese, die menschliche Notwendigkeit (*humana necessitas*) der Nahrungsaufnahme, durch das neugebildete Nomen *deprecatrix*, das durch *quasi* noch hervorgehoben wird. Denn *deprecatrix* macht deutlich, daß Jesus und seine Jünger dem Schöpfergott gegenüber als Bittflehende auftreten, die keineswegs seine Gebote übertreten wollen, wie im folgenden Kausalsatz auch weiter ausgeführt wird. Die Einleitung der Neubildung *deprecatrix* durch die entschuldigende Floskel *quasi* ist sehr auffällig, da sich ähnliche Formulierungen fast nicht finden (cf. *confermentare, subsurire* Adv. Val. 17, 1 [Kap. 4.2.1]), während in der klassischen Literatur Neubildungen regelmäßig mit diesen Floskeln (cf. Kap. 2.1; 2.2) eingeleitet werden. *Deprecatrix* ist später nur noch ein weiteres Mal bei Augustin (bon. coni. 10, 11) belegt,[438] so daß es wahrscheinlich eine Prägung Tertullians ist.

(2) Eine formal ähnliche Auslegung findet sich auch in Adversus Marcionem 4, 36, 1, wo es um Lk. 18, 9–14 geht, die Erzählung vom Zöllner und Pharisäer im Tempel:

Et tamen, cum templum creatoris inducit et duos adorantes diversa mente describit, Pharisaeum in superbia, publicanum in humilitate, ideoque alterum reprobatum, alterum iustificatum descendisse, utique docendo, qua disciplina sit orandum, eum et hic orandum constituit, a quo relaturi essent iam orandi disciplinam, sive reprobatricem superbiae sive iustificatricem humilitatis.

Hier beschreiben die antithetisch gegenübergestellten Nomina *iustificatrix* und *reprobatrix* die entgegengesetzte Wirkung der Gebete des Zöllners und des Pharisäers. *Iustificatrix* greift *iustificatum* aus dem vorhergehenden Satz wieder auf, während *reprobatrix* sich auf *reprobatum* bezieht. Damit ergibt sich eine Verknüpfung zwischen dem Referat der biblischen Geschichte und der allgemeinen Aussage der Auslegung. Die beiden Neubildungen *iustificatrix* und *reprobatrix* bleiben Hapaxlegomena;[439] daher sind sie sicher nur für diese Stelle geprägt worden.

In ähnlicher Weise legt Tertullian in Adversus Marcionem 5, 10, 16 auch 1. Kor. 15, 55 aus:

---

438 A. Gudeman, ThLL IV 2, sv., 1911, 598.
439 E. Heck, ThLL VII 2, sv., 1970, 712.

Si autem tunc fiet verbum, quod scriptum est apud creatorem: ubi est, mors [victoria, ubi]contentio tua, ubi est, mors, aculeus tuus?- verbum autem hoc creatoris est per prophetam <Osee> – eius erit et res, id est regnum, cuius et verbum fit in regno. Nec alii gratias dicit, quod nobis victoriam, utique de morte, referre praestiterit, quam illi, <a> quo verbum insultatorium de morte et triumphatorium accepit.

Tertullian macht mit der auffällige Fügung *verbum insultatorium de morte et triumphatorium* deutlich, wie die Frage aus dem ersten Korintherbrief zu verstehen ist; damit bezieht er sich auf die vorher gemachten Bestimmung *nobis victoriam, utique de morte, referre praestiterit* noch zurück. Deren überraschende Aussage, den Sieg über den Tod, betonen die beiden Adjektive *insultatorium* und *triumphatorium* durch den Satzreim und ihre Neuartigkeit. Denn *triumphatorius* bleibt Hapaxlegomenon, während *insultatorius* zwar noch einmal von Augustin[440] aufgegriffen wird, aber sicher auch von Tertullian gebildet wurde.

In Adversus Marcionem 2, 24, 4 werden Jer. 18, 11 und Jes. 45, 7 mit einer ähnlichen Technik ausgelegt:

Ego sum, qui condo mala, et: ecce emitto in vos mala, non peccatoria sed ultoria, quorum satis diluimus infamiam ut congruentium iudici.

Die beiden Adjektive *peccatorius* und *ultorius* stellen in ihrer knappen Antithese Tertullians Meinung von der gerechten Wirkung des Bösen wirkungsvoll dar. Sie überraschen den Leser zudem als Neubildungen, da beide Ausdrücke speziell für diese Stelle geprägt wurden. *Ultorius* bleibt sogar Hapaxlegomenon,[441] während *peccatorius* nur noch einmal in De Carne Christi 18, 3 (cf. Kap. 6.4.1) wiederaufgegriffen wird.

An einigen Stellen in seinem Werk legt Tertullian Bibelzitate aus, indem er deren Aussage mit Nomina agentis mit dem Suffix *tor* auf einzelne Personen bezieht. Diese Technik ähnelt sehr der Bildung von Gottes- und Christusprädikaten nach Bibelzitaten, wie sie in Kap. 6.1 beschrieben wird.

(1) Ein Beispiel ist die Auslegung von Dt. 6, 13. 15 in Adversus Marcionem 2, 13, 5:

Ideo lex utrumque definit: diliges deum et: timebis deum. Aliud obsecutori proposuit, aliud exorbitatori.

Die beiden Ausdrücke *exorbitator* und *obsecutor* stehen sich antithetisch gegenüber; sie bezeichnen jeweils die Personen, die die Gebote betreffen. *Exorbitator* ist eine Neubildung Tertullians, die er nur noch einmal für Jesus als scheinbaren Übertreter des jüdischen Gesetzes (Adv. Marc. 3, 6, 10) ver-

---

440 H. Wieland, ThLL VII 1, sv., 1962, 2042.
441 Die varia lectio *ultorium* in Theod. Mops. Ps. 37, 3a, wird vom letzten Herausgeber (Connick, CCSL 58 A, 1977) nicht mehr in den Text aufgenommen.

wendet. Danach ist das Wort, das von dem wahrscheinlich schon bekannten Verb *exorbitare* abgeleitet (cf. Kap. 6.4.2) ist, nicht mehr bezeugt[442]. *Obsecutor* dagegen stammt aus der gesprochenen Sprache, da es noch bei dem paganen Autor Iulius Valerius (3, 2) belegt[443] ist. An den weiteren Belegstellen bezeichnet es bei der Auslegung von Mt. 5, 17 den gesetzestreuen Juden (Adv. Marc. 4, 9, 11) bzw. in der Auslegung von Lk. 11, 28 einen gottesfürchtigen Menschen (Adv. Marc. 4, 26, 13).

(2) Den juristischen Ausdruck *solutor*[444] verwendet Tertullian zur Auslegung von Ez. 18, 7:

(Adv. Marc. 4, 17, 2) *Nam et supra: et pignus, inquit, reddet debenti – utique si non sit solvendo, quia solutori [utique] pignus restituendum esse utrum homo scriberet?*

Solutor bezeichnet in Antithese zu *debenti* den Schuldner, wobei seine fachsprachliche Herkunft bewußt anklingen soll.

(3) Mit *inebriator* leitet Tertullian von einem Referat aus Eph. 5, 18 auf Amos 2, 12 über:

(Adv. Marc. 5, 18, 7) *Sic et ,inebriari vino dedecore' inde est, ubi sanctorum inebriatores increpantur: et potum dabatis sanctis meis vinum (...).*

Inebriator greift *inebriari* aus dem Zitat wieder auf, um eine Verbindung zum zweiten Zitat zu schaffen. Da es Hapaxlegomenon[445] bleibt, ist es sicher eine okkasionelle Neubildung.

(4) Das Hapaxlegomenon[446] *indimissa* wird wegen eines Wortspiels mit *dimissa* gebildet:

(Adv. Marc. 4, 34, 4) *Qui dimiserit, inquit, uxorem et aliam duxerit, adulterium commisit, et qui a marito dimissam duxerit aeque adulter est* (Lk. 16, 18), *ex eadem utique causa dimissam, qua non licet dimitti, ut alia ducatur: inlicite enim dimissam pro indimissa ducens adulter est.*

Indimissa bildet eine knappe Antithese zu *dimissa*. Formal müßte es als ein Nomen betrachtet werden, weil das Suffix *in* nur bei Adjektiven als *in*-Privativum zu finden ist.[447] Doch legt es der Kontext nahe, *indimissa* als Perfektpartizip zu *indimittere* zu verstehen. Diese Wortbildung ist in diesem Kontext zwar verständlich, wirkt aber, zudem sie ein Dekompositum darstellt, sehr kühn.

---

442 H. Gerhard, ThLL V 2, sv., 1941, 1553.
443 H. v. Kamptz, ThLL IX 2, sv., 1971, 179.
444 *Solutor* stammt aus der Rechtssprache (Cod. Theod. 11, 7, 3; Cod. Iust. 10, 19, 2, 1); cf. Heumann-Seckel, 547.
445 W. Kugler, ThLL VII 2, sv., 1943, 1281.
446 B. Rehm. ThLL VII 1, sv., 1942, 1197.
447 Bader, 125.

Für die Auslegung von Bibelzitaten verwendet Tertullian auch einige neugebildete Verben, die im folgenden untersucht werden. Bei der Besprechung von Gal. 2, 1–4 in Adversus Marcionem 5, 3, 1 referiert Tertullian Markions Meinung, die Galater könnten auch als Vertreter des gesetzestreuen Judentums verstanden werden:

Denique ad patrocinium Pauli ceterorumque apostolorum ascendisse Hierosolyma post annos quatuordecim scribit, ut conferret cum illis de evangelii sui regula, ne in vacuum tot annis cucurrisset aut curreret, si quid scilicet citra formam illorum evangelizaret. Adeo ab illis probari et constabiliri desiderarat, quos, si quando, vultis Iudaismi magis adfines subintellegi.

Diese mögliche Interpretation der Galater bezeichnet das Verb *subintellegere*, wobei das Präfix *sub* gemeinsam mit dem Einschub *si quando* zeigt, daß Tertullian dieses Verständnis für abwegig hält. *Subintellegere* ist der Sprache der lateinischen Grammatiker entlehnt, die das Verb ebenso wie die Christen häufig benutzen (Mar. Vict., gen. div. verb. 10; Serv., georg. II 70 p. 225).

In Adversus Marcionem 3, 23, 1 bespricht Tertullian Jes. 2, 20:

Primum enim ex die, qua secundum Esaiam proiecit homo aspernamenta sua aurea et argentea, quae fecerunt adorandis vanis et nocivis, id est ex quo genus hominum dilucidata per Christum veritate idola proiecit.

Diese Prophetie erfüllt sich, wie Tertullian mit der Glosse *id est (....)* darlegt, nur unter dem Einfluß der christlichen Wahrheit. Deren Ausbreitung beschreibt das Verb *dilucidare*, das wie die nova verba *illuminatio* und *illuminator* (cf. Kap. 1.1.5) die Bedeutung des Kommens Christi mit einer Lichtmetaphorik darstellt. In seinem bildlichen Charakter gehört *dilucidare* zu den typischen Bildungen des späten Latein, wo es bei christlichen Autoren[448] in einem großen Bedeutungsspektrum verbreitet ist, so daß es wahrscheinlich schon bekannt ist.

5.2.5 Neue Wörter zur formalen Beschreibung von Zitaten[449]

Neben diesen den Inhalt betreffenden Ausdrücken gibt es eine Reihe neuer exegetischer Ausdrücke, die die Form und Funktion eines Bibelzitates charakterisieren.

---

448   A. Gudeman, ThLL V 1, sv., 1913, 1186.

449   Dazu gehört auch das aus der Grammatik übernommene Verb *titulare* (Adv. Marc. 3, 13, 10 zu Jes. 8, 4; cf. Kap. 4.1.1), mit dem Tertullian sowohl biblische als auch pagane Zitate einleitet.

Mit seiner Neubildung *delineatio*[450] legt Tertullian in Adversus Marcionem 5, 4, 8 einen von Markion aus Gal. 2, 24–26 und Eph.
1, 21–23 zu-
sammengestellten Text aus:

Si enim Abraham duos liberos habuit, unum ex ancilla, et alium ex libera,
sed qui ex ancilla carnaliter natus est, qui vero ex libera per repromissionem, –
quae sunt allegorica (id est aliud portendentia); haec sunt enim duo
testamenta (sive ‚duae ostensiones‘, sicut invenimus interpretatum): unum a
monte Sina in synagogam Iudaeorum secundum legem generans in servitutem,
alium super omnem principatum generans vim dominationem et omne nomen
quod nominatur non tantum in hoc aevo, sed et in futuro, in quam repromi-
simus sanctam ecclesiam, quae est mater nostra – ideoque adicit – propter
quod, fratres, non sumus ancillae filii, sed liberae, utique manifestavit et Chri-
stianismi generositatem in filio Abrahae ex libera nato allegoriae habere
sacramentum, sicut et Iudaismi servitutem legalem in filio ancillae, atque ita
eius dei esse utramque dispositionem, apud quem invenimus utriusque dis-
positionis delineationem.

Zunächst werden einzelne Begriffe mit glossierenden Einschüben (zu
ostensiones cf. Kap. 3.2) erläutert, bis im letzten Satz dann das entscheidende Argument folgt, daß der Abrahamssegen Juden wie Christen zuteil geworden sei. Diese bildliche Vorhersage der Abstammung der Juden aus der
Magd und der Christen aus der Freien nennt Tertullian *delineatio*. Dieses
Abstraktum wird von dem Verb *delineare* abgeleitet, das an einigen Stellen
die figürliche Vorhersage Jesu Christi im Alten Testament[451] bezeichnet. An
diese Bedeutung knüpft Tertullian auch in Adversus Valentinianos 27, 3 an,
wo er mit *delineatio* die Meinung der Valentinianer referiert, der irdische
Jesus sei ein Abbild des himmlischen Christus gewesen. Da *delineatio* später
nicht mehr aufgegriffen wird, ist es sicher eine Neubildung Tertullians.

Das novum verbum *praestructio* findet sich sowohl in exegetischen Partien als auch bei der Diskussion häretischer Lehren. So schreibt Tertullian in
Adversus Marcionem 4, 14, 9 über die Funktion eines Jesajaverses (Jes. 5,
26–27; 49, 10) für eine Seligpreisung aus der Feldrede (Lk. 6, 21):

Beati esurientes, quoniam saturabuntur. Possem hunc titulum in superi-
orem transmisisse, quod non alii sunt esurientes quam pauperes et mendici,
si non et hanc promissionem creator specialiter, in evangelii sui praestruc-
tionem, destinasset; siquidem per Esaiam de eis, quos vocaturus esset a

---

450   G. Jachmann, ThLL V 1, sv., 1910, 458, zählt nur die beiden Belege bei Tertullian
        auf.
451   Cf. van der Geest, 204; cf. Adv. Marc. 3, 7, 6 *Christus Iesus duplici habitu in duos*
        adventus delineatur, primo sordidis indutus (cf. Carn. Chr. 7, 13; Adv. Marc. 4, 9,
        9; 4, 40, 6; 4, 43, 4). ·

summo terrae, utique nationes: ecce, inquit, **velociter, leviter advenient** *– velociter, qua properantes sub finibus temporum, leviter, qua sine oneribus pristinae legis –* **non esurient neque sitient.**

Praestructio bezeichnet den Jesajavers als das Vorbild für den Makarismos, so daß damit die Verbindung zwischen den Verheißungen der Propheten und dem Neuen Testament bewiesen ist. In diesem Sinne findet sich *praestructio* auch noch in De Carne Christi 25, 2, wo es die vorbereitende Funktion dieser Schrift gegenüber der Schrift De Resurrectione Mortuorum beschreibt.[452] An den meisten anderen Stellen dagegen, wo es um die Auseinandersetzung mit Häretikern geht, bezeichnet *praestructio* die Vorbereitung eines Arguments, das zur Widerlegung von zu erwartenden Gegenargumenten eingeführt wird. Beispielsweise schreibt Tertullian in Adversus Hermogenem 16, 1:

Igitur in praestructione huius articuli, et alibi forsitan retractandi, equidem definio aut deo adscribendum et bonum et malum (...).

In diesem Sinne verwendet Tertullian *praestructio* auch in De Resurrectione Mortuorum 18, 1; 20, 1; 49, 13 und De Baptismo 9, 1[453]. Die hier skizzierte Bedeutung hat es auch nach der Definition des Grammatikers Fortunatus,[454] der es als einen grammatischen Fachausdruck erklärt. Daher ist auch *praestructio* eindeutig eine Anleihe aus der römischen Grammatik.[455]

Das Nomen *duplicitas* wird in Adversus Marcionem 5, 11, 9 in der Auslegung von 2. Kor. 4, 4 verwendet:

Scimus quosdam sensus ambiguitatem pati posse de sono pronuntiationis aut de modo distinctionis, cum duplicitas earum intercedit. Hanc Marcion captavit sic legendo: **in quibus deus aevi huius,** *ut creatorem ostendens deum huius aevi, alium suggerat deum alterius aevi. Nos contra sic distinguendum dicimus:* **in quibus deus,** *dehinc:* **aevi huius excaecavit mentes infidelium.**

---

452   *Ut autem clausula de praefatione commonefaciat, resurrectione nostrae carnis alio libello defendenda hinc habebit praestructionem, manifestato iam quale fuerit, quod in Christo resurrexerit* (cf. Kap. 1.3).

453   Cf. Siniscalco, Terminologia esegetica, 169.

454   (Fort. Rhet. 2, 15) *Quid est parasceue sive praeparatio sive praestructio? Procatasceue est nobis, qua iudicem nos praeparamus, cum aut quaedam nobis obsunt et illis prius occurrendum est.* Weitere Belege bei F. W. Hickson, ThLL X 2, sv., 1991, 943.

455   An einer Stelle verwendet Tertullian eine abweichende Bedeutung. In De Baptismo 9, 1 (*Quot igitur patrocinia naturae, quot privilegia gratiae, quot sollemnia disciplinae, figurae, praestructiones, praedicationes religionem aquae ordinaverunt!*) bezeichnet *praestructio* den „vorbereitenden Gedanken", wie Hickson in seinem Thesaurusartikel erklärt.

Markion leitet aus dieser Stelle ab, daß Paulus hier vom Schöpfergott als *deus huius aevi* sprach und damit also zwei Götter annahm. Tertullian räumt zunächst ein, daß diese Stelle schwierig zu verstehen ist, widerlegt Markions Interpretation aber nur durch die nicht besonders überzeugende Erklärung der Wortstellung.[456] Den möglichen Doppelsinn bezeichnet das Abstraktum *duplicitas*[457], das bei den späteren christlichen Autoren in verschiedenen Bedeutungsnuancen nicht selten ist, so daß die Herkunft nicht genau zu bestimmen ist.

Die enge inhaltliche Verknüpfung und Übereinstimmung mehrerer Bibelzitate bezeichnet das Adverb *pertinenter*:

(Adv. Marc. 4, 31, 4) *(sc. creatoris) cuius denique declinaverant vocationem tunc, primo dicentes ad Aaronem:* **fac nobis deos, qui praeant nobis;** *atque exinde* **aure audientes et non audientes,** *vocationem scilicet dei, qui pertinentissime ad hanc parabolam per Hieremiam:* **audite,** *inquit,* **vocem meam, et ero vobis in deum et vos mihi in populum et ibitis in omnibus viis meis, quascumque mandavero vobis** – *ecce invitatio dei* – **et non audierunt,** *inquit,* **et non adverterunt aurem suam,** – *ecce recusatio populi* – **sed abierunt in his, quae concupiverunt corde suo malo.**

Tertullian schließt diese Zusammenstellung von alttestamentlichen Zitaten (Ex. 32, 1; Jes. 6, 9; Jer. 7, 23) an die Auslegung der Speisung der fünftausend (Adv. Marc. 4, 31, 3) an, auf die sich das Wort des Schöpfergottes nach Jeremia besonders eng bezieht. Diese Verbindung beschreibt *pertinentissime*, das betont am Satzanfang steht, um so diese Übereinstimmung noch zu unterstreichen. An den weiteren Belegstellen hat das Wort eine etwas andere Bedeutung. Dort bezeichnet es im Sinne von „angemessen, sachgemäß" Jesu Auffassung vom Gesetz (Adv. Marc. 4, 9, 4) bzw. sein Verständnis für die Fragen (Adv. Marc. 4, 38, 8) anderer. In ähnlicher Bedeutung findet sich *pertinenter* später auch in den Ciceroscholien (Schol. Cic. Bob. 279, 2; Schol. Cic. Gron. D. p. 304, 8), wo es die Angemessenheit eines Ausdrucks gegenüber der Sache beschreibt. Diese Belege deuten daraufhin, daß *pertinenter* aus der paganen Grammatik stammt.

5.2.6 Glossierende Exegese[458]

An vielen Stellen erläutert Tertullian das Verständnis einzelner Wörter aus einem Bibelzitat mit einer glossierenden Bemerkung:

---

456   Cf. Schmid, 47.
457   H. Lambertz, ThLL V 1, sv., 1934, 2276f.
458   *Profunditas* Adv. Marc. 4, 34, 12 (Lk. 16, 26) wird in Kap. 6.4.3 behandelt.

(1) So erklärt er in De Resurrectione Mortuorum 49, 2 χοικός aus 1. Kor.
15, 47:

Primus, inquit, homo de terra, choicus, id est limacius, id est Adam,
secundus homo de caelo, id est sermo dei, id est Christus, non alias tamen
homo, licet de caelo, nisi quia et ipsa caro atque anima, quod homo, quod
Adam.

Tertullian will an dieser Stelle einer gnostischen Fehlinterpretation vor-
beugen, nach der die geistigen Menschen aus einer unsichtbaren, erdähnli-
chen Substanz (cf. Adv. Val. 24, 1) und nicht aus der Erde selbst geschaffen
worden seien.[459] Doch gerade für Tertullian ist das Gegenteil richtig,
zumal er zeigen will, daß auch Jesus Christus dieselbe irdische Substanz
wie der Mensch trug. Deswegen gibt er χοικός mit dem ungewöhnlichen
Fremdwort *choicus* wieder, das dazu noch mit der Glosse *id est limacius*
erläutert wird. Im folgenden Text dieses Kapitels erscheint die Übersetzung
choicus noch sechsmal (Res. Mort. 49, 4 bis. 5. 6 bis. 9 [cf. Kap. 3.4.1.2]),
während sonst χοικός aus 1. Kor. 15, 47 mit dem geläufigen Ausdruck
terrenus (cf. Adv. Marc. 5, 10, 6) übersetzt wird. Schmid[460] dagegen erklärt
die Glosse *id est limacius* damit, daß Tertullian hier *choicus* nur um einer
genauen Übersetzung von χοικός willen wählte, *choicus* aber als Fremdwort für erklärungsbedürftig hielt. Dagegen spricht, daß Tertullian die geläufige und genaue Übersetzung *terrenus* bekannt war, die er sicher gewählt hätte, wenn er nicht eine weitere Aussageabsicht gehabt hätte. Diese
ist in der deutlichen Anspielung auf die gnostische Vorstellung zu finden,
die die Wahl von *choicus* nötig macht, zumal *choicus* auf die nach gnostischer Vorstellung (cf. Adv. Val. 29, 2) unterste Klasse der Menschen anspielt. So kann er in diesem Text auch diese Auffassung vom Menschen implizit widerlegen. Das Adjektiv *limacius* aus der Glosse bleibt Hapaxlegomenon[461] und scheint daher von Tertullian gebildet zu sein. Durch den
Anklang am *limus* erinnert es zudem an Gen. 2, 7, die Schaffung des Menschen aus Lehm, den Tertullian immer mit *limus* übersetzt (cf. Adv. Prax.
12, 4; Res. Mort. 7, 3).

(2) In Adversus Marcionem 2, 9, 1–2 wird die Bedeutung von *adflatus*
(cf. Kap. 3.2) besprochen:

Intellege itaque adflatum minorem spiritu esse, ut aurulam eius, et si de
spiritu accidit, non tamen spiritum. Nam et aura vento rarior, et si de vento
aura, non tamen ventus.

---

459 Cf. Evans, Kom. Res. Mort., 314.
460 Schmid, 59.
461 M. Balzert, ThLL VII 2, sv., 1975, 1401.

Tertullian deutet *adflatus*, den Odem des Lebens, als ein Produkt des Geistes, der aber vom Geist[462] verschieden ist. Diese Differenz versucht er durch den Vergleich mit dem Wind und einem Windhauch zu erklären. Den Windhauch bezeichnet das hier zuerst belegte Wort *aurula*, das als Diminutivum zu dem geläufigen Ausdruck *aura* die geringere Macht des Odems im Verhältnis zur Größe des Heiligen Geistes aussagen soll.[463] *Aurula* findet sich später noch einmal in De Anima 28, 5, wo es in der Verbindung *famae aurula* auf die klassische Vorstellung von der durch den Wind getragenen *fama* anspielt (cf. Verg., Aen. 7, 646). Das Diminutivum *aurula* verbreitet sich später nur bei christlichen Autoren;[464] wegen der einfachen Bildung von Diminutiva ist ein Urteil über die Herkunft nicht möglich.

(3) Einen weiteren Aspekt von Gen. 2, 7 diskutiert Tertullian in De Resurrectione Mortuorum 7, 3, wo er in der Auseinandersetzung mit gnostischen Gegner zeigen will, daß sich das menschliche Fleisch aus der Erde nicht erst beim Sündenfall, sondern schon bei der Verleihung des Odems[465] entwickelt habe:

Cum factus est homo in animam vivam de dei flatu, vaporeo scilicet et idoneo torrere quodammodo limum in aliam qualitatem, quasi in testam, ita et in carnem.

Die für die Entstehung des Menschen entscheidende Eigenschaft des Odems (cf. An. 27, 7–6) beschreibt das Adjektiv *vaporeus*, das hier „warm, heiß" bedeutet. In diesem Sinne ist es auch bei dem heidnischen Mediziner Theodorus Priscianus 2, 118 zu finden, so daß es wohl schon bekannt war.

---

462 Moingt, 309, 539, legt dar, daß Markion im Gegensatz zu Tertullian lehrte, daß der sündhafte Geist des Menschen Teil des damit auch notwendigerweise sündhaften Geistes des Schöpfergottes sei.

463 Braun, Kom. Marc. II, 217f, meint, daß Tertullian an dieser Stelle von Philo, leg. alleg. I 42, abhängig sein könnte. Insbesondere die Bildung von *aurula* könnte von der scheinbar ähnlichen Formulierung Philos beeinflußt sein:
Τὸ μὲν γὰρ πνεῦμα νενόηται κατὰ τὴν ἰσχὺν καὶ εὐτονίαν καὶ δύναμιν, ἡ δὲ πνοὴ ὥς ἂν αὔρα τίς ἐστιν καὶ ἀναθυμίασις ἠρεμαία καὶ πραεῖα. Ὁ μὲν οὖν κατὰ τὴν εἴκονα γεγονὼς καὶ τὴν ἰδέαν νοῦς πνεύματος ἂν λέγοιτο κεκοινωνηκέναι ῥώμην γὰρ ἔχει ὁ λογισμὸς αὐτοῦ –, ὁ δὲ ἐκ τῆς ὕλης τῆς κούφης καὶ ἐλαφροτέρας αὔρας ὡς ἂν ἀποφορᾶς τινος, ὁποῖαι γίνονται ἀπὸ τῶν ἀρωμάτων. Φυλαττομένων γὰρ οὐδὲν ἧττον καὶ μὴ ἐκθυμιωμένων εὐωδία τις γίνεται.
Gegen die Abhängigkeit von dieser Stelle spricht vor allem, daß Philo den Hauch nicht als Teil des Windes sieht und ihn mit einem Geruch vergleicht. Diese Vergleiche bezeugt Tertullian dagegen nicht. Zudem scheint er, wie Waszink, Kom. An., 14*, zeigt, Philo sonst an keiner anderen Stelle seines Werkes zu zitieren.

464 M. Ihm, ThLL II, sv., 1904, 1525.

465 Cf. Evans, Kom. Res. Mort., 216.

(4) In De Resurrectione Mortuorum 27, 4–5 wird Jes. 26, 20 auf die Wiederauferstehung bezogen:

Populus meus, introite in cellas promas quantulum, donec ira mea praetereat, sepulchra erant cellae promae, in quibus paulisper requiescere habebunt qui in finibus saeculi sub ultima ira per antichristi vim excesserint. 5. Aut cur cellarum promarum potius vocabulo usus est, et non alicuius loci receptorii, nisi, quia in cellis promis caro salita et usui reposita servatur, depromenda illinc suo tempore?

Tertullian umschreibt *cellae promarum*, das seiner Meinung nach den Aufenthaltsort der Knochen bis zum jüngsten Gericht vorhersagt, mit dem allgemeinen Begriff *locus receptorius*. Das Adjektiv *receptorius* ist vor Tertullian zwar nicht belegt, scheint aber bekannt zu sein, da es in zwei ursprünglich paganen Schriften, im Codex Theodosius (6, 30, 3) und in der lateinischen Hippokratesübersetzung (Num. sept. 2, 16; diaet. 1 l. 189), bezeugt ist.

5.2.7 Zusammenfassung

In den exegetischen Texten lassen sich die Neubildungen in vier Gruppen gliedern, die sich wiederum nach ihrer Herkunft unterscheiden.

(1) Zur ersten Gruppe gehören alle als „Namen für Satzinhalte" verwendeten Abstrakta, die zum größten Teil von Tertullian geprägt worden sind:

adagnitio, cruentatio, fermentatio, fructificatio, recogitatus, superaedificatio, vivificatio.

Dazu kommt eine Reihe von Ausdrücken aus der Bibelübersetzung:

ablatio, adnuntiatio, devoratio, mortificatio, revelatio.

Aus den Fachsprachen (gr. *grammatici;* ict. *iurisconsulti;* med. *medici*) ist eine Reihe von Abstrakta entlehnt, die die Redeweise in Zitaten beschreiben:

dehortatio (gr.), *evacuatio* (med.), *inclamatio* (gr.), *increpatio* (gr.), *monela, novatio* (ict.), *obtusio* (med.).

(2) Die zweite Gruppe besteht aus den Ausdrücken, die die Redeweise in einem Zitat erläutern. Davon sind nur *imputativus* und *reconsignare* Neubildungen, während die Wörter, die Tertullian aus Fachsprachen übernommen hat, weitaus zahlreicher sind:

confirmative (gr.), *comminativus* (gr.), *dubitativus* (gr.), *interrogativus* (gr.), *pertinenter* (gr.), *praeceptive* (gr.), *promissive* (gr.), *sententialiter* (gr.), *specialitas* (gr.).

Dazu kommen auch hier Ausdrücke wie *compendiare* und *duplicitas*, die schon bekannt waren, sich aber keiner Fachsprache zuordnen lassen.

(3) Für die Besprechung der Gesamtaussage einzelner Bibelstellen wählt Tertullian neben allem neugebildeten auch biblische Ausdrücke:
delineatio, dilucidare, exorbitator, indimissa, inebriator, inobaudientia, insultatorius, iustificatrix, obligamentum, obsecutor, offuscatio, peccatorius, praecogitatio, rebrobatrix, solutor, sumministratio, transactio, triumphatorius, ultorius.

(4) Für die Auslegungen einzelner Ausdrücke aus Bibelzitaten verwendet Tertullian neben neu gebildeten Wörtern Anleihen aus den Fachsprachen:
aurula, limacius, receptorius, vaporeus.

Diese Übersicht zeigt, wie sehr Tertullian um einen genau passenden Ausdruck bemüht ist. Die große Zahl der aus der römischen Grammatik stammenden Ausdrücke sollte aber nicht darauf schließen lassen, daß Tertullian wie etwa Augustin selbst fachspezifische Kenntnisse der Grammatik besaß. Vielmehr zeugt dir hohe Frequenz derartiger Wörter von seiner umfassenden Bildung.

5.3 Anspielungen auf Bibelzitate

Tertullian spielt in allen untersuchten Schriften auf Bibelzitate an, wobei manchmal die Abgrenzung zur Übersetzung nicht leicht ist. In diesem Abschnitt werden die neuen Wörter untersucht, die sich in Anspielungen finden.

5.3.1 Anspielungen mit Abstrakta[466]

Eine Reihe von Anspielungen wird mit dieser Technik gebildet:

(1) In De Resurrectione Mortuorum 48, 2 bespricht Tertullian 1. Kor. 15, 3–4:

---

466 Mit *mortificatio* und *vivificatio* spielt Tertullian in Res. Mort. 37, 5 und 46, 14 auf 1. Kor. 15, 22, mit *mortificatio* in Adv. Marc. 5, 11, 15 auf 2. Kor. 4, 10; mit *vivificatio* in Res. Mort. 28, 6 auf Dt. 32, 39 (cf. Kap. 5.2.1.2; 6.5.1) an; mit *recogitatus* in Res. Mort. 37, 5 auf Joh. 6, 64 (cf. Kap. 5.2.1.1) an; *adnuntiatio* in De Carne Christi 7, 5 auf Mk. 6, 2–4 (cf. Kap. 5.2.1.2), mit *humiliatio* in An. 48, 4 auf Dan. 10, 12 (cf. Kap. 3.4.2; 6.7.2.1); mit *perditio* (Carn. Chr. 14, 2; Adv. Marc. 4, 7, 13; 5, 6, 7) auf Mt. 25, 41 cf. Kap. 6.4.2.

(1. Kor. 15, 3–4) Παρέδωκα γὰρ ὑμῖν ἐν πρώτοις, ὃ καὶ παρέλαβον, ὅτι Χριστὸς ἀπέθανεν ὑπὲρ τῶν ἁμαρτίων κατὰ τὰς γραφὰς 4. καὶ ὅτι ἐτάφη τῇ ἡμέρᾳ τῇ τρίτῃ κατὰ τὰς γραφάς.

(Res. Mort. 48, 2) *Ut opinor, apostolus disposita ad Corinthios omni distinctione ecclesiasticae disciplinae summam et sui evangelii et fidei illorum in dominicae mortis et resurrectionis demandatione concluserat (...).*

Tertullian gibt die Hauptaussage des Zitates von der Wiederauferstehung mit der adverbialen Bestimmung *in dominicae mortis et resurrectionis demandatione* am Schluß des Satzes wieder. Dabei bezieht sich *demandatio* auf παρέδωκα[467], während die *demandatio* untergeordneten Genitive *dominicae mortis et resurrectionis* die beiden von παρέδωκα abhängigen Nebensätze wiedergeben. *Demandatio* wurde wohl von Tertullian gebildet; die beiden späteren Belege[468] (Alc. Avit. ep. 87 p. 97, 11; lex. Burg., lib. const. 86, 2) dürften nicht von ihm beeinflußt worden sein.

(2) In De Resurrectione Mortuorum 57, 9 gibt das Abstraktum *rescissio* κατεπόθη aus 1. Kor. 15, 54 (Jes. 25, 8) wieder:

(1. Kor. 15, 54 [Jes. 25, 8]) Ὅταν δὲ τὸ φθαρτὸν τοῦτο ἐνδύσηται ἀφθαρσίαν καὶ τὸ θνητὸν τοῦτο ἐνδύσηται ἀθανασίαν, τότε γενήσεται ὁ λόγος ὁ γεγραμμένος· κατεπόθη ὁ θάνατος εἰς νῖκος.

(Res. Mort. 57, 9) *(...) non iteravit sententiam, sed differentiam demandavit: Immortalitatem enim ad rescissionem mortis, incorruptelam ad obliterationem corruptelae dividendo alteram ad resurrectionem, alteram ad redintegrationem temperavit.*

Tertullian übersetzt mit *immortalitas* ἀθανασία und mit *incorruptela* ἀφθαρσία (cf. Kap. 3.4.2; 6.5.2), während er κατεπόθη aus dem abschließenden Jesajavers doppelt mit *obliteratio* und *rescissio* überträgt. Er differenziert durch diese doppelte Übersetzung zwischen der Vernichtung des Todes (*rescissio mortis*) und der Vernichtung der Sünde (*obliteratio corruptelae*). Dieser Kunstgriff verschleiert, daß für Paulus in diesem Zitat die Vernichtung von Sünde und Tod in eins fällt. Denn dadurch erscheint die Überwindung des Todes als Bedingung für die Wiederauferstehung überhaupt (*alteram ad resurrectionem*) und das Ende der Sünde als davon getrennte Voraussetzung für die körperliche Wiederherstellung (*alteram ad redintegrationem*), während Paulus, der keine körperliche Wiederauferstehung lehrt, beides in eins setzt. Auch die Wortwahl zeigt, wie frei Tertullian mit dem Bibeltext an dieser Stelle umgeht, weil er καταπίνειν nicht wie sonst (Pud. 14, 22; 2. Kor. 2, 7; Res. Mort. 50, 6 1. Kor. 15, 54) mit *devorari* bzw.

---

467 Cf. Evans, Kom. Res. Mort., 312.
468 Th. Bögel, ThLL V 1, sv., 1910, 474.

devoratio wiedergibt, sondern den Rechtsausdruck *rescissio* „Aufhebung"[469] wählt. Auf diese Weise verläßt Tertullian die biblische Sprache, um abstrakter zu formulieren. *Rescissio* findet sich noch an zwei weiteren Stellen: In Adversus Marcionem 2, 7, 3 fungiert es als „Namen für Satzinhalt" bei der Diskussion einer These Markions, während es in De Anima 53, 3 den Tod als das Ende des Lebens bezeichnet.

(3) Auf das Gleichnis von der Hochzeit aus Lk. 14, 21 spielt Tertullian in Adversus Marcionem 4, 31, 5 an:

(Lk. 14, 21) Τότε ὀργισθεὶς ὁ οἰκοδεσπότης εἶπεν τῷ δούλῳ αὐτοῦ· ἔξελθε ταχέως εἰς τὰς πλατείας καὶ ῥύμας τῆς πόλεως καὶ τοὺς πτωχοὺς καὶ ἀναπείρους καὶ τυφλοὺς καὶ χωλοὺς εἰσάγαγε ὧδε.

(Adv. Marc. 4, 31, 5) *(...) mandat enim de plateis et vicis civitatis facere sublectionem.*

Sublectio faßt im Sinne von „Ersatzwahl" die in der Vorlage mit den Verben ἔξελθε und εἰσάγαγε ausgedrückte Suche nach neuen Gästen für die Hochzeit zusammen. Es ist nach der vor allem in staatsrechtlichen Texten belegten Bedeutungsnuance von *sublegere* „Nachwahl eines Beamten" gebildet[470], die auf den Vorgang des Gleichnisses übertragen wird. *Sublectio* bleibt nach dem Material des Thesaurus auf dieses Kapitel beschränkt und wird von Tertullian nur noch einmal einige Paragraphen später (Adv. Marc. 4, 31, 8)[471] verwendet, wenn er abermals auf das Gleichnis anspielt.

(4) In De Resurrectione Mortuorum 33, 5 behandelt Tertullian die drei Gleichnisse vom Sämann (Mt. 13, 18–21), vom ungerechten Richter (Lk. 18, 1–5) und vom Feigenbaum im Weinberg (Lk. 13, 6–9):

Etiam et nullam parabolam non aut ab ipso invenies edisser<t>atam, ut de seminatore in verbi administrationem, aut a commentatore evangelii praeluminatam ut iudicis superbi et viduae instantis ad perseverantiam orationis, aut ultro coniectandam, ut arboris fici dilatae in spem ad instar Iudaicae infructuositatis.

Tertullian spielt auf alle drei Gleichnisse mit einem Stichwort (*seminator, iudicis superbi, arboris fici*) an, wobei *infructuositas* die Auslegung des letzten Gleichnisses andeutet. *Infructuositas*[472] bleibt sehr selten und taucht erst bei Cassian (conl. 14, 14, 1) und Gaudentius (serm. 18, 17 G) wieder auf, so daß es nicht unwahrscheinlich ist, daß Tertullian dieses Wort um des knappen Ausdrucks willen geprägt hat. Bemerkenswert ist auch die

---

469 Cf. Heumann-Seckel, sv., 512; cf. Callist., dig. 50, 9, 5; Ulpian, dig., 37, 4, 3, 5.
470 Cf. Tac., ann. 11, 25, 10; CIL II 5439.
471 *Aut si de futuro eos iudicat contempturos vocationem, ergo et sublectionem loco eorum ex gentibus de futuro portendit.*
472 H. Schmeck, ThLL VII 1, sv., 1953, 1495.

Neubildung des Verbs *praeluminare*, das sehr anschaulich die Tätigkeit des Evangelisten beschreibt. Es ist wie auch *praefugere* mit dem Präfix *prae* nur schwach motiviert und bleibt Hapaxlegomenon[473], so daß auch *praeluminare* eine Neubildung Tertullians ist.

(5) In De Resurrectione Mortuorum 7, 6 geht es um die Wiedergabe von Kol. 2, 11:

(Kol. 2, 11) Ἐν ᾧ καὶ περιετμήθητε περιτομῇ ἀχειροποιήτῳ ἐν τῇ ἀπεκδύσει τοῦ σώματος τῆς σαρκὸς ἐν τῇ περιτομῇ τοῦ Χριστοῦ.

(Res. Mort. 7, 6) *Hinc et apostolus circumcisionem despoliationem carnis appellans tunicam cutem confirmavit.*

Das Prädikat der Perikope περιτμηθῆναι gibt Tertullian mit dem im Zusammenhang mit der Beschneidung geläufigen Nomen *circumcisio* (cf. Kap. 3.3.1) wieder, während er ἀπέκδυσις mit dem aus der juristischen Sprache entlehnten Wort *despoliatio*[474] umschreibt.

(6) In einem Ausfall gegen Markion weist *interversio* in Adversus Marcionem 1, 20, 1 auf Gal. 1, 6–7 hin:

(Gal. 1, 6–7) Θαυμάζω, ὅτι οὕτως ταχέως μετατίθεσθε ἀπὸ τοῦ καλέσαντος ὑμᾶς ἐν χάριτι Χριστοῦ εἰς ἕτερον εὐαγγέλιον, 7. ὃ οὐκ ἔστιν ἄλλο, εἰ μή τινές εἰσιν οἱ ταράσσοντες ὑμᾶς καὶ θέλοντες μεταστρέψαι τὸ εὐαγγέλιον τοῦ Χριστοῦ.

(Adv. Marc. 1, 20, 1) *O Christe, patientissime domine, qui tot annis interversionem praedicationis tuae sustinuisti, donec tibi scilicet Marcion subveniret!*

Tertullian gibt mit *interversio* μεταστρέψαι und mit *praedicationis tuae* τοῦ καλέσαντος ὑμᾶς Ἰησου wieder. Später greift *interversio* in derselben Schrift (Adv. Marc. 3, 1, 2 *pronuntianda regulae interversio*) noch einmal Gal. 1, 6–7 auf. Dieses Abstraktum stammt nach den im Thesaurus[475] verzeichneten Belegen wohl aus der Rechtssprache, wo es die Unterschlagung bezeichnet. Dieser Bedeutung scheint Tertullian auch hier zu assoziieren, so daß sich eine sehr pointierte Formulierung ergibt.

---

473 H. Maslowski, ThLL X 2, sv., 1987, 697. Das in gleicher Weise gebildete Verb *praefugere* (An. 33, 5), das ebenfalls Hapaxlegomenon bleibt (H. Wieland, ThLL X 2, sv., 1987, 655), bezeichnet die rechtzeitige Flucht vor dem drohenden Schwert des Henkers, ohne daß es eine semantische Notwendigkeit für seine Bildung gibt (cf. *praesperare* (Adv. Marc. 5, 17, 3) Kap. 3.4.1.3 und *praemaledicere* (Adv. Marc. 5, 3, 10) Kap. 6.1.1.6).

474 *Despoliatio* ist nach M. Lambertz, ThLL IV, sv., 1911, 748, und Heumann-Seckel, sv., 141, ein juristischer Terminus.

475 F. Quadlbauer, ThLL VII 1, 1964, 2303.

(7) Die Wendung *figulatio hominis* umschreibt in De Resurrectione Mortuorum 5, 4 die Erschaffung des Menschen nach Genesis 2, 7:

(Gen. 2, 7) Ἔπλασεν ὁ θεὸς τὸν ἄνθρωπον χοῦν ἀπὸ τῆς γῆς.

(Res. Mort. 5, 4) *Bene autem, quod et plures et duriores quaeque doctrinae totam hominis figulationem deo nostro cedunt.*

Figulatio bezieht sich auf ἔπλασεν, das Tertullian als einziger in der lateinischen Bibelübersetzung (cf. Kap. 3.4.2) mit dem novum verbum *figulare*[476] wiedergibt (Carn. Christ. 9, 6; Cast. 5, 4; Adv. Val. 24, 2). *Figulatio*[477] kommt einmal vorher in De Anima 25, 5[478] in ähnlichem Kontext vor; später ist es nicht bezeugt. Daher hat Tertullian es selbst gebildet, um wie mit dem Verb *figulare* auch mit einem Abstraktum die Schöpfung des Menschen zu bezeichnen, das keine paganen Vorstellungen impliziert.

(8) In Adversus Marcionem 1, 22, 8 spielt der Rechtsausdruck *delibatio* in seiner ursprünglichen Bedeutung *deminutio*[479] auf Gen. 3, 6 (Sündenfall), in De Resurrectione Mortuorum 7, 2 auf Gen. 2, 2 (Erschaffung der Frau) an:

(Adv. Marc. 1, 22, 8) *Homo damnatur in mortem ob unius arbusculae delibationem, et exinde proficiunt delicta cum poenis (...).*

(Res. Mort. 7, 2) *Et ipsa delibatio masculi in feminam carne suppleta sit, limo, opinor, supplenda, si Adam adhuc limus.*

(9) Mit *degustatio*[480], das der juristischen Fachsprache entlehnt ist, referiert Tertullian in De Resurrectione Mortuorum 34, 1 wiederum Gen. 3, 6 (Sündenfall):

Utique totum, siquidem transgressio quae perditionis humanae causa est, tam animae instinctu ex concupiscientia quam et carnis actu ex degustatione commissa totum hominem elogio transgressionis inscripsit (...).

---

476   Vetus Latina 2, 37–40.

477   E. Vetter, ThLL VI 1, sv., 1911, 748; Braun, 402f, weist auf die verwandten Ausdrücke *figurare* und *figuratio* hin, die Tertullian zur *variatio* verwendet.

478   *Nulla interest professoribus veritatis de adversariis eius, maxime tam audacibus quam sunt primo isti, qui praesumunt non in utero concipi animam nec cum carnis figulatione compingi atque produci, sed et effuso iam partu nondum vivo infanti extrinsecus imprimi (...).*

479   E. Lommatzsch, ThLL V 1, sv., 1910, 437 (Flor., dig. 30, 116 *legatum est delibatio hereditatis*). Tertullian verwendet *delibatio* in diesem Sinne auch in Pat. 8, 1, während er in Adv. Val. 6, 2 der von dem zugrundeliegenden Verb *delibare* abgeleiteten Bedeutung *leviter attingere* folgt (cf. Kap. 7.1.2).

480   Nach E. Lommatzsch, ThLL V 1, sv., 1910, 387, zuerst bei Ulpian, dig., 28, 6, 1 belegt.

(10) Das Abstraktum *reprobatio* spielt in Adversus Marcionem 3, 7, 3 auf den in Lk. 17, 25 zitierten Ps. 117, 22 an, wo die Zurückweisung Jesu vorausgesagt wird:

(Ps. 117, 22) Λίθον, ὃν ἀπεδοκίμασαν οἱ οἰκοδομοῦντες, οὗτος ἐγενήθη εἰς κεφαλὴν γωνίας.

(Adv. Marc. 3, 7, 3) *Quae ignobilitatis argumenta primo adventui competunt sicut sublimitatis secundo, cum fiet iam non lapis offensionis nec petra scandali, sed lapis summus angularis post reprobationem adsumptus et sublimatus in consummationem templi, ecclesiae scilicet (...).*

Reprobatio greift ἀπεδοκίμασαν aus dem Zitat wieder auf; in der gleichen Schrift (Adv. Marc. 4, 35, 14)[481] bezeichnet es ohne Bezug zum Bibeltext noch einmal die Zurückweisung Jesu bei seiner ersten Parusie. *Reprobatio*, das außer bei christlichen Autoren (Ambr., In ep. Rom. 11, 19; u. ö.), auch bei einem Grammatiker (Rhet. min. Iul. 12) bezeugt ist, war wohl schon geläufig.

(11) In Adversus Marcionem 5, 5, 10 spielt Tertullian auf einige zunächst sinnlos erscheinende Bestimmungen des jüdischen Zeremonialgesetzes an. Dabei erinnert mit *dedecoratio* an die dort vorgeschriebene Untersuchung eines Leprakranken nach Lev. 13, 24–25:

(Lev. 13, 24–25) Καὶ σὰρξ ἐὰν γένηται ἐν τῷ δέρματι αὐτοῦ κατάκαυμα πυρός, καὶ γένηται ἐν τῷ δέρματι αὐτοῦ τὸ ὑγιασθὲν τοῦ κατακαύματος αὐγάζον τηλαυγὲς λευκὸν ὑποπυρρίζον ἢ ἔκλευκον, 25. καὶ ὄψεται αὐτὸν ὁ ἱερεὺς καὶ ἰδοὺ μετέβαλεν θρὶξ λευκὴ εἰς τὸ αὐγάζον, καὶ ἡ ὄψις αὐτοῦ ταπεινὴ ἀπὸ τοῦ δέρματος (...) καὶ μιανεῖ αὐτὸν ὁ ἱερεύς, ἀφὴ λέπρας ἐστίν.

(Adv. Marc. 5, 5, 10) *Quid inhonestius quam carnis iam erubescentis alia dedecoratio?*

Das aus der Bibelübersetzung entlehnte *dedecoratio* (cf. Kap. 3.4.2) umschreibt ganz kurz die formelle Erklärung der Unreinheit des Leprakranken durch den Priester. In übertragenem Sinne bezeichnet es in De Anima 34, 4 die entehrte Helena.

Eine etwas andere Technik wendet Tertullian mit den drei zuerst bei ihm belegten Ausdrücken mit dem Suffix *ura* an. Sie bezeichnen jeweils nur einen Aspekt eines Bibelzitates.

(1) In Adversus Marcionem 4, 18, 4 spielt Tertullian mit *praeparatura* auf Jesaja 40, 3 (Lk. 1, 76) an:

---

481 Außerhalb des zugundeliegenden Kanons ist *reprobatio* noch an weiteren Stellen (Apol. 13, 2; Fug. 1, 3 bis; 2, 8; Paen. 13, 9; Nat. 1, 1) bezeugt, an denen es ebenfalls wie ein bekannter Ausdruck wirkt.

(Jes. 40, 3) *Φωνὴ βοῶντος ἐν τῇ ἐρήμῳ· ἑτοιμάσατε τὴν ὁδὸν κυρίου.*

(Adv. Marc. 4, 18, 4) *(...) neccesse erat portionem spiritus sancti, quae ex forma prophetici moduli in Iohanne egerat praeparaturam viarum dominicarum, abscedere iam ab Iohanne (...).*

Praeparatura bezeichnet die von Jesaja vorhergesagte Funktion Johannes des Täufers als unmittelbarer Vorbote Jesu Christi. Das Wort weist zudem auf Adversus Marcionem 4, 11, 5 zurück, wo Johannes *praeparator* genannt wird (cf. Kap. 6.6), während in Adversus Marcionem 4, 13, 5 Johannes' Rolle noch einmal mit *praeparatura* aufgenommen wird. In Adversus Marcionem hat *praeparatura* wie *praeparator* eine besondere Funktion zur Beschreibung der Bedeutung Johannes des Täufers, wie es in ähnlicher Weise bei *destructor* und *illuminator/illuminatio* zu beobachten ist (cf. Kap. 6.1.1.5; 6.1.1.6). Die Herkunft von *praeparatura* ist schwer zu bestimmen, weil es noch einen älteren Beleg in De Anima 43, 9 gibt, wo *praeparatura* in ganz anderem Zusammenhang steht. Dort bezeichnet es nämlich die Vorbereitung des Schlafes durch die Nahrung. Die beiden einzigen Belege[482] außerhalb des Werkes Tertullians im Codex Lugdunensis, wo *praeparatura* zur Wiedergabe von *ἀποσκευή* (Num. 31, 9; 32, 17) gebraucht wird, geben auch keinen Hinweis auf seine Herkunft.

(2) *Piscatura* bezeichnet den Beruf des Simon Petrus und der Söhne des Zebedaeus nach Lk. 5, 1–11:

(Adv. Marc. 4, 9, 1) *De tot generibus operum quid utique ad piscaturam respexit, ut ab illa in apostolos sumeret Simonem et filios Zebedaei (...).*

Piscatura bleibt Hapaxlegomenon und dürfte daher von Tertullian gebildet worden sein. Es gehört mit *delatura* (cf. Kap. 6.4.4) und *suffectura* (cf. Kap. 6.2) zu den wenigen neugebildeten Wörtern, die auf Berufsbezeichnungen[483] anspielen.

(3) Das häufig belegte Wort *paratura* (zur Wortgeschichte cf. Kap. 6.7.2.3) umschreibt in Adversus Marcionem 4, 12, 6 die den Israeliten nach Ex. 16, 5 erlaubte Bevorratung für einen auf den Sabbat folgenden Feiertag:

Cum enim prohibuisset creator in biduum legi manna, solummodo permisit in parasceue, ut sabbati sequentis ferias pridiana pabuli paratura ieiunio liberaret.

In Adversus Marcionem 4, 43, 1 spielt *paratura* auf die Salböle an, die die Frauen zum Grab Christi (Lk. 23, 55–24, 1) gebracht hatten:

---

482   H. Wiesinger, ThLL X 2, sv., 1987, 752.
483   Cf. Zellmer, 59.

Oportuerat etiam sepultorem domini prophetari ac iam tunc merito benedici, si nec mulierum illarum officium praeterit prophetia, quae ante lucem convenerunt ad sepulcrum cum odorum paratura.

5.3.2 Anspielungen mit Nomina agentis, Adjektiven und Verben[484]

Anspielungen mit neugebildeten Nomina agentis, Adjektiven und Verben gibt es nur vereinzelt. An wenigen Stellen finden sich Nomina agentis:

(1) Mit der Formel *negatores resurrectionis* bezieht sich Tertullian (Praescr. Haer. 33, 3; Res. Mort. 39, 3; Adv. Marc. 4, 38, 4) auf die in Act. 23, 8 genannten Sadduzäer:

Σαδδουκαῖοι μὲν γὰρ λέγουσιν μὴ εἶναι ἀνάστασιν μήτε ἄγγελον μήτε πνεῦμα.

An anderen Stellen spielt *negatores sui apud patrem* (Adv. Prax. 26, 9; Cor. 11, 39) auf Mt. 10, 33 an:

Ὅστις δ' ἂν ἀρνήσηταί με ἔμπροσθεν τῶν ἀνθρώπων, ἀρνήσομαι κἀγὼ αὐτὸν ἔμπροσθεν τοῦ πατρός μου τοῦ ἐν τοῖς οὐρανοῖς.

Außerdem gibt es eine wahrscheinlich ältere Bedeutung „Abweichler von der christlichen Lehre"[485] (Praescr. Haer. 11, 3;14, 9; Fug. 1, 4; Cor. 2, 4; Pud. 9, 2; 22, 11). Jedoch kann sich *negator* auch in dieser Bedeutung gegenüber *apostata* nicht durchsetzen, wenn es auch wahrscheinlich wegen seiner Bedeutung im täglichen Leben der Christen schon früh in den ersten lateinischsprachigen Gemeinden entstand.[486]

(2) In Adversus Marcionem 4, 27, 9 werden die Schriftgelehrten nach Lk. 11, 52 (Οὐαὶ ὑμῖν τοῖς νομικοῖς, ὅτι ἤρατε τὴν κλεῖδα τῆς γνώσεως) *praeclusores legis* genannt. Dieses Hapaxlegomenon[487] leitet Tertullian von der geläufigen Bedeutung „verschließen" des Verbs *praecludere* ab (cf. Cic., Verr. 5, 168).

(3) *Despector* spielt in Adversus Marcionem 2, 23, 1 auf die Geschichte von König Saul und dem Propheten Samuel an, wo Saul dessen Warnung vor dem Ungehorsam nach 1. Sam. 15, 13–23 zunächst respektiert:

Adlegitur Saul, sed nondum despector prophetae Samuelis.

---

484 Zu *sepultor* Gen. 50, 2 (Adv. Marc. 4, 43, 1) cf. Kap. 7.2.4; zu *adlevator* Ps. 117, 2 (Adv. Marc. 4, 36, 2) cf. Kap. 6.1.1.3; zu *frendor* Lk. 13, 27 (Res. 35, 12; Adv. Marc. 1, 27, 1) cf. Kap. 3.4.2.

485 Hoppenbrouwers, 63.

486 Mohrmann, II, 239; III, 134; cf. Aug. ep. 140, 14, 36 u. ö.

487 H. Korteweg, ThLL X 2, sv., 1985, 495.

Despector scheint eine Bildung Tertullians zu sein, die später nur selten wieder aufgegriffen wird.[488]

An drei Stellen verwendet Tertullian Nomina agentis mit dem Suffix *trix* für Anspielungen und Referate von Bibelstellen. Alle drei Neubildungen werden an diesen Stellen als Adjektive verwendet:

(1) In Adversus Marcionem 1, 29, 8 bezieht sich Tertullian mit *enecatrix* auf den ägyptischen Kindermord nach Ex. 1, 22:

Non erit humanior duritia Pharaonis nascentium enecatrix?

(2) Mit der gleichen Technik beschreibt er in Adversus Marcionem 2, 14, 4 mit *conflictatrix* Ägypten nach Ex. 1, 5:

Constitue igitur (...) iniuste Aegytum foedissimam, superstitiosam, amplius hospitis populi conflictatricem, decemplici castigatione percussam.

(3) So wird auch Babylon in Adversus Marcionem 3, 13, 10 nach Apok. 14, 8 *(ἔπεσεν Βαβυλὼν ἡ μεγάλη ἥ ἐκ τοῦ οἴνου τοῦ θυμοῦ τῆς πορνείας αὐτῆς πεπότικεν πάντα τὰ ἔθνη)* debellatrix genannt.

Sic et Babylon etiam apud Iohannem nostrum Romanae urbis figura est, proinde magnae et regno superbae et sanctorum dei debellatricis.

Enecatrix[489] und *conflictatrix*[490] bleiben Hapaxlegomena, während sich *debellatrix*[491] in ähnlicher Bedeutung wie hier noch bei wenigen christlichen Autoren findet. Tertullian bezeichnet mit *debellatrix* in Apologeticum 25, 4f Griechenland als Siegerin über Phrygien. Alle drei Ausdrücke sind also Neubildungen Tertullians. Bemerkenswert ist jedesmal, daß die Neubildungen betont am Schluß stehen und damit die Grausamkeit hervorheben.

Mit neugebildeten Adjektiven[492] spielt Tertullian nur an wenigen Stellen auf Bibelzitate an:

(1) So gibt er in De Resurrectione Mortuorum 55, 8–10 eine Reihe von biblischen Beispielen zur Verwandlung einer menschlichen Gestalt durch Gottes Wirken und behandelt, nachdem er Moses' Verwandlung nach der Rückkehr vom Berg Sinai (*incontemplabili claritate* nach 2. Kor. 3, 13 cf. Kap. 3.4.1.2) beschrieben hat, die Verklärung Jesu:

(Mt. 17, 2–4) *Καὶ μετεμορφώθη ἔμπροσθεν αὐτῶν* (sc. *Πέτρου καὶ Ἰακώβου καί Ἰωάννου) καὶ ἔλαμψεν τὸ πρόσωπον αὐτοῦ ὡς ὁ ἥλιος,*

---

488 S. Tafel, ThLL V 1, sv., 1911, 736: Faust. Rel. ep. 10 p. 216, 16; Epist pontif., 50 p. 613a.

489 G. Friedrich, ThLL V 2, sv., 1931, 561.

490 A. Müller, ThLL IV, sv., 1906, 236.

491 J. Mertel, ThLL V 1, sv., 1910, 84.

492 Zu *accessibilis* 1. Kor. 15, 3. 8 (Adv. Prax. 15, 8) cf. Kap. 6.1.2.2; zu *linguatus* Act. 17, 21 (An. 3, 1) Kap. 5.3.2; zu *incontemplabilis* 2. Kor. 3, 13 (Res. Mort. 55, 8) cf. Kap. 3.4.1.2; zu *mundialis* Gal. 4, 9 (Adv. Marc. 5, 4, 5) cf. Kap. 6.5.2.

τὰ δὲ ἱμάτια αὐτοῦ ἐγένετο λευκὰ ὡς τὸ φῶς. 3. Καὶ ἰδοὺ ὤφθη αὐτοῖς Μωυσῆς καὶ Ἠλίας συλλαλοῦντες μετ' αὐτοῦ. 4. Ἀποκριθεὶς δὲ ὁ Πέτρος εἶπεν τῷ Ἰησοῦ (...).

(Res. Mort. 55, 10) *Dominus quoque in secessu montis etiam vestimenta luce mutaverat, sed liniamenta Petro agnoscibilia servaverat (...).*

Agnoscibilis greift interpretierend ὤφθη aus dem Zitat auf. Dieses Wort ist für die Argumentation der entscheidende Ausdruck, weil bewiesen werden soll, daß allen irdischen Zeugen immerhin die Umrisse des verklärten Jesus erkennbar waren. Diesen Beweis bezeichnet die auffällige Neubildung *agnoscibilis*, die zudem die sehr knappe Formulierung möglich macht. *Agnoscibilis* findet sich später nur noch bei Augustin (serm., 341, 1) und Leo. Magnus (serm, 24, 2),[493] so daß es durchaus von Tertullian stammen könnte.

(2) Mit den Adjektiven *terrigenus* und *aquigenus* referiert Tertullian in Adversus Marcionem 2, 12, 2 die Erschaffung der Land- und Meerestiere nach Gen. 1, 20. 24:

Iustitiae opus est, quod inter lucem et tenebras separatio pronuntiata est, inter diem et noctem, (...), inter marem et feminam, inter arborem agnitionis mortis et vitae, inter orbem et paradisum, inter aquigena et terrigena animalia.

Terrigenus ist eine Weiterbildung zu dem geläufigen Nomen *terrigena*[494], die sich später noch an einigen wenigen Stellen (Ambrosiast., Eph. 6, 14 p. 401 d; Ir. 2, 2, 4) findet. Ein Urteil über die Herkunft von *terrigenus* ist schwer möglich, da derartige Weiterbildungen leicht auch unabhängig voneinander entstehen können. *Aquigenus* dagegen ist nur noch einmal bezeugt (Ps.-Augustin, serm. 205, 1),[495] so daß es wahrscheinlich eine Neubildung Tertullians ist. Beide Wörter gehören zu den Kompositionen, die sonst nur für Übersetzungen neugebildet werden (cf. Kap. 3.3.2; 3.4.2; 4.1.2; 4.2.2). Hier werden sie wegen des poetischen Kontextes verwendet.

(3) Ebenso knapp spielt die Wendung *partualis sanguis* in Adv. Marc. 4, 20, 12 auf die Bestimmung des jüdischen Gesetzes (Lev. 12, 4–6) an, daß eine Frau nach der Geburt wegen des Wochenflusses nicht berührt werden dürfe:

Sed et illud recogitavit, ordinarium et sollemnem menstrui vel partualis sanguinis fluxum in lege taxari, qui veniat ex officio naturae, non ex vitio valetudinis.

---

493   E. Diehl, ThLL I, sv., 1900, 1354.
494   OLD II, sv., 1929.
495   E. Vollmer, ThLL II, 1900, 368.

Diese Neubildung, die Hapaxlegomenon bleibt, ist mit dem Streben nach einem möglichst präzisen und knappen Ausdruck zu erklären.

(4) In De Anima 3, 1 wird die Warnung auf Act. 3, 21 und auf Kol. 2, 8 angespielt:

(Act. 17, 21) Ἀθηναῖοι δὲ πάντες καὶ οἱ ἐπιδημοῦντες ξένοι εἰς οὐδὲν ἕτερον ηὐκαίρουν ἢ λέγειν τι ἢ ἀκούειν τι καινότερον.

(Kol. 2, 8) Βλέπετε, μή τις ὑμᾶς ἔσται ὁ συλαγωγῶν διὰ τῆς φιλοσοφίας καὶ κενῆς ἀπάτης κατὰ τὴν παράδοσιν τῶν ἀνθρώπων, κατὰ τὰ στοιχεῖα τοῦ κόσμου καὶ οὐ κατὰ Χριστόν.

(An. 3, 1) *Nihil omnino cum philosophis super anima quoque experiremur, patriarchis, ut ita dixerim, haereticorum, siquidem et ab apostolo iam tunc philosophia concussio veritatis providebatur; Athenis enim expertus est linguatam civitatem cum omnes illic sapientiae atque facundiae caupones degustasset, inde concepit praemonitorium illud edictum.*

Tertullian erinnert mit *linguata civitas* an die Athener, die nach dem Zitat für jede interessante Rede schnell begeistert waren. Das Adjektiv *linguatus*[496], das hier zuerst belegt ist, dürfte schon älter gewesen sein, da es in wörtlicher, die Form eines Blattes beschreibender Bedeutung in der paganen Schrift Ps.-Apuleius, de herbis, 124 l. 19 und in einem Gedicht der Anthologia Latina (Anth. Lat. 114, 3) bezeugt ist. Die Assoziation an die ursprüngliche Bedeutung führt zu einer ironischen Herabsetzung der Athener, die Tertullian durchaus beabsichtigt, zumal er auch von den *sapientiae atque facundiae caupones*, den Wirten der Weisheit, spricht. Daran knüpft die Anspielung auf Kol. 2, 8 an, die mit *praemonitorium edictum* besonders pointiert formuliert ist. Denn Tertullians Neubildung *praemonitorius*, ein Hapaxlegomenon,[497] faßt knapp den Charakter der Warnung zusammen und überrascht den Leser durch ihre Neuartigkeit. Wegen der ähnlichen Bedeutung des zugrundeliegenden Verbs *praemonere* (cf. Adv. Marc. 4, 18, 2; Quint. inst. 6, 1, 20) ist *praemonitorius* sogleich verständlich.

(5) In Adversus Marcionem 4, 41, 2 spielt Tertullian mit *praesumptorie aliquid elocutum* auf das später gebrochene Versprechen des Petrus an, Jesus nicht zu verraten (Lk. 22, 33–34):

Nam et Petrum praesumptorie aliquid elocutum negationi potius destinando zeloten deum tibi ostendit.

Das Adverb *praesumptorie,* das sehr selten[498] bleibt, ist in der in der christlichen Literatur entwickelten speziellen Bedeutung „arroganter de se

---

496   R. Salvadore, ThLL VII 2, sv., 1976, 1453.
497   P. Flury, ThLL X 2, sv., 1987, 724.
498   Nach I. Reinecke, ThLL X 2, 1992, 976, auch in Collect. Arian. c. haer. 4 bezeugt.

credere"[499] von dem zugrundeliegenden Verb *praesumere* abgeleitet. Für Tertullian ist das Suffix *orius* bzw. *orie* sehr produktiv[500] zu sein, da es für die Bildung von *praesumptorie* keinen stilistischen Grund bis auf die damit mögliche knappe Formulierung gibt. Das zeigt sich auch beim oben untersuchten *praemonitorius*.

Nur an wenigen Stellen[501] verwendet Tertullian neu geprägte Verben für Anspielungen.

(1) In Adversus Praxeam 16, 6 referiert Tertullian die Schließung des Grabes Jesu nach dem Bericht der Synoptiker (Mt. 16, 27; Mk. 15, 46; Lk. 23, 52f). Doch bezieht er diesen Bericht auf die Lehre der Patripassianer, die sich den Vater – in seiner Hypostase als Sohn – im Grab liegend vorstellten:

Scilicet et haec nec de Filio dei credenda fuissent, si scripta non essent, fortasse non c credenda de Patre, licet scripta, quem isti (sc. patripassiani) in vulvam Mariae deducunt et in Pilati tribunal imponunt et in monumetis Ioseph reconcludunt.

Reconcludere beschreibt den unerhörten Vorgang, daß Gott-Vater in das Grab eingeschlossen wurde. Die verblüffende Wirkung dieser Vorstellung unterstreicht das Verb noch durch seine Neuartigkeit; zudem hat das Präfix *re* wie auch bei der Neubildung *reconsignare* (cf. Kap. 5, 2, 3.) keine wiederholende, sondern eine verstärkende Bedeutung. *Reconcludere* bleibt Hapaxlegomenon, so daß es als eine okkasionelle Neubildung zu erklären ist.

(2) In Adversus Marcionem 4, 34, 8 wird der Vers Dt. 32, 5, wo es um die Wiederverheiratung einer Witwe geht, zunächst frei übersetzt, während die folgende Bestimmung dann paraphrasierend ausgeführt wird:

(Adv. Marc. 4, 34, 8) (...) *non alias hoc permittente, immo et praecipiente lege, quam si frater illiberis decesserit, ut a fratre ipsius et ex costa ipsius supparetur semen illi.*

Diese Vorschrift, daß der Bruder des Ehemanns die Witwe zur Sicherung des Nachwuchses heiraten solle, umschreibt der Nebensatz *a fratre ipsius et ex costa ipsius supparetur semen illi*. Dessen Verb *supparare* verwendet Tertullian in ähnlicher Weise noch einmal in De Monogamia 7, 3, wo es wie hier

---

499 M. Hillen, ThLL X 2, sv., 1991, 966 l. 19–62.

500 Die Neubildungen mit diesem Suffix bleiben zu einem großen Teil Hapaxlegomena oder werden nur von Tertullian verwendet. Die meisten sind aus rhytmischen Gründen gebildet: *aedificatorius, corruptorius, expugnatorius, exstructorius, generatorius, incorruptorius, invitatorius, occisorius, pacatorius, peccatorius, praemonitorius, revelatorius, transfunctorius, transmeatorius, vocatorius* (Stellen im Register). Nur *interrogatorius* und wahrscheinlich *mutatorius* sind Tertullian schon bekannt.

501 Zu *sanctificare* (An. 39, 4) als Anspielung auf ἁγιάζειν aus 1. Kor. 7, 14 cf. Kap. 6.2.

die Wiedergewinnung der Kinder bezeichnet, wähend er es an anderen Stellen[502] in verschiedenen Verbindungen gebraucht. Weil *supparare* bei einigen späteren Autoren (Hier., epist. 101, 10, 2; Mar. Vict., gr. VI 19, 1) ebenfalls in einem weiten Bedeutungsspektrum bezeugt ist, dürfte es schon bekannt gewesen sein. Von dieser Bedeutungsnuance „Ersatz des Nachwuchses" leitet Tertullian in De Resurrectione Mortuorum 61, 4 das Hapaxlegomenon *supparatura* ab, mit dem er in Anlehnung an Dt. 32, 15 die Fortpflanzung bezeichnet, die nach der Wiederauferstehung nicht mehr schwierig sein werde:

Sublata enim morte neque victus fulcimenta ad praesidia vitae neque generis supparatura gravis erit membris.

(3) In De Anima 38, 3 spielt *supermetiri* auf Gen. 9, 2 an:

(Gen. 9, 2) Καὶ ἐπὶ πάντας τοὺς ἰχθύας τῆς θαλάσσης ὑπὸ χεῖρας ὑμῖν δέδωκα.

(An. 38, 3) *Ex omni ligno, inquit, edetis* (Gen. 2, 16), *et secundae post diluvium geniturae supermensus est: Ecce dedi vobis omnia in escam tamquam olera faeni* (Gen. 9, 3–4).

Die Anspielung auf die Herrschaft der Menschen über die Meerestiere dient gleichsam als Brücke zwischen den beiden wörtlichen Zitaten aus Schöpfungsbericht und Sintfluterzählung. Ihr Verb *supermetiri* greift aus dem Zitat das Prädikat ὑπὸ χεῖρας ὑμῖν δέδωκα auf, wobei aber die Perspektive von der Ich-Erzählung Gottes zum Referat wechselt. Das Verb bleibt Hapaxlegomenon und erscheint so als Okkasionsbildung.

5.3.3 Zusammenfassung

Auch Anspielungen versucht Tertullian möglichst pointiert zu formulieren, wobei er mit ihnen oft einen Teil der Deutung vorwegnimmt.

Oft wählt Tertullian juristische oder an die juristische Sprache erinnernde Ausdrücke, die manchmal Bibelstellen gleichsam als Rechtstatbestände auslegen:

degustatio, delibatio, demandatio, despoliatio, interversio, sublectio.

Verwandt mit diesen Wörtern, aber ohne fachsprachliche Nuance, sind eine Reihe weiterer Abstrakta:

dedecoratio, infructuositas, paratura, praeparatura, rescissio.

---

502 In An. 30, 5 bezeichnet *supparare* die Wiederherstellung der verlorenen Dinge bei der Wiederauferstehung, in Adv. Val. 14, 2 den Ersatz der Begierde der Achamoth bei der Rettung und in An. 25, 9 dient es zur Übersetzung von *ἐμποιεῖν (cf. Cult. Fem. 2, 7, 2; Ie. 4, 4).

Einige Ausdrücke sind Neubildungen, die wegen ihrer Nähe zu dem zugrundeliegenden Bibelzitat gebildet werden:

figulatio, piscatura, supermetiri, reconcludere.

Andere neue Wörter beschreiben einen für Tertullian in seiner jeweiligen Argumentation besonders wichtigen Ausdruck einer Bibelstelle:

agnoscibilis, aquigenus, linguatus, partualis, praemonitorius, praesumptorie, supparare, terrigenus.

Auch die in Kap. 5.2.6 und 6.1 beschriebene Technik der Prädikate für einzelne Personen mit Nomina agentis wendet Tertullian in Anspielungen an:

conflictatrix, debellatrix, despector, enecatrix, negator.

6. Neue Wörter in dogmatischen Texten

Das dogmatische Vokabular Tertullians ist von den Angehörigen der Nimwegener Schule und besonders intensiv von Braun (1962, ²1977) untersucht worden. Daneben gibt es zwei Arbeiten zu Tertullians Vokabular der Wiederauferstehung von Siniscalco (1966) und Puente (1987). Diese Arbeiten sind aber im wesentlichen theologisch orientiert, während hier vor allem sprachliche Aspekte untersucht werden.

6.1 Gotteslehre und Christologie

Gotteslehre und Christologie enthalten zahlreiche übereinstimmende Bezeichnungen für die Eigenschaften und die Prädikate Gottes und Jesu Christi. Zunächst werden die Ausdrücke untersucht, die als Epitheta die Funktionen Gottes und Jesu Christi bezeichnen. Daran schließt sich die Untersuchung der neuen Wörter an, mit denen Tertullian die Eigenschaften Gottes und Jesu Christi beschreibt.

6.1.1 Gottes- und Christusprädikate

Im behandelten Kanon ist die Gotteslehre vor allem in der Schrift Adversus Marcionem zu finden, während sich die Christologie in allen Schriften findet. In dieser Schrift setzt sich Tertullian mit der dualistischen Gottesvorstellung des Markion auseinander und prägt dabei viele Ausdrücke, die die Funktionen Gottes bezeichnen. Diese Prädikate sind, worauf schon hingewiesen wurde (cf. Kap. 5.2.6), vor allem aus Nomina agentis mit dem Suffix *tor* gebildet.

6.1.1.1 Gott als Richter und Schöpfer

Das bei weitem häufigste Prädikat für den Schöpfergott in Adversus Marcionem ist das geläufige Nomen *creator*, das nach Brauns[503] Zählung dort allein an 763 Stellen zu finden ist. Seltener treten die bekannten Ausdrücke[504] *conditor* und *auctor* sowie das bei Tertullian zuerst bezeugte Wort

---

503 Braun, 371.
504 Braun, 346, 354–359.

institutor[505] auf. Dieses Wort, das außer in der Bedeutung Schöpfergott
(Nat. 2, 16; Test. An. 5, 2; Spect. 2, 10. 12; Adv. Marc. 1, 29, 4; 2, 6, 4; 5, 5,
3; Cult. Fem. 2, 10, 28) auch in der Bedeutung „Schulgründer; Sektenober-
haupt" (Praescr. Haer. 30, 8; Carn. Chr. 8, 3; Apol. 3, 7) und „Paraklet"
(Mon. 2, 1; 2, 4) auftritt, scheint wegen dieses weiten Bedeutungsspektrums
bereits geläufig gewesen zu sein. Diese Vermutung bestätigen die Belegstellen bei paganen Autoren wie Ammian (14, 8, 6).[506]

Die Rolle Gottes als Richter beschreibt Tertullian mit weitaus größerer
Ausdrucksvielfalt. Neben den bekannten Ausdrücken *iudex* (fere passim)
und *vindex* (Adv. Marc. 4, 36, 1 u. ö.) findet sich in Adversus Marcionem
eine Reihe von Okkasionsbildungen. Diese Ausdrücke legen gegen Markion
die Identität zwischen dem Richtergott des Alten Testaments mit dem gütigen Gott des Neuen Testamentes immer wieder neu dar. Der wohl prägnan-
teste Beleg für dieses zentrale Thema findet sich in Adversus Marcionem 2,
9, 9 (cf. Kap. 3.2; 5.2.6). Dort setzt sich Tertullian mit dem Vorwurf
Markions auseinander, der Schöpfergott habe den Menschen durch das Ein-
blasen seines Geistes (*spiritus*) (Gen. 2, 7) sündig gemacht und sei daher
auch selbst sündig. Tertullian dagegen betont, daß der Mensch bei der
Schöpfung vielmehr den Odem (*flatus*) und nicht den Geist (*spiritus*) empfangen habe und nur infolge seines freien Willens Sünder sei. Die Darlegung
gipfelt in einer kunstvoll stilisierten Periode:

(Adv. Marc. 2, 9, 9) *Quod denique malum describes creatori? Si delictum hominis, non erit dei, quod est hominis, nec idem habendus est delicti
auctor, qui invenitur interdictor, immo et condemnator. Si mors malum, nec
mors comminatori suo, sed contemptori faciet invidiam, ut auctori. Contem-
nendo enim eam fecit, non utique futuram, si non contempsisset.*

Braun[507] weist in seinem Kommentar zu dieser Stelle auf die Häufung
der Nomina agentis mit dem Suffix *tor*, die Anaphern und die zahlreichen
Ausdrücke aus der juristischen Sprache hin. Die Nomina agentis *interdictor*
und *comminator* sind hier erstmals belegt. Mit ihnen weist Tertullian seinem
Gott die doppelte Funktion des Gesetzgebers und des Anklägers zu. *Comminator* verwendet Tertullian später noch einmal bei der Beschreibung derselben Doppelrolle in Adversus Marcionem (Adv. Marc. 4, 24, 7). Dort stellt

---

505 Braun, 392f.
506 H. O. Kröner, ThLL VII 1, sv., 1962, 1998, führt u. a. auch Paneg. 2, 8, 5 an. Fon-
     taine, 201, dagegen hält *institutor* für einen Ausdruck aus der juristischen Sprache,
     da er in zwei entsprechenden Inschriften bezeugt sei. Das ist nicht unbedingt über-
     zeugend, weil *institutor* keine spezifisch juristische Bedeutung hat.
507 Braun, Kom. Marc. II, 70.

er es in formal ähnlicher Weise wie an der oben zitierten Stelle neben den geläufigen Rechtsausdruck[508] *exsecutor*:

> *Quomodo, si comminatio non potest sine executione, habes deum exsecutorem in comminatore et iudicem in utroque.*

Tertullian greift hier mit den beiden Nomina agentis *exsecutor* und *comminator* die Abstrakta *comminatio* und *exsecutio* aus dem vorangehenden Konditionalsatz auf und bildet so eine sehr eindrücklich formulierte Folgerung. Im Sinne von „Richtergott" wird *comminator* auch noch in Scorpiace 9, 7[509] verwendet. Spätere Autoren[510] dagegen gebrauchen es vor allem als Prädikat des Teufels als Gottes- oder Christusprädikat, so daß ein Urteil über seine Herkunft schwer möglich ist. Denn eine Übertragung eines tertullianeischen Gottesprädikats auf den Teufel ist recht unwahrscheinlich; eine Übernahme eines bereits bekannten Wortes kann diese Diskrepanz vielleicht leichter erklären. Das in Adversus Marcionem 2, 9, 9 parallel zu *comminator* verwendete *interdictor* dagegen hat ein weiteres Bedeutungsfeld: Tertullian spielt mit ihm in De Praescriptione Haereticorum 33, 6 auf ψευδόλογοι κωλύοντες γαμεῖν aus 1. Tim. 4, 2–3 an und gebraucht es in der Auslegung von Röm. 14, 2–4 in De Ieiunio 15, 4 zur Bezeichnung der gesetzestreuen Judenchristen. Später bleibt *interdictor*[511] wie *comminator* selten und wird wie bei Tertullian als Gottes- bzw. Christusprädikat (Ps.-Fulgentius Ruspensis 62 p. 433c; Salv., gub. 4, 76) verwendet. Dies sind gute Gründe, eine von Tertullian geschaffene Neubildung zu vermuten.

Ein weiteres Prädikat des Richtergottes ist *damnator*, mit dem Tertullian ursprünglich in seiner frühen Schrift Ad Nationes (Nat. 1, 3, 1; 1, 7, 7) den kaiserlichen Richter bezeichnet. Dort gebraucht er es zur Vermeidung einer Kakophonie.[512] In Adversus Marcionem 5, 7, 2 überträgt er *damnator* auf Gott, wenn er Paulus' Gesetzestreue hervorhebt:

> *(...) sed cum eum damnat dedendum satanae, damnatoris dei praeco est* (sc. *Paulus*).

Damnator greift das Verb *damnare* aus dem Bedingungssatz auf und macht durch diesen Anklang die Darstellung eindrucksvoll. Später kommt

---

508   Heumann-Seckel, 197.
509   *Quis etiam animae dominator, nisi deus solus? Quis iste ignium comminator, nisi is?*
510   K. Wulff, ThLL III, sv., 1911, 1886.
511   H. Wieland, ThLL VII 1, sv., 1963, 2178.
512   Nat. 1, 3, 1 *Vos igitur, alias diligentissimi ac pertinacissimi discussores scelerum longe minorum, cum <in> talibus tam horrendis et omnem impietatem supergressis eam diligentiam deseratis neque confessionem recipiendo, iudicantibus semper laborandam neque exquisitionem digerendo, damnatoribus semper consulendam, iam apparet omne in nos crimen non alicuius sceleris, sed nominis dirigi.*

damnator nur noch bei christlichen Autoren[513] vor, die es allerdings in so unterschiedlicher Weise verwenden, daß keine Aussage über seine Herkunft möglich scheint.

In Adversus Marcionem 5, 16, 2 bezeichnet Tertullian den Gott des Gerichts als *cremator*, indem er bei der Besprechung von 2. Thess. 1, 6–8 das Wort *ignis* aus dem Bibelzitat auf die Ankündigung der Hölle bezieht:

(Adv. Marc. 5, 16, 1) *Apud quem (sc. Creatorem) iustum sit adflictatoribus nostris rependi adflictationem et nobis, qui adflictemur, requietem in revelatione domini Iesu venientis a caelo cum angelis virtutis suae et in flamma ignis (...).*

(Adv. Marc. 5, 16, 2) *Ita et in hoc nolente Marcione crematoris dei Christus est (...).*

Dieses Prädikat wirkt auf den Leser sehr drastisch, doch trifft es den Sinn des Bibelzitates genau. Wohl wegen der extremen Wirkung greift später niemand mehr *cremator*[514] auf. Dieses Hapaxlegomenon ist daher eine Neubildung Tertullians.

6.1.1.2 Gott als Offenbarer

Die Rolle Gottes als *deus revelatus* im Kontrast zu seiner Rolle als *deus absconditus* bespricht Tertullian in Adversus Marcionem 4, 25, 1–3 im Anschluß an Lk. 10, 11. Hier zitiert Tertullian zunächst aus Markions Antithesen dessen Lehre vom vollständig verborgenen, gütigen Gott (*ipsam magnitudinem sui absconderat, quam cum maxime per Christum revelabat* [Adv. Marc. 4, 25, 2]). Seine Widerlegung beginnt mit dem Argument, daß die Sünde gegenüber einem völlig unbekannten Gott, der sich noch gar nicht offenbart habe, nicht möglich sei. Der Schöpfergott dagegen habe sich schon in seinen Werken offenbart, während Markions Gott sich nicht einmal in seinen Werken hätte verbergen können, da er gar keine Werke geschaffen habe. Tertullian schließt mit der folgenden eindrucksvollen Periode:

(Adv. Marc. 4, 25, 3) *Igitur si nec materias praemiserat (sc. deus Marcionis), in quibus aliquid occultasset, nec reos habuerat, a quibus occultasset, nec debuerat occultasse, etiam si habuisset, iam nec revelator ipse erit, qui absconditor non fuit – ita nec dominus caeli nec pater Christi – sed ille, in quem competunt omnia.*

Tertullian bestimmt hier ex negativo die Rolle des Schöpfergottes als *deus revelatus* mit den Prädikaten *revelator* und *absconditor,* indem er ge-

---

513 Th. Bögel, ThLL V 1, sv., 1906, 11.
514 H. Hoppe, ThLL IV, sv., 1906, 1153.

rade diese Eigenschaften Markions Gott abspricht. *Revelator* greift das in dem Zitat aus den Antithesen genannte Verb *revelare* auf, *absconditor* entsprechend das Verb *abscondere*. Mit diesem Anklang verklammert Tertullian seine abschließende Widerlegung mit der Behauptung seines Gegners treffsicher. Die beiden Neubildungen bleiben jedoch selten: *Absconditor* ist später nur noch einmal bei Firmicus Maternus[515] belegt (math. 5, 15). Es ist aber unwahrscheinlich, daß Firmicus Maternus auf die untersuchte Stelle anspielt, so daß man hier eine von Tertullian unabhängige Prägung annehmen kann. *Revelator* greift erst Augustin (serm. 187, 11; 126, 9 u. ö.) in der gleichen Bedeutung wie hier wieder auf, um damit alle drei Personen der Trinität zu bezeichnen. *Absconditor* und *revelator* sind daher also wohl Tertullian zuzuschreibende Neubildungen.

6.1.1.3   Gott als Wohltäter[516]

Die Rolle seines Gottes als Wohltäter bezeichnet Tertullian an zwei Stellen mit neugeprägten Ausdrücken. In Adversus Marcionem 4, 15, 1–7 bespricht er die Seligpreisungen und die Verfluchungen aus der Feldrede (Lk. 6, 24), die Markion auf seinen Gott bzw. seinen Christus bezogen hatte.

(Adv. Marc. 4, 15, 8) *Igitur ‚vae‘ si et vox maledictionis est vel alicuius austerioris inclamationis et a Christo dirigitur in divites, debeo creatorem divitum quoque aspernatorem probare, sicut probavi mendicorum advocatorem, ut Christum in hac quoque sententia creatoris ostendam.*

Die zwei Gottesprädikate, *advocator* und *aspernator*, sind Neubildungen; sie stehen antithetisch nebeneinander, wobei *aspernator* den zürnenden und *advocator* den gütigen Gott bezeichnet. Beide Gottesprädikate werden durch die Seligpreisungen bzw. Verfluchungen begründet, die Tertullian in einer langen Auseinandersetzung (Adv. Marc. 4, 15, 4–6) auf den Schöpfergott bezogen hatte. Dabei spielt *advocator* auf *benedictio in mendicos* (Adv. Marc. 4, 15, 4–6) und *mendicos probare* (Adv. Marc. 4, 15, 7 nach Lk. 6, 20) an, während *aspernator maledictio in divites* (Adv. Marc. 4, 15, 7) und *divites reprobare* (Adv. Marc. 4, 15, 7 nach Lk. 6, 24) aufnimmt.[517] Beide Epitheta sind in der späteren Literatur nur noch jeweils

---

515   F. Vollmer, ThLL I, sv., 1900, 152.
516   Zu *protector* (Adv. Marc. 2, 17, 1) cf. Kap. 4.3.1.
517   Rönsch, Sem. Beiträge, 6, meint zu dieser Stelle, daß sich *advocator* auf *advocare* aus Jes. 53, 4 beziehe. Diesen Vers zitiere Tertullian in Adversus Marcionem 4, 14, 13: *Spiritus domini super me, propter quod unxit me ad evangelizandum pauperibus – beati mendici, quoniam illorum est regnum caelorum; misit me curare*

einmal belegt[518] und und zwar als Christusprädikate bei Ambrosius (*asper-nator* In Lucam 6, 46) bzw. Marius Mercator (*advocator* subnot. 8, 19). Es handelt sich also mit hoher Wahrscheinlichkeit um Bildungen Tertullians.

In entsprechender Weise legt Tertullian auch in Adversus Marcionem 4, 36, 2 das Gleichnis vom Pharisäer und Zöllner im Tempel in Lk. 18, 9–14 aus (cf. Kap. 5.2.5):

Alterius dei nec templum nec oratores nec iudicium invenio penes Christum, nisi creatoris: Illum iubet adorare in humilitate, ut adlevatorem humilium, non in superbia, ut destructorem superborum.

Auch hier beendet Tertullian eine Auseinandersetzung über den Richter-gott durch zwei Prädikate, *adlevator* und *destructor. Adlevator*, das die Güte herausstellt, greift das Gebet des Zöllners (Adv. Marc. 4, 36, 1) auf und spielt gleichzeitig auf *adlevante de sterquilinio* aus dem vorher zitierten Psalm 112, 7 (Adv. Marc. 4, 28, 11)[519] an. Als Hapaxlegomenon[520] bleibt es eine Augenblicksbildung. *Destructor* dagegen charakterisiert Gott drastisch in seiner Rolle des strengen Richters gegenüber dem Pharisäer (zur Wortge-schichte cf. Kap. 6.1.1.6).

6.1.1.4 Jesus Christus als Heiland[521]

Die Rolle des Gottessohnes als Heiland bezeichnet Tertullian mit den beiden neugeprägten Ausdrücken *salutificator* und *salvator* und dem geläufigen Adjektiv *salutaris*[522]. *Die Herkunft der beiden Neubildungen ist in der For-schung sehr umstritten. Dölger*[523] *erklärt salutificator als eine Bildung der* frühen Bibelübersetzung, während Teeuwen[524] für die Herkunft aus der

---

obtritos corde – *beati, qui esuriunt, quoniam saturabuntur* –; *advocare langu-entes* – *beati, qui plorant, quoniam ridebunt* (...). Jedoch ist diese Verbindung nicht so wahrscheinlich, da *advocare languentes* aus dem Alten Testament stammt, wäh-rend Tertullian hier aber vor allem die Gültigkeit der Aussagen des Neuen Testamen-tes auch für den Schöpfergott beweisen will. So ist *advocator mendicorum* doch aus-schließlich als Reminiszenz an die lukanischen Seligpreisungen zu verstehen.

518 F. Vollmer, ThLL I, sv. advocator., 1900, 892. O. Hey, ThLL II, sv. aspernator, 1902, 823.

519 *Puto iam alibi satis commendasse nos divitiarum gloriam damnari a deo nostro, ipsos dynastas detrahente de solio et pauperes adlevante de sterquilinio*.

520 W. Otto, ThLL I, sv., 1900, 1673.

521 *Zu protector (Adv. Marc. 4, 11, 3) cf. Kap. 4.3.1.*

522 Braun, 484–487.

523 Dölger, 268f.

524 Teeuwen, 18.

„Christensprache" eintritt. Braun[525] dagegen versucht zu zeigen, daß *salutificator* an der seiner Meinung nach chronologisch frühesten Belegstelle (Carn. Chr. 14, 3)[526] nicht innerhalb eines Bibelzitates stehe und so nicht aus der Bibelübersetzung stammen könne. Auch die weiteren Stellen, die Dölger für Bibelzitate hält, seien lediglich nicht wörtliche Anspielungen auf Bibelstellen (Adv. Marc. 5, 15, 7; Pud. 2, 1; an beiden Stellen Anspielung auf 1. Tim. 4, 10). Doch ist diese Einschätzung kaum zutreffend. Denn De Carne Christi dürfte erst nach den ersten vier Büchern von Adversus Marcionem enstanden sein (cf. Kap. 1.3), so daß die chronologisch älteste Belegstelle für *salutificator* sich in Adversus Marcionem 2, 19, 3 findet. Dabei handelt es sich aber mit der Übersetzung von Psalm 23, 5 um ein eindeutiges Bibelzitat. Darin und in den anderen beiden unstrittigen Bibelzitaten (Phil. 3, 20 Res. Mort. 47, 5; Dt. 32, 5 Ie. 6, 3) ist Tertullian[527] allerdings jeweils der einzige Zeuge für die Übersetzung von σωτήρ durch *salutificator*. Dies spricht für *salutificator* wohl eher als eine Bildung Tertullians zur Übersetzung von σωτήρ aus Ps. 23, 5, die dann an einer einzigen Stelle unabhängig vom Bibeltext gebraucht wird. Doch selbst Tertullian erscheint *salutificator* zu gewagt, so daß er es nur selten verwendet. Später ist *salutificator* nach den Belegen des Thesaurus nicht mehr bezeugt. Herkunft und Funktion des synonymen Wortes *salvator*, das sich später als Bezeichnung des Heilands durchsetzt[528], sind ebenso umstritten. Braun[529] plädiert für einen Ausdruck der lateinischsprachigen Markioniten, Mohrmann[530] für einen „integralen Christianismus", während Dölger[531] für die Herkunft aus der Bibelübersetzung eintritt. Die beiden Belegstellen in den zweifellos echten Schriften Tertullians stehen in Adversus Marcionem:

(Adv. Marc. 3, 18, 3) *Christus in illo significabatur, taurus ob utramque dispositionem, aliis ferus ut iudex, aliis mansuetus ut salvator, cuius cornua essent crucis extima.*

(Adv. Marc. 4, 14, 2) *Quid ergo mirum, si et ab adfectibus creatoris ingressus est per huiusmodi dictionem, semper mendicos et pauperes et humiles ac viduas et pupillos usque diligentis consolantis adserentis vindi-*

---

525 Braun, 489f.
526 *Idoneus enim non erat dei filius, qui solus hominem liberaret, a solo et singulari serpente deiectum. Ergo iam nec unus dominus nec unus salutificator, sed duo salutis artifices, et utique alter altero indigens.*
527 Phil. 3, 20 nach Vetus Latina 24/2, 221–224.
528 Mohrmann I, 387; cf. Blaise, 734.
529 Braun, 492f.
530 Mohrmann II 16.
531 Dölger, 270; ähnlich wie Mohrmann äußern sich Matzkow, 19, und Teeuwen, 18.

cantis, ut hanc Christi quasi privatam benignitatem rivulum credas de fontibus salvatoris?

Die erste Stelle (Adv. Marc. 3, 18, 3) basiere, so Braun[532], auf markionitischen Texten, die gerade die Trennung von Richter und Heiland betonten und *salvator* für die Funktion ihres Gottes geprägt hätten. An der zweiten Stelle sei die Verwendung von *salvator* genauso zu erklären, zu spüren sei der geringe Einfluß eines Bibelzitates (καὶ ἀντλήσετε ὕδωρ μετ᾽ εὐφροσύνης ἐκ τῶν πηγῶν τοῦ σωτηρίου [Jes. 12, 3]). Dem ist jedoch entgegenzuhalten, daß aus dem Jesajazitat nicht nur die drei letzten Wörter ἐκ τῶν πηγῶν τοῦ σωτηρίου mit *de fontibus salvatoris* übersetzt werden, wie Braun meint, sondern daß auch der Anfang ὕδωρ μετ᾽ εὐφροσύνης mit *benignitatem rivulum* übersetzt wird, wenn er auch an die Syntax des lateinischen Satzes angepaßt wird. Zudem ist die Übersetzung *salvator* für σωτήρ in einem Teil der Vetus-Latina-Tradition und auch in der Vulgata[533] häufig belegt, so daß *salvator* wahrscheinlich doch aus der Bibelübersetzung stammt. Daher ist Brauns Erklärung zu widersprechen, die Christen hätten *salvator* von den Markioniten, ihren ärgsten Gegnern, die zudem wahrscheinlich gar keine lateinische Terminologie besaßen (cf. Kap. 1.2), übernommen. Zuzustimmen ist vielmehr Dölgers Darstellung.

Ein anderes, häufig verwendetes Prädikat Christi ist das des Arztes, das sich in der Literatur vor Tertullian vor allem bei Clemens von Alexandrien und bei Ignatius findet.[534] Tertullian greift dieses Prädikat an einigen Stellen auf; stets geht es um die Krankenheilungen Jesu Christi. Er führt sie in Adversus Marcionem 3, 17, 5 ein, wenn er die doppelte Rolle Christi als Heiland und Verkündiger nach Jesaja 53, 4 darstellt:

Hic autem generaliter expungamus ordinem coeptum, docentes praedicatorem interim adnuntiari Christum per Esaiam: Quis enim, inquit, in vobis, qui deum metuit et exaudiet vocem filii eius? Item medicatorem: ipse enim, inquit, imbecillitates nostras abstulit et languores portavit.[535]

Diese doppelte Rolle kennzeichnet Tertullian mit dem geläufigen Wort *praedicator* und dem hier zuerst belegten *medicator*. Er nutzt den Gleichklang der Endungen und die identische Zahl der Silben geschickt aus, um die Parallelität der zwei Prädikate zu unterstreichen.[536] An das gleiche Bibel-

---

532 Braun, 493f.

533 Cf. Jes. 12, 3 (Vetus Latina 12/1, 369–371); Dt. 32, 15 (Hier., epist. 78, 43; Lucif., par. 23); Eph. 5, 23 (Vetus Latina 24/1, 236–239); 2. Tim. 1, 10 (Vetus Latina 25/1, 411–413).

534 Ott, 454–458.

535 Zur Textkonstitution dieser schwierigen Stelle Braun, Kom. Marc. III, 249.

536 Cf. Braun, Kom. Marc. III, 156.

zitat knüpft er auch in Adversus Marcionem 4, 8, 4 an, wo er die tatsächliche Existenz seines Christus der nur scheinbaren des markionitischen Christus gegenüberstellt (cf. Adv. Marc. 4, 9, 4–5 Kap. 6.1.2.2) und betont, daß sein Christus tatsächlich Kranke geheilt habe:

(Adv. Marc. 4, 8, 4) *Ad summam: et ipse mox tetigit alios, quibus manus imponens, utique sentiendas, beneficia medicinarum conferebat, tam vera, tam non imaginaria, quam erant per quas conferebat. Ipse igitur est Christus Esaiae, remediator valitudinum: hic, inquit, **imbecillitates nostras aufert et langores portat.***

In diesem Text hat das neu geprägte Wort *remediator* den Charakter eines Ehrentitels und weniger die lediglich äußerliche Funktion, die Diskussion mit einem eindrucksvollen Prädikat abzuschließen. *Remediator* wird durch das Schriftzitat begründet. Auf diese Rolle als Arzt spielt er auch später in Adversus Marcionem 4, 35, 5 mit der Fügung *remediator languorum et vitiorum* an. Dort diskutiert er die von Markion aufgeworfene Frage, warum Elia als Gestalt des Alten Testamentes weniger Leprakranke als Jesus Christus geheilt habe:

(Adv. Marc. 4, 35, 5) *Quasi necesse sit, semel remediatore languorum et vitiorum adnuntiato Christo et de effectibus probato, de qualitatibus curationum retractari aut creatorem in Christo ad legem provocari, si quid aliter, quam lege distinxit, ipse perfecit (...).*

Hier hat *remediator* schon den Charakter einer festen Bezeichnung für den Heiland angenommen. Später greift Tertullian diese Form der Prädikation in De Pudicitia 9, 12 mit dem geläufigen Wort *medicus*[537] noch einmal auf, da ihm die Neubildungen anscheinend nun selbst zu ungewöhnlich vorkommen. Die beiden neuen Wörter, *medicator* und *remediator,* bleiben selten. Erst Augustin greift *remediator* (serm. dub. 376, 4) in der Bedeutung „Wunderheiler" wieder auf, ohne daß sich ein Bezug zu der Verwendung bei Tertullian ergäbe. Daher ist die Herkunft nicht genau festzulegen. Das Wort *medicator* dagegen scheint aus der paganen Sprache zu stammen, da es auch bei dem Heiden Avien (Arat. 216) als Prädikat für den heidnischen Gott Äskulap belegt[538] ist.

Im Anschluß an die zuletzt besprochene Stelle (Adv. Marc. 4, 35, 5) überträgt Tertullian die Heilung von der Lepra auf die Heilung von den Sünden:

(Adv. Marc. 4, 35, 7) *Igitur quoniam ipse erat authenticus pontifex dei patris inspexit illos secundum legis arcanum, significantis Christum esse verum disceptatorem et elimatorem humanarum macularum.*

---

537 *Venerat Dominus utique, ut quod perierat, salvum faceret, medicus languentibus magis quam sanis necessarius.*

538 H. Gundel, ThLL VIII, sv., 1939, 535.

Mit der Verbindung der beiden Ausdrücke *disceptator* und *elimator* kennzeichnet Tertullian die Rolle Jesus als Richter über die Sünde, die sich aus dem Gesetz ergebe. Die Funktion als Richter drückt der zweigliedrige Ausdruck *disceptator et elimator* aus. Dabei vertritt der geläufige juristische Fachterminus *disceptator*[539] den *gleichbedeutenden iudex*, der nur für den Schöpfergott (cf. Kap. 6.1.1.1) gebraucht wird. Das neu geprägte Wort *elimator* umschreibt diese Rolle sehr anschaulich. Es ist von der Bedeutungsnuance *auferre* des Verbs *elimare* abgeleitet, die sich ebenfalls zuerst bei Tertullian (Ie. 12, 1) findet. Jedoch bleibt seine Okkasionsbildung[540] singulär.

In Adversus Marcionem 4, 10, 2 bezeichnet Tertullian Jesus mit *dimissor* als Vergeber der Sünden:

Pariter et dimissorem delictorum Christum recognosce apud eundem prophetam: Quoniam, inquit, in plurimis dimittet delicta eorum et delicta nostra ipse auferet (Jes. 53, 11).

Das Prädikt *dimissor* wird durch das Verb *dimittere* aus dem Bibelzitat begründet, so daß es unmittelbar verständlich wird. Dieser Ausdruck ist erst bei Augustin (in Ps. 85, 4 u. ö.)[541] wieder belegt, der er es im gleichen Sinn wie hier verwendet. Daher dürfte *dimissor* von Tertullian geprägt worden sein.

In ähnlicher Weise wird das Prädikat *manumissor* durch das folgende Bibelzitat Gal. 5, 1 begründet:

(Adv. Marc. 5, 4, 9) *Ipsum quod ait:* **qua libertate Christus nos manumisit,** *nonne eum constituit manumissorem, qui fuit dominus?*

Manumissor greift das Verb *manumisit* aus dem Bibeltext auf. Es stammt wohl aus der Rechtssprache,[542] wo es etwa bei Tertullians jüngerem Zeitgenossen Papinian denjenigen bezeichnet, der Sklaven freiläßt. Durch diese Konnotation ist es im Bezug auf die christliche Freiheit ein genau treffender Ausdruck.

Zur Hervorhebung der Gesetzestreue Jesu verwendet Tertullian das wohl okkasionell gebildete Wort *indultor:*

---

539 O. Hey, ThLL V 1, sv., 1914, 1239 l 8–20 (cf. Heumann-Seckel, 150).
540 H. Rubenbauer, ThLL V 2, sv., 1933, 390.
541 H. Rubenbauer, ThLL V 1, sv., 1913, 1287.
542 Braun, 506; V. Bulhart, ThLL VII, sv., 1938, 339; im Bibelzitat ist die Übersetzung von ἠλευθέρωσεν mit *manumisit* nach den Zettelkästen des Vetus-Latina Instituts nur bei Tertullian (cf. Pud. 20, 13) belegt; hier ist sie wohl durch den Kontext bedingt (cf. Quispel, 81).

(Adv. Marc. 4, 9, 12) *Malus iam, quando legis eversor, si bonus, cum legis indultor. Sed et eo, quod indulsit legi obsequium, bonam legem confirmavit. Nemo enim malo obsequi patitur.*

In der schon öfter beobachteten Weise nimmt *indultor* auf das folgende Verb, *indulgere*, Bezug und wird durch diese Verbindung begründet. Wie auch andere Wörter dieser Art bleibt es selten und findet sich bei späteren Autoren in völlig anderer Bedeutung;[543] ein Urteil über seine Herkunft ist daher nicht möglich.

6.1.1.5 Jesus Christus als Verkünder und Offenbarer

Die Rolle Jesu in der Offenbarung und Verkündigung bezeichnet Tertullian meistens mit dem geläufigen Ausdruck *praedicator* (Adv. Marc. 4, 11, 16; 5, 8, 7) und mit einigen anderen, neugeprägten oder seltenen Ausdrücken, die hier untersucht werden. Am Anfang seiner Schrift Adversus Marcionem untersucht Tertullian die Frage, ob der Jesus des Neuen Testaments den Schöpfergott des Alten Testaments verkündet hätte. Seine Auseinandersetzung mit der gegensätzlichen Meinung Markions beginnt mit einem Zitat aus den Antithesen. Dabei stellt er sich am Anfang des Kapitels die Aufgabe zu beweisen, daß Jesus Christus den Schöpfergott verkündigt hätte:

(Adv. Marc. 1, 19, 1) ‚*Immo'*, *inquiunt Marcionitae*, ‚*deus noster, etsi non ab initio, etsi non per conditionem, sed per semetipsum revelatus est in Christo Iesu'. Dabitur et in Christum liber de omni statu eius-distingui enim materias oportet, quo plenius et ordinatius retractentur –: interim satis erit ad praesentem gradum ita occurrere, ut ostendam Christum Iesum non alterius dei circumlatorem quam creatoris, et quidem paucis.*

Diese Aufgabe formuliert Tertullian mit dem Finalsatz *ut ostendam Christum Iesum non alterius dei circumlatorem quam creatoris.* Im folgenden Text versucht er dann die Offenbarung des markionitischen Gottes als unsinnig zu erweisen und beendet die Auseinandersetzung schließlich mit einem polemisch formulierten Satz:

(Adv. Marc. 1, 21, 6) *Hoc enim cuneo veritatis omnis extruditur haeresis, cum Christus non alterius dei quam creatoris circumlator ostenditur.*

Die Lösung der gestellten Aufgabe formuliert Tertullian sehr geschickt, indem er die Worte aus dem Finalsatz fast wörtlich wiederholt. Die Rolle Christi bezeichnet dabei am Anfang und am Ende dieser Diskussion das novum verbum *circumlator*, das von der Bedeutung ‚verkündigen' des Verbs

---

543   J. B. Hofmann, ThLL VII 1, sv., 1943, 1259.

circumferre[544] abgeleitet ist. Auf diese Weise ergibt sich eine besonders starke Verknüpfung mit dem Anfang der Diskussion. Tertullian selbst greift *circumlator* in seinem Werk nicht wieder auf; es gibt nur noch einen einzigen weiteren Beleg bei dem Horazkommentator Porphyrio (Porph., Hor. ars. 319)[545]. So ist es nicht klar, ob Tertullian das Wort selbst gebildet hat. In ähnlicher Bedeutung findet sich *commemorator* in Adversus Marcionem 4, 26, 11 bei der Besprechung von Lk. 11, 20. Dort hatte Tertullian im Evangelium Markions eine Anspielung auf das Alte Testament (Ex. 8, 9) gefunden:

Hoc et Christus ostendens, commemorator, non obliterator vetustatum, scilicet suarum, virtutem dei digitum (Ex. 8, 9) *dei dixit, non alterius intellegendam quam eius, apud quem hoc erat appellata. Ergo et regnum ipsius appropinquaverat, cuius et virtus digitus vocabatur.*

Commemorator umschreibt Jesu Christi Bezug zum Alten Testament. Antithetisch stellt Tertullian daneben zur Bekräftigung das verneinte *obliterator*, gleichfalls eine Neubildung. Beide Ausdrücke sind nur noch jeweils einmal belegt (*obliterator* Paul. Nol. ep. 16, 7; *commemorator* Aug, serm. 53, 8)[546], so daß sie wohl Neubildungen Tertullians sind.

Mit dem Nomen agentis *illuminator* beschreibt Tertullian in zwei Bedeutungsnuancen die Rolle Jesu Christi bei der Offenbarung:

In Adversus Marcionem 4, 40, 4 bezeichnet Tertullian Jesus als *illuminator antquitatum* im Sinne von „Ausleger des Alten Testamentes"; er hatte nämlich im Evangelium des Markion (Lk. 22, 19) in einer Rede Jesu eine Anspielung auf Jeremia (Jer. 11, 19) gefunden, die Markion bei seiner Bearbeitung anscheinend entgangen war:

Itaque illuminator (sc. Iesus Christus) antiquitatum, quid tunc voluerit significasse panem, satis declaravit corpus suum vocans panem (cf. Jer. 11, 19).

Die Bedeutung „Erleuchter" von *illuminator* leitet Tertullian von Jes. 49, 6 ab, wo der Messias als Heilsbringer auch für die Nichtjuden bezeichnet wird. So formuliert er unter ausdrücklicher Bezugnahme auf diese Stelle:

(Adv. Marc. 4, 25, 5) *Si autem et Christum suum illuminatorem nationum designavit: posui te in lucem nationum* (Jes. 49, 6).

Das Prädikat wird in öfter beobachteter Weise durch ein Schriftzitat begründet. Diese Vorstellung hatte Tertullian zum ersten Mal fast wortgleich

---

544   Cf. Adv. Marc. 5, 1, 9, wo *circumferre* die Verkündigung Gottes durch Paulus
       bezeichnet.

545   H. Goetz, ThLL IV, sv., 1907, 1153.

546   J. B. Hofmann, ThLL III, sv. circumlator, 1911, 1830. A. Lumpe, ThLL IX 2, sv.,
       oblitterator, 1968, 104.

schon in Apologeticum 21, 7[547] zur Darstellung der Rolle Jesu den Heiden
gegenüber formuliert:

*Huius igitur gratiae disciplinaeque arbiter et magister, illuminator atque
deductor generis humani filius Dei annuntiabatur.*

Das Nomen agentis *illuminator* erscheint noch in einer Reihe weiterer
Bedeutungsvarianten: So nennt Tertullian den Christus Markions ironisch *illuminator novae religionis* (Adv. Marc. 4, 17, 10) und überträgt die Bedeutung von *illuminator* als Licht der Heiden mit *illuminator nationum* (Adv.
Marc. 4, 7, 4) auch auf den Gott Markions, während die Achamoth, die nach
der Lehre Valentins den Menschen das Licht gibt, mit *o risum illuminatorem*
(Adv. Val. 15, 5 cf. Kap. 7.3.1) verspottet wird. In neutralem Sinne bezeichnet Tertullian mit *illuminator* auch Paulus als Lehrer des Lukas (Adv.
Marc. 4, 42, 5); pagane Autoren (Cor. 7, 4) dagegen heißen ironisch *illumi-
natores rei*, weil sie eine Sache sehr unklar machen. *Illuminator* hat also
keine feste Funktion als Christusprädikat, sondern ein sehr weites Bedeutungsspektrum. Da der Ausdruck später nach den Stellen des Thesaurus nur
in dem so vorgezeichneten Bedeutungsspektrum[548] verwendet wird, ist auch
hier eine Neubildung Tertullians anzunehmen. Die Rolle Jesu Christi als
Licht der Heiden beschreibt auch das verwandte Verbalabstraktum *illuminatio*. Es kennzeichnet vor allem die Funktion Jesu im Schöpfungsplan:

(Adv. Marc. 5, 11, 12) *Quis dixit: Fiat lux? et <de> illuminatione mundi
quis Christo ait: posui te in lumen nationum.*

Bemerkenswert ist an dieser Stelle, daß *illuminatio* genauso wie *illuminator* mit Jes. 43, 9[549] begründet wird. *Illuminatio* stammt wohl aus der Bibelübersetzung, wo es sehr oft belegt ist.

Ein weiteres, okkasionelles Prädikat für die Rolle Christi als Offenbarer
des Schöpfergottes ist das novum verbum *detector* (Adv. Marc. 4, 36, 10).
Tertullian bespricht in diesem Kapitel (Adv. Marc. 4, 36, 8–10) Lk. 18,
35–40, wo ein Blinder Jesus als Sohn Davids anspricht. Jesus widerspricht
dem Blinden nicht, worauf die Umstehenden den Blinden tadeln. Markion
hatte, so stellt es Tertullian dar, diese Stelle so verstanden, daß Jesus nicht

---

547   Cf. Classen, 105.
548   W. Ehlers, ThLL VII 1, sv. illuminator, 390; W. Ehlers, ThLL VII 1, sv. illuminatio,
      390f.
549   Diese Vorstellung vom Licht der Heiden verdeutlicht *illuminatio* auch in Adv. Marc.
      4, 25, 11 und in Adv. Marc. 4, 7, 4. An anderen Stellen beschreibt Tertullian mit
      illuminatio im wörtlichen Sinne die Erleuchtung des Gesichts Moses' beim Verlas-
      sen des Bergs Sinai (Ex. 34, 29–30 Adv. Marc. 5, 11, 8; cf. Kap. 3.4.1.2) oder im
      übertragenen Sinne die Verdeutlichung eines Argumentes (Adv. Herm. 15, 4).
      Zudem übersetzt Tertullian mit *illuminatio* φωτισμός aus 2. Kor. 4, 6 (Adv. Marc.
      5, 11, 11; Res. Mort. 44, 2).

der Sohn Davids war (Adv. Marc. 4, 36, 9). Tertullian widerspricht Markions Meinung. Der Blinde sei getadelt worden, da er Jesus respektlos ansprach, sei aber dennoch im Recht gewesen, Jesus einen Sohn Davids zu nennen. Er schreibt abschließend:

(Adv. Marc. 4, 36, 10) *Non tamen confirmator erroris. Immo etiam detector creatoris, ut non prius hanc caecitatem hominis illius enubilasset, ne ultra Iesum filium David existimaret?*

Jesus erhält hier – wie schon oben mehrfach beobachtet – zwei antithetisch gegenübergestellte Prädikate, *confirmator* und *detector,* von denen *detector* neu gebildet ist. Diese Neubildung gibt Jesus eine doppelte Funktion: Einerseits offenbart er den Schöpfergott und andererseits gibt er dem Blinden die Sehkraft wieder. Auffällig ist auch Tertullians Okkasionsbildung *enubilare,* die er im folgenden Konditionalsatz sehr anschaulich für die Wiedergewinnung der Sehkraft[550] findet. Wenig später greift Tertullian diese Rolle Jesu mit dem ebenfalls neu geprägten Wort *detectio* nochmals auf:

(Adv. Marc. 4, 36, 11) *Quid vis caecum credidisse? Ab alio descendisse Iesum ad detectionem creatoris, ad destructionem legis et prophetarum?*

Wie *illuminatio* bezeichnet das Abstraktum *detectio* die Funktion Jesu aus der Perspektive des Schöpfers, der mit *destructio* die von Markion behauptete Aufgabe, das Gesetz zu zerstören, der Aufhebung des Gesetzes gegenübergestellt wird. Zwischen diesen beiden Wörtern ergibt sich hier ein Wortspiel, das mit dem häufigeren Ausdruck *revelatio* (cf. Kap. 6.7.2.3) nicht möglich gewesen wäre. *Detectio* und *detector* verbreiten sich kaum und sind nur in Texten weiterhin belegt, die keinen Bezug zu dieser Stelle haben.[551] So ist eine Aussage über ihre Herkunft nicht möglich.

6.1.1.6 Jesus Christus als Geschöpf des Gottes des Alten Testaments

In der Auseinandersetzung mit Markion verleiht Tertullian Jesus Christus in seinem Verhältnis zum Schöpfergott eine Reihe von Prädikaten, wobei er die Rolle immer erst ex negativo aus Markions Sicht beschreibt, um sie dann zu widerlegen. Am häufigsten wird in dieser Weise *destructor* verwendet. Die

---

550   G. Burckhardt, ThLL VI, sv., 1934; Tertullian verwendet das bei ihm zuerst belegte Wort auch in De Anima 3, 3 von der Erleuchtung der Unwissenden – hier der Philosophen – durch die Christen.

551   K. Pflugbeil, ThLL V 1, sv. detector, detectio, 1911, 792. *Detector* ist nur noch in den Statiusscholien (Schol. Stat. Theb. 7, 62) belegt; *detectio* findet sich noch in der Irenäusübersetzung (Ir. 1, 22, 2) und Pass. Petr. Paul. long. 52.

insgesamt zwölf Stellen hier werden in der Reihenfolge ihres Vorkommens
aufgeführt:

(1) (Adv. Marc. 4, 7, 8) *Alioquin non stuperent, sed horrerent, nec mira-*
rentur sed statim aversarentur destructorem legis et prophetarum, et utique
imprimis alterius dei praedicatorem (...). (2) (Adv. Marc. 4, 9, 11) *Si enim*
bonus perseveravit, nusquam destructor erit legis nec dei alterius habebitur
cessante legis destructione. (3) (Adv. Marc. 4, 9, 13) *Ergo et sic malus, si*
obsequium legi malae indulsit, et sic deterior, si bonae legis destructor ad-
venit. (4) (Adv. Marc. 4, 15, 1) *O Christum versipellem, nunc destructorem,*
nunc adsertorem prophetarum! (5) (Adv. Marc. 4, 22, 1) *Iam et hoc vel ma-*
xime erubescere debuisti, quod illum (sc. dominum) cum Moyse et Helia in
secessu montis conspici pateris, quorum destructor advenerat (...).

(6) (Adv. Marc. 4, 24, 3) *O Christum, destructorem prophetarum(...)!* (7)
(Adv. Marc. 4, 27, 2) *(...) illum destructorem legis (sc. Christum).* (8) (Adv.
Marc. 4, 35, 8) *Neque enim credibile est emeruisse medicinam emeruisse a*
destructore legis observatores legis. (9) (Adv. Marc. 4, 38, 10) *Sed honorem*
Christo David procurabat, quem Christum dominum magis quam filium David
confirmabat, quod non congrueret destructori creatoris. (10) (Adv. Marc. 4,
39, 3) *Destructorem an probatorem creatoris?* (11) (Adv. Marc. 4, 40, 1) *O*
legis destructorem! (12) (Adv. Marc. 5, 19, 5) *Ceterum quale est, ut plenitu-*
dinem creatoris aemulus et destructor eius in suo Christo habitare voluerit?

An allen angeführten Stellen verwendet Tertullian *destructor* entweder in
ironischen Ausrufen 4, 6, 11) oder in rhetorischen Fragen (10, 12) oder als
absichtlich fehlgehendes Prädikat (1, 2, 3, 7, 8, 9), das im Lauf der Auseinandersetzung widerlegt wird. Dabei versucht Tertullian zu zeigen, daß Jesus
Christus das jüdische Gesetz (3, 7, 8, 11) nicht zerstören wollte, zum Schöpfergott gehörte (1, 9, 10, 12) und der im Alten Testament verheißene Messias
des Schöpfergottes war (4, 5, 6). Die Verbindung *destructor creatoris* überträgt Tertullian auch auf den Gott Markions (Adv. Marc. 4, 8, 7; 5, 7, 14),
während er die Markioniten wegen des Eheverbotes polemisch als *destruc-*
tores nuptiarum (Adv. Marc. 5, 15, 3) abqualifiziert. In positivem Sinne bezeichnet *destructor* Jesus (*sabbati destructor* [Adv. Marc. 4, 12, 9; Spect. 30,
1]; *Iudaismi destructor et exorbitator* [Adv. Marc. 3, 6, 10])[552] und Paulus
(*destructor Iudaismi* [Adv. Marc. 5, 5, 1]) als Überwinder des jüdischen Gesetzes, während *destructor* auch im positiven Sinne mit Gott als *destructor*
superborum (Adv. Marc. 4, 36, 2 cf. Kap. 6.1.1.3) verbindet. Das Wort *de-*
structor scheint deshalb eine Prägung Tertullians zu sein, weil es später in
weitgehend denselben Verbindungen[553] verwendet wird. Zudem kann man

---

552   Zu *exorbitator* cf. Kap. 5.2.6.
553   Th. Bögel, ThLL VI, sv., 1911, 273.

es an seiner chronologisch frühesten Belegstelle in Apologeticum 46, 18 als eine Okkasionsbildung parallel zu *aedificator* erklären. Hier werden heidnische Philosophen mit Christen verglichen; es stehen sich jeweils ein negatives und ein positives Prädikat gegenüber:

(Apol. 46, 18) *Adeo quid simile philosophus et Christianus, Graeciae discipulus et caeli, famae negotiator et salutis vitae, verborum et factorum operator, et rerum aedificator et destructor, et interpolator et integrator veritatis, furator eius et custos?*

Die von Markion immer wieder betonte Funktion Jesu Christi als Zerstörer des Gesetzes umschreibt Tertullian auch mit dem bekannten Abstraktum *destructio*, dem er zur Kennzeichnung seiner Einschätzung den biblischen Ausdruck *adimpletio* gegenüberstellt:

(Adv. Marc. 4, 33, 9)(...) *nam quoniam in Esaia iam tunc Christus, sermo scilicet et spiritus creatoris, Iohannem praedicarat (...) in hoc venturum, ut legis et prophetarum ordo exinde cessaret, per adimpletionem, non per destructionem et regnum dei a Christo adnuntiaretur, ideo subtexit facilius elementa transitura quam verba sua confirmans hoc quoque, quod de Iohanne dixerat, non praeterisse.*

Tertullian bildet den Gegensatz zwischen der von Markion behaupteten Zerstörung des Gesetzes durch Jesus und der tatsächlichen Erfüllung nach Mt. 5, 17 durch den Gegensatz zwischen den Abstrakta *adimpletio* und *destructio* nach. *Adimpletio* ist der Bibelübersetzung entlehnt (cf. Kap. 3.4.2), wo es zur Wiedergabe von πλήρωμα verwendet wird.

Neben *destructor* gibt es nur noch drei weitere die Rolle Christi ex negativo bezeichnende Epitheta, nämlich *illusor, derogator* und *depretiator*. Die beiden letztgenannten verwendet Tertullian in Adversus Marcionem 4, 29, 1–4, wo er Jesu Verhältnis der Schöpfung gegenüber nach Lk. 12, 22–31 bespricht. Zunächst legt er dar, daß Markion aus Jesu Aufforderung an die Jünger, sich nicht um die Ernährung zu sorgen, geschlossen hatte, Jesus fordere damit zur Geringachtung des Schöpfers auf:

(Adv. Marc. 4, 29, 2) *Ceterum nihil tam abruptum, quam ut alius praestet, alius de praestantia eius securos agere mandet, et quidem derogator ipsius. Denique, si quasi derogator creatoris non vult de eiusmodi frivolis cogitari, de quibus nec corvi nec lilia laborent, ultro scilicet pro sua vilitate subiectis paulo post parebit.*

Die Rolle Jesu in Markions Sinne bezeichnet Tertullian mit dem neu geprägten Wort *derogator*, das von der juristischen Bedeutung „ein Gesetz aufheben" des zugrundeliegenden Verbs *derogare*[554] abgeleitet ist. Genau das

---

554 Heumann-Seckel, 139; Ulp. I p. D. 9, 2 *Lex Aquila omnibus legibus, quae ante se de damno iniuriae locutae sunt, derogaretur.*

vollzieht Jesus nach Markions Meinung auch mit dem Werk des Schöpfergottes. Tertullian widerlegt Markions Darstellung schließlich nach längerer Diskussion mit Jesu Bemerkung, stattdessen sorge der Vater, also der Schöpfergott, für die Jünger (Lk. 12, 29f), so daß sich gerade darin wieder Jesu besondere Treue zeigt:

(Adv. Marc. 4, 29, 4) *Professus autem necessaria haec homini utique bona confirmat, – nihil enim mali necessarium – et non erit iam depretiator operum et indulgentiarum creatoris, ut, quod supra distuli, expunxerim.*

Das neugeprägte *depretiator* greift auf das oben eingeführte *derogator* zurück; es bezeichnet ebenfalls mit einem juristischen Unterton die „Entehrung", worauf die Bedeutung des zugrundeliegenden Verbs *depretiare* (cf. Kap. 7.1.1.1) hinweist.[555] Beide Wörter, *depretiator* und *derogator,* bleiben auf den beschriebenen Kontext beschränkt[556] und sind daher Neubildungen Tertullians.

Zu dieser Gruppe gehören auch das wohl aus der Bibelübersetzung stammende Wort *illusor*[557] und Tertullians Neubildung *detestator* (zur Wortgeschichte Adv. Marc. 4, 29, 6 cf. Kap. 7.1.1.1). Mit diesen wird Jesu Haltung zum Gesetz nach Markions Interpretation beschrieben:

(Adv. Marc. 4, 35, 7) *Sed et quod in manifesto fuit legis, praecepit: ite, ostendite vos sacerdotibus* (Lk. 17, 14). *Cur, si illos ante erat emundaturus? An, quasi legis illusor, ut in itinere curatis ostenderet nihil esse legem cum ipsis sacerdotibus?*

(Adv. Marc. 4, 27, 6) *Quomodo enim detestator, qui cum maxime potiora legis praetereuntes incusabat, elemosynam et vocationem et dilectionem erat, ne haec quidem gravia, nedum decimas rutarum et munditias catinorum?*

Aus jüdischer Tradition stammt die Einordnung Christi in das Priestertum Melchisedek, die in der Bemerkung *praeputiati sacerdotii pontifex* in Adversus Marcionem 5, 9, 9 deutlich wird:

At in Christum conveniet ordo Melchisedec, quoniam quidem Christus, proprius et legitimus dei antistes, praeputiati sacderdotii pontifex tum in nationibus constitutus, a quibus magni suscipi habebat, agnituram se quandoque circumcisionem et Abrahae gentem, cum ultimo venerit, acceptatione et bene<dictione> dignabitur.

---

555 E. Lommatzsch, ThLL V 1, sv., 1911, 612, 1 24f, 1 30–40.

556 E. Lommatzsch, ThLL V 1, sv. depretiator, 1911, 612; A. Gudeman, ThLL V 1, sv. derogator, 1911, 639, führt nur noch sehr wenige weitere, sehr späte Belege auf (zuerst Sidonius Apollinaris, epist. 3, 13, 2).

557 W. Ehlers, ThLL VII 1, sv., 1936, weist auf zahlreiche Stellen hin.

Diese Prädikation wird gebildet, um zu beweisen, daß der Messias schon zur Zeit Abrahams den Heiden verheißen wurde (Gen. 14, 18–19; Ps. 109). Denn Melchisedek stellt sozusagen einen altestamentarischen Heiden dar. Sein Heidentum beschreibt das Adjektiv *praeputiatus*, das auf die Unbeschnittenheit als entscheidendes Merkmal eines Heiden gegenüber einem Juden anspielt. Dieses Adjektiv ist von dem geläufigen *praeputium* (cf. Kap. 3.3.2) abgeleitet; aufgrund der weit gestreuten Belege[558] dürfte es schon bekannt gewesen sein.[559] Am Schluß des Satzes spielt Tertullian mit *acceptatio* und *benedictio* (cf. Kap. 6.8) auf die vor dem Gericht zu erwartende Annahme der Glaubenden durch Christus an. *Acceptatio* ist in dieser Bedeutung nur noch einmal bei Fulg. Rusp., epist. 18, 4, 8, bezeugt, während es in De Pudicitia 5, 15, wenn man dem von den Herausgebern konstituierten Text folgt, nach der biblischen προσωπολημψία (Röm. 2, 11) die bei Gott nicht festzustellende Parteilichkeit beschreibt, also eine genau entgegengesetzte Bedeutung hat. Daher sollte man an dieser Stelle (*Personae acceptatio est*) vielleicht doch der Variante *acceptio* folgen, das die geläufige Übersetzung[560] von προσωπολημψία darstellt. So scheint *acceptatio* eine Neubildung Tertullians zu sein.

6.1.1.7 Jesus Christus und Gott bei Auferstehung und Gericht

Nur wenige Prädikate verwendet Tertullian für Jesus Christus und Gott auch gemeinsam. Dazu gehören die Ausdrücke der Wiederauferweckung *resuscitator, redintegrator* und *suscitator*. Das Epitheton *resuscitator*[561] verbindet er in pointierten Fügungen mit Gott (Adv. Marc. 3, 8, 2; Res. Mort. 12, 8; Pat. 15, 1) und mit Jesus Christus (Carn. Chr. 5, 10; Res. Mort. 57, 7).[562] Exemplarisch werden davon zwei Stellen untersucht. In De Carne Christi 5, 10 vergleicht Tertullian den Christus des Markion mit dem wahren Christus:

(Carn. Chr. 5, 10) *Ergo iam Christum non de caelo deferre debueras (sc. Marcion), sed de aliquo circulatorio coetu, nec deum praeter hominem sed*

---

558 H. Maslowski, ThLL X 2, sv., 1987, 788; In Mon. 6, 4 spielt Tertullian mit *praeputiatus* auf Gal. 3, 6 an.

559 Die Quelle für diesen Hoheitstitel muß offen bleiben. Den in Frage kommenden Hebräerbrief hielt Tertullian nicht für kanonisch (Metzger, 159), so daß er diesen Titel vielleicht auch aus dem hellenistischen Judentum gekannt haben könnte, wo er nach Hahn, 232f, nicht selten war.

560 Cf. Braun, 212, der allerdings auf Adv. Marc. 5, 9, 9 nicht eingeht.

561 Cf. Braun, 538.

562 In Adv. Marc. 3, 8, 2 steht *resuscitator* im Satzreim mit *auctor*, in Pat. 15, 1 und Res. 12, 8 bildet es einen Satzreim mit *restitutor*.

magum hominem nec salutis pontificem, sed spectaculi artificem nec mortuorum resuscitatorem, sed vivorum avocatorem.

Hier sind pointierte Bezeichungen für beide Christusvorstellungen antithetisch gegeneinandergestellt; je eine positive Bezeichung des Christus des Schöpfergottes korrespondiert – zum Teil durch ein Homoioteleuton verklammert – mit einer polemischen Herabsetzung des markionitischen Christus. Im letzten Glied steht der Augenblicksbildung *avocator*[563], die den markionitischen Christus als einen Todesbringer darstellt, *resuscitator*, gegenüber, das die Rolle des wahren Christus bei der Wiederauferstehung kennzeichnet. So betonen die beiden neuen Wörter den fundamentalen Unterschied. In der späteren Schrift De Resurrectione Mortuorum 57, 7 bespricht Tertullian die doppelte Funktion Jesu Christi bei der Wiederauferstehung, der nicht nur den Toten das Leben wiedergibt, sondern auch den Leib (cf. Kap. 6.5.2) vollständig wiederherstellt:

(Res. Mort. 57, 7) *Idoneus deus reficere, quod fecit: hanc suam et potestatem et liberalitatem satis iam in Christo spopondit, immo et ostendit, non tantum resuscitatore carnis, verum etiam redintegratore.*

Resuscitator bezeichnet die gleiche Funktion Jesu wie an der oben untersuchten Stelle. Es scheint nach einhelliger Meinung der Forschung[564] eine Prägung Tertullians zu sein, weil dieses Wort danach kaum noch vorkommt[565]. Es ist von dem von Tertullian bevorzugten Wort *resuscitatio* abgeleitet, das in der Bibelübersetzung ἀνάστασις wiedergibt (cf. Kap. 3.4.2; Kap. 6.5.1). *Redintegrator* dagegen bezeichnet konkret die Wiederherstellung der Glieder. In diesem Sinne, freilich auf die Wiedererrichtung von Städten bezogen, ist es auch in panegyrischen paganen Inschriften überliefert, wo es den Kaiser Gallienus für seinen Kampf gegen die Germanen[566] preist (CIL XI 3089) oder den Stadtpräfekten Lampadius[567] (CIL X 3860) rühmt.[568] Daher war *redintegrator* sicher schon bekannt, findet sich aber nie wieder im Werk Tertullians, weil es wohl doch zu profan für einen Ehrentitel Jesu klingt.

---

563 M. Ihm, ThLL I, sv., 1900, 1467.
564 Braun, 538; Mohrmann, II, 239, III 202; Puentes, 194–197.
565 Einzige Belege: Vita Amat. 21p. 57A; Aug. serm. coll. Morin 1030 p. 354, 21; serm. 125, 2: Pacian p. 137, 4; Ps. Cyprian. epist. 4 p. 278, 8.
566 Cf. Kuhoff, 18f.
567 Nach H. Seeck, RE XI 2, 1924, 578, war Lampadius von 406–408 Präfekt in Rom.
568 Waszink, Kom. An., 465, meint dagegen, daß *redintegrator* an seiner chronologisch ersten Belegstelle in An. 43, 1 aus rhythmischen Gründen geprägt worden sei (cf. Kap. 7.2.4).

Das bedeutungsverwandte Wort *suscitator* ist nur ein einziges Mal, nämlich in Adversus Praxeam 28, 13, bezeugt. Dort geht es um die Frage, welche
Person der Trinität in modalistischer Vorstellung die Wiederauferstehung
veranlasse. Tertullian beantwortet diese Frage mit einer Paradoxie nach
Römer 8, 11:

Certe, ne per omnia evagemur, **qui suscitavit Christum, suscitaturus et**
mortalia corpora nostra *tamquam alius erit suscitator quam Pater mortuus*
et Pater suscitatus, si Christus, qui est mortuus, Pater est.

Tertullian konstruiert in seiner Verzeichnung der monarchianischen
Lehre mit *suscitator* einen Auferwecker, der weder Vater noch Sohn entsprechen kann. Dabei greift er mit *suscitator* das Verb *suscitare* aus dem Bibelzitat auf. *Suscitator* wirkt hier wie eine Okkasionsbildung. Später gebraucht
es auch Augustin (serm. 67, 2; 207, 1; 240, 2 u. ö.), um damit Gott und Jesus
Christus als Auferwecker von den Toten zu kennzeichnen. Wegen des engen
Bezugs zur Verwendung hier könnte *suscitator* also durchaus eine Bildung
Tertullians sein, wenn Augustin es auch nicht mehr im ironischen Sinne verwendet.

Die Rolle des Schöpfergottes vor dem Gericht beschreibt Tertullian in
Adversus Marcionem 4, 29, 11 mit den neuen Wörtern *remunerator* und *re-*
tributor:

Quem alium intellegam caedentem servos paucis aut multis plagis et,
prout commisit illis, ita et exigentem ab eis, quam retributorem deum? Cui
me docet obsequi nisi remuneratori?

Remunerator bezeichnet den gütigen und verzeihenden, *retributor* den
vergeltenden Gott. Sprachlich bemerkenswert ist hier die adjektivische Verwendung des Nomen agentis *retributor* neben *deus* (cf. Kap. 6.4.1 zu *pecca-*
trix). Wie an vielen anderen Stellen sind beide Prädikate durch Satzreim verknüpft. *Remunerator* wird an allen anderen Belegstellen im Werk Tertullians
als Epitheton des strafenden Gottes verwendet. Der Ausdruck ist wahrscheinlich, obwohl er vor allem bei christlichen Autoren und in Bibelübersetzungen bezeugt ist, doch der paganen Sprache entlehnt, da er in einer paganen Inschrift aus dem dritten Jahrhundert (CIL VIII 7174)[569] ebenfalls bezeugt ist. *Retributor* dagegen erscheint auch als Christusprädikat. Dabei beschreibt es in der Einleitung zu 2. Thess. 1, 6–8 (cf. Kap. 6.1.1.1) Jesu Rolle
als Wiedervergelter:

(Adv. Marc. 5, 16, 1) *Dominum et hic retributorem utriusque meriti di-*
cimus circumferri ab apostolo, aut creatorem aut, quod nolit Marcion,
parem creatoris (...).

---

569   Cf. Braun, 120.

Retributor ist in dieser Verwendung bei den späteren christlichen Autoren recht verbreitet (Hil., in psalm. 61, 9; Hier., in Is. 62, 2–4; Aug., serm, 254, 6 u. ö.); eine Aussage über die Herkunft ist aber wegen dieser zahlreichen Belege kaum möglich[570]. Das Wort wird von dem in der Bibelübersetzung häufigen *retributio* abgeleitet, mit dem Tertullian und die anderen frühen Bibelübersetzer ἀνταπόδωσις wiedergeben (cf. Kap. 3.3.2).

6.1.1.8 Zusammenfassung

Die oben untersuchten Gottes- und Christusprädikate lassen sich nach fünf Typen unterscheiden:
(1) Eine Reihe von Prädikaten bildet Tertullian, um die Rolle seines Gottes und seines Christus positiv zu beschreiben; diese Prädikate verwendet Tertullian häufiger; sie werden auch später wieder aufgegriffen:
    illuminator, instituor, remunerator, retributor, salvator, salutificator.
(2) Einige Epitheta weisen Gott oder Jesus eine Rolle zu, die in der Auseinandersetzung mit einer markionitischen Position entwickelt werden. Diese Prädikate werden später kaum mehr aufgegriffen. Beispiele sind:
    absconditor, circumlator, commemorator, comminator, cremator, damnator, detector, elimator, illusor, indultor, interdictor, revelator.
(3) Eine Reihe von Prädikaten bezeichnet Jesus und Gott zunächst aus der Sicht der Gegner; diese Sicht wird dann im Laufe der Auseinandersetzung widerlegt:
    avocator, depretiator, derogator, destructor, illusor, obliterator, suscitator.
(4) Aus anderer Perspektive beschreiben die drei Abstrakta *adimpletio, detectio* und *illuminatio* jeweils verschiedene Funktionen Jesu Christi.
(5) Viele der hier besprochenen Christus- und Gottesprädikate korrespondieren mit dem Verb eines vorausgehenden oder folgenden Bibelzitats. Diese Art der Verknüpfung ähnelt den „Namen für Satzinhalte" (cf. Kap. 5.1). Doch gibt es zwei große Unterschiede: Hier sind Nomina agentis auf Verben bezogen, während bei den „Namen für Satzinhalten" Verbalabstrakta gebraucht werden. Gemeinsam ist beiden Fällen die Bildung deverbativer Nomina. Die Aussageabsicht dagegen ist in beiden Fällen unterschiedlich. Denn bei der Aufnahme durch Nomina agentis geht es nicht um eine Verallgemeinerung der Aussage, die aus dem Zitat entwickelt wird, sondern darum, die Verbalaussage speziell auf eine Person,

---

570 Cf. Braun, 121–123, der *retributor* als Wiedergabe des frühchristlichen μισθαπο-
      δότης erklärt (Loi, 35, stimmt zu).

d. h. auf Jesus Christus oder auf Gott zu beziehen. Diese Art der Wiederaufnahme liegt, wie angedeutet, in proleptischer und wiederaufnehmender Form vor:

advocator, aspernator, dimissor, medicator, remediator, illuminator.

Zu der anderen Form gehören *manumissor* und *indultor*. Eine entfernte Wiederaufnahme kann man bei *adlevator* beobachten.

Mit dieser Technik kann Tertullian sehr knapp eine bestimmte Eigenschaft oder Rolle kennzeichnen und den Träger dieser Eigenschaft leicht charakterisieren. In der Regel handelt es sich bei diesen Prädikaten um neugebildete, aus dem Kontext heraus unmittelbar verständliche Worte. Bekannte Ausdrücke behalten ihre fachsprachliche Nuance und sollen dadurch besonders wirksam sein. Mit dieser Technik bildet Tertullian auch Bezeichnungen für andere Personen (cf. Kap. 7.3.4).

6.1.2 Eigenschaften Gottes und Jesu Christi

Die neugeprägten Begriffe für Eigenschaften Gottes und Jesu Christi finden sich besonders in den Auseinandersetzungen mit den Patripassianern und den Vertretern einer doketischen Christologie; die Kontroversen in der Gotteslehre entzünden sich an den dualistischen Vorstellungen Markions und der Gnostiker. Die Wörter, die Darstellung und Widerlegung dieser Lehren allein betreffen, werden in Kapitel 7 behandelt.

6.1.2.1 Eigenschaften Gottes

Die Unveränderbarkeit ist eines der wichtigsten Attribute Gottes. Sie wird mit den nova verba *inconvertibilis* und *innatus* bezeichnet. Sie behandelt Tertullian in der Auseinandersetzung mit Markions Gott, wo es um die Inkarnation geht:[571]

(Carn. Chr. 3, 4–5) ‚*Sed ideo‘, inquis, ‚nego deum in hominem vere conversum, ita ut et nasceretur et carne corporaretur, quia, qui sine fine est, etiam inconvertibilis sit necesse est. Converti enim in aliud finis est pristini. 5. Non competit ergo conversio eius, cui non competit finis‘.*

In diesem fingierten Dialog beschreibt *inconvertibilis* die Unveränderbarkeit als diejenige Eigenschaft Gottes, die aus Markions Sicht die Inkarnation unmöglich mache. *Inconvertibilis* ist eingebunden in den Kontext mehrerer Wörter gleichen Wortstammes (*conversum, conversio, converti*),

---

571 Quispel, 95f; Mahé, Kom. Carn. Chr., 329.

so daß der Neologismus den Leser nicht überrascht, sondern den treffendsten Ausdruck darstellt. Dieses Adjektiv findet sich auch in einem Angriff auf die Gottesvorstellung des Hermogenes in De Anima 21, 7:

> *Quod cum soli deo competat, ut soli innato et infecto et idcirco immortali et inconvertibili, absolutum est ceterorum omnium natorum atque factorum convertibilem et demutabilem esse naturam, ut, etsi trinitas animae adscribenda esset, ex mutatione accidentiae, non ex institutione naturae deputaretur.*

Hier charakterisiert *inconvertibilis* den unveränderbaren Gott, dem die wandelbare Natur alles anderen geborenen Lebens gegenübergestellt wird. Auch hier korrespondiert *inconvertibilis* mit einem entgegensetzten Begriff, mit *convertibilis*, der im Nebensatz folgt. *Immortalis* dagegen bezieht sich auf *demutabilis*, während *innatus* und das geläufige *infectus* die von *natura* im Nebensatz abhängigen Genitive *natorum* und *factorum* aufgreifen. Mit diesen einander gegenübergestellten Adjektiven, die jeweils eine menschliche mit einer göttlichen Eigenschaft vergleichen, demonstriert Tertullian eindrucksvoll die Differenz zwischen Gott und der Welt. Die Herkunft von *inconvertibilis* ist schwer zu bestimmen. Braun[572] zieht eine Bildung der lateinischen Markioniten in Betracht, die sehr unwahrscheinlich ist, da es für lateinische Fachausdrücke der Markioniten zu dieser Zeit kaum Anhaltspunkte (cf. Kap. 1.2) gibt. Vielmehr dürfte *inconvertibilis* eine Bildung Tertullians sein. Denn an der an frühesten Belegstelle, in Adversus Hermogenem 12, 1,[573] ist es zur Bildung eines Satzreimes mit dem Adjektiv *indemutabilis*, gleichfalls einer Neubildung, geprägt worden. Für die Urheberschaft Tertullians spricht auch, daß *inconvertibilis* an allen späteren Belegstellen[574] Eigenschaften Gottes bezeichnet. Das in De Anima 21, 7 mit *inconvertibilis* gemeinsam verwendete Adjektiv *innatus* ist ebenfalls ein bei Tertullian zuerst bezeugter Ausdruck. Er wird meist in Verbindung mit *infectus* bzw. *inconditus* zur Bezeichnung des ungewordenen Gottes (Adv. Herm. 5, 1; 7, 2; 18, 4; Adv. Marc. 1, 5, 4 bis; 1, 9, 9; Adv. Marc. 1, 17, 5; Adv. Prax. 19, 6) gebraucht, findet sich aber auch bei der Wiedergabe des platonischen (An. 24, 1 ter; An. 29, 3 cf. Kap. 4.1.1) und gnostischen (Adv. Val. 37, 2 u. ö. cf. Kap. 4.2.2) ἀγένητος und wird zur Bezeichnung der ungewordenen Materie, wie sie etwa Hermogenes vertrat (Apol. 11, 5; 47, 8;

---

572 Braun, 58.

573 *Porro naturam certam et fixam haberi oportebit, tam in malo perseverantem apud materiam quam in bono apud deum, inconvertibilem et indemutabilem scilicet, quia, si demutabitur natura in materia de malo in bonum, demutari poterit et in deo de bono in malum.*

574 W. Bauer, ThLL VII 1, sv., 1940, 1021f.

Adv. Herm. 5, 1; 12, 3; 23, 3; 27, 3; Res. Mort. 11, 5; Adv. Marc. 1, 15, 5 u. ö.), verwendet.

Dieses weite Verwendungsspektrum und insbesondere die zahlreichen Belege im philosophischen Kontext deuten daraufhin, daß *innatus* der zeitgenössischen philosophischen Sprache entlehnt wurde. Dagegen spricht zwar das Fehlen paganer Belege,[575] doch dürfte die Verwendungsweise diese Vermutung unterstützen, zumal gerade die zeitgenössische philosophische Literatur nicht überliefert ist. Zudem sprechen auch die vielfach bezeugten griechischen Äquivalente dafür.

In der Diskussion der Sündlosigkeit des Schöpfers erscheinen die nova verba *incorruptibilitas, corruptorius* und *incorruptorius*. Nach Markions Meinung war nämlich der Schöpfergott, weil er inkarniert im irdischen Christus war, selbst Sünder geworden:

(Adv. Marc. 2, 16, 4) *Stultissimi, qui de humanis divina praeiudicant, ut, quoniam in homine corruptoriae condicionis habentur huiusmodi passiones, idcirco et in deo eiusdem status existimentur. Discerne substantias et suos eis distribue sensus, tam diversos quam substantiae exigunt, licet vocabulis communicare videantur – nam et dexteram et oculos et pedes dei legimus, nec ideo tamen humanis comparabuntur, quia de appellatione sociantur – quanta erit diversitas divini corporis et humani sub eisdem nominibus membrorum, tanta erit et animi divini et humani differentia sub eisdem licet vocabulis sensuum, quos tam corruptorios efficit in homine corruptibilitas substantiae humanae quam incorruptorios in deo efficit incorruptibilitas substantiae divinae.*

Tertullian argumentiert zunächst damit, daß man von Gott nur in menschlichen Begriffen reden und so daraus keinen Schluß auf die tatsächlichen Eigenschaften Gottes ziehen könne, schon gar nicht auf eine angebliche Sündhaftigkeit. Danach arbeitet er die fundamentale Differenz zwischen Mensch und Gott heraus, die schon durch die unterschiedliche Substanz gegeben sei. Den daraus folgenden Unterschied zwischen Sündhaftigkeit und Sündlosigkeit beschreibt Tertullian in den letzten beiden Relativsätzen der Periode, die bis auf den Ersatz von *corruptorius* und *corruptibilitas* durch *incorruptorius* und *incorruptibilitas* völlig gleich gebaut sind (*quos tam corruptorios efficit in homine corruptibilitas substantiae humanae quam incorruptorios in deo efficit incorruptibilitas substantiae divinae*). Damit erweisen sich göttliche und menschliche Eigenschaften als einander genau entgegengesetzt. Diesen Gedanken unterstützt Tertullian durch die Wortwahl sehr einducksvoll. Dafür sind die Adjektive *corruptorius* und *incorruptorius*, die allein an

---

575 Cf. M. van den Hout, ThLL VII 1, sv., 1955, 1964; cf. Braun, 50.

dieser Stelle belegt[576] sind, geprägt worden. Sie sind damit typische Okkasionsbildungen. Die Bezeichnung der göttlichen Sündlosigkeit, *incorruptibilitas*, stammt wohl aus der Bibelübersetzung,[577] wo sie zur Wiedergabe
von ἀφθαρσία verwendet wird. Hier liegt allerdings wohl eine bei den
frühen Kirchenvätern nicht seltene Vorstellung[578] zugrunde. An anderen
Stellen bezeichnet Tertullian mit *incorruptibilitas* die Sündlosigkeit des
Menschen nach dem jüngsten Gericht (cf. Kap. 6.5.2) und übersetzt damit
ἀφθαρσία aus Irenäus (cf. Kap. 4.2.2). Doch besitzt es für ihn einen Klang,
der wohl zu sehr an die philosophische Sprache erinnert, so daß er *incorruptibilitas* nicht in der Bibelübersetzung verwendet, sondern lieber *incorruptela* (cf. Kap. 3.4.2) schreibt.

Eine ähnliche Definition Gottes wie an der oben untersuchten Stelle De
Anima 21, 7 gibt Tertullian bei der Diskussion über die Güte Gottes in Adversus Marcionem 1, 22, 3:

*Omnia enim in deo naturalia et ingenita esse debebunt, ut sint aeterna,
secundum statum ipsius, ne obventicia et extranea reputentur ac per hoc
temporalia et aeternitatis aliena.*

Tertullian setzt hier[579] zunächst voraus, daß Gottes Eigenschaften alle
seiner Natur gemäß sein müssen und weder durch äußere Einflüsse bedingt
sein dürfen noch zufällig sein können. Die äußeren Einflüsse beschreibt das
geläufige Adjektiv *extraneus*, während das hier zuerst bezeugte *obventicius*
die Zufälligkeit kennzeichnet. Auch dieses Wort ist wohl schon bekannt, da es
auch in Rechtstexten (Cod. Theod. 13, 5, 2) und bei einem Grammatiker
(Claud. Don. Aen. 3, 115 p. 279, 5)[580] bezeugt ist. Mit derselben Technik der
Gegenüberstellung von tatsächlichen und abgelehnten Eigenschaften wird
später in Adversus Marcionem 2, 12, 3 auch die Gerechtigkeit Gottes definiert:

*His enim modis ostendimus eam (sc. iustitiam) cum auctrice omnium
bonitate prodisse, ut et ipsam ingenitam deo et naturalem nec obventiciam
deputandam, quae in domino inventa sit arbitratrix operum eius.*

Die Rolle der Gerechtigkeit als Grundlage der Güte bezeichnet der grammatische Fachausdruck *auctrix*[581]; ihre Funktion bei Gott als lenkende In-

---

576 W. Bauer, ThLL VII 1, sv. incorruptorius, 1940, 1032; H. Lambertz, ThLL IV, sv.
     corruptorius, 1908, 1068.
577 Cf. W. Bauer, ThLL VII 1, sv., 1940, 1031f.
578 Cl. Al. str. 4, 6 p. 260, 10; Tat. or. 7 p. 7, 9; Ir. Adv. Haer. 1, 2, 1.
579 Tertullian fußt auf stoischem Gedankengut, scheint aber keiner Quelle wörtlich zu
     folgen: Bill, 82; Braun, Kom. Marc. I, 202.
580 W. J. W. Claasen, ThLL IX 2, sv., 1973, 311.
581 Nach Th. Bögel, ThLL II, sv., 1903, 1212f, ist *auctrix* auch bei Serv. Aen. 12, 159
     und Prisc., gr II p. 159, 22 bezeugt. Tertullian selbst verwendet es adjektivisch wie

stanz definiert das neu geprägte Wort *arbitratrix,* das Hapaxlegomenon[582] bleibt. Die beiden Nomina haben als Attribute der Gerechtigkeit durch ihren ungewöhnlichen Klang besonderes Gewicht. Das wird im Vergleich mit den abgelehnten Eigenschaften, die durch Adjektive charakterisiert werden, besonders deutlich. Die oben genannte Definition greift Tertullian in Adversus Marcionem 2, 3, 3, diesmal auf die Güte Gottes bezogen, wieder auf. Neben *obventicius* verwendet er an dieser Stelle auch *provocaticius,* eine weitere okkasionelle Neubildung, die hier im Sinne des zuvor verwendeten *extraneus* die nicht von außen bestimmbare Güte Gottes bezeichnet. Tertullian prägt dieses Wort, das Hapaxlegomenon bleibt, um ein Homoioteleuton mit *obventicius* zu bilden:

(Adv. Marc. 2, 3, 3) *Et ideo (sc. deus) in suam summam commisit bonitatem, apparituri boni negotiatricem, non utique repentinam, nec obventiciae [bonitatis] nec provocaticiae animationis, quasi exinde censendam, quo coepit operari.*

Zu Tertullians Gottesbild gehört ferner die Vorstellung von der Unnahbarkeit und Unsichtbarkeit Gottes. Darüber spricht er in Adversus Marcionem 2, 27, 1–6, wenn er in einer eindrucksvollen Periode am Ende der Auseinandersetzung mit Markion über die Kleinmütigkeit Gottes seine Auffassung vom Unterschied zwischen Gott und Christus darlegt:

(Adv. Marc. 2, 27, 6) *Igitur quaecumque exigitis deo digna, habebuntur in patre invisibili incongressibilique et placido et, ut ita dixerim, philosophorum deo, quaecumque autem ut indigna reprehenditis, deputabuntur in filio et viso et audito et congresso, arbitro patris et ministri, miscente in semetipso hominem et deum, in virtutibus deum, in pusillitatibus hominem, ut tantum homini conferat quantum deo detrahit.*

Er bezieht hier alle Züge des menschlichen Verhaltens auf den Sohn, die göttlichen Eigenschaften dagegen auf den Vater. Jede Eigenschaft des Vaters korrespondiert mit einer entgegengesetzten Eigenschaft des Sohnes: *placidus* steht *auditus, visus invisibilis* und *congressus incongressibilis* gegenüber. Das Hapaxlegomenon *incongressibilis*[583] knüpft außerdem noch an die in der vorherigen Diskussion verwendeten Ausdrücke *congressus humani* (Adv. Marc. 2, 27, 1) und *congressio cum patriarchis et prophetis* (Adv. Marc. 2, 27, 3) an, die die Begegnung Jesu Christi mit den Menschen

---

hier noch in Cor. 4, 1; Adv. Herm., 5, 1; 6, 3; 7, 5 und substantivisch in An. 57, 1, Adv. Marc. 5, 10, 13 und Spect. 19, 7.

582   O. Hey, ThLL II, sv., 1900, 408, verweist noch auf eine Konjektur von Leo bei Prec. terr. (poet. min. I 138, 4). An dieser Stelle nimmt es der letzte Herausgeber (Shakleton-Bailey 1982) nicht mehr auf.

583   J. B. Hofmann, ThLL VII 1, sv., 1940, 1004.

der Welt bezeichnet hatten. Zudem ist *incongressibilis* von ἀνέφικτος angeregt, das etwa für Clemens zum Gottesbild gehört, wie Braun darlegt.[584] Markions zentralen Vorwurf gegen den Schöpfergott, den Vorwurf der Kleinmütigkeit, bezeichnet Tertullian in diesem Kapitel mit *pusillitas* (Adv. Marc. 2, 27, 2.3 6). Eingeführt hatte er diesen Ausdruck in Adversus Marcionem 2, 25, 1:

Iam nunc, ut omnia eiusmodi expediam ad ceteras pusillitates et infirmitates et incongruentias, ut putatis, interpretandas purgandasque pertendam.

Tertullian stellt hier die wichtigsten Vorwürfe Markions zusammen: Neben *pusillitas* treten der Vorwurf der Schwäche (*infirmitas*) und der der Widersprüchlichkeit (*incongruentia*). Diese Vorwürfe sind durch den Satzreim zwischen *pusillitates* und *infirmitates* und die folgenden Alliterationen zwischen *infirmitates, incongruentias* und *interpretandas* gleichsam verzahnt. Während *infirmitas* geläufig ist, ist *incongruentia* zuerst bezeugt. Nach Demmel[585] hat Tertullian *incongruentia* hier aus stilistischen Gründen geprägt. Demmel geht aber nicht auf einen Beleg bei Laktanz (Inst. Div. 5, 13, 20)[586] ein, der mit *incongruentia* einen Ausspruch des älteren Seneca referiert. Dabei könnte *incongruentia* auch von Seneca beeinflußt worden sein. Aber auch dann, wenn Laktanz an dieser Stelle frei formuliert hat, ist eine Neubildung durch Tertullian unwahrscheinlich, zumal Laktanz selten auf christliche Neuprägungen zurückgreift, die keinen spezifisch christlichen Bedeutungsinhalt[587] haben. Dem widersprechen auch die weiteren Belege bei Tertullian nicht, der mit *incongruentia* an allen anderen Stellen (An. 6, 2; 32, 6; Pud. 15, 1) die Widersprüchlichkeit gegnerischer Meinungen beschreibt. In den folgenden Kapiteln widerlegt Tertullian Markions Vorstellungen, bis er in Adversus Marcionem 2, 28, 1 dieselben Vorwürfe gegen Markion selbst richtet:

Nunc et de pusillitatibus et malignitatibus ceterisque notis et ipse adversus Marcionem antithesis aemulas faciam.

---

584 Braun, 56; Cl. Al. str. 5, 12, 1 p. 380, 10 Καὶ Ἰωάννης ὁ ἀπόστολος· Θεὸν οὐδεὶς ἑώρακεν πώποτε· ὁ μονογενὴς θεός, ὁ ὢν εἰς τὸν κόλπον τοῦ πατρὸς ἐκεῖνος ἐξηγήσατο, τὸ ἀόρατον καὶ ἄρρητον κόλπον ὀνομάσας θεοῦ. Βυθὸν <δ᾽> αὐτὸν κεκλήκασιν ἐντεῦθεν τινὲς ὡς ἂν περιειληφότα καὶ ἐγκολπισάμενον τὰ πάντα ἀνέφικτόν τε καὶ ἀπέραντον.

585 Demmel, 52f.

586 Laktanz referiert einen Vorwurf des älteren Seneca: *Recte igitur Seneca incongruentiam hominibus obiectans ait: ,Summa virtus illis videtur magnus animus (...)‘*. Nach J. B. Hofmann, ThLL VII 1, sv., 1940, 1004, bleibt *incongruentia* auch sonst sehr selten.

587 Cf. Mohrmann (1947), 176f.

Hier fügt er zum Vorwurf der Kleinmütigkeit den der Schlechtigkeit[588] hinzu, den er mit dem geläufigen Wort *malignitas* beschreibt; beide Ausdrücke sind durch Homoioteleuton miteinander verbunden. Jedoch versucht Tertullian im Laufe der Auseinandersetzung, diesen Ausdruck zu variieren, und prägt dafür das Wort *malitiositas* neu:

(Adv. Marc. 3, 15, 7) *Inconstantem aut subdolum deum narras: aut diffidentiae aut malitiositatis consilium est fallendo quid promovere.*

Hier wird Markions Meinung referiert, daß sich die Schlechtigkeit (*malitiositas*) des Schöpfergottes in der Sünde konkretisiere. Mit *malitiositas* versucht Tertullian für einen der Vorwürfe Markions ein exklusives Abstraktum zu bilden; es kann sich aber auch bei ihm gegen die geläufigen Ausdrücke *malignitas* und *malitiositas* nicht durchsetzen,[589] da er es nur noch einmal wieder aufgreift (Adv. Marc. 3, 23, 8).

Auch in der Auseinandersetzung mit der Bibel Markions verwendet Tertullian *pusillitas* für die Kleinmütigkeit des Schöpfergottes (Adv. Marc. 4, 20, 7; 5, 5, 9). Sein Gebrauch ist also sehr einheitlich: *Pusillitas* beschreibt in der Regel gemeinsam mit dem geläufigen Ausdruck *infirmitas* den Hauptvorwurf [590] gegen den Schöpfergott, den Markion im Griechischen wohl mit μικροψυχία oder μικρότης bezeichnete.

Von Markion wird nach Tertullians Darstellung auch der Prophet Elia, eine Gestalt des Schöpfergottes, mit dem Vorwurf der *pusillitas* (Adv. Marc. 4, 9, 8) bedacht, weil er zu wenig Kranke geheilt habe. In diesem Sinne von „Schwäche" findet sich *pusillitas* auch an einer Belegstelle außerhalb der Schrift Adversus Marcionem, in Adversus Hermogenem 14, 1, wo es die Inferiorität des Demiurgen im Sinne des Hermogenes bezeichnet. Nur in De Resurrectione Mortuorum 6, 1 trägt *pusillitas* eine andere Bedeutung. Dort bezeichnet es, in einer Formel der Demut, die Unterlegenheit der Menschen gegenüber Gott:

Persequar itaque propositum, si tamen tantum possim carni vindicare, quantum contulit ille qui eam fecit iam tunc gloriantem, quod illa pusillitas, limus, in manus dei, quaecumque sunt, pervenit, satis beatus etsi solummodo contactus.

An fast allen späteren Belegstellen[591] findet sich *pusillitas* wie hier als ein Topos der Demut gegenüber Gott, und zwar vor allem an Anfängen von

---

588 Harnack, Marcion, 95f.
589 Cf. Braun, Kom. Marc. III., 142; G. Bachmann, ThLL VIII, sv., 1937, 189, führt keine weiteren Belege auf.
590 Zur Stellung dieses Vorwurfs in der markionitischen Theologie: Harnack, Marcion, 269*f.
591 Cf. Hier. epist., 49, 11, 1; Gaudent. 5, 19; Lact., Inst. 6, 17, 17; Ir. lat. 2, 13, 4.

Briefen.[592] Im Sinne des Kleinmuts ist *pusillitas* nur noch beim Übersetzer
des Irenäus belegt (Adv. Haer. 2, 8, 2). Das Wort stammt nach einer Bemerkung des Laktanz (De Ira 5, 1-2) aus der gesprochenen Sprache:

*Existimantur Stoici et alii nonnulli aliquanto melius de divinitate
sensisse, qui aiunt gratiam in deo esse, iram non esse. Favorabilis admodum
ac popularis oratio, non cadere in deum hanc animi pusillitatem, ut ab ullo
se laesum putet, qui laedi non potest, ut quieta illa et sancta maiestas
concitetur perturbetur insaniat, quod est terrenae fragilitatis.*

An dieser Stelle bezeichnet *pusillitas*, wie Laktanz darstellt, die menschliche Verletzlichkeit im Gegensatz zu Gottes Größe. Der Begriff scheint zu
einer sprichwörtlichen Redensart zu gehören, die wegen des Bezugs auf die
Stoiker wohl aus paganem Gedankengut stammt. Von dieser Bedeutung
„menschliche Schwäche" sind sicher beide Verwendungsweisen abgeleitet,
sowohl die als Vorwurf als auch die als Demutsformel. Das Beispiel *pusillitas* zeigt, wie Tertullian bekannte Wörter der paganen Umgangssprache
mit einer neuen Bedeutung versieht, ohne daß später auch nur ein einziger
paganer Beleg erhalten bleibt.

Am Anfang des zweiten Buches von Adversus Marcionem diskutiert Tertullian die von Markion bestrittene Fähigkeit des Schöpfergottes zur Vorse-
hung. Dabei führt er zunächst mit einem Zitat aus den Antithesen in die Diskussion ein:

(Adv. Marc. 2, 5, 1) *Haec sunt argumentationum ossa, quae obroditis:
‚Si deus bonus et praescius futuri et avertendi mali potens, cur hominem, et
quidem imaginem et similitudinem suam, immo et substantiam suam, per
animae scilicet censum, passus est labi de obsequio legis in mortem,
circumventum a diabolo?'*

Aus diesem Zitat formuliert er im folgenden die Hauptvorwürfe:

(Adv. Marc. 2, 5, 3) *Ad haec prius est istas species in creatore defendere,
quae in dubium vocantur, bonitatem dico et praescientiam et potentiam.*

Die im Zitat mit Adjektiven bestimmten Eigenschaften Gottes (*bonus,
praescius, potens*) greift Tertullian mit den Abstrakta *praescientia, bonitas*
und *potentia* wieder auf.[593] Diese Technik der Wiederaufnahme von Adjektiven durch Abstrakta ist an mehreren Stellen zu beobachten (cf. An. 16, 1
Kap. 6.4.2 u. ö.); sie erleichtert dem Leser das Verständnis neuer Wörter und
ermöglicht es dem Autor, abstrakter zu formulieren. Das novum verbum
praescientia bezeichnet hier die von Markion bestrittene Fähigkeit zur Vor-
sehung. Tertullian verwendet es im Laufe der Diskussion noch viermal
(Adv. Marc. 2, 5, 4; 2, 5, 5; 2, 7, 1; 2, 7, 2), während er es sonst nicht wieder

---

592 O'Brien, 77, 161; Svennung, 83.
593 Cf. Braun, 138.

gebraucht. Der Ursprung von *praescientia* ist in der Forschung umstritten. Demmel[594] meint, daß Tertullian *praescientia* bildete, um einen eindeutigen Ausdruck zu erhalten, der nicht wie *providentia* auch die Vorsorge bezeichnete. Braun[595] verweist auch auf die Konkurrenz von *providentia* und meint, daß *praescientia* ein Ausdruck der lateinischsprachigen Markioniten sei. Diese Quelle ist aber sehr unwahrscheinlich (cf. Kap. 1.2); auch das Motiv, *providentia* zu vermeiden, ist nicht einleuchtend, weil Tertullian gerade in dieser Auseinandersetzung *providentia* synonym mit *praescientia* verwendet (Adv. Marc. 2, 7, 5).[596] Daher bleibt für die Verwendung von *praescientia* die einzige Erklärung, daß Tertullian ein mit *praescius* und dem im Text ebenfalls vorkommenden Verb *praescire* (Adv. Marc. 2, 5, 4) verwandtes Abstraktum suchte. Es ist wahrscheinlich bereits bekannt gewesen; dafür sprechen auch die Belege[597] bei paganen Autoren (Iul. Val. 1, 2; Mart. Cap. 1, 32; Itin. Alex. 3). Von *praescientia* leitet Tertullian dessen Gegenstück *impraescientia* ab, das den markionitischen Vorwurf der Unwissenheit des Schöpfergottes bezeichnet:

(Adv. Marc. 2, 7, 4) *Nonne tunc magis deceptus ex impraescientia futuri videretur, si obstitisset?*

Diese Neubildung spielt ebenfalls auf das der Diskussion zugrundeliegende Zitat aus den Antithesen an, indem es an die Fügung *praescius futuri* (Adv. Marc. 2, 5, 1) erinnert.

Impraescientia ist nur hier belegt,[598] so daß man wohl zurecht mit Demmel[599] eine Prägung aus stilistischen Gründen annehmen kann. Das damit synonyme Wort *improvidentia*, das ebenfalls in diesem Zusammenhang belegt ist (Adv. Marc. 2, 23, 2), könnte dagegen schon bekannt sein, da es auch in einem heidnischen Rechtstext des vierten Jahrhunderts (frg. vat. 35, 7) belegt ist.[600]

Einen weiteren Vorwurf, den Markion gegen den Schöpfergott erhob, war die in seinem Handeln festzustellende Widersprüchlichkeit, die sich für Markion im Konflikt zwischen den Forderungen des Sabbatgebotes und den Vorschriften für die Bundeslade (cf. Jos. 6, 3–4) besonders zeigte:

---

594 Demmel, 44–46.
595 Braun, 138.
596 *Haec dignissime peroraturus in creatorem, si libero arbitrio hominis ex providentia et potentia, qua exigis, obstitisset (...).*
597 A. C. Zoppi, ThLL X 2, sv., 1991, 815f.
598 J. B. Hofmann, ThLL VII 1, sv., 1938, 673.
599 Demmel, 47–49.
600 O. Prinz, ThLL VII 1, sv., 1938, 698f.

(Adv. Marc. 2, 21, 1) *Sic in ceteris contrarietates praeceptorum ei expro-*
bras ut mobili et instabili, prohibenti sabbatis operari et iubenti arcam cir-
cumferri per dies octo, id est etiam sabbato, in expugnatione civitatis Ie-
richo.

Tertullian bezeichnet diesen Vorwurf[601] mit dem Abstraktum *contra-*
rietas, den er bei der Diskussion des markionitischen Evangeliums (Adv.
Marc. 4, 1, 8–9 bis) wortgleich noch einmal aufgreift. Das Wort *contrarietas*
scheint schon geläufig gewesen zu sein. Dafür spricht außer seinem breiten
Verwendungsspektrum bei Tertullian[602] die große Zahl von Belegen bei römischen Grammatikern.[603]

6.1.2.2 Eigenschaften Jesu Christi[604]

Die Neubildungen betreffen hier vor allem Erstgeburt und Inkarnation. Die
Erstgeburt Jesu Christi bezeichnet Tertullian adjektivisch mit *primogenitus*
und *unigenitus*. Beide Ausdrücke haben zwar eine sehr ähnliche Bedeutung,
werden aber von Tertullian unterschiedlich gebraucht, wie sich bei der Auslegung von Prov. 5, 22 in Adversus Praxeam 7, 1 zeigt:

(sc. Filius) factus est primogenitus, ut ante omnia genitus, et unigenitus,
ut solus ex deo genitus, proprie de vulva cordis ipsius secundum quod et
*Pater ipse testatur: **Eructavit cor meum sermonem optimum.***

Tertullian versteht unter *primogenitus* an dieser Stelle die Erschaffung
des Sohnes vor allen anderen Werken der Schöpfung. *Primogenitus* ist nach
Kol. 1, 15 (ὅς ἐστιν εἰκὼν τοῦ θεοῦ τοῦ ἀοράτου, πρωτότοκος πάσης
κτίσεως) gebildet, worauf Tertullian mit der Glosse *ut ante omnia genitus*
anspielt. Er verwendet *primogenitus* vor dieser Stelle zur Übersetzung und
Erläuterung von πρωτότοκος aus Kol. 1, 15 in Adversus Marcionem 5, 19,
4 (bis) und schon in Apologeticum 21, 17 in dieser dogmatischen Bedeutung. Später übersetzt er damit auch πρωτότοκος (Adv. Val. 30, 2 cf. Kap.
4.2.2) aus gnostischer Terminologie, die dort aber auch auf der biblischen
Sprache fußt. *Primogenitus* stammt aus der gesprochenen Sprache. Denn es
ist in einer paganen Inschrift (CIL X 7657), bei Palladius (Agr. 1, 38) und

---

601   Cf. Meijering, 107f.
602   In Adv. Marc. 2, 29, 4; 4, 1, 1 werden mit *contrarietas* Markions Antithesen
        umschrieben; in Praescr. Haer. 32, 17; Adv. Herm. 35, 1 An. 29, 4 bis; 32, 4 bezeich-
        net es das widersprüchliche Denken von Tertullians Gegnern.
603   H. Spelthan, ThLL IV, sv., 1907, 765f.
604   Zu *passibilis* cf. Kap. 6.3.

bei Servius[605] (Aen. 1, 654) belegt. *Unigenitus* dagegen bezeichnet den Sohn als den einziggeborenen im Sinne johanneischer Christologie. In diesem Sinne wird es auch schon an seiner ersten Belegstelle in Adversus Hermogenem 18, 5 gebraucht:

Si vero sophia eadem dei sermo est, sensu sophia et sine quo factum est nihil, sicut et dispositum sine sophia, quale est, ut filio dei, sermone unigenito et primogenito, aliquid fuerit praeter patrem antiquius et hoc modo utique generosius, nedum, quod innatum, fortius et quod infectum facto validius, quia quod, ut esset, nullius egerit auctoris, multo sublimius erit eo, quod, ut esset, habuit auctorem?

Tertullian verbindet auch hier die beiden Begriffe *primogenitus* und *unigenitus*, legt aber den Akzent auf die johanneische Logoschristologie. So bildet also auch hier das johanneische μονογενής die Grundlage.[606] In Bibelzitaten (cf. Kap. 3.3.2) wählt Tertullian zur Wiedergabe von μονογενής aus Joh. 1, 14. 18 *unigenitus* (Adv. Prax. 15, 6 bis), wenn er den einziggeborenen Sohn herausstellt, und *unicus*, wenn er ausschließlich den Unterschied der Personen der Trinität (Adv. Prax. 21, 3 bis; 21, 6) betonen will. *Unigenitus* stammt wohl aus der frühen Bibelübersetzung,[607] wo es zur Übersetzung von μονογενής aus dem Johannesevangelium häufig zu finden ist.

Die meisten anderen Neubildungen für die Eigenschaften Jesu Christi finden sich in den Auseinandersetzungen mit doketischen und modalistischen Vorstellungen. Dabei betont Tertullian sowohl gegen den gnostischen Doketismus als auch gegen die Monarchianer, daß zur menschlichen Natur Jesu Christi die Sichtbarkeit seines Leibes gehört habe:

(Adv. Prax. 14, 6) ‚*Ergo visibilis et invisibilis idem, et quia idem utrumque, ideo et ipse Pater invisibilis, qua et Filius visibilis*‘. *Quasi non expositio scripturae, quae fit a nobis, Filio competat Patre seposito in sua visibilitate.*

(Carn. Chr. 12, 7) *Quid invisibile eius fuit, quod visibilitatem per carnem desideraret?*

An beiden Stellen bedient sich Tertullian der gleichen Technik (cf. Kap. 6.4.2 zu *naturalitas*), indem er das Adjektiv *visibilis* durch das Abstraktum *visibilitas* aufnimmt. Dieses Wort benennt die aus diesem Adjektiv abgeleitete Eigenschaft, die in Adversus Praxeam 14, 6 Jesus und in De Carne Christi 12, 7 seine Seele betrifft. *Visibilitas* bleibt selten und wird meist von

---

605 Braun, 244, kennt nur den Beleg in der Inschrift; daher hält er eine Bestimmung der Herkunft für unmöglich.

606 Cf. Braun, 105.

607 Cf. Joh. 1, 18: Vg.; Ambr., Iob 1, 13 p. 232, 11; Hil., trin. 6, 40 p. 245, 8 u. ö.

christlichen Autoren[608] als Eigenschaft des Sohnes verwendet. Daher ist eine Bildung Tertullians anzunehmen, zumal das Wort an beiden Belegstellen dem Leser durch den Kontext erläutert wird.

Im weiteren Verlauf dieser Auseinandersetzung in Adversus Praxeam diskutiert Tertullian den Unterschied zwischen Gott-Vater als *deus absconditus* und Gott-Sohn als *deus revelatus*. Dabei entwickelt er seine Auffassung anhand zweier Bibelzitate (1. Tim. 6, 16; 1. Tim. 1, 17):

(Adv. Prax. 15, 8) *De Patre autem ad Timotheum: Quem nemo vidit hominum, sed nec videre potest, exaggerans amplius: Qui solus habet immortalitatem et lucem habitat inaccessibilem, de quo et supra dixerat: Regi autem saeculorum, immortali, invisibili, soli Deo, ut et contraria ipsi Filio adscriberemus, mortalitatem, accessibilitatem, quem mortuum contestatur secundum scripturas et a se novissime visum per accessibilem utique lucem (...).*

Tertullian leitet die Eigenschaften des menschlichen Sohnes ex negativo aus den ersten beiden Bibelzitaten ab, indem er *immortalitas* (1. Tim. 6, 16) und *immortalis* (1. Tim. 1, 17) durch *mortalitas* aufgreift und *lux inaccessibilis* (1. Tim. 6, 16) und *invisibilis* (1. Tim. 1, 17) mit *accessibilitas* wiederaufnimmt. Die Abstrakta *mortalitas* und *accessibilitas,* die Tertullian bewußt als Apposition hinter das Prädikat des Satzes stellt, sind beide sehr auffällig: *Mortalitas* als Eigenschaftsbezeichnung für Jesus Christus dürfte die Adressaten der Schrift, die Monarchianer, besonders provoziert haben, sahen sie doch in Jesus Christus den unsterblichen Vater (Adv. Prax. 16, 6 cf. Kap. 5.3.3). *Accessibilitas* dagegen überrascht den Leser als Neubildung – es bleibt Hapaxlegomenon[609] –, und verleiht Jesus Christus die von Tertullian öfter herangezogene Eigenschaft der Zugänglichkeit (cf. Adv. Marc. 2, 27, 6). Er begründet diese Eigenschaft noch durch ein weiteres referiertes Bibelzitat (1. Kor. 15, 3. 8) und durch eine abermalige Anspielung auf 1. Tim. 6, 16 mit *per accessibilem utique lucem* anfügt. Durch den Anklang mit *accessibilis* wird *accessibilitas* nochmals verdeutlicht. Auch *accessibilis* ist eine Neubildung, die sich dem Leser durch den Zusammenhang aber leicht erschließt. Später[610] bleibt sie selten, ist aber auch in den Novellae Iustiniani (Nov. Iust. 105) bezeugt, so daß die Frage nach der Herkunft offen bleiben muß.

Zu Tertullians Christologie gehört auch die wahre Geburt Jesu, die er als Eigenschaft mit dem bei ihm zuerst belegten, über achtzigmal belegten Wort

608   Ir. 5, 8, 1; Ambr., epist. Rom. 1, 19; Rufin, apol. 1, 4; 1, 18; 1, 27; Ps-Hier., epist.
      12, 7; Fulg., myth. Virg. contr. 93, 8 H; Priscillian., tr. IX p. 103, 7.
609   E. Vollmer, ThLL I, sv., 1900, 284.
610   E. Vollmer, ThLL I, sv., 1900, 284.

nativitas beschreibt.[611] Dieses Wort scheint er tatsächlich der Sprache der christlichen Zeitgenossen entlehnt zu haben, wie Braun[612] mit Hinweis auf viele verschiedene Bedeutungsnuancen darlegt. Eine Neubildung Tertullians ist dagegen das Adjektiv *nascibilis*. Er verwendet sie zuerst in Adversus Marcionem 3, 11, 1, wo er die Auffassung Markions widerlegt, daß Jesus Christus nicht geboren war und daher auch nur einen Scheinleib besaß:

(Adv. Marc. 3, 11, 1) *Totas istas praestigias putativae in Christo corpulentiae Marcion illa intentione suscepit, ne ex testimonio substantiae humanae nativitas quoque eius defenderetur atque ita Christus creatoris vindicaretur, ut qui nascibilis ac per hoc carneus adnuntiaretur.*

Tertullian greift hier mit dem neu geformten Wort *nascibilis* auf das vorher genannte *nativitas* zurück und verbindet es mit dem Adjektiv *carneus* (cf. zu De Carne Christi 5, 7 Kap. 6.1.2.2), um so die menschlichen Eigenschaften seines Christus zu begründen. Durch diesen Anklang ist *nascibilis* auch sogleich verständlich. Einige Kapitel später vergleicht Tertullian den Christus des Schöpfergottes, den Markion als den Christus der Juden ansah,[613] mit dem Christus des guten Gottes nach Markion:

(Adv. Marc. 3, 19, 8) *Nisi si nec mortem volet Christi mei prophetatam, quo magis erubescat, si suum quidem Christum mortuum adnuntiat, quem negat natum, meum vero mortalem negat, quem nascibilem confitetur.*

Mit der öfter beobachteten Technik der kurzen, mit ähnlichen Wörtern formulierten Schlüsse versucht Tertullian, die Widersprüchlichkeit der Vorstellung Markions zu beweisen und ins Absurde zu ziehen. Er unterstellt Markion dabei, die Eigenschaften sterblich (*mortalis*) und natürlich geboren (*nascibilis*) sinnwidrig zu trennen (zu *putativus* s. u. Kap. 6.1.2.2). Das Adjektiv *nascibilis* trägt an dieser Stelle neben *mortalis* eindeutig die Bedeutungsnuance der Möglichkeit, die sich in Adversus Marcionem 3, 11, 1 nicht findet. Braun[614] sieht den Ursprung von *nascibilis* in der Übersetzung von γεννητός als Ausdruck für den Schöpfergott; die Übersetzung stammt nach seiner Meinung von den Markioniten. Diese Erklärung kann aber aus den in Kapitel 1.2 ausgeführten Gründen nicht geteilt werden. Vielmehr ist *nascibilis* von Tertullian gebildet worden, zumal sich viele Beispiele für derartige Übersetzungen von griechischen Adjektiven mit dem Suffix τός (cf. Kap. 4.1.2; 4.2.2) finden. Das neugeformte Wort verbreitet sich später kaum; es wird nur von Phoebadius (c. Arrian. 11 p. 48, 44D) und Ps.-Vigilius Thapsus (c. trin 8 p. 286 D) wieder aufgegriffen, um diese Eigenschaft Jesu

---

611   Braun, 318–321; Claesson II, 993.
612   Braun, 321.
613   Cf. Braun, Kom Marc. III, 110.
614   Braun, 318–321.

darzustellen. Zumindest Phoebadius dürfte von Tertullian abhängen (cf. Kap. 6.3.1).

Die Frage nach dem Scheinleib Jesu Christi, die schon mehrfach angeklungen ist, bespricht Tertullian an mehreren Stellen in De Carne Christi und Adversus Marcionem. Die enstprechende Eigenschaft bezeichnet das Adjektiv *putativus*:

(1) (Adv. Marc. 3, 8, 4) *Iam nunc, cum mendacium deprehenditur Christi caro, sequitur, ut et omnia, quae per carnem Christi gesta sint, mendacio gesta sunt, congressus contactus convictus ipsae quoque virtutes. Si enim tangendo aliquem liberavit a vitio vel tactus ab aliquo, quod corporaliter actum est, non potest vere actum credi sine corporis ipsius veritate. Nihil solidum ab inani, nihil plenum a vacuo perfici licuit. Putativus habitus, putativus actus; imaginarius operator, imaginariae operae.*

(2) (Adv. Marc. 3, 11, 1 l. c.) *Totas istas praestigias putativae in Christo corpulentiae Marcion illa intentione suscepit (...).*

(3) (Adv. Marc. 3, 11, 5) *Iam tu potuisti etiam nativitatem putativam illi accomodasse (....).*

(4) (Carn. Chr. 1, 4) *Scilicet qui carnem Christi putativam introduxit, aeque potuit nativitatem quoque phantasma confingere, ut et conceptus et praegnatus et partus virginis et ipsius exinde infantis ordo* τῷ δοκεῖν *haberentur (...).*

(5) (Adv. Marc. 5, 4, 15) *Cum vero adicit stigmata Christi in corpore suo gestare se – utique corporalia compedum – iam non putativam, sed veram et solidam carnem professus est Christi, cuius stigmata corporalia ostendit.*

Tertullian verbindet *putativus* mit Ausdrücken des Leibes (*habitus* Adv. Marc. 3, 8, 4; *corpulentia* Adv. Marc. 3, 11, 1; *caro* Adv. Marc. 5, 4, 15) und der Inkarnation (*nativitas* Adv. Marc. 3, 11, 5; Carn. Chr. 1, 4). An der chronologisch ersten Belegstelle in Adversus Marcionem 3, 8, 4 erschließt sich dem Leser die Bedeutung von *putativus* dadurch, daß in den vorausgehenden Sätzen die Konsequenzen des Doketismus für die Natur Jesu erklärt worden sind. Im engeren Kontext unterstützen zudem die vorhergehenden Adjektive *inanis* und *vacuus* und das parellel gestellte *imaginarius* das Verständnis. An den folgenden Stellen in Adversus Marcionem setzt Tertullian dann voraus, daß dem Leser die Bedeutung von *putativus* bekannt ist. In De Carne Christi 1, 4 gibt der Konsekutivsatz eine Hilfe zum Verständnis. In diesem schildert Tertullian, welche Folgen die scheinbare Leiblichkeit für die Erklärung der Geburt[615] hat und deutet mit dem griechischen τῷ δοκεῖν an, daß der Vorgang

---

615   In diesem Satz beschreibt die Neubildung *praegnatus* die Schwangerschaft Marias; sie bildet ein Homoioteleuton mit den anderen Ausdrücken der Schwangerschaft *conceptus* und *partus*, das mit dem geläufigen Ausdruck *praegnatio* nicht möglich

der Geburt nur scheinbar abgelaufen sei. Die anzunehmende griechische Vorlage für *putativus* ist schwer zu finden. Denn die griechischen Autoren, die die doketische Christologie behandeln, verwenden kein Adjektiv, sondern formulieren ihre Darlegungen mit adverbialen Ausdrücken, die von dem Nomen δόκησις abgeleitet sind. Die Formulierung dabei ist fast formelhaft δοκήσει ἐπιπέφαναι σωτῆρα (Cl. Al. str. 6, 95) bzw. δοκήσει ἐπιπέφαναι ἄνθρωπον (Hipp. ref. 7, 28, 5; 10, 19, 3; Ir., Adv. Haer. 1, 24, 2)[616]. Eine derartige Übersetzung eines griechischen adverbialen Ausdrucks durch ein lateinisches Adjektiv ist bei Tertullian nicht völlig singulär, da er etwa auch den gnostischen Ausdruck κατὰ γνῶσιν mit dem lateinischen Adjektiv *agnitionalis* (Adv. Val. 27, 3 cf. Kap. 4.2.2) wiedergibt. Diese Vermutung wird auch durch die Umschreibung mit τῷ δοκεῖν in De Carne Christi 1, 4 bestätigt, die formal und etymologisch δοκήσει entspricht. Später wird *putativus* an allen weiteren Belegstellen in diesem hier vorgezeichneten Sinne verwendet und kann sich so als ein Ausdruck der Auseinandersetzung mit Häretikern[617] einbürgern. So scheint *putativus* eine Neubildung Tertullians zu sein.

---

gewesen wäre. *Praegnatus* erscheint noch einmal in Adversus Marcionem 3, 13, 4 bzw. in der davon wahrscheinlich abhängigen Stelle in Adversus Iudaeos (9, 8), wo es wie hier ein Homoioteleuton zu *partus* bildet. Da es keine späteren Belege gibt (M. Rosellini, ThLL X 2, sv., 1987, 663), ist *praegnatus* sicher eine Neubildung Tertullians.

616 Irenäus' Bemerkungen zum Doketismus sind außer in Adv. Haer. 1, 24, 2 nur in lateinischer Übersetzung erhalten. Der Übersetzer schreibt stets *putative* bzw. *putativus* (Adv. Haer. 2, 22, 4; 2, 22, 6; 3, 16, 1; 3, 18, 1; 3, 18, 7; 3, 22, 1). Eine mögliche Vorlage für *putativus* könnte auch das Adjektiv φασματώδης sein, das aber nach einer TLG-Recherche nur einmal in einem Zitat des Theodoret aus Hippolyt vorkommt:
(Theod., eranist. 2, 9 p. 155, 1) Καὶ γὰρ κἀκεῖνοι, ἤτοι ψιλὸν ἄνθρωπον ὁμολογοῦσι πεφηνέναι τὸν Χριστὸν εἰς τὸν βίον, τῆς θεότητος αὐτοῦ τὸ τάλαντον ἀρνούμενοι, ἤτοι τὸν θεὸν ὁμολογοῦντες, ἀναίνονται πάλιν τὸν ἄνθρωπον, πεφαντασιωκέναι διδάσκοντες τὰς ὄψεις αὐτῶν τῶν θεωμένων, ὡς ἄνθρωπον οὐ φορέσαντα ἄνθρωπον, ἀλλὰ δόκησίν τινα φασματώδη μᾶλλον γεγονέναι, οἷον ὥσπερ Μαρκίων καὶ Οὐαλεντῖνος καὶ οἱ Γνωστικοὶ τῆς σαρκὸς ἀποδιασπῶντες τὸν λόγον, τὸ ἓν τάλαντον ἀποβάλλονται, τὴν ἐνανθρώπησιν. Für φασματώδης spricht allein die gleiche Wortart wie bei *putativus*; allerdings fungiert es in diesem Text als nähere Bestimmung zu δόκησις, so daß es kaum als Vorlage in Frage kommt.

617 Außer den genannten Stellen bei Irenäus sind die Stellen im Zusammenhang mit dem arianischen Streit (Hil. trin. 4, 12; Conc. ˢ II 5 p. 43, 29 u. ö.) bemerkenswert. Hieronymus etwa scheint Tertullian zu zitieren, wenn er im Galaterkommentar schreibt (2, 3 zu 4, 4 col. 398A): *Diligenter attendite, quod non dixerit, **factum per mulierem** quod Marcion et ceterae haereses volunt, quam putativam Christi carnem simulant.*

Die Vorstellung vom Scheinleib diskutiert Tertullian auch in der Exegese
des Lukasevangeliums. So wird in Adversus Marcionem 4, 9, 4–5 die Heilung des Leprakranken (Lk. 5, 12–14) besprochen. Diesen Leprakranken
habe Jesus nach Markions Darstellung bewußt berührt, um gegen das jüdischen Gesetz zu verstoßen. Daraus hatte Markion, so deutet Tertullian an,
geschlossen, daß Jesus Christus einen Scheinleib besaß, durch den er nicht
infiziert werden konnte. Tertullian versucht diese Schwierigkeit für seine
Christologie zu beseitigen, indem er die wahrhaft göttliche Natur seines
Christus der insgesamt nur scheinbaren Natur des markionitischen Christus
gegenüberstellt:

*Itaque dominus (...) tetigit leprosum. A quo et si homo inquinari
potuisset, deus utique non inquinaretur, incontaminabilis scilicet: ita non
praescribentur illi, quod debuerit legem observare et non contingere immundum, quem contactus immundi non erat inquinaturus. 5. Hoc magis meo
Christo competere sic doceo, dum tuo non competere demonstro. Si enim ut
aemulus legis tetigit leprosum, nihili faciens praeceptum legis per contemptum inquinamenti, quomodo posset inquinari, qui corpus non habeat,
quod inquinaretur? Phantasma enim inquinari non posset. Qui ergo
inquinari non poterat, ut phantasma, iam non virtute divina incontaminabilis erit, sed phantasmatis inanitate (...).*

Nach Tertullian kann der wahre Christus wegen seiner göttlichen Natur
nicht infiziert werden. Diese Eigenschaft bezeichnet das hier zuerst belegte
Adjektiv *incontaminabilis* (Adv. Marc. 4, 9, 4), das mit dem Verb *inquinare*
aus dem vorausgehenden Bedingungssatz korrespondiert. Hier gibt es die
Begründung für Tertullians These. Im letzten Satz (Adv. Marc. 4, 9, 5) beschreibt *incontaminabilis* dann eine gleichsam feststehende Eigenschaft des
wahren Christus. *Incontaminabilis* scheint aus der frühen Bibelübersetzung[618] zu stammen, wo es vielfach zur Übersetzung von ἀμίαντος aus 1.
Petr. 4, 6 bezeugt ist. Von *incontaminabilis* leitet Tertullian noch das positive
Gegenstück *contaminabilis*[619] ab, mit dem er in Adversus Marcionem 4, 20,
11[620] die durchaus vorhandene Verletzlichkeit der menschlichen Natur Jesu
Christi beschreibt.

In Adversus Marcionem 4, 19, 8–10 wird unter dem gleichen Gesichtspunkt Lk. 8, 20f besprochen. Dabei geht es darum, warum Jesus seine
Brüder scheinbar nicht als seine Verwandten anerkannte. Markion hatte

---

618   H. Rubenbauer, ThLL VII 1, sv., 1940, 1016.
619   F. Burger, ThLL IV, sv., 1907, 628; es ist erst bei Augustin (epist. 236, 2) wieder
        belegt, so daß es durchaus eine Neubildung Tertullians sein kann.
620   *Fides haec fuit primo, (...) qua si eum tetigit, non ut hominem sanctum nec ut pro-
        phetam, quem contaminabilem pro humana substantia sciret, sed ut ipsum deum (...).*

diese Zurückweisung, so deutet es Tertullian an, als Beweis für den Scheinleib und die nur scheinbare Menschlichkeit Jesu[621] gesehen. Tertullian dagegen sieht es gerade als Beweis für die Menschlichkeit Jesu, daß Jesus
Brüder und eine Mutter hat. Nur weil sie ihn störten, mußte er sie zurück-
weisen (Adv. Marc. 4, 19, 9). Die Existenz der Mutter und der Brüder hält
er seinem Gegner mit eindringlichen rhetorischen Fragen vor:

(Adv. Marc. 4, 19, 10) *Dic mihi, omnibus natis mater advivit? Omnibus
natis adgenerantur et fratres? Non licet patres magis et sorores habere vel
et neminem?*

Tertullian untermauert die Menschennatur Jesu mit diesen allgemeinen
Erwägungen. Er verwendet in der zweiten Frage das Verb *adgenerare*, das
hinsichtlich Wortbildung und Bedeutung mit dem vorhergehenden, geläufigen *advivere* korrespondiert. Die Herkunft von *adgenerare* ist nicht recht
klar, da es noch einmal bei Irenäus lat. 2, 10, 1[622] belegt ist. Jedenfalls kann
Tertullian damit seine Argumente eindrucksvoll parallelisieren.

Die erste Parusie Jesu Christi, deren Verkündigung durch die Propheten
Markion bestritten hatte, bespricht Tertullian mehrfach. Zunächst untersucht
er in Adversus Marcionem 3, 6, 1–3, 7, 9 die von den Juden bestrittene Parusie in Niedrigkeit. Dabei faßt er in Adversus Marcionem 3, 7, 8 eine Reihe
vorher angeführter alttestamentlicher Zitate zusammen:

*Igitur quoniam primus adventus et plurimum figuris obscuratus et omni
inhonestate prostratus canebatur, secundus vero manifestus et deo con-
dignus, idcirco (...) non immerito decepti sunt.*

Hier beschreibt das novum verbum *inhonestas* die Entehrung, die der
kommende Messias erfahren wird (Jes. 53, 2. 3 u. ö. [Adv. Marc. 3, 6, 2]).
Dieses Wort greift Tertullian noch einmal in Adversus Marcionem 5, 5, 10
auf, um damit einen der Vorwürfe Markions gegen das Alte Testament zu bezeichnen. *Inhonestas* ist wahrscheinlich als Ableitung von *honestas* nach
dem griechischen Wort ἀτιμία gebildet, das an einigen Stellen in entspre-
chendem Sinne (cf. Ez. 36, 7; Jer. 23, 40; 1. Kor. 15, 43) verwendet wird.

Auf die erste Parusie kommt Tertullian in Adversus Marcionem 3, 17,
1–2 zurück:

*Adest rursus Esaias: Adnuntiavimus, inquit, coram ipso: velut puerulus,
velut radix in terra sitienti, et non est species eius neque gloria et vidimus eum,
et non habebat speciem neque decorem, sed species eius inhonorata deficiens
citra omnes homines, sicut et supra patris ad filium vox: quemadmodum
expavescent multi super te, sic sine gloria erit ab hominibus forma tua. 2.*

---

621   Harnack, Marcion, 179; cf. Hier., In Mt. 12, 49f.
622   E. Vollmer, ThLL I, sv., 1903, 1305.

Quodcumque illud corpusculum sit, quonam habitu et quonam conspectu fuit? Si inglorius, si ignobilis, si inhonorabilis, meus erit Christus. Aus diesen Prophezeiungen (Jes. 52, 2–3; 53, 14) formuliert Tertullian ein eindrucksvolles Bekenntnis.

Dabei greift jedes der drei Adjektive *inglorius, ignobilis* und *inhonorabilis*, die das Kommen des Messias in Niedrigkeit beschreiben, eine Wendung aus den Zitaten auf: *Inglorius* korrespondiert mit *neque gloria est* und *sine gloria, ignobilis* mit *speciem neque decorem* sowie *inhonorabilis* mit *inhonorata species*. Zudem sind diese Adjektive durch Homoioteleuta und Alliterationen eindrucksvoll miteinander verklammert. Das betont an den Schluß gestellte *inhonorabilis* ist eine Neubildung, die das wichtigste Attribut darstellt. Sie stammt aus der altlateinischen Bibelübersetzung[623], wo sie zur Wiedergabe von ἄτιμος bezeugt ist. Im weiteren Verlauf dieses Kapitels kommt Tertullian wieder zum menschlichen Leib Jesu Christi, der auch in einem Psalm (Ps. 21, 7)[624] vorhergesagt werde:

(Adv. Marc. 3, 17, 3) *Ceterum habitu incorporabili (mss.) (in corporali habitu* Kroy.) *apud eundem prophetam vermis etiam et non homo, ignominia hominis et nullificamen populi.*

Diesen Leib bezeichnet er mit der Fügung *habitu incorporabili*, die durch den Psalm begründet wird. Das Adjektiv *incorporabilis* ist textkritisch umstritten, da es keinen Sinn ergibt, wenn man das Präfix *in* als *in*-Privativum versteht und *incorporabilis* dann als „körperlos" versteht. Tertullian will aber nach dem Duktus des Textes gerade das Gegenteil behaupten. Daher ändert Kroymann den überlieferten Text zu *in corporali habitu,* so daß sich der eindeutige Sinn „in körperlicher Haltung" ergibt. Allerdings kann man das überlieferte *incorporabilis* auch im gewünschten Sinn[625] von „körperlich" deuten, wenn man *in* als präpositionales Präfix versteht. Braun erwähnt als mögliches Vorbild das lateinische Verb *incorporare*, mit dem etwa Augustin (Aug., anim. 1, 19, 33) die Inkarnation beschreibt. Tertullian[626] kennt diese Verwendung von *incorporare* allerdings noch nicht. Wahrscheinlich ist *incorporabilis* vielmehr von den entsprechenden griechischen Adjektiven ἐνσώματος und ἔνσαρκος abgeleitet. Diese bezeichnen beispielsweise bei Hippolytus und Epiphanius[627] den inkarnierten Sohn. Dadurch kann das präpositionale *in* als genaue Wiedergabe des griechischen

---

623   J. B. Hofmann, W. Ehlers, ThLL VII 1, sv., 1955, 1598.
624   Cf. *reprobatio* Kap. 5.3.2.
625   Cf. Braun, 306f.
626   Cf. W. Bauer, ThLL VII 1, sv., 1940, 1029.
627   Cf. Hipp, ref. 10, 19, 3 ὃν (Χριστὸν) <τὸν> ἔσω ἄνθρωπον καλεῖ, ὡς ἄνθρωπον <αὐτὸν> φανέντα λέγων (sc. ὁ Μαρκίων), οὐκ ὄντα ἄνθρωπον καὶ ὡς ἔνσαρκον, οὐκ <ὄντα> ἔνσαρκον δοκήσει τε πεφηνότα. Cf. Epiph. pan. haer.

Präfix *ἐν* erklärt werden. Für diese Doppeldeutigkeit von *in* im Lateinischen gibt es auch weitere Beispiele wie das plautinische *immutabilis* (Plaut., epid. 577)[628] oder das häufiger bezeugte *instructus*[629]. Braun[630] legt *incorporabilis* noch einen futurischen Aspekt bei und übersetzt daher „appelle à s' incarner". Aber dieser Aspekt ist keineswegs eine notwendige Bedeutungsnuance, sondern fällt bei diesen Adjektiven mit dem Suffix *bilis* oft auch fort[631]. Wegen dieser Schwierigkeiten ist es nicht verwunderlich, daß Tertullians Neuprägung, später nicht mehr bezeugt, Hapaxlegomenon[632] bleibt. Ob aber auch dem antiken Leser *incorporabilis* verständlich war, ist allerdings ungewiß.

Ein ähnliches Bekenntnis wie in Adversus Marcionem 3, 17, 2 formuliert Tertullian auch in De Carne Christi 5, 7:

Ita utriusque substantiae census hominem et deum exhibuit, hinc natum, inde non natum, hinc carneum, inde spiritalem, hinc infirmum, inde praefortem, hinc morientem, inde viventem.

Tertullian vergleicht hier die jeweils entsprechenden Eigenschaften der göttlichen und der menschlichen Natur Jesu Christi miteinander mit antithetisch gegenübergestellten Adjektiven. Von diesen sind *praefortis* und *carneus* neugebildet. *Praefortis* verwendet Tertullian anstelle des geläufigen Adjektivs *fortis*, um alle Eigenschaftsbestimmungen mit gleicher Silbenzahl zu bilden. Zudem kann so diese wichtige Eigenschaft Jesu Christi mit einem ganz ungewöhnlichen Ausdruck stark betont werden. Diese Neubildung bleibt sehr selten und findet sich nur noch in den Gedichten des Prosper aus dem fünften Jahrhundert,[633] so daß es vielleicht Tertullian und Prosper unabhängig voneinander gebildet haben. *Carneus* dagegen ist, wie Braun[634] anmerkt, in derartigen christologischen Diskussionen sehr häufig zu finden. Es bezeichnet an allen diesen Stellen die Leiblichkeit Jesu Christi (Carn. Chr. 4, 6; Adv. Marc. 3, 11, 1 ter; 4, 40, 4; Res. Mort. 2, 6; Adv. Val. 27, 3)

69, 64, 5 *Τοῦ δὲ πατρὸς ἀσωμάτου ὑπάρχοντος, εὐδοκίᾳ δὲ ἰδίᾳ καὶ βουλήσει πνεύματος ἁγίου τοῦ ἀσωμάτου τοῦ υἱοῦ [δὲ] ἐνσωμάτου γενομένου, ἀλλὰ ἀτρέπτου.*

628 Bader, 125f. Bei Tertullian ist noch auf *investigabilis* (cf. Kap. 3.3.1) und *instructilis* (cf. Kap. 7.2.1) hinzuweisen. Allerdings zeigen die Beispiele Baders, daß die Verwendung des präpositionalen *in* bei Tertullian im Verhältnis zur übrigen Latinität sehr häufig ist.
629 Cf. H. v. Kamptz, ThLL VII 1, sv., 1962, 2023f.
630 Braun, 306f.
631 Cf. Leumann, 80.
632 H. Brandt, ThLL VII 1, sv., 1940, 1023f.
633 H. Wieland, ThLL X 2, sv., 1987, 654.
634 Braun, 304.

und die Stofflichkeit seiner Seele (Carn. Chr. 10, 1. 2. 3 bis). Das Adjektiv
stammt wohl aus der Sprache der frühen Christen.[635]

Diese Körperlichkeit versucht Tertullian auch in De Carne Christi 20,
4–5 mit Psalm 21 zu beweisen:.

(Carn. Chr. 20, 4–5) *Quia tu es, qui avulsisti me ex utero matris meae.
Ecce unum. Et spes mea ab uberibus matris meae, super te sum proiectus ex
ulva (...). 5. Si adhaesit, qui avulsus est ex utero, quomodo adhaesisset, nisi
dum est per illum nervum umbilicalem, quasi folliculi sui traducem, adnexus
origini vulvae? Etiam cum quid extraneum extraneo adglutinatur, ita
concarnatur et convisceratur cum eo, cui adglutinatur, ut, cum avellitur,
rapiat secum ex corpore, a quo avellitur, sequelam quandam abruptae uni-
tatis et producem*[636] *mutui coitus (...).*

Tertullian nimmt die Wendung *avulsisti me ex vulva* aus dem Psalm zum
Ausgangspunkt und leitet daraus den Beweis für die tatsächliche körperliche
Geburt Jesu ab. Denn für ihn wird im Psalm das Abschneiden der Nabel-
schnur nach der Geburt des Messias vorhergesagt. Daran knüpft er seine Argumentation an, die zunächst sehr konkret ist und dann schließlich fast ob-
szön wird. Diese Aspekte bestimmen auch die Wortwahl. Denn er entlehnt
der medizinischen Fachsprache außer dem geläufigen *adglutinare* (cf.
Celsus, 6, 61 u. ö.) auch das bei ihm zuerst belegte Verb *concarnare*, das die
Heilung von Wunden (cf. Oribas., eup. 2, 7)[637] beschreibt. Dazu kommen
die Neubildungen *conviscerare*, *umbilicalis* und *produx*. Das Hapaxlegomenon[638] *conviscerare* wird um des parallelen Ausdrucks zu *concarnare* willen geprägt, während das ebenfalls nur hier bezeugte Adjektiv
umbilicalis einen Satzreim mit *tradux* bilden soll. Zudem erinnert es an den
medizinischen Fachausdruck *umbilicatus* (cf. Plin., nat., 13, 32). Mit *produx*
beschreibt Tertullian in extrem drastischer Weise die Geburt als Folge der
Zeugung, um so pointiert jegliche Gedanken an eine nichtnatürliche Geburt
auszuschließen. Formal bildet es wiederum einen Satzreim mit *tradux*; es
scheint als Hapaxlegomenon ebenfalls eine Neubildung Tertullians zu sein.

---

635   K. Meister, ThLL III, sv., 1907, 477.

636   Kroymann liest *traducem et mutui coitus* nach der in einigen Handschriften über-
      lieferten Variante *et traducis* (TBmg). Evans, Kom. Carn. Chr. 170f, kann diese
      Variante dagegen als Verschreibung aus dem vorherigen Satz erklären und auf den
      befriedigenden Sinn „aftermath" von *produx* hinweisen.

637   O. Hey, ThLL IV, sv., 1906, 5.

638   A. Gudeman, ThLL IV, 1908, 879.

Auch die Zeugung Jesu Christi wird mit großer Deutlichkeit geschildert:
(Carn. Chr. 19, 3) *Neque enim, quia ex sanguine negavit, substantiam carnis rennuit, sed materiam seminis, quam constat sanguinis esse calorem*[639], *ut despumatione mutatum in coagulum sanguinis feminae.*

Nach Tertullian geschieht die Zeugung Jesu durch die Gerinnung des Samens im Blut der Mutter, wobei die Flüssigkeit entzogen wird. Dieser Flüssigkeitsentzug wird mit dem novum verbum *despumatio* beschrieben, das sich in entsprechender Bedeutung auch bei dem Tiermediziner Chiron (Chiron 14)[640] findet. Daher stammt wohl auch *despumatio* aus dieser Fachsprache. Beiden behandelten Stellen gemein ist die Tendenz, Jesu Menschlichkeit mit drastisch wirkenden Beschreibungen zu untermauern.

Die Frage, ob Jesus Christus als Geschöpf des einen Gottes im Alten Testament offenbart wurde, behandelt Tertullian in Adversus Marcionem an vielen Stellen. So behandelt er in 3, 16, 1 die Frage, warum die Juden Jesus Christus deswegen nicht als Messias anerkannten, weil sein Name Jesus nicht offenbart war. Markion hatte daraus abgeleitet, daß Jesus Christus nicht der Messias der Juden sein konnte:[641]

Nunc, si nomen Christi ut sportulam furunculus captavit, cur etiam Iesus voluit appellari, non tam exspectabili apud Iudaeos nomine?

Für diese Frage bildet Tertullian das Adjektiv *exspectabilis* neu, das den wichtigsten Aspekt des Satzes, die jüdische Erwartung, bezeichnet und durch seine Neuartigkeit hervorhebt. Wie einige andere Neubildungen mit dem Suffix *bilis* ist es im Kontext nicht vorbereitet, scheint aber von sich aus verständlich und akzeptabel zu sein (cf. Kap. 7.3.1 zu *concussibilis*). Da es nur noch einmal in einer Heiligenvita[642] belegt ist, dürfte es eine Neubildung Tertullian sein.

In Adversus Marcionem 5, 3, 10 bespricht Tertullian im Zusammenhang von Gal. 3, 13 den dort zitierten Vers Dt. 11, 26. Nach der dort aufgeführten Bestimmung der Thora ist derjenige, der am Kreuz hängt, verflucht. Markion hatte diesen Vers anscheinend für eine Verfluchung Jesu Christi durch den bösen Schöpfergott gehalten:

---

639 Kroymann liest *constat sanguinis esse † colorem*. Mahé, Kom. Carn Chr., 415 kann dagegen die Lesart *calorem* (MNFRB) rechtfertigen, indem er auf die Lehre von der Entwicklung des Samens aus warmen Bestandteilen des menschlichen Blutes verweist, wie sie sich bei Hippokrates (De nat. pueri 1 p. 470–471 Littré) findet.

640 A. Gudeman, ThLL IV, sv., 1910, 751.

641 Harnack, Marcion, 112f.

642 O. Hiltbrunner, ThLL V 2, sv., 1950, 1883, zählt nur noch einen Beleg in der Pass. Mar. Iac. 12 auf.

(Adv. Marc. 5, 3, 10) *Neque enim quia creator pronuntiavit:* **maledictus**
omnis ligno suspensus, *ideo videbitur alterius dei esse Christus et idcirco a*
creatore iam tunc in lege maledictus. Aut quomodo praemaledixisset eum
creator, quem ignorabat?

Tertullian dagegen kehrt das Argument um: Er beweist mit diesem Vers,
daß der Schöpfergott von Jesus Christus schon vor seiner Inkarnation ge-
wußt hätte. Dazu formuliert er die rhetorische Frage am Schluß. Deren Verb
praemaledicere, ein Hapaxlegomenon[643], unterstreicht durch seine Neuartigkeit sowohl den entscheidenden Gedanken – verflucht werden kann nur,
wer vorher bekannt ist – als auch die Paradoxie des Arguments. *Praemale-*
dicere wird durch die vorher diskutierte *maledictio* vorbereitet. Zudem hat
Tertullian eine gewisse Vorliebe für neu gebildete Verben mit dem Suffix
prae (cf. Kap. 5.3.2; Kap. 3.4.1.3).

6.1.2.3 Zusammenfassung

Die neugeprägten Worte für die Eigenschaften Gottes und Jesu Christi
lassen sich in fünf Gruppen einteilen:

(1) Mit einer Reihe von Adjektiven und mit von diesen abgeleiteten Ab-
    strakta bezeichnet Tertullian positiv die Eigenschaften Gottes und Jesu
    Christi. Darunter sind sowohl Neubildungen als auch bekannte Wörter:
    accessibilitas, carneus, dedecoratio, incongressibilis, incontaminabilis,
    incorporabilis, incorruptorius, indemutabilis, inhonestas, innatus, nas-
    cibilis, nativitas, praescientia, primogenitus, unigenitus, visibilitas.

(2) Eine weitere Gruppe besteht aus denjenigen Neubildungen, die häreti-
    sche Vorstellungen bezeichnen:
    contrarietas, impraescientia, improvidentia, malitiositas, pusillitas,
    putativus.

(3) Die Inkarnation bespricht er mit einer Reihe von Ausdrücken aus Fach-
    sprachen und Neuprägungen:
    advivere, concorporare, conviscerare, despumatio, produx, umbilicalis.

(4) Eine andere Gruppe besteht aus Ausdrücken, die Tertullian in ver-
    neintem Sinne zur Eigenschaftsbezeichnung gebraucht:
    contaminabilis, corruptorius, inhonorabilis, obventicius, provocativus.

(5) Mit den beiden Nomina agentis *arbitratrix* und *auctrix* bildet Tertullian
    Prädikate für die Gerechtigkeit.

---

643 H. Maslowski, ThLL X 2, sv., 1987, 697.

6.2 Heiliger Geist

Den Heiligen Geist behandelt Tertullian im untersuchten Kanon nicht ausführlich. Er bildet eine Reihe von Prädikaten, um an einigen Stellen die
Funktion des Geistes darzustellen:

(1) *vivificator*

(Adv. Marc. 2, 9, 6) *Denique cum manifeste scriptura dicat flasse deum in
faciem hominis et factum hominem in animam vivam non in spiritum
vivificatorem, separavit eam a condicione factoris.*
   (Res. Mort. 37, 3) *Itaque sermonem constituens vivificatorem, quia
spiritus et vita sermo, eundem etiam carnem suam dixit (...).*
   (Res. Mort. 37, 6) *(...) pariter illuminavit, quid cui prosit, spiritum
scilicet carni, mortificatae vivificatorem.*
   Alle diese Stellen werden von 1. Kor. 15, 45 (*Οὕτως καὶ γέγραπται·
Ἐγένετο ὁ πρῶτος ἄνθρωπος Ἀδὰμ εἰς ψυχὴν ζῶσαν, ὁ ἔσχατος
ἄνθρωπος Ἀδὰμ εἰς πνεῦμα ζωοποιοῦν*) abgeleitet und zeigen den heiligen Geist als die lebensspendende Kraft. Dabei spielt *vivificator* auf das
Verb *ζωοποιοῦν* aus diesem Vers an. Diese enge Verbindung zum griechischen Text spricht dafür, daß *vivificator* auch von Tertullian geprägt wurde.
Später wird es sowohl als Prädikat des Geistes wie etwa bei Hieronymus
(quaest. hebr. in gen. 4, 13) als auch als Gottesprädikat (Aug., serm. 95, 6)
und als Christusprädikat (Mercat. Nest., serm. 4, 7) verwendet. So kann es
eine Neubildung Tertullians sein, wenn man auch eine von ihm unabhängige
Neubildung später nicht ausschließen kann. Braun[644] tritt dagegen wegen
eines Belegs bei Ausonius (rhopal 5) dafür ein, daß *vivificator* Tertullian bereits geläufig war; doch ist dieser Schluß zweifelhaft, weil die Echtheit
dieser Schrift sehr unwahrscheinlich ist.[645]

(2) *interpretator*

(Adv. Prax. 30, 5) *Hic interim acceptum a Patre munus effudit, Spiritum
sanctum, tertium nomen divinitatis et tertium gradum maiestatis, unius
praedicatorem monarchiae sed et oikonomiae interpretatorem, si quis
sermones novae prophetiae eius admiserit et deductorem omnis veritatis,
quae est in Patre et Filio et Spiritu sancto secundum Christianum sacramentum.*

---

644   Braun, 540–542.
645   Cf. Green, 667.

Im montanistischen Sinne erläutert Tertullian an dieser Stelle die Rolle des Geistes, der alleine den Heilsplan erkennbar und die neue Prophetie möglich mache. Er verwendet dabei die bei der Untersuchung der Gottes- und Christusprädikate beobachtete Technik, Prädikate mit einem Nomen mit dem Suffix *tor* zu bilden (zur Herkunft von *interpretator* cf. Kap. 6.3.1)

An zwei Stellen bespricht Tertullian die Funktion des Heiligen Geistes im Menschen. So schreibt er etwa in De Resurrectione Mortuorum 26, 11 zu diesem Thema:

Sicut et ipsam terram sanctam Iudaicum proprie solum reputant, carnem potius domini interpretandam, quae exinde et in omnibus Christum indutis sancta sit terra, vere sancta per incolatum spiritus sancti (...).

Nach Tertullian geht der Geist in die Christen ein und bewirkt ihre Heiligung. Diese Vorstellung umschreibt er mit dem juristischen Fachausdruck *incolatus*[646], um sie dem Leser zu verdeutlichen. In diesem Sinne verwendet er *incolatus* auch in De Resurrectione Mortuorum 9, 1, während es in De Anima 57, 2 und in Adversus Nationes 2, 3 den Aufenthaltsort der Seele im Menschen beschreibt. Im ursprünglichen, juristischen Sinne, in dem es den Aufenthaltsort eines Menschen bezeichnet, findet es sich in Apologeticum 22, 10 und De Corona 13, 3. Vor dem Gericht ist dagegen die Seele die Repräsentantin des Heiligen Geistes. Für diese Funktion wird das neue Wort *suffectura*, das Hapaxlegomenon bleibt, geprägt:

(Adv. Marc. 1, 28, 3)[647] *Si consecutio est spiritus sancti, quomodo spiritus adtribuet, qui animam non prius contulit? Quia suffectura est quodammodo spiritus animae.*

Das Wort *suffectura* spielt auf ähnliche Berufsbezeichnungen wie *praefectura*[648] an und soll hier wohl an den *consul suffectus* erinnern. In dieser Weise bildet Tertullian auch *piscatura* als Beruf des Fischers (cf. Kap. 5.3.2).

In Adversus Praxeam 12, 3 wird das Handeln des Geistes beschrieben:

Cum quibus enim faciebat hominem et quibus faciebat similem, Filio quidem, qui erat induiturus hominem, Spiritu vero, qui erat sanctificaturus hominem, quasi cum ministris et arbitris ex unitate trinitatis loquebatur.

Die Heiligung als Tätigkeit des Heiligen Geistes bezeichnet das wohl aus der frühen Bibelübersetzung (cf. Kap. 2.1) stammende Verb *sanctificare*. In dieser Verwendung findet sich *sanctificare* auch an einige anderen Stellen des Werkes.[649] Das Verb ist der Bibelübersetzung (cf. Kap. 3.3.2) entlehnt;

---

646   Cf. Heumann-Seckel, 257.
647   Zur Textgestaltung Braun, Kom. Marc. I, 312.
648   Engelbrecht, Neue lexikal. Beitr., 150f.
649   In De Anima 39, 4 wird mit *santificare* auf ἀγιάζειν aus 1. Kor. 7, 14 angespielt; in

es entwickelt sich aus diesem Sprachgebrauch zu einem dogmatischen Begriff.

Von *spiritus* abgeleitet ist das bei den Christen sehr häufige Adjektiv *spiritalis*, das Tertullian alleine an weit über 100 Stellen[650] gebraucht. Bei ihm lassen sich vier charakteristische Verwendungsweisen außerhalb der Bibelübersetzung (cf. Kap. 3.3.2) finden:

(1) Im allgemeinen Sinn steht *spiritalis* für „geistlich, zum Bereich Gottes gehörig". Diese Bedeutung wird besonders im Kontrast zu *saecularis* deutlich:

(Adv. Marc. 5, 6, 8) *Quod si non videtur de spiritalibus dixisse principibus, ergo de saecularibus dixit (...)*.

In diesem Sinne wird *spiritalis* u. a. mit *gratia* (Adv. Marc. 3, 17, 2 u. ö.), mit *lex* (Adv. Marc. 2, 19, 1 u. ö.) und mit *charisma* (Adv. Prax. 28, 12 u. ö.) verbunden.

(2) Im Kontext der Auferstehungstheologie bezeichnet *spiritalis* den geistlichen Leib, der für Tertullian dennoch eine materielle Substanz hat:

(Res. Mort. 53, 17) *(sc. distinctio) praeiudicavit, ut (...) atque ita eadem sit et supra intellegenda et quae seminetur, corpus animale, et quae resurgat, corpus spiritale, quia non primum, quod spiritale, sed quod animale(...)*.

In diesem speziellen Sinne findet sich *spiritalis* noch an einigen weiteren Stellen in De Resurrectione Mortuorum (25, 4; 52, 18 u. ö.).

(3) Es umschreibt im Sinne von „geisterfüllt" die wichtigste Eigenschaft der Prophetie und findet sich so vor allem in Bemerkungen zur montanistischen Lehre:

(An. 21, 2) *Si quia prophetavit magnum illud sacramentum in Christum et ecclesiam: (...), hoc postea obvenit, cum in illum deus amentiam immisit, spiritalem vim, qua constat prophetia.*

In dieser Verbindung findet sich *spiritalis* noch an vielen anderen Stellen (Adv. Marc. 5, 15, 5; 1, 29, 4 u. ö.)

(4) In der Auseinandersetzung mit der Gnosis gibt Tertullian mit *spiritalis* das gnostische πνευματικός (cf. Kap. 4.2.2) wieder:

(Adv. Val. 17, 2) *Peperit denique, et facta est exinde trinitas generum ex trinitate causarum, unum materiale, quod ex passione, aliud animale, quod ex conversione, tertium spiritale, quod ex imaginatione.*

Spiritalis bezeichnet in diesem Text, der eine Übersetzung von Irenäus, Adversus Haereses 1, 5, 1 (cf. zu *materiale* Kap. 4.2.2) darstellt, die oberste

---

De Carne Christi 20, 7 bezeichnet es wie hier die Heiligung, allerdings durch Jesus Christus, und in Adversus Marcionem 1, 29, 1 ironisch die Heiligung in der Taufe durch Markion.

650 Cf. Claesson III, 1524.

Klasse der Menschen, die Pneumatiker. In diesem Gebrauch findet sich *spiritalis* an vielen Stellen in Adversus Valentinianos (Adv. Val. 10, 5 u. ö.) und De Anima (An. 18, 3).

Die Herkunft von *spiritalis* ist nicht genau zu bestimmen. Denn einerseits kann es, da es ein zentraler Ausdruck der christlichen Religion ist, bei den ersten lateinischsprachigen Christen entstanden sein; andererseits kann es aber auch zur gleichen Zeit in gnostischen Kreisen gepägt worden sein. Tertullian verwendet es an allen Stellen so, als sei es ihm und seinen Lesern bereits bekannt und scheut sich nicht, auch bekämpfte Vorstellungen wie die seiner gnostischen Gegner mit *spiritalis* zu bezeichnen. *Spiritalis* scheint für ihn die einzige passende Wiedergabe der griechischen Vorstellung von πνευματικός zu sein, so daß er auch an keiner Stelle nach besser geeigneten Ausdrücken sucht, die nicht für häretische Vorstellungen benutzt werden.

6.3   Trinität

Seine Lehre von der Trinität entwickelt Tertullian in der Schrift Adversus Praxeam, in der er sich intensiv mit der Lehre des Häretikers Praxeas, der eine modalistische Trinitätslehre vertrat, auseinandersetzt. Einzelne Bemerkungen zur Trinität finden sich aber auch schon in früheren Schriften.

6.3.1   Einzeluntersuchungen

Der zentrale Begriff der Trinitätslehre ist das Nomen *trinitas*. Es wird in diesem Sinne zuerst in Adversus Praxeam 2, 4 verwendet:

(Adv. Prax. 2, 4) *Quasi non sic quoque unus sit omnia, dum ex uno omnia, per substantiae scilicet unitatem et nihilominus custodiatur oikonomiae sacramentum, quae unitatem in trinitatem disponit, tres dirigens Patrem et Filium et Spiritum, tres autem non statu sed gradu, nec substantia sed forma nec potestate sed specie, unius autem substantiae et unius status et unius potestatis quia unus Deus, ex quo et gradus isti et formae et species in nomine Patris et Filii et Spiritus sancti deputantur.*

Hier erläutert Tertullian die theologische Bedeutung von *trinitas*, indem er zunächst darlegt, daß die Trinität der göttlichen Einheit (*unitatem in trinitatem disponit*) untergeordnet ist. Danach erklärt er *trinitas* weiter durch die Aufzählung der drei Personen (*tres dirigens Patrem et Filium et Spiritum*) und entfaltet deren Funktion in den folgenden Satzgliedern. In diesem Sinne „dreieiniger Gott" ist *trinitas* danach in der Schrift Adversus Praxeam (2, 3; 3, 1; 4,

2; 8, 6; 11, 9; 12, 1; 12, 3) und in De Pudicitia (21, 6)[651] noch mehrmals bezeugt, während es sich in keiner früheren Schrift in dieser Bedeutung findet.
Seine Herkunft ist allerdings umstritten. Wölfl[652] hält *trinitas* für eine Prägung
Tertullians zur Bezeichnung der Dreieinigkeit und betont, daß Tertullian an
allen Belegstellen von *trinitas* in diesem Zusammenhang die Einheit der drei
Personen betone. Schrijnen[653] dagegen hält *trinitas* für einen „unmittelbaren
Christianismus", dessen Urheber anonym bleibt. Eine wiederum andere Position vertritt Braun:[654] Er meint, daß *trinitas* aus christlich-gnostischen Kreisen
stamme, die das geläufige Wort *ternio* für die Trinität vermeiden wollten. Aus
diesem Wortgebrauch habe sich dann *trinitas* zu einem festen Terminus für die
orthodoxe Auffassung von der Trinität schon in der karthagischen Gemeinde
entwickelt. Dafür spreche besonders die chronologisch erste Belegstelle (Adv.
Prax. 2, 4) für diese Bedeutungsnuance, wo *trinitas* ohne weitere Erläuterung
als Bezeichnung für die Trinität verwendet und von Tertullian als bekannt vorausgesetzt werde. Diese unterschiedlichen Positionen können nur mit einer genauen Analyse aller früheren Belegstellen geklärt werden. Diese lassen sich in
zwei Gruppen gliedern. An den meisten gibt *trinitas* die gnostische τρίας
wieder, die drei Menschenklassen (Praescr. Haer. 7, 3 *Inde Aeones formae
nescio quae infinitae et trinitas hominis apud Valentinum: Platonicus fuerat*;
cf. An. 21, 4; Adv. Val. 17, 2). In De Anima 16, 4 dagegen wird es ohne Nebenbedeutung zur Bezeichnung der dreigeteilten Seele nach platonischer Lehre
verwendet:

*Ecce enim tota haec (sc. Platonica) trinitas et in domino: et rationale,
quo docet, quo disserit, quo salutis vias sternit, et indignativum, quo invehitur in scribas et Pharisaeos, et concupiscentivum, quo pascha cum
discipulis suis edere concupiscit.*

Hier trägt *trinitas* weder eine gnostisch beeinflußte noch eine auf christlichem Denken fußende Bedeutung, vielmehr hat es den einfachen Sinn
„Dreiteilung". In ähnlicher Weise wird es auch in De Anima 21, 7 gebraucht
(cf. Kap. 6.1.2.1). Dieser Befund macht die Deutung Wölfls und Schrijnens
unmöglich, da *trinitas* nach an diesen Stellen in nichtchristlichem Sinne verwendet wird. Brauns Meinung[655] wird zum Teil durch die Interpretation von
Adversus Praxeam 2, 4 widerlegt, seine Auffassung, daß *trinitas* von Christen und Gnostikern gebildet wurde, wird durch die Verwendung in De

---

651 Cf. Braun, 576.
652 Wölfl, 86f.
653 Schrijnen, 16f; cf. Mohrmann, Aug., 158f.
654 Braun, 151.
655 Als weiteres Argument dafür, daß *trinitas* als dogmatischer Ausdruck dem Leser
      schon bekannt sei, führt Braun, 151, an, daß auch das griechische Äquivalent τρίας

Anima 16, 4 in Frage gestellt. Denn eine Übertragung von einer im christ-
lich-orthodoxen oder gnostischen Sprachgebrauch schon geläufigen Bedeutung „Dreieinigkeit" bzw. „drei Klassen" zu einer allgemeineren Bedeutung
„Dreiteilung" ist unwahrscheinlich. Daher liegt es nahe, daß *trinitas* schon
bekannt war und seine Verwendung zur Bezeichnung der Trinität noch so
wenig verbreitet war, daß Tertullian sich zu der Erläuterung in Adversus Praxeam 2, 4 gezwungen sah, wenn er es nicht selbst als erster für die Trinität
gebrauchte. Später ist *trinitas*[656] vor allem in der christlich-dogmatischen
Bedeutung belegt; bei paganen Autoren ist es anscheinend nicht bezeugt.

Die Einheit der trinitarischen Gottheit[657] beschreibt Tertullian nicht nur,
wie in Adversus Praxeam 2, 4, mit dem geläufigen *unitas*, sondern auch mit
dem bei ihm zuerst bezeugten Wort *unio* (Adv. Prax. 13, 7; 19, 7; 20, 1). Mit
weiteren Bedeutungsnuancen bezeichnet es in der Auseinandersetzung mit
dem gnostischen Dualismus den einen Gott (Res. Mort. 2, 10.11; Adv. Marc.
1, 4, 4; 1, 4, 6; 1, 5, 2) und wird auch im Kontrast zum heidnischen Polytheismus (Adv. Prax. 18, 4) in dieser Weise gebraucht. Daneben wird *unio* aber
auch für die Bezeichnung der Einheit der Seele (An. 13, 3) und der Ehe
(Mon. 4, 3) verwendet und dient zur Übersetzung von τὸ ἕν aus einem gnostischen Text (Adv. Val. 37, 1 cf. Kap. 4.2.2). Nach einer Notiz des Isidor von
Sevilla (Orig. 18, 65) stammt *unio* aus der Sprache des Würfelspiels:

*De Vocabulis Tesserarum: Iactus quisque apud lusores veteres a numero
vocabatur, ut unio, binio, trinio, quaternio, quinio, senio*[658].

Dieses Zeugnis des Isidor deutet darauf hin, daß *unio* tatsächlich aus der
gesprochenen Sprache stammt und von dort zu seiner Verwendung in der
christlichen Dogmatik kam. Zudem ist es auch bei dem paganen Dichter
Avian (fab. prol. 18) belegt.

In ähnlicher Weise wird auch die Bedeutung des Abstraktums
singularitas vom Kontext der Auseinandersetzung bestimmt. Bei der Diskussion der Trinitätslehre umschreibt es nämlich die Einheit Gottes in modalistischer Vorstellung, d. h. die Einheit der Person als Vater, Sohn und Heiliger Geist (Adv. Prax. 19, 1; 22, 11), während es in der Schrift Adversus

---

bei den griechischen Apologeten einheitlich zur Bezeichnung der Trinität verwendet werde. Dieses Argument liegt zwar durchaus nahe, wird aber aus den geschilderten Gründen zweifelhaft.

656 Nach dem Zettelmaterial des Thesaurus ist *trinitas* nur bei Ir. 2. 25, 1 nicht in der
geschilderten christlich-dogmatischen Bedeutung bezeugt.

657 Braun, 68–71.

658 In einigen Handschriften sind *ternio* und *quinio* nicht überliefert und werden daher
etwa von Lindsay athetiert; doch ist Lindsays Entscheidung zu sehr am Lectio-dif-
ficilior-Prinzip orientiert: Welcher Würfel hat zwar eine Seite mit zwei Augen, aber
keine mit drei oder fünf?

Marcionem im gleichen Sinne wie *unio* die Einheit Gottes in rechtgläubiger Vorstellung (Adv. Marc. 1, 4, 6; 1, 11, 9; 4, 2, 4)[659] umschreibt. Den Gegensatz zwischen *unio* und *singularitas* bildet Tertullian also speziell für die Auseinandersetzung mit Praxeas. Nach Braun[660] wurde *singularitas* aus der paganen Sprache übertragen, wo es etwa bei Martianus Capella (7, 749 u. ö.) häufig belegt sei. Zudem findet sich *singularitas* in der antiken Grammatik, wo es die Einzahl im grammatisch-technischem Sinne bezeichnet (Char. I 6, 6; Consentius V 348, 24; Macr. exp. Bob. V 636, 24). Von dieser Bedeutung scheint Tertullian die dogmatisch-christliche Verwendung abzuleiten. Ebenfalls aus der Sprache der Grammatik stammt das Adjektiv *personalis,* das an einer Stelle die Hypostase Gottes beschreibt (Adv. Prax. 15, 1 *Deum deprehendo sub manifesta et personali distinctione*)[661].

In Adversus Praxeam 9, 1 führt Tertullian das Adjektiv *inseparatus* ein. Dort legt er dar, wie er sich die Einheit der Personen der Trinität mit ihren verschiedenen Abstufungen[662] vorstellt:

(Adv. Prax. 8, 6–9, 1) *Igitur secundum horum exemplorum formam profiteor me duos dicere: Deum et Sermonem eius, Patrem et Filium ipsius. Nam et radix et frutex duae res sunt, sed coniunctae; et fons et flumen duae species sunt, sed indivisae; et sol et radius duae formae sunt, sed cohaerentes. 7. Omne quod prodit ex aliquo, secundum sit eius necesse est de quo prodit, non ideo tamen est separatum. Secundus autem ubi est, duo sunt et tertius ubi est, tres sunt. Tertius enim est Spiritus a Deo et Filio sicut tertius a radice fructus ex frutice et tertius a fonte rivus ex flumine et tertius a sole apex ex radio. Nihil tamen a matrice alienatur a qua proprietates suas ducit. Ita trinitas per consertos et connexos gradus a Patre decurrens et monarchiae nihil obstrepit et oikonomiae statum protegit. 9, 1. Hanc me regulam professum, qua inseparatos ab alterutro Patrem et Filium et Spiritum testor, tene ubique et ita quid quomodo dicatur, agnosces.*

Tertullian entwickelt aus den Bildern seine Auffassung von den innertrinitarischen Beziehungen, die er in einer Glaubensregel (*inseparatos ab alterutro Patrem et Filium et Spiritum testor* Adv. Prax. 9, 1) zusammenfaßt.

---

659 Ferner bezeichnet *singularitas* Einmaligkeit der Ehe (Cast. 1, 3) und gibt μονότης aus der Gnosis (Adv. Val. 37, 1; Scorp. 10, 2 cf. Kap. 4.2.2) wieder.

660 Braun, 68–70.

661 Braun, 225, 238; *Personalis* ist bei den römischen Grammatikern oft belegt, wo es entweder das Personalpronomen (Cledon. ars V p. 66, 31; Sergius, Exp. Don. IV p. 559, 7) oder die persönliche Konstruktion bei Verben bezeichnet (Macr. exc. bob. V p. 648, 21; Sacerd. gr. VI p. 429, 20). Auf die zugrundeliegende grammatische Konzeption für diese Gedanken weist Hilberath, 264–268, hin.

662 Cf. Moingt, 529–532.

Deren Schlüsselbegriff, das novum verbum *inseparatus*, steht betont am An-
fang des Satzes. Es erinnert den Leser an das vorher genannte *separatus*
(Adv. Prax. 8, 7), das den implizierten Vorwurf der Monarchianer an die
Adresse Tertullians bezeichnet, den Sohn vom Vater zu trennen. Zudem
greift es die synonymen Adjektive *coniunctae, indivisae* und *cohaerentes*
*(*Adv. Prax. 8, 6) auf, die in der Auslegung des Bildes die Einheit von Vater
und Sohn beschreiben. Daher ist es eine wirkungsvolle Bestimmung der
Einheit von Vater, Sohn und Heiligem Geist. Tertullian verwendet *insepa-*
ratus im Laufe der Argumentation in Adversus Praxean noch an drei weiteren Stellen:

(1) (Adv. Prax. 18, 3) *Denique inspice sequentia huiusmodi pronuntia-*
tionum, et invenies fere ad idolorum factitatores atque cultores definitionem
earum pertinere ut multitudinem falsorum deorum unio divinitatis expellat,
habens tamen Filium quanto individuum et inseparatum a Patre, tanto in
Patre reputandum etsi non nominatum.

Hier stellt er seine Auffassung von der trinitarischen Einheit dem Vorwurf des Polytheismus gegenüber, den die Monarchianer gegen ihn erhoben.
Dieser Text ist sehr pointiert formuliert: *Unio* steht seinem Gegenteil *multi-*
tudo gegenüber, während das Hendiadyoin *individuum et inseparatum* die
Untrennbarkeit von Vater und Sohn betont. Hier gibt das geläufige Wort *indi-*
viduum eine Verständnishilfe für den Leser.[663]

(2) (Adv. Prax. 19, 8) *Et tamen ne de isto scandalizentur, rationem*
reddimus, qua Dii non duo dicantur nec Domini, sed qua Pater et Filius duo,
et hoc non ex separatione substantiae, sed ex dispositione, cum individuum
et inseparatum Filium a Patre pronuntiamus, nec statu, sed gradu alium, qui
etsi Deus dicatur, quando nominatur singularis, non ideo duos deos faciat,
sed unum, hoc ipso, quod et Deus ex unitate Patris vocari habeat.

Dieses Bekenntnis ist davon geprägt, daß die Schlüsselbegriffe der
Auseinandersetzung (*separatio/dispositio; status/gradus; unus/duo*) gegenübergestellt sind. *Inseparatus* korrespondiert mit *separatio* aus dem vorhergehenden Kolon und wird wieder durch das geläufige *individuus* gestützt.

(3) (Adv. Prax. 22, 2) *Item cum misissent ad invadendum eum pharisaei:*
Modicum adhuc temporis, ait, vobiscum sum et vado ad eum, qui me misit. At
ubi se negat esse solum – sed ego, inquit, et qui me misit Pater (Joh. 7, 33; 8,
16) – *nonne duos demonstrat, tam duos quam inseparatos?*

Hier bezeichnet *inseparatus* die Unteilbarkeit der Gottheit, die sowohl
von der Auffassung der Monarchianer als auch von dem Vorwurf des Polytheismus abgegrenzt wird. Bemerkenswert ist, daß *inseparatus* erst hier, an

---

663 Auch *facitator* ist eine Neubildung Tertullians, die ursprünglich den Demiourgen
     (cf. Adv. Val. 21, 2 bis cf. Kap. 4.2.2) bezeichnet.

der vierten Belegstelle in Adversus Praxeam, weder durch ein verwandtes
Wort im Kontext noch durch ein koordiniertes bedeutungsverwandtes Adjektiv gestützt wird.

Inseparatus wählt Tertullian vor allem deshalb, weil er die geläufigen
Adjektive *individuus, indivisibilis* und *inseparabilis* zu vermeiden sucht, die
für die trinitarische Diskussion aus verschiedenen Gründen ungeeignet erscheinen. *Indivisibilis* (cf. Kap. 6.1.2.1) und *individuus* haben nämlich für
Tertullian eine zu allgemeine Bedeutung, während *inseparabilis*, das später
Hilarius (syn. 40) und Augustin (in evang. Ioh. 20, 3) im gleichen Zusammenhang verwenden, Tertullian wohl zu sehr an die Sprache der paganen
Philosophie[664] erinnert. Er dürfte *inseparatus* selbst geprägt haben, da es
kein Anzeichen dafür gibt, daß er es als bekannt voraussetzt. Zudem verwenden Marius Victorinus (Adv. Arrian. 1, 34) und Maximus Taurinensis
(Serm. 4, 8) *inseparatus* später im gleichen Sinne wie Tertullian, während
vor allem in Konzilienprotokollen (Conc. s. I 3 Rustic. p. 72, 4 u. ö.) mit
inseparatus auch die Einheit der göttlichen und menschlichen Natur Christi
beschrieben wird.[665]

Als Abstraktum zu *inseparatus* wird *individuitas* verwendet, mit dem in
Adversus Praxeam 22, 4 die Untrennbarkeit zwischen Vater und Sohn, die
trotz der unterschiedlichen Personen besteht, betont wird:

Item interrogatus ubi esset Pater neque se neque Patrem notum esse illis
respondens duos dixit ignotos, quod, si ipsum nossent, patrem nossent (Joh. 8,
18), *non quidem quasi ipse esset Pater et Filius, sed quia per individuitatem*
neque agnosci neque ignorari alter sine altero potest.

Mit *individuitas* erläutert Tertullian die nicht mögliche Trennung zwischen beiden Personen, die der Unterscheidung zwischen Vater und Sohn
auch nach diesem Zitat vorangeht. *Individuitas* findet sich zuerst in der
frühen Schrift De Oratione 6, 2[666], wo es in der Auslegung des Abendmahls
in einem Wortspiel mit *perpetuitas* steht. In verschiedenen weiteren Verwendungen bezeichnet es in Adversus Marcionem 2, 22, 4 die Verbindung zwischen Jesus und den Propheten des Alten Testamentes, in De Anima 5, 2 die
Untrennbarkeit der Seele vom Körper und in De Monogamia 5, 1 die Unauflöslichkeit der Ehe. Nach den Angaben des Thesaurus ist *individuitas* später
nur bei Boethius (cons. 4, 6, 15) belegt, der damit eine geometrische Figur
erläutert. Wegen der großen zeitlichen Differenz zwischen Boethius und

---

664 B. Rehm, ThLL VII 1, sv., 1942, 1208–1210; cf. Apul., Socr. 16 p. 156 (*sc. deus*
     Socratis) *adsiduus observator, individuus arbiter, inseparabilis testis.*
665 Stellen nach K. Alt, ThLL VII 1, sv., 1958, 1864; cf. Moingt, 529–532.
666 *Hoc est corpus meum* (Joh. 6, 31): *Itaque petendo panem quotidianum per-*
     petuitatem postulamus in Christo et individuitatem a corpore eius.

Tertullian ist es wahrscheinlich, daß *individuitas* von beiden Autoren unabhängig voneinander geprägt wurde.

In der Wortwahl sind zwei weitere Stellen in Adversus Praxeam besonders auffällig, wo Tertullian trinitarische Aspekte der Zweinaturenlehre (Adv. Prax. 27, 2–12) und die Frage der Leidensfähigkeit Gottes (Adv. Prax. 29, 5–6) bespricht. In der ersten Auseinandersetzung versucht Tertullian, die monarchianische Christologie als völlig absurd darzustellen:

(Adv. Prax. 27, 1–2) *Undique enim obducti distinctione Patris et Filii, quam manente coniunctione disponimus ut solis et radii et fontis et fluvii, per individuum et tamen numerum duorum et trium, aliter eam ad suam nihilominus sententiam interpretari, conantur, ut aeque in una persona utrumque distinguant patrem et filium, dicentes Filium carnem esse, id est hominem, id est Iesum, Patrem autem spiritum, id est Deum, id est Christum. 2. Et qui unum eundemque contendunt Patrem et Filium, iam incipiunt dividere illos potius quam unare.*

Tertullian nimmt die monarchianische Lehre, es gebe keine Unterscheidung der Gottheit in Personen, zum Anlaß, seinen Gegnern vorzuwerfen, sie würden gerade das Gegenteil lehren. Dazu verweist er auf ihre Differenzierung verschiedener Funktionen innerhalb der einen Gottheit (*in una persona utrumque distinguant*) und schließt daraus, daß sie die Gottheit in Wirklichkeit teilen würden. Diesen Vorwurf formuliert er mit der pointierten Wendung *incipiunt dividere illos potius quam unare*. Darin ist das Verb *unare* eine Neubildung, die anstelle des sachgerechten Verbs *unire* (cf. Adv. Prax. 3, 3)[667] gewählt wird, um einen komischen Effekt zu erzielen. Denn *unare* fällt außer durch seine Neuartigkeit auch dadurch auf, daß es von einem Zahlbegriff abgeleitet ist und damit sehr ungewöhnlich wirkt. Es ist sicher von Tertullian geprägt, zumal es nur noch Priscian (II 415, 28; III 445, 11) in Listen auffällig gebildeter Wörter zitiert. Dabei hat Priscian *unare* wahrscheinlich aus Tertullian exzerpiert. Im weiteren Verlauf dieses Kapitels diskutiert Tertullian die Inkarnation (Adv. Prax. 27, 3–6) und kommt schließlich zu der Frage, ob der Geist Gottes sich bei der Inkarnation verwandelt hat oder ob er dem Fleisch in unveränderter Substanz innewohnt:

(Adv. Prax. 27, 6–7) *Igitur sermo in carne; tum et de hoc quaerendum, quomodo sermo caro sit factus, utrumne quasi transfiguratus in carne an indutus carnem. Immo indutus ceterum Deum immutabilem et informabilem credi necesse est ut aeternum. 7. Transfiguratio autem interemptio est pristini: omne enim, quodcumque transfiguratur in aliud, desinit esse, quod fuerat, et incipit esse, quod non erat.*

---

667   Evans, Kom. Prax., 319; ähnlich Braun, 71f.

Die gestellte Frage wird sogleich mit der Feststellung beantwortet, daß
Gott bei der Inkarnation das Fleisch nur angenommen hätte (Adv. Prax. 27,
6), zumal er notwendigerweise unveränderlich (Adv. Prax. 27, 7) sein
müsse. Diese Eigenschaft Gottes beschreibt das Hendiadyoin aus dem bekannten *immutabilis* und der Neubildung *informabilis*. Dieses Wort, ein Hapaxlegomenon[668], bezeichnet die Unverwandelbarkeit der Gestalt Gottes,
während *immutabilis* sich allgemeiner auf die Unveränderbarkeit seines Wesens bezieht. *Informabilis* ist damit also als eine Okkasionsbildung zu
immutabilis zu erklären. Die abgelehnte Lehre von der Verwandlung bezeichnet Tertullian mit dem geläufigen Verbalabstraktum *transfiguratio*, das
als „Namen für Satzinhalt" (cf. Kap. 5.1) mit dem Verb *transfigurare* aus der
einleitenden Frage korrespondiert. Damit wird der Verlust von Substanz
gleichgesetzt, den das Abstraktum *interemptio* recht drastisch beschreibt. Da
aber Gott solches nicht erleiden kann, ist dieser Aspekt des Modalismus
damit zunächst widerlegt. Das Wort *interemptio* hat durch die Nähe zu dem
zugrundeliegenden Verb *interimere* (cf. Tert, Adv. Marc. 5, 15, 2)[669] einen
recht derben Klang, mit dem es den Unsinn der monarchianischen Vorstellung noch zusätzlich betont. Da es später sowohl bei paganen[670] als auch bei
christlichen Autoren belegt ist, stammt es wahrscheinlich aus der paganen
Umgangssprache.

Im übernächsten Kapitel, in Adversus Praxeam 29, 5–7, behandelt Tertullian die von den Monarchianern aufgeworfene Frage, ob Gott in modalistischer Vorstellung als Jesus am Kreuz gelitten habe. Diese gaben darauf
die Antwort, daß sie Gott eine Fähigkeit zur Anteilnahme zuschrieben:

(Adv. Prax. 29, 5–6) *Ergo nec compassus est Pater Filio. Scilicet di-
rectam blasphemiam in Patrem veriti, diminui eam hoc modo sperant,
concedentes iam Patrem et Filium duos esse, si Filius quidem patitur, Pater
vero compatitur, stulti et in hoc. Quid est enim compati quam cum alio pati?*

---

668 A. Szantyr, ThLL VII 1, sv., 1953, 1473. Nach Braun, 58, ist *informabilis* durch die
      folgende Bestimmung des Geistes (*Sermo autem Deus et sermo Domini manet in
      aevum* [Jes. 40, 8], *perseverando scilicet in sua forma* [Adv. Prax. 27, 7]) zwar ein-
      deutig verständlich, könne aber leicht eine Verschreibung aus *inreformabilis* sein,
      das in Adv. Val. 29, 3 (cf. Kap. 7.3.1) synonym zu *immutabilis* verwendet werde.
      Das ist zwar sicher möglich, aber nicht wahrscheinlich, weil das Homoioteleuton
      mit *immutabilis* dann nicht mehr, wie sonst oft, silbengleich wäre, zumal *infor-
      mabilis* auch durch das koordinierte *immutabilis* verständlich ist.
669 *Quid enim tam acerbum, si alterius dei praedicatorem Christum interemerunt, qui
      sui dei prophetas contrucidaverunt?*
670 B. R. Voss, ThLL VII 1, sv., 1963, 2186, verzeichnet Belege bei zahlreichen christ-
      lichen Autoren, aber auch in den Ciceroscholien (Cic. bob. p. 114, 22) und in der
      Decl. in Cat. 35 (nach Kristoferson, 4, im 4./5. Jahrhundert entstanden).

Porro si impassibilis Pater, utique et incompassibilis; aut si compassibilis,
utique passibilis. Nihil ei vel hoc timore tuo praestas. 6. Times dicere
passibilem, quem dicis compassibilem. Tam autem incompassibilis Pater est
quam impassibilis etiam Filius ex ea conditione, qua Deus est. Sed quomodo
Filius passus est, si non compassus est et Pater? Separatur a Filio, non a
Deo.

Tertullian versucht die Auffassung der Monarchianer dadurch zu widerlegen, daß er die Fähigkeit zur Anteilnahme mit der Leidensfähigkeit gleich-
setzt,[671] die keine Eigenschaft Gottes sein kann. Dieses legt er in allgemeinen Behauptungen dar, in denen die Schlüsselbegriffe die Verben *pati*
und *compati* darstellen. Diese greift er dann, wenn er den endgültigen Beweis gegen die Monarchianer führt, mit verwandten Adjektiven *passibilis*
und *compassibilis* bzw. *impassibilis* und *incompassibilis* wieder auf. In
diesen Sätzen überträgt er diese Adjektive auf Gott-Vater und Gott-Sohn, um
deutlich zu machen, daß nicht Gott-Vater, sondern nur der Sohn durch seine
menschliche Natur leidensfähig ist. Alle genannten Adjektive sind Neubildungen. *Passibilis* wird in vielfacher Weise verwendet: Es beschreibt die
Leidensfähigkeit der menschlichen Natur Jesu Christi (Adv. Marc. 3, 7, 6),
findet sich bei der Wiedergabe philosophischer Lehren (An. 7, 4; 12, 5) und
bei der Diskussion über die Eigenschaften des Fleisches bei der Auferstehung (Res. Mort. 57, 13). Schon dieses weite Verwendungsspektrum läßt
darauf schließen, daß *passibilis* bekannt war. Diese Beobachtung bestätigen
die Belege bei paganen Autoren.[672] *Impassibilis* (cf. Kap. 4.1.2; 4.2.2) dagegen stammt wohl aus der paganen Sprache; wie hier wird es in Adversus
Praxeam 30, 2 als Gottesprädikat gebraucht, während es sonst bei der Darstellung paganer Philosophie und der gnostischen Lehre zu finden ist (cf.
Kap. 4.1.2; 4.2.2). Die beiden anderen Adjektive dagegen, *compassibilis* und
incompassibilis, dürfte er selbst geprägt haben, um besonders pointiert zu
formulieren. Denn sie karikieren durch ihren grotesken Ton die Lehre der
Monarchianer und geben ihr dadurch den Anstrich der Absurdität. Daher ist
Brauns[673] Einordnung der beiden Ausdrücke als Spezialbegriffe der Monarchianer fragwürdig. Später greift *incompassibilis* und *compassibilis*[674] nur
noch Phoebadius (Phoebad., contra Arrian. 19 p. 27D) auf, der diese Stelle
weitgehend kopiert.[675]

---

671 Cf. Evans, Kom. Prax., 321.
672 K. H. Kruse, ThLL X 1, sv., 1988, 608f; cf. Braun, 63f.
673 Braun, 45f.
674 K. Wulff, sv. compassibilis, ThLL III, 1911, 2022. B. Rehm, sv. incompassibilis,
     ThLL VII 1, 1940, 492.
675 *1. Ipsum, inquit, filium Dei hominem de Maria suscepisse per quem conpassus est.*

Am Anfang von Adversus Praxeam bespricht Tertullian die Bedeutung des Logos am Anfang der Schöpfung:

(Adv. Prax. 5, 3) *Hanc Graeci λόγον dicunt, quo vocabulo etiam sermonem appellamus ideoque iam in usu est nostrorum per simplicitatem interpretationis sermonem dicere in primordio apud Deum fuisse, cum magis rationem competat antiquiorem haberi, quia non sermonalis a principio sed rationalis Deus etiam ante principium, et quia ipse quoque sermo ratione consistens priorem eam ut substantiam suam ostendat.*

Nach Tertullian geht bei Gott der Begabung mit der Vernunft der Redebegabung voran, so daß der Logos zuerst mit *ratio* und nicht mit *sermo* wiederzugeben ist. Diese beiden Eigenschaften Gottes beschreiben die Adjektive *rationalis* und *sermonalis*. Dabei wird *sermonalis*, ein Hapaxlegomenon, geprägt, um einen Parallelismus zu dem geläufigen *rationalis* zu bilden, so daß sich ein pointierter Ausdruck ergibt. Evans[676] athetiert hier *non* vor *sermonalis*, da die *ratio* nur im metaphysischen Sinne vor dem *sermo* komme und Tertullian sie untrennbar mit dem *sermo* verbunden sehe. Jedoch spricht der durch die Änderung unklare Satzbau gegen die Athetese. Zudem erklärt Tertullian gerade im letzten Satz die *ratio* zur Grundlage des *sermo*, so daß sich die Überlieferung wohl halten läßt.

Mit der Charakterisierung als *collocutor* versucht Tertullian die Rolle des göttlichen Logos zu erklären:

(Adv. Prax. 5, 6–7) *Quodcumque cogitaveris, sermo est, quodcumque senseris, ratio est. Loquaris illud necesse est in animo, et dum loqueris collocutorem pateris sermonem, in quo inest haec ipsa ratio qua cum eo cogitans loquaris per quem loquens cogitas. Ita secundus quodammodo in te sermo, per quem loqueris cogitando et per quem cogitas loquendo, ipse sermo alius est. 7. Quanto ergo plenius hoc agitur in deo, cuius tu quoque imago et similitudo censeris, quod habeat in se etiam tacendo rationem et in ratione sermonem?*

Dieser Vergleich zwischen dem Menschen und Gott soll die Funktion des Logos bei Gott erklären. Denn der Logos wirkt wie die menschliche Vernunft gleichsam als Medium der Gedanken, die sich nur in der Sprache verwirklichen können. Diese Vorstellung verdeutlicht das adjektivisch ver-

---

(...) 2. Primum non video cur maluerunt compassibilem dicere, quam libere passibilem confiteri, quasi vero aliud sit compati quam pati. Porro autem si impassibilis deus, utique et incompassibilis. Tam ergo compassus non est quam nec passus est, ex ea tamen conditione qua Deus.
Die Abhängigkeit des Phoebadius von Tertullian bestätigt G. Fritz, D. Th. C. XII 1371–1374.

676 Evans, Kom. Prax., 213.

wendete Wort *collocutor*, das durch das vorausgehende *loqueris* aber als
Neubildung nicht störend auffällt. Da es Hapaxlegomenon bleibt[677], dürfte
es von Tertullian geprägt sein.

In seinem Verhältnis zum Sohn bezeichnet Tertullian Gott-Vater in Adversus Praxeam 19, 5 als *interpretator*.

(Adv. Prax. 19, 4–5) *Atque adeo statim de Filio loquitur: Quis alius
deiecit signa ventriloquorum et divinationes a corde, avertens sapientes
retrorsum et consilium eorum infatuans, sistens verba filii sui* (Jes. 44, 25–26)
dicendo scilicet hic est filius meus dilectus, hunc audite (Mt. 3, 17). *5. Ita
Filium subiungens ipse interpretator est, quomodo caelum solus extenderit,
scilicet cum Filio suo sicut cum Filio unum.*

Dieses Prädikat wird durch die beiden Bibelzitate begründet, in denen
Gott seinen Sohn offenbart und sich zu ihm bekennt. Daher nennt Tertullian
Gott hier *interpretator* und spielt auf die Bedeutung „Ausleger" von
interpretator[678] an, die dieses Wort in juristischen und grammatischen
Texten (Serv., Aen. 10, 175; Cod. Iust. de cod. confirm. 3) trägt. *Inter-
pretator* wird auch als Prädikat des Heiligen Geistes (Adv. Prax. 30, 5 cf.
Kap. 6.2) und des Apostel Paulus (Mon. 6, 3) verwendet.

Das Verhältnis Jesu Christi zum Schöpfergott nach Joh. 14, 9–10 beschreibt in Adversus Praxeam 24, 7 das neu geprägte Wort *repraesentator*.

(Adv. Prax. 24, 6) *Non credis, quia ego in Patre et Pater in me propterea
potius exaggeravit, ne quia dixerat Qui me vidit, et Patrem vidit, pater
existimaretur, quod numquqm se existimari voluit, qui semper se filium et a
patre venisse profitebatur. Igitur et manifestam fecit duarum personarum
coniunctionem, ne Pater seorsum quasi visibilis in conspectu desideraretur
et ut Filius repraesentator Patris haberetur.*

Repraesentator bezeichnet den Sohn, in dem der unsichtbare Vater
sichtbar wird, und nicht, wie man vermuten könnte, den Sohn als Stellver-
treter des Vaters.[679] In dieser Bedeutung von der äußeren Darstellung entspricht es dem zugrundeliegenden Verb *repraesentare*, das die Funktion
eines Schauspielers beschreiben kann.[680] Als Hapaxlegomenon trägt es den
Charakter einer Augenblicksbildung.

---

677 O. Hey, ThLL III. sv., 1910, 1649.
678 F.-J. Kühnen, ThLL VII 2, sv., 1964, 2257.
679 Evans, Kom. Prax., 207.
680 Cf. Sen., epist. 11, 7 *Artifices scaenici, qui imitantur adfectus, qui metum et
     trepidationem exprimunt, qui tristitiam repraesentant, hoc indicio imitantur
     verecundiam.*

6.3.2 Zusammenfassung

Bei der Darstellung der Trinitätslehre und der Logoschristologie zeigt sich wieder Tertullians Streben nach möglichst konkreten und exakten Formulierungen. Daher verwendet er die grammatischen Fachausdrücke *interpretator, personalis* und *singularitas* und die wohl geläufigen Ausdrücke *passibilis, impassibilis* und *unio. Trinitas* dagegen stellt unabhängig von seiner Herkunft den am besten treffenden Ausdruck für den dreieinigen Gott dar. Für die Neuprägungen gibt es drei Motive: *Sermonalis, repraesentator* und *collocutor* werden zur Verdeutlichung einer Eigenschaft gebildet, *incompassibilis* und *compassiblis* sollen eine treffende Polemik ermöglichen, während *individuitas* und *inseparatus* geprägt werden, um eine genuin christliche Ausdrucksweise sicherzustellen.

6.4   Sünde, Teufel und Gericht

Die Sünde bespricht Tertullian vor allem im Zusammenhang mit der Wiederauferstehung und dem Sündenfall.

6.4.1 Sünde

Die Sünde bezeichnet Tertullian meistens mit den geläufigen Ausdrücken *peccatum* und *delictum*[681]; der Sünder wird *peccator* genannt. *Peccator* ist bei den frühen Christen sehr verbreitetes Wort, es stammt wegen seiner zentralen Bedeutung wahrscheinlich aus den Anfängen der christlichen Latinität.[682] Außer diesen Begriffen finden sich vor allem für die Bezeichnung der Sünde eine Reihe neu geprägter Ausdrücke.

In den Schriften Adversus Marcionem und De Resurrectione Mortuorum ist für die Sünde das Nomen *delinquentia* zuerst belegt, das Tertullian als Alternative zu den geläufigen Ausdrücken *peccatum* und *delictum* wählt. Die meisten Belege dafür finden sich in Übersetzungen von ἁμαρτία aus den Paulusbriefen (cf. Kap. 3.4.2). Doch ist *delinquentia* aus dogmatischen Überlegungen geprägt worden, wie sich an der frühesten Belegstelle, Adversus Marcionem 4, 8, 1 (zur Chronologie cf. Kap. 1.3), zeigt. Dort findet sich *delinquentia* in einer Auslegung eines Verses aus den Klageliedern, mit der Tertullian beweisen will, daß schon hier die Christen gemeint sind:

---

681   E. M. Keudel, ThLL X 1, sv., 1991, 895 l 21-33; cf. Mohrmann II, 105.
682   Allein bei Tertullian 82 Mal (cf. Claesson II, 1145) belegt.

(Thren. 4, 6–8) Καὶ ἐμεγαλύνθη ἀνομία θυγατρὸς λαοῦ μου ὑπὲρ ἀνομίας Σοδόμων τῆς κατεστραμμένης ὥσπερ σπουδῇ, καὶ οὐκ ἐπόνεσαν ἐν αὐτῇ χεῖρας, 7. ἐκαθαριώθησαν ναζιραῖοι αὐτῆς ὑπὲρ χίονα, ἔλαμψαν ὑπὲρ γάλα, ἐπυρρώθησαν ὑπὲρ λίθους σαπφείρου τὸ ἀπόσπασμα αὐτῶν. 8. Ἐσκότασεν ὑπὲρ ἀσβόλην τὸ εἶδος αὐτῶν, οὐκ ἐπεγνώθησαν ἐν ταῖς ἐξόδοις. Ἐπάγη δέρμα αὐτῶν ἐπὶ τὰ ὀστέα αὐτῶν, ἐξηράνθησαν, ἐγενήθησαν ὥσπερ ξύλον.

(Adv. Marc. 4, 8, 1) Nazareus vocari habebat secundum prophetiam Christus creatoris. Unde et ipso nomine nos Iudaei Nazarenos appellant per eum. Nam et sumus, de quibus scriptum est: Nazaraei exalbati sunt super nivem, qui scilicet retro luridati delinquentiae maculis et nigrati ignorantiae tenebris.

Den Anfang des Zitates übernimmt Tertullian wörtlich aus Thren. 4, 7 (cf. Kap. 3.4.2), während er die folgende Erläuterung aus einer Paraphrase von Thren. 4, 6 und 4, 8 bildet. Nigrati ignorantiae tenebris umschreibt ἐσκότασεν ὑπὲρ ἀσβόλην τὸ εἶδος αὐτῶν, οὐκ ἐπεγνώθησαν ἐν ταῖς ἐξόδοις (Thren. 4, 8) knapp, während luridati delinquentiae maculis auf ἀνομία Σοδόμων (Thren. 4, 6) anspielt; die Farbmetapher luridati[683] wird von ἐξηράνθησαν (Thren. 4, 8) angeregt. Mit delinquentia weist Tertullian auf die vorhergesagte Situation der Christen unter der Sünde hin, so daß es hier im Sinne eines dogmatischen Ausdrucks zu verstehen ist. Anders als peccatum oder delictum ermöglicht delinquentia zudem einen Satzreim mit ignorantia.

In De Resurrectione Mortuorum 15, 4–7 wird delinquentia in der Darstellung der gnostischen Lehre, daß das sündige Fleisch von der Seele getrennt gedacht werden müsse, verwendet:

(Res. Mort. 15, 7) Et illi quidem delinquentias carnis enumerant: ergo peccatrix tenebitur supplicio; nos vero etiam virtutes carnis opponimus: ergo et bene operata tenebitur praemio. Et si anima est, quae agit et impellit in omnia, carnis obsequium est.

Tertullian referiert hier die gnostische Auffassung, daß der Leib wegen seiner Sündhaftigkeit (delinquentiae carnis) vor dem Gericht verurteilt werde. Der Plural bei delinquentia besitzt hier eine karikierende Wirkung, weil er nicht sachgerecht ist, da die Gnostiker hier sicher keine Aktualsünden, sondern die Ursünde meinten. Daher ist auch eine Erklärung dieser Stelle als Anspielung auf Röm. 8, 3 (ἐν ὁμοιώματι σαρκὸς ἁμαρτίας) unwahrscheinlich,[684] obwohl Tertullian diese Wendung wenig später in De Re-

---

683   Luridatus ist ebenfalls einen Neuprägung, die hier um des Parallelismus zu nigratus willen gebildet wird. Sie bleibt sehr selten: C. Zäch, ThLL VII 2, sv., 1978, 1861 führt nur noch einen Beleg bei Faustin (fid. l. 88) an.

684   Cf. Demmel, 127f.

surrectione Mortuorum 46, 11 mit einer ähnlichen Formulierung *in simulacro carnis delinquentiae* wiedergibt. Zudem geht es dort um ein ganz anderes Thema, um das sündlose Fleisch Jesu Christi.

In diesem oben schon angeführten Kapitel 46 der Schrift De Resurrectione Mortuorum läßt sich zudem zeigen, daß Tertullian ἁμαρτία dort nicht allein wegen der etymologischen Verwandtschaft mit *delinquentia* wiedergibt, sondern das neue Wort auch dort aus dogmatischen Überlegungen heraus wählt. In diesem Kapitel wird anhand von Röm. 8, 1–13 dargelegt, daß Paulus nur die Werke des Fleisches (Res. Mort. 46, 1–3 nach Röm. 8, 8–10) und keinesfalls das Fleisch als Substanz abwertet. Denn die Menschen könnten auch in ihrer bloßen Körperlichkeit (*in carne esse* Res. Mort. 46, 3) Gott gemäß leben, wenn sie nur nach dem Geist lebten (*secundum spiritum incedere* Res. Mort. 46, 3). Tertullian fügt mit einem Referat von Röm. 8, 10 hinzu, daß der Körper also nur wegen der Sünde, die dem Fleisch gleichsam einwohne,[685] sterbe:

(Röm. 8, 10) Εἰ δὲ Χριστὸς ἐν ὑμῖν, τὸ μὲν σῶμα νεκρὸν διὰ ἁμαρτίαν τὸ δὲ πνεῦμα ζωὴ διὰ διακαιοσύνην.

(Res. Mort. 46, 4) *Et rursus corpus quidem ait mortuum, sed propter delinquentiam, sicut spiritum vitam propter iustitiam. Vitam autem morti opponens in carne constitutae sine dubio illic et vitam repromisit ex iustitia, ubi mortem determinavit ex delinquentia.*

Die Paraphrase des Zitates ist pointierter formuliert als die Vorlage, da Tertullian zwischen *delinquentia* und *iustitia* einen Satzreim bildet, den die Vorlage zwischen ἁμαρτία und δικαιοσύνη nicht hat. Zudem ändert er die Satzstellung und fügt ohne Vorbild im griechischen Text vor *propter delinquentiam* das Wort *sed* ein, das *delinquentia* als eigentliche Ursache des Todes hervorhebt. Im weiteren Verlauf des Kapitels führt Tertullian seine These mit weiteren Zitaten aus Röm. 8 aus, in denen er ἁμαρτία durchgehend mit *delinquentia* (Res. Mort. 46, 10 bis Röm. 8, 2; Res. Mort. 46, 11 Röm. 8, 3; Res. Mort. 46, 14 bis Röm. 7, 17) wiedergibt. Ein eindrucksvoll formuliertes Zwischenfazit beendet zunächst die Diskussion:

(Res. Mort. 46, 12) *Damnata autem delinquentia caro absoluta est, sicut indemnata ea legi mortis et delinquentiae obstricta est.*

Auch hier bezeichnet *delinquentia* die Sünde als eine äußere Macht, die den Leib erst zum Gegenstand des Gerichts macht, über die vor dem Gericht geurteilt wird. *Delinquentia* wird hier also deswegen gewählt, weil es für die Sünde, das eigentliche Thema dieses Abschnittes, ein besonders auffälliger Begriff ist. Diese Auffassung läßt sich durch den Vergleich mit Adversus

---

685 Cf. Evans, Kom. Res. Mort, 304.

Marcionem 5, 14, 1–4 erhärten, wo Tertullian die gleiche Stelle aus dem Römerbrief[686] unter einem anderen Gesichtspunkt, nämlich dem der Beschaffenheit des Leibes Jesu Christi, diskutiert und ἁμαρτία mit *peccatum* übersetzt:

(Adv. Marc. 5, 14, 1) *Hunc si misit pater in similitudinem carnis peccati, non ideo phantasma dicetur caro, quae in illo videbatur. Peccatum enim carni supra adscripsit et illam fecit legem peccati habitantem in membris suis et adversantem legi sensus. Ob hoc igitur missum filium in similitudinem carnis peccati, ut peccati carnem simili substantia redimeret.*

Hier steht der menschliche Leib Christi im Mittelpunkt, so daß eine Wiedergabe von ἁμαρτία mit *delinquentia* die Sünde zu sehr betonen würde. Auch an den anderen Belegstellen für *delinquentia* läßt sich seine Wahl mit dogmatischen Überlegungen erklären. So findet sich bei der Übersetzung von ἁμαρτία (Röm. 6, 6–23) und in den anschließenden Auslegungen in De Resurrectione Mortuorum 47, 1–8, wo es um die Befreiung des Fleisches von der Sünde vor dem Gericht geht, und in De Pudicitia 17, 4–11, in der die Macht der Sünde als moralisches Problem erörtert wird, stets *delinquentia*.[687] Auch in De Resurrectione Mortuorum 24, 14 und 51, 6 fungiert *delinquentia* als Übersetzung von ἁμαρτία (2. Thess. 2, 3; 1. Kor. 15, 55); an beiden Stellen wird es als wichtigster Ausdruck des Zitates noch glossiert.[688] Nur in De Pudicitia erscheint es (1, 7; 10, 13; 21, 8) auch ganz unabhängig von Bibelzitaten als dogmatischer Ausdruck. An anderen Stellen in den späteren Schriften dagegen wählt Tertullian auch weiterhin den traditionellen Ausdruck *delictum* (Röm. 7, 5 Mon. 13, 2; Mk. 2, 9 Pud. 22, 7; 2. Thess. 2, 3 Adv. Marc. 5, 6, 4) für die Wiedergabe von ἁμαρτία, wenn er die Bedeutung der Sünde nicht betonen will. Daraus kann man für die Bildung von *delinquentia* zwei Gründe konstatieren: Einerseits stellt es eine genauere Wiedergabe als die beiden geläufigen Ausdrücke *delictum* und *peccatum* von ἁμαρτία dar und ermöglicht andererseits, die Sünde mit einem neuen, genuin christlichen, abstrakt klingenden Ausdruck zu bezeichnen, der keine Assoziation an pagane Vorstellungen zuläßt. Durch die Endung wird zudem ein Satzreim ermöglicht. Zudem läßt *delinquentia delictum* anklingen, das als Ausdruck der Sünde ein besonderes Kennzei-

---

686 Zur Auslegung der Stelle bei Tertullian, Overbeck, 180–184.

687 Res. Mort. 46, 1 Röm. 6, 6; 47, 2 bis; 46, 3 bis Röm. 6, 12. 13; Res. Mort. 46, 4 Röm. 6, 20; Res. Mort. 46, 6 Röm. 6, 22; Res. Mort. 46, 7 Röm. 6, 23; Res. Mort. 46, 8.

688 (Res. Mort. 24, 14) *(...) et reveletur delinquentiae homo* (2. Thess. 2, 3), *id est antichristus* (Res. Mort. 51, 6). *Aculeus autem mortis delinquentia* (1. Kor. 15, 55) *haec erit corruptela (...).*

chen der afrikanisch eingefärbten Bibelübersetzung[689] ist. Tertullians Neubildung *delinquentia* greifen später nur Faustin (trin. 5, 5; 7, 4) und Maxi-
minus Taurinensis (Serm. 20)[690] wieder auf.

Das Verhältnis vom an sich sündlosen Fleisch zur Sünde bespricht Tertullian auch in De Resurrectione Mortuorum 16, 6:

*Et tamen calicem, non dico venerarium, in quem mors aliqua ructuarit,
sed frictricis vel archigalli vel gladiatoris aut carnificis spiritu infectum,
quaero, an minus damnes quam oscula ipsorum?*

Hier vergleicht Tertullian die Wirkung der Sünde auf das Fleisch mit der
gleichsam infektiösen Wirkung der Berührung mit Henkern, Gladiatoren
und Prostituierten auf den ganzen Menschen. Diese bezeichnet er in besonders abfälliger Weise mit dem *novum verbum frictrix*[691]. Dessen Bedeutung
wird dem Leser durch das zugrundeliegende Verb *fricare* (cf. Petron. 92, 11;
Anth. 190, 8) sogleich verständlich. *Frictrix* könnte, obwohl es nur noch
einmal, in De Pallio 4, 9, bezeugt ist, durchaus schon bekannt gewesen sein,
da seine Wirkung als bekannter obszöner Ausdruck zweifellos größer gewesen wäre als Neubildung. Außerdem ist es nicht unwahrscheinlich, daß
Tertullian der einzige ist, der es wagte, diesen Ausdruck in der Literatur zu
verwenden. Andererseits könnte man an die griechische Vorlage τριβάς
denken; hier allerdings, an der frühesten Belegstelle, dürfte kaum ein griechischer Text zugrundeliegen.[692]

Tertullian sucht noch weitere Ausdrücke für die Sünde. So verwendet er
die geläufigen Wörter *corruptio* (Res. Mort. 40, 10; 45, 1), *corruptela*[693]
(Carn. Chr. 15, 6; Res. Mort. 40, 6; Mon. 2, 3) und prägt den Ausdruck
peccatela neu:

(An. 40, 2) *Nam etsi caro peccatrix, secundum quam incedere prohibe-
mur, cuius opera damnantur concupiscentis adversus spiritum, ob quam
carnales notantur, non tamen suo nomine caro infamis. Neque enim de proprio sapit quid aut sentit ad suadendam vel imperandam peccatelam.*

Tertullian entwickelt hier wie in De Resurrectione Mortuorum 46 die
Auffassung, daß das Fleisch an sich nicht sündig ist und auch von sich aus

---

689 Billen, 39, 191; Nach Thiele, Johannesbriefe, übersetzt Tertullian im Gegensatz zu
     den meisten späteren Übersetzern ἁμαρτία/ἁμαρτάνειν stets mit *delictum/delin-
     quere* statt mit *peccatum/peccare;* auch bei Cyprian sei *delictum/delinquere* zu fin-
     den. Von Soden, Lat. NT, 244, 266f, dagegen meint, daß *delinquentia* allein wegen
     der Erfordernisse der Bibelübersetzuung entstanden sei.

690 G. Jachmann, ThLL V 1, sv., 1910, 878.

691 H. Rubenbauer, ThLL VI 1, sv., 1921, 1321.

692 Die chronologische Einordnung der Schrift De Pallio ist kompliziert. Braun, 577,
     setzt sie mit guten Gründen als letzte Schrift an.

693 Cf. Braun, 61.

keine Tendenz zur Sünde hat. Diese Auffassung begegnet später häufig in De Resurrectione Mortuorum, wo, wie gezeigt, an den einschlägigen Stellen die Sünde immer mit *delinquentia* umschrieben wird. Daher trägt *peccatela* die gleiche Bedeutung wie dieser Ausdruck. *Peccatela* ist nach dem Muster von *corruptela* mit dem sehr seltenen Suffix *ela*[694] gebildet. Im Gegensatz zu *peccatum* oder *delictum* kann die Neubildung zudem leicht den abhängigen Gerundiva *imperandam vel suadendam* verbunden werden. Aber auch *peccatela* kann sich nicht durchsetzen und bleibt Hapaxlegomenon.[695]

Tertullian verwendet auch eine Reihe von neugebildeten Adjektiven für den Bereich der Sünde. Dazu gehören das oben untersuchte *corruptorius* (cf. Kap. 6.1.2.1), *carnalis* und das adjektivisch verwendete Nomen *peccatrix*. *Carnalis* bezeichnet, wie Braun[696] darlegt, nach der paulinischen Vorstellung vom Leben κατὰ σάρκα die Gebundenheit des Menschen an das sündige Fleisch. Die Herkunft des über 40 mal bei Tertullian bezeugten Wortes ist nicht eindeutig zu bestimmen, da es neben den sehr zahlreichen christlichen auch einige pagane Belege gibt (Cael. Aurel., acut. 2, 20, 65 u. ö.; Schol. Pers. 2, 62)[697].

Das Wort *peccatrix* steht bei Tertullian im wesentlichen in drei festen Verbindungen:

(1) In der Verbindung *peccatrix femina* bzw. *fides* spielt Tertullian an drei Stellen auf die reuige Sünderin aus Lk. 7, 37 (Καὶ ἰδοὺ γυνὴ ἥτις ἦν ἐν τῇ πόλει ἁμαρτωλός) an:

(Adv. Marc. 4, 18, 9) *Illius autem peccatricis feminae argumentum eo pertinebit, ut cum pedes domini osculis figeret, lacrimis inundaret, (...), et ut peccatricis paenitentia secundum creatorem meruerit veniam, praeponere solitum sacrificio.*

(Pud. 11, 1) *Si vero et factis aliquid tale pro peccatoribus edidit Dominus, ut cum peccatrici feminae etiam corporis sui contactum permittit(...).*

(Pud. 19, 6) *Aut si certus es mulierem illam post fidem vivam in haeresi postea exspirasse, ut non quasi haereticae, sed quasi fideli peccatrici, cui veniam ex paenitentia vindices, sane agat paenitentiam, sed in fidem moechiae, non tamen et restitutionem consecutura.*

Die adjektivische Verwendung wird durch die griechische Vorlage deutlich.

(2) Außerdem findet sich *peccatrix* in der Diskussion über das Fleisch Jesu nach Röm. 8, 3 (cf. Kap. 6.4.1):

---

694 Cf. Leumann-Hofmann-Szantyr II 2.1., 312; Cooper, 31.
695 P. Gatti, ThLL X 2, sv., 1991, 878.
696 Braun, 303–304.
697 K. Meister, ThLL III, sv., 1907, 474–476.

(Carn. Chr. 8, 4) *Caro igitur Christi de caelestibus structa de peccati constat elementis, peccatrix de peccatorio censu, et par iam erit eius substantiae, id est nostrae*[698] *quam ut peccatricem Christo dedignantur inducere.*

(Carn. Chr. 16, 1–2) *Quod etsi diceremus, quacumque ratione muniremus sententiam nostram, dum ne tanta amentia qua putavit, tamquam ipsam carnem Chrisi opinemur ut peccatricem evacuatam in ipso (...). 2. Adeo, ut evacuatam non possumus dicere, quia nec <est> evacuata, ita nec peccatricem, in qua dolus non fuerit.*

(Carn. Chr. 16, 3–4) **Nam et si alibi in similitudine, inquit, carnis peccati fuisse Christum** (Röm. 8, 3), *non quod similitudinem carnis acceperit quasi imaginem corporis et non veritatem, sed similitudinem peccatricis carnis vult intellegi, quod ipsa non peccatrix caro Christi eius fuerit par, cuius erat peccatum, genere, non vitio adaequanda. 4. Hinc etiam confirmamus eam fuisse carnem in Christo, cuius natura est in homine peccatrix. (...) Quid enim magnum, si in carne meliore et alterius, id est non peccatricis naturae, vim peccati peremit?*

(Adv. Marc. 5, 14, 1–2) (l. c.) *Ob hoc igitur missum filium in similitudinem carnis peccati, ut peccati carnem simili substantia redimeret, id est carne, quae peccatrici carni similis esset, cum peccatrix ipsa non esset. Nam et haec erit dei virtus in substantia pari perficere salutem. 2. Non enim magnum, si spiritus dei carne remediaret, sed si caro, consimilis peccatrici, dum caro est, sed non peccati.*

Auch hier wird *peccatrix* als ein Adjektiv verwendet. Bemerkenswert ist die Formulierung in De Carne Christi 8, 4, wo als maskulines Äquivalent das neugebildete Adjektiv *peccatorius* (zur Herkunft cf. Kap. 3.2.5) erscheint.

(3) An den folgenden Stellen geht es um den Leib des Menschen; in De Anima 40, 2 und in De Resurrectione Mortuorum 16, 13 wird dabei wieder Röm. 8, 23 zugrundegelegt:

(An. 23, 3) *Apelles sollicitatas refert animas terrenis escis de supercaelestibus sedibus ab igneo angelo, deo Israelis et nostro, qui exinde illis peccatricem circumfinxerit carnem* (cf. Kap. 4.3.1).

(An. 40, 2) l. c. *Nam etsi caro peccatrix, (...), non tamen suo nomine caro infamis.*

(Res. Mort. 9, 3–4) *Diligit (sc. Christus) carnem tot modis sibi proximam, (...) etsi peccatricem,* **sed malo mihi, inquit, salutem peccatoris quam mortem** (Ez. 18, 23) *(...).*

---

698 Kroymann athetiert den Ausdruck *substantiae, id est nostrae* als Glosse, hat dafür aber weder in der Überlieferung noch im Text zwingende Gründe.

(Res. Mort. 15, 7) *Et illi quidem delinquentias carnis enumerant: ergo peccatrix tenebitur supplicio (...).*

(Res. Mort. 16, 13) *Hoc et apostolus, sciens nihil carnem agere per semetipsam, quod non animae deputetur, nihilominus peccatricem iudicat carnem, ne eo, quod ab anima videatur impelli, iudicio liberata credatur.*

Peccatrix hat an allen Stellen die Funktion eines Adjektivs; in De Resurrectione Mortuorum 15, 7 ist sogar der Dativ *supplicio* von *peccatrix* abhängig. Zudem wird *peccatrix* auch mit *gens* (Spect. 3, 5 bis), *civitas* (Ie. 7, 4) und *ovis* (De Patientia 12, 6) verbunden. *Peccatrix* scheint aus der Bibelübersetzung[699] zu stammen, weil es dort sehr häufig, besonders zur Übersetzung von ἁμαρτωλός aus Lk. 7, 37, belegt ist. Auch dort wird es von vielen Zeugen[700] wie überhaupt in der späteren christlichen Literatur oft adjektivisch verwendet. Der Hinweis Zoppis im Thesaurus auf zwei Stellen in paganen Texten (Schol. Hor. Carm. 1, 10, 18; Fulg. Myth., myth. 3, 6 p. 69, 24) muß dieser Deutung nicht widersprechen. Denn die Horazscholien sind teilweise sehr spät entstanden, und es ist nicht sicher, ob der Autor des anderen, gleichfalls erst aus dem sechsten Jahrhundert stammenden Belegs, Fulgentius Mythographus, tatsächlich Heide ist. Zudem könnte der sehr häufige christliche Ausdruck später auch von paganen Autoren aufgegriffen worden sein.

In den untersuchten Schriften gibt es weitere 21 neu gebildete Nomina agentis mit dem Suffix *trix*, die als Adjektive verwendet werden. Sie sind in der folgenden Übersicht aufgeführt:

Wort	Stelle	abh. Gen.	Bezugswort	Herkunft
adulatrix	An. 51, 4	*pietatis*	*ratio*	ἁλ
arbitratrix	Adv. Marc. 2, 12, 3	*operum*	*bonitas*	ἁλ
auctrix	Adv. Marc. 2, 12, 3	*omnium*	*bonitas*	bek.
aversatrix	An. 51, 4	*crudelitatis*	*ratio*	ἁλ
avocatrix	An. 1, 5	*veritatis*	*vis*	ἁλ
cessatrix	Adv. Marc. 1, 24, 2	—	*bonitas*	ἁλ
conflictatrix	Adv. Marc. 2, 14, 4	*populi*	*Aegyptus*	ἁλ
debellatrix	Adv. Marc. 3, 13, 10	*sanctorum dei*	*Babylon*	Tertull.
defectrix	Adv. Val. 38, 1	—	*virtus*	ἁλ

---

699 M. Zoppi, ThLL X 2, sv., 1991, 883f.

700 Cf. z. B. Hil., myst. 1, 3, 5 *Ecclesia ipsa peccatrix per generationem filiorum in fide manentium est salva;* aber Vg. Lk. 7, 37 *mulier, quae erat in civitate peccatrix.* Bei der Übersetzung dieser Stelle wird *peccatrix* von einigen Zeugen wie in der Anspielung adjektivisch konstruiert: (Aug. in ps. 51, 9, 30) *illa mulier peccatrix, quae cum flevisset super pedes domini capillis suis tersit (...).* cf. Cod. 5; Fulg. Rusp., ad Monim. 3, 4, 4 p. 56, 182.

desultrix	Adv. Val. 38, 1	—	*virtus*	*ἁλ*
dissolutrix	An. 42, 1	*sensuum*	*mors*	*ἁλ*
divinatrix	An. 22, 2 An. 46, 11	—	*anima ars*	bek.
enecatrix	Adv. Marc. 1, 29, 8	*Pharaonis*	*duritia*	*ἁλ*
fraudatrix	Res. Mort. 12, 4	—	*terra*	*ἁλ*
iustificatrix	Adv. Marc. 4, 36, 1	*humilitatis*	*disciplina*	*ἁλ*
operatrix	An. 11, 4	*prophetiae*	*vis*	Bibelüb.
	An. 52, 3	*mortis*	*ratio*	
peccatrix (s. o.)		—		Bibelüb.
peremptrix	An. 42, 1	*corporis*	*mors*	*ἁλ*
reliquatrix	An. 35, 1	*delicti*	*anima*	*ἁλ*
reprobatrix	Adv. Marc. 4, 36, 1	*superbiae*	*disciplina*	*ἁλ*

In dieser Übersicht erscheinen fast alle in dieser Arbeit behandelten Neubildungen dieser Art. Bis auf wenige Ausnahmen (*enecatrix, debellatrix, conflictatrix*) werden sie nur mit Abstrakta verbunden. Bemerkenswert ist auch der sehr hohe Anteil von Hapaxlegomena, der zeigt, wie mobil das Suffix *trix* ist und wie leicht solche Neubildungen akzeptabel sind. Die stilistische Wirkung liegt in zwei Bereichen: Zum einen kann der Autor von adjektivisch verwendeten Nomina einen Genitivus obiectivus abhängen lassen und damit Umschreibungen vermeiden. Zum anderen sind Charakterisierungen mit solchen Ausdrücken weitaus auffälliger als mit Adjektiven, wie etwa bei *arbitratrix* (cf. Kap. 6.1.2.1) oder *cessatrix* (cf. Kap. 7.4.1) deutlich wird. Zudem lassen sich, wie die Einzeluntersuchungen zeigen, leicht eindrucksvolle Satzreime bilden. Diesen adjektivisch verwendeten Nomina agentis entsprechen im Griechischen attributiv gebrauchten Partizipien, wie sich gerade bei den Übersetzungen *defectrix* und *desultrix* zeigt. Ähnliche Beobachtungen ließen sich auch bei einigen Nomina agentis mit dem Suffix *tor* machen, wenn sie als Prädikate für Gott bzw. Jesus Christus (cf. Kap. 6.1.1.8) und einzelne Personen (cf. Kap. 7.2.4) verwendet werden. Doch tragen viele dieser Ausdrücke in ihrer Funktion als Ehrentitel doch eher den Charakter eines Nomens. Sprachgeschichtlich ist diese Adjektivierung schon seit Plautus zu beobachten (Wackernagel, 53f; Kühner-Stegmann I, 232f; Szantyr, 157f). Sie ist mit dem „Mangel an adjektivbildenden Formantien" (Szantyr) zu erklären. Bei Tertullian überrascht natürlich die große Zahl solcher Neubildungen.

6.4.2 Sündenfall

Die Versuchung als spezielle Form der Sünde bezeichnet Tertullian mit dem geläufigen Abstraktum *seductio*[701] (Res. Mort. 45, 6; Adv. Marc. 5, 9, 9). Davon wird in Adversus Marcionem 2, 2, 7 bei der Diskussion des Sündenfalls das novum verbum *seductrix* abgeleitet, um ein Wortspiel zu bilden:

Confessus est (sc. Adam) seductionem, non occultavit seductricem.

Seductrix findet sich später in adjektivischer Verwendung bei Fulgentius (Fulg. Myth., aet. mund. 133, 4 H) als Charakterisierung Evas sowie als Bezeichnung des Fleisches (Greg. Magn., in Ezech. 2, 7, 9). Ein sicheres Urteil über die Herkunft des Wortes ist daher kaum möglich, wenn auch eine Schöpfung durch Tertullian nicht ganz von der Hand zu weisen ist.

In De Carne Christi 17, 5 wird der Sündenfall diskutiert:

In virginem enim adhuc Evam inrepserat verbum aedificatorium mortis; in virginem atque introducendum erat dei verbum exstructorium[702] *vitae, ut quod per eiusmodi sexum abierat in perditionem, per eundem sexum redigeretur in salutem.*

An dieser Stelle vergleicht Tertullian den Sündenfall mit der Geburt Jesu. Bei beiden Ereignissen dringt ein Wort, das Wort der Schlange und der göttliche Logos, in die Welt ein, um die Heilsgeschichte zu bestimmen. Die gleichgroße Wirkung beider Worte beschreiben die synonymen Adjektive *aedificatorius* und *exstructorius*, während der fundamentale Gegensatz durch die gegenübergestellten abhängigen Genitive *mortis* und *vitae* betont wird. Damit werden Sündenfall und Inkarnation zu gleichsam komplementären Vorgängen. Das Adjektiv *aedificatorius*[703] ist nur noch einmal bei Tertullian (An. 47, 2; cf. Kap. 7.2.4) und danach bei Hieronymus (In Philem. 1, 1) bezeugt, so daß es wahrscheinlich wie das Hapaxlegomenon *exstructorius*[704] eine Neubildung Tertullians ist.

Die Neubildung *perditio*, die am Schluß des Satzes antithetisch zu *salus* steht, bezeichnet die Gefahr der vollständigen physischen Vernichtung, in die der Mensch durch den Sündenfall gerät. In diesem Sinn findet es sich auch in De Resurrectione Mortuorum 34, 1, Adversus Marcionem 2, 25, 2 und in De Cultu Feminarum 1, 1. Im Zusammenhang mit dem Gericht da-

---

701 Cf. Cic., Mur. 49.
702 Hier ist im Gegensatz zu Kroymann nicht der schlecht bezeugten Lesart *structorium* (T), sondern der besser bezeugten Variante *exstructorium* (M P N F R B) zu folgen, zumal für *exstructorium* die gleiche Zahl der Silben wie bei *aedificatorium* spricht.
703 O. Hey, ThLL I, sv., 1902, 919.
704 J. Oellacher, ThLL V 2, sv., 1953.

gegen beschreibt *perditio* den ewigen Tod als Gegensatz zu Heil und Erlösung:

(Adv. Marc. 4, 21, 10) *Ut et hic tamen iudicem adcognoscas, qui malum animae lucrum perditione eius et bonum animae detrimentum salute eius remuneraturus sit, et zeloten deum mihi exhibet, malum malo reddentem.*

Diese Bedeutung hat *perditio* nicht selten in Adversus Marcionem (Adv. Marc. 1, 24, 2; 4, 37, 3; 4, 23, 10; 5, 5, 6), während es in De Resurrectione Mortuorum 54, 1 in der Auseinandersetzung mit den Gnostikern die vollständige Vernichtung des Fleisches vor der Wiederauferstehung bezeichnet:

(Res. Mort. 54, 1) *Nam quia et illud apostolum positum est:* **uti devoretur mortale a vita,** *caro scilicet, devorationem quoque ad perditionem scilicet carnis adripiunt, quasi non et bilem et dolorem devorare dicamur (...).*

Diese spezielle Bedeutungsnuance findet sich allein in De Resurrectione Mortuorum 10, 5; 34, 7 und 55, 6. An anderen Stellen spielt *perditio* auf die Vernichtung der gefallenen Engel und Dämonen nach Mt. 25, 41 an (Carn. Chr., 14, 2; Adv. Marc. 4, 7, 13; 5, 6, 7). Wahrscheinlich stammt *perditio* aus der Bibelübersetzung (cf. Kap. 3.3.2), wo es vor allem zur Wiedergabe von ἀπώλεια verwendet wird.[705]

Die Mühe und den Schmerz der Menschen seit dem Sündenfall bezeichnet Tertullian mit dem *novum verbum contristatio*:

(Adv. Marc. 2, 11, 1) *Statim mulier in doloribus parere et viro servire damnatur, sed quae antea sine ulla contristatione per benedictionem incrementum generis audierat – crescite, tantum, et multiplicamini.* (Gen. 1, 28)

Contristatio bildet einen Anklang zu dem folgenden Wort *benedictio* (cf. Kap. 6.8). In diesem speziellem Sinne von der Trauer über den Sündenfall findet sich *contristatio* auch in Adversus Marcionem 5, 12, 1 bei der Diskussion von 2. Kor. 5, 1, während diese Neubildung später, in De Pudicitia 7, 22, allgemein im Sinne der Trauer verwendet wird. So scheint *contristatio*, zumal es sich später nur wenig verbreitet,[706] vor allem aus stilistischen Gründen neu gebildet worden zu sein, zumal sich der oben geschilderte Satzreim mit geläufigen Ausdrücken der Trauer wie *luctus* nicht hätte bilden lassen können.

Die Entstehung der Sünde in der Seele des Menschen diskutiert Tertullian in seiner Schrift De Anima 16, 1. Dort folgt er Platons Zweiteilung in ein emotionales (*rationale)* und ein vernünftiges (*irrationale*) Seelenvermögen. Doch für Tertullian ist das irrationale Seelenvermögen widernatürlich, da es erst durch den Sündenfall entstanden ist:

---

705 N. Delhey, ThLL X 1, sv., 1994, 1254–1258.
706 J. Poeschel, ThLL IV, sv., 1907, 778.

(An. 16, 1) *Naturale enim rationale credendum est, quod animae a primordio sit ingenitum, a rationali videlicet auctore. Quid enim non rationale, quod deus iussu quoque ediderit, nedum id quod proprie afflatu suo emiserit? Inrationale autem posterius intellegendum est, ut, quod acciderit, ex serpentis instinctu, ipsum illud transgressionis admissum, atque exinde inoleverit et coadoleverit in anima ad instar iam naturalitatis.*

Nach seiner Vorstellung ist die Sünde seit dem Sündenfall beständig größer und wirksamer geworden. Diese Zunahme[707] beschreibt ein Hendiadyoin aus *inolescere* und *coadolescere* sehr anschaulich. *Inolescere* ist nämlich ein landwirtschaftlicher Fachausdruck[708], der das Wachsen von Pflanzen bezeichnet, während *coadolescere*, eine Neubildung, wohl auf das Heranwachsen von Jugendlichen anspielt. Dieses Verb[709] scheint, da es nur noch von Rufin (Clem. Recog. 1, 21) in ähnlichem Zusammenhang verwendet wird, durchaus eine Prägung Tertullians zu sein. Den verlorenen natürlichen Zustand beschreibt das Abstraktum *naturalitas*, das das zugrundeliegende Adjektiv *naturale* aus dem ersten Satz aufgreift. Auch hier liegt ein Phänomen der Wiederaufnahme vor, das sich auch an anderen Stellen findet, wo Abstrakta zu Adjektiven neugebildet werden. Auf diese Weise wird aus einer einzelnen Eigenschaftsbezeichnung ein allgemeiner Zusammenhang abgeleitet.[710] *Naturalitas*, das nur in De Anima bezeugt ist (in De Anima 43, 6 beschreibt es den Schlaf als einem dem Menschen eigentümlichen Zustand), ist sicher eine Neubildung Tertullians.

Den Weg des Menschen in die Sünde bezeichnet das Verb *exorbitare*:
(Adv. Marc. 2, 10, 5) *Nihil enim deus proximum sibi non libertate eiusmodi ordinasset. Quem tamen et praedamnando testatus est ab institutionis forma libidine propria conceptae ultro malitiae exorbitasse.*

Exorbitare findet sich in dieser Bedeutung auch an vielen anderen Belegstellen bei Tertullian (Nat. 1, 13, 4; 2, 9, 9; Apol. 6, 1; 9, 14; Cast. 5, 25; Praescr. Haer. 4, 19; 44, 32; Pall. 5, 1; Scorp. 3, 7; Pud. 8, 2). Außerdem ist es auch im Sinne von „abweichen von der rechten Lehre" ohne christlich-dogmatischen Nebensinn (Apol. 16, 11; 20, 3; Virg. Vel. 8, 1) bezeugt. Diese

---

707 Waszink, Kom. An., 231, weist darauf hin, daß Tertullian hier die alte Vorstellung vom σύμφυτον κακόν zugrunde legt.

708 Nach M. Scheller, ThLL VII 1, sv., 1955, 1758 l. 24–55, wird *inolescere* vor allem mit Pflanzen verbunden.

709 O. Hey, ThLL III, sv., 1910, 1368; zum zweiten Beleg An. 19, 3 cf. Kap. 5.

710 Ähnliche Fälle finden sich vor allem in dogmatischen Auseinandersetzungen: *corporalitas* (Adv. Herm. 36, 4) nach *corporalis; praescientia* (Adv. Marc. 2, 5, 2) nach *praescius; nuditas* (Res. Mort. 42, 12) nach *nudus; visibilitas* (Carn. Chr. 12, 7; Adv. Prax. 14, 6) nach *visbilis.*

freie Verwendung und der anschauliche Charakter des später selten bezeugten Wortes[711] deuten daraufhin, daß *exorbitare* schon bekannt war.

Von *exorbitare* leitet Tertullian das Nomen *exorbitatio* ab, das wie sein zugrundeliegendes Verb sündhaftes Verhalten (Adv. Marc. 1, 29, 4; An. 24, 2) bzw. die Abweichung von der rechten Lehre (Idol. 8, 2; 14, 2) bezeichnet. Später bleibt *exorbitatio* selten[712] und wird meistens im gleichen Sinne wie bei Tertullian verwendet. Nur Chalcidius (p. 22d) übernimmt diesen christlich-dogmatischen Gebrauch nicht, da er mit *exorbitatio* die Abweichung der Gestirne von ihrer Umlaufbahn beschreibt. Daher kann die Herkunft von *exorbitatio* nicht genau bestimmt werden.

Die sündhafte, sexuelle Begierde als Antrieb der Sünde bezeichnet Tertullian mit dem wohl aus der Bibelübersetzung entlehnten Abstraktum *concupiscentia* (cf. Kap. 3.4.1.2). Charakteristisch dafür ist etwa die Verwendung in De Anima 38, 2:

Si enim Adam et Eva ex agnitione boni et mali pudenda tegere senserunt, ex quo id ipsum sentimus, agnitionem boni et mali profitemur. Ab his autem annis et suffusior et vestitior sexus est, et concupiscentia oculis arbitris utitur (...).

In diesem auf den Sündenfall bezogenen Sinn findet sich das über sechzigmal bezeugte Wort an vielen anderen Stellen (cf. An. 27, 5; Adv. Marc. 1, 25, 4; 5, 17, 10; Res. Mort. 34, 1) oder bezeichnet allgemein die schlechte Begierde (Adv. Marc. 3, 14, 3; Res. Mort. 17, 5; Ie. 16, 1). Nur selten, etwa in De Anima 16, 6, wo Tertullian mit *concupiscentia* ein Bibelzitat einleitet (1. Tim. 1, 3), besitzt es eine neutrale Bedeutung.

6.4.3 Gericht und Hölle

Das Gericht nennt Tertullian *iudicium* (fere passim), die Hölle umschreibt er metaphorisch mit *ignis* (Mart. 4, 2 u. ö.) oder wählt das Fremdwort *gehenna* (Res. Mort. 24, 5 u. ö.). Die spezielleren Begriffe dagegen sind häufig Neubildungen.

Die doppelte Funktion des Gerichtes,[713] die in der Bestrafung und der Belohnung besteht, bezeichnet Tertullian mit *retributio*. In diesem eschatologischen Sinne erscheint *retributio* an den meisten Stellen (Apol. 18, 3; Cor. 6, 8; Adv. Marc. 4, 17, 9. 10; 4, 24, 4; 5, 4, 14 bis; 5, 12, 5; 5, 14, 13; Id. 13, 4); an anderen Stellen (Adv. Marc. 2, 18, 1; 5, 14, 13) spielt *retributio*

---

711 G. A. Gerhard, ThLL V 2, sv., 1941, 1553.
712 G. A. Gerhard, ThLL V 2, sv., 1941, 1553.
713 Braun, 122f.

auch auf das *ius talionis* an. Dieses Wort dürfte der Bibelübersetzung[714] entlehnt sein, wo es die geläufigen Übersetzung von ἀνταπόδοσις bzw.
ἀνταπόδωμα aus Jes. 61, 2 darstellt: (sc. ἀπέσταλκεν κύριός με) καλέσαι
ἐνιαυτὸν κυρίου δεκτὸν καὶ ἡμέραν ἀνταποδόσεως, παρακαλέσαι
πάντας τοὺς πενθοῦντας. Auch Tertullian spielt in De Resurrectione Mortuorum 22, 2 mit *dies irae et retributionis* auf dieses Zitat an. Dabei denkt er
aber an Röm. 2, 5, wo er ἡμέρα ὀργῆς καὶ ἀνταποδόσεως[715] in seinem Text
des Römerbriefes fand.

Die anderen Neubildungen in diesem Kontext sind dagegen wesentlich
seltener und werden hier ausführlicher untersucht. Vor dem Gericht dient das
Böse nach Tertullian zur Wiedervergeltung und ist so gleichsam gut[716] (cf.
Kap. 7.3.1):

(Adv. Marc. 2, 14, 3) *De his ergo creator profitetur malis, quae*
congruunt iudici. Quae quidem illis mala sunt, quibus rependuntur, ceterum
suo nomine bona, qua iusta et bonorum defensoria et delictorum inimica
atque in hoc ordine deo digna.

Tertullian charakterisiert das Übel mit einer Reihe von Adjektiven, die
seine eigentliche Funktion herausstellen. Darunter ist das neugebildete Adjektiv *defensorius*, das einen Satzreim mit *bona, iusta, digna* und *inimica*
bildet, und die schützende Wirkung des Übels durch seine Neuartigkeit betont. Später ist *defensorius* allerdings als Nomen erst wieder bei Gregor dem
Großen[717] zu finden, wobei es kaum wahrscheinlich ist, daß Gregor von Tertullian abhängig ist und man daher annehmen kann, daß beide das Wort unabhängig voneinander gebildet haben.

Die Unterscheidung zwischen Gut und Böse bei Gericht bezeichnet Tertullian wiederum in der Auseinandersetzung mit Markion mit *dispunctio*:

(Adv. Marc. 5, 12, 5) *Et tribunal autem nominando et dispunctionem*
boni et mali ac operis utriusque sententiae iudicem ostendit et corporalem
omnium repraesentationem confirmavit.

---

714   Cf. Braun, 122.

715   In Röm. 2, 5 *(Κατὰ δὲ τὴν σκληρότητά σου καὶ ἀμετανόητον καρδίαν θησαυ-*
      ρίζεις σεαυτῷ ὀργὴν ἐν ἡμέρα ὀργῆς καὶ ἀποκαλύψεως) ist anstelle des mehr-
      heitlich überlieferten ἀποκαλύψεως auch ἀνταποδόσεως (A) bezeugt. Dieser Les-
      art folgt mit einem Teil der lateinischen Tradition anscheinend auch Tertullian (cf.
      Caes. Arelat, serm. 65, 1 p. 267, 1; Ambr., mort., 29 p. 730, 9).

716   Cf. Meijering, 125.

717   G. Jachmann, ThLL V 1, sv., 1910, 312f; (Greg. magn. epist. 9, 22) *Pervenit ad nos*
      quod tonsurtos in Sicilia prava sibi praesumptione defensorium sumere atque eos
      non solum utilitatibus ecclesiasticis esse utiles sed etiam hac occasione multa
      indisciplinata committere.

Dispunctio[718], das Tertullian auch an anderen Stellen (Apol. 18, 3; Test. 4, 1) im selben Sinne verwendet, bezeichnet in der Rechtssprache die genaue Prüfung eines Sachverhalts.[719] Damit gibt er durch den Fachausdruck seinem Werk den Beiklang eines Rechtsgeschäftes.

Seine Vorstellung von der Hölle legt Tertullian in De Anima 55, 1 dar:

Nobis inferi non nuda cavositas nec subdivalis aliqua mundi sentina creduntur, sed in fossa terrae et in alto vastitas et in ipsis visceribus eius abstrusa profunditas, siquidem Christo in corde terrae legimus triduum mortis expunctum, id est in recessu intimo et interno et in ipsa terra operto et intra ipsam clauso et inferiorbus adhuc abyssis superstructo.

Tertullian betrachtet die Hölle sehr anschaulich als eine tiefe und wüste Gegend unter der Erde. Ihre unermeßliche Tiefe bezeichnet er mit dem bei ihm zuerst bezeugten Abstraktum *profunditas*. Dieses Wort ist häufig bei dem paganen Autor Macrobius (sat. 1, 20, 10; 3, 7, 1 u. ö.) bezeugt, so daß es wohl schon bekannt[720] ist. Auch das Adjektiv *subdivalis* ist bei Tertullian zuerst belegt; es scheint eine Nebenform zu dem zum ersten Mal beim älteren Plinius (n. h. 34, 117) bezeugten Adjektiv *subdialis* zu sein.

6.4.4 Teufel

Den Teufel als Handlanger des Bösen belegt Tertullian mit einer Reihe von Prädikaten. Das häufigste von ihnen ist *interpolator*, daneben finden sich *operator* und das okkasionelle *superseminator*. *Interpolator* verwendet Tertullian im untersuchten Kanon zusammen mit *superseminator* in De Anima 16, 7

(An. 16, 7) **Vos ex diabolo patre estis** (Joh. 8, 44), *ne timeas et illi proprietatem naturae alterius adscribere, posterioris et adulterae, quem legis avenarum superseminatorem et frumentariae segetis nocturnum interpolatorem.*

Tertullian bildet beide Prädikate nach Mt. 13, 25 (Ἐν δὲ τῷ καθεύδειν τοὺς ἀνθρώπους ἦλθεν αὐτοῦ ὁ ἐχθρὸς καὶ ἐπέσπειρεν ζιζάνια ἀνὰ μέσον τοῦ σίτου καὶ ἀπῆλθεν), wobei *superseminator* konkret auf ἐπέσπειρεν ζιζάνια anspielt, während *interpolator* allgemein die List des

---

718 A. Gudeman, ThLL V 1, sv., 1920, 1436. An der unsicher überlieferten Stelle Apol. fr. f., 7, 36, bezeichnet es die genaue Prüfung entsprechend der juristischen Grundbedeutung.

719 Cf. Heumann-Seckel, 152f.

720 In An. 34, 2 bezeichnet *profunditas* nach Lk. 16, 26 die Distanz zwischen Elysium und Hölle (zu An. 32, 6 cf. Kap. 7.2.3).

Teufels beschreibt. *Interpolator* ist nach Fontaine von der juristischen Bedeutung „*adulterare, falsare*"[721] des Verbs *interpolare* abgeleitet, so daß es den Teufel als Betrüger kennzeichnet. In dieser Weise, so Fontaine, sei *interpolator* an den meisten Belegstellen[722] zu verstehen, an denen es jeweils antithetisch zu Bezeichnungen für Gott gestellt werde. *Interpolator* ist vor allem bei Tertullian bezeugt,[723] so daß es wahrscheinlich wie auch das Hapaxlegomenon *superseminator* seine Bildung ist.

In Adversus Marcionem 5, 17, 7–9 bespricht Tertullian Eph. 2, 2 (*secundum principem potestatis aeris, qui operatur in filiis incredulitatis* [Adv. Marc. 5, 17, 7]), wo es um den in Saulus-Paulus wirkenden Teufel vor dem Damaskuserlebnis geht. Danach referiert Tertullian zunächst mit *operator incredulitatis* (Adv. Marc. 5, 17, 9) Markions Auffassung vom Schöpfergott als Teufel und stellt diese falsche Auslegung dann richtig:

(...) ideo delictorum dominum et principem aeris huius creatorem (sc. non) praestat intellegi, sed quia in Iudaismo unus fuerat de filiis incredulitatis diabolum habens operatorem, cum persequeretur ecclesiam et Christum creatoris (...).

Operator wird später in vielfältiger Weise[724] gebraucht; an allen Belegstellen[725] setzt es Tertullian als bekannt voraus. Das Amt des Teufels bezeichnet Tertullian in einem Wortspiel mit dem Ausdruck *delatura*:

---

721   F. Oomes, ThLL VII 1, sv., 1964, 2244f; cf. Fontaine, 200–202.

722   (1) (Test. An. 3, 2) *Satanam denique in omni vexatione et aspernatione et detestatione pronuntias, quem nos dicimus malitiae angelum, totius erroris artificem, totius saeculi interpolatorem.*
        (2) (Spect. 2, 7) *Multum interest inter corruptelam et integritatem, quia multum est inter institutorem et interpolatorem.*
        (3) (Spect. 2, 12) *Nos igitur, qui Domino cognito etiam aemulum eius inspeximus, qui institutore comperto et interpolatorem una deprehendimus, nec mirari neque dubitare oportet (...).*
        (4) (Cult. Fem. 1, 8, 2) *Non ergo natura optima sunt ista, quae a deo non sunt, auctore naturae. Sic a diabolo esse intellegetur, ab interpolatore naturae.*
        In Apologeticum 46, 18 wird *interpolator* als Schimpfwort für Philosophen (*interpolatores veritatis*) verwendet, die nach Fontaines Darstellung (Fontaine, 204) im Denken Tertullians in gleicher Weise wie der Teufel die Wahrheit verfälschen.

723   F. Oomes, ThLL VII 1, sv., 1964, 2243.

724   E. Baer, ThLL IX 2, sv., 1970, 622f.

725   *Operator* wird in Apol. 46, 18 (*factorum operator*) als Vorwurf an die Philosophen verwendet; in Adv. Marc. 3, 8, 4 bezeichnet es den Christus des Markion spöttisch mit *imaginarius operator* und in Adv. Herm. 20, 4 wird der Demiurg *operator* genannt, während *operator* nur in Ex. Cast. 3, 3 in neutralem Sinne gebraucht wird.

(Adv. Marc. 5, 18, 13) *Sed quomodo creator et diabolus et deus idem,
cum diabolus non idem et deus et diabolus? Aut enim ambo et dei, si ambo
diaboli, aut qui deus, hic non et diabolus, sicut nec diabolus deus. Ipsum
vocabulum diaboli quaero, ex qua delatura competat creatori. Fortasse
detulit aliquam dei superioris intentionem, quod ipse ab archangelo passus
est, et quidem mentito.*

Tertullian verspottet hier Markions unklare Gleichsetzung von Schöpfergott und Teufel. Dafür macht er ein konkretes Ereignis verantwortlich, das
er *delatura* nennt. Bei der Formulierung spielt er mit der etymologischen
Verwandtschaft von *delatura* mit *diabolus* und *detulit*. *Delatura* ist aber
auch als eine Berufsbezeichnung[726] für den Teufel zu verstehen, die nach
dem Muster anderer deratiger Neubildungen wie *piscatura* (cf. Kap. 5.3.2)
gebildet ist. Die Herkunft von *delatura* ist kaum zu bestimmen, weil es nur
noch in der Bibelübersetzung an entlegenen Stellen zur Wiedergabe von
διαβολή bezeugt ist (Sir. 28, 11 Ps. Aug. Spec. p. 520, 10; Sir. 26, 6 Vg.).[727]

6.4.5 Zusammenfassung

Die vielfältigen Ausdrücke für die Sünde zeigen Tertullians Bemühen, stets
nach alternativen Begriffen zu suchen, um eingebürgerte, aber auch bei
Heiden bezeugte Ausdrücke zu meiden. Zu diesen Wörter, die sich aber auch
alle nicht durchsetzen können, gehören:

> *contristatio, corruptorius, delinquentia, exorbitare, exorbitatio, natura-
> litas, peccatela, peccatorius, seductrix.*

Daneben greift er aber auch auf einige wahrscheinlich bereits geläufige Ausdrücke zurück:

> *concupiscentia, pecccator, peccatrix, perditio, operator, retributio.*

In Beispielen und Erläuterungen finden sich neben mehreren Neubildungen
einige Wörter aus Fachsprachen:

> *aedificatorius, defensorius, delatura, dispunctio, exstructorius, frictrix,
> profunditas.*

---

726 Leumann-Hofmann-Szantyr II 2. 1, 315f.
727 Th. Bögel, ThLL V 1, sv., 1910, 417f.

6.5   Neue Wörter in Texten zur Wiederauferstehung der Toten

Die Wiederauferstehung der Toten diskutiert Tertullian vor allem in der Auseinandersetzung mit gnostischen Vorstellungen in De Resurrectione Mortuorum. Zuerst werden die Neubildungen im Zusammenhang mit der Diskussion über den alten und den neuen Menschen, danach die für den Vorgang der Wiederauferstehung behandelt.

6.5.1   Zentrale Begriffe

Die zentralen Begriffe der Wiederauferstehung, die Braun und Siniscalco bereits genau untersucht haben, sind *resurrectio* und *resuscitatio*. *Resurrectio* scheint schon geläufig zu sein, da es nach Brauns Darstellung[728] nicht nur an 40 Stellen in Bibelzitaten als Übersetzung von ἀνάστασις verwendet wird, sondern auch häufig in dogmatischen Schriften und in an die Heiden gerichteten Schriften zu finden ist. Das deutet daraufhin, daß *resurrectio* schon einen hohen Bekanntheitsgrad besaß. Das synonyme Wort *resuscitatio* dagegen ist wesentlich seltener. Es bezeichnet die Wiederauferstehung konkreter, wobei es meistens mit einem abhängigen Genitiv verbunden wird.[729] Einige Belege in der altlateinischen Bibelübersetzung[730] sprechen dafür, daß auch *resuscitatio* schon bekannt war.

Den Empfang des neuen Lebens bei der Wiederauferstehung bezeichnet das Verb *vivificare* (Res. Mort. 35, 5; 47, 14), das sonst ζωοποιεῖν (cf. Kap. 3.3.2; 3.4.2) aus der Bibel wiedergibt.[731] Dieses Verb stammt wahrscheinlich aus der gesprochenen Sprache, wie Braun aufgrund einiger Belege bei Macrobius (Saturn. 1, 21, 27) und Avien (Arat. 501) zeigt. Von *vivificare* leitet Tertullian das Verbalabstraktum *vivificatio* ab, mit dem er zum einen 1. Kor. 15, 45 auslegt (Adv. Marc. 5, 9, 5; cf. Kap. 5.2.1.1) und zum anderen in De Resurrectione Mortuorum 28, 6 analog zu *vivificare* die Wiedergewinnung des menschlichen Lebens bei der Wiederauferstehung bezeichnet. Da es sich auch an den wenigen späteren Belegstellen (Cypr., demetr. 12;

728   Braun, 535–538.
729   Braun, 536. Puente, 195f tritt dafür ein, nicht nur an den Stellen, an denen Borleffs (CCSL 1954) und Evans (1960) (Res. Mort. 38, 3; 46, 7) *resuscitatio* lesen, *resuscitatio* der lectio facilior *suscitatio* vorzuziehen, sondern auch in Res. Mort. 23, 8. 9; 30, 3; 38, 7, wo *resuscitatio* von einigen Handschriften überliefert wird, als lectio difficilior im Text zu lesen.
730   Lk. 2, 34 nach Jülicher, Lukas, 22f.
731   Braun, 540–542.

Ambr., ep. 45, 3) nur in dieser Bedeutung findet, dürfte *vivificatio* von Tertullian[732] selbst geprägt worden sein. Das Gegenstück zu *vivificare* ist das
Verb *mortificare*, das aus der Bibelübersetzung[733] stammt und bei Tertullian
auch vor allem in Bibelzitaten bezeugt ist (cf. Kap. 3.3.2). Im Zusammenhang mit der Wiederauferstehung bezeichnet es an drei Stellen in Adversus
Marcionem den Tod des Fleisches (Res: Mort. 37, 5. 6; 46, 13).

6.5.2 Eigenschaften von Seele und Leib; Innerer und äußerer Mensch

Die Seinsqualität der Seele beschreibt Tertullian mit den von *substantia* abgeleiteten Adjektiven *substantialis* und *substantivus*. Das häufiger belegte
davon, *substantivus*, bezeichnet entsprechend dem griechischen
οὐσιώδης[734] die einem Gegenstand wesentlichen Eigenschaften. So wird es
etwa in De Anima 37, 7 gebraucht:

(An. 37, 7) *Tunc et splendor ipse provehitur auri vel argenti, qui fuerat
quidem in massa, sed obscurior, non tamen nullus. Tunc et alii atque alii
habitus accedunt pro facilitate materiae, qua duxerit eam qui aget, nihl
conferens modulo nisi effigiem. Ita et animae crementa reputanda, non
substantiva, sed provocativa.*

Hier differenziert Tertullian zwischen den Eigenschaften, die der Seele
eigentümlich (*substantiva*) sind und ihren sekundären Qualitäten (*pro-vo-
cativa*).[735] *Substantivus* wird in dieser Weise mit der Seele (An. 20, 1; 32, 4;
32, 9; 37, 7; Res. Mort. 40, 5 bis) und dem heiligen Geist (Adv. Prax. 7, 5;
26, 6)[736] verbunden. Es ist aus der Fachsprache der Grammatiker[737] entlehnt, wo es vor allem bei Priscian in der Junktur *substantivum verbum* das
Hauptwort bezeichnet (II 187, 5; III 212, 9 u. ö.). Auch später findet es sich
häufig in dogmatischen Auseinandersetzungen.[738] *Provocativus* dagegen bezeichnet die Ergebnisse des Wachstums der Seele (*crementa*), die von der
Seele je nach ihrer individuellen Beschaffenheit nach außen gebracht
werden. Georges[739] jedoch versteht *provocativus* im Sinne von „hervorge-

---

732 Cf. Braun, 541f.
733 Dort finden sich nach J. Gruber, ThLL VIII, sv., 1963, 1519f, die meisten Belege.
734 Braun, 193–196.
735 Braun, 196; Waszink, Kom. An., 432; Evans, Kom. Prax., 287.
736 In Adv. Herm. 19, 1. 3 ter; 36, 3 bezeichnet es die eigene Seinsqualität des materia-
     len Ursprungs der Welt nach Hermogenes.
737 Braun, 196.
738 Cf. zu *substantivus* Hil., trin. 10, 21; Gennad., dogm. 16; cf. zu *substantialis* Rufin.,
     Adamant. 3, 9 p. 127, 17.
739 Georges II, sv., 2048.

lockt" passivisch. Doch spricht gegen dieses Verständnis das vorhergehende Beispiel von dem glänzenden Edelmetall, das ein aktivisches Verständnis im Sinne von „herausdrängend" nahelegt. Zudem findet sich *provocativus* in dieser Bedeutung bei Caelius Aurelianus (acut. 3, 4, 40; 3, 4, 47), wo es die reizende und den Stoffwechsel anregende Wirkung von Salben bezeichnet. Es ist nicht unwahrscheinlich, daß Tertullian *provocativus* aus der römischen Medizin bekannt war. Hier wählt er diesen seltenen Ausdruck, um einen Satzreim zu *substantivus* zu bilden. An einer anderen Stelle wählt Tertullian anstelle von *substantivus* das gleichfalls bereits bekannte Adjektiv[740] *substantialis*, um einen Satzreim zu *moralis* zu bilden:

(Res. Mort. 45, 15) *Nos enim, qui totam fidem in carne administrandam credimus, immo et per carnem, cuius est et os ad proferendum optimum quemque sermonem et lingua ad non blasphemandum et cor ad non indignandum et manus ad operandum et largiendum, tam vetustatem hominis quam novitatem ad moralem non ad substantialem differentiam pertinere defendimus.*

Nach Tertullian sind sämtliche Lebensäußerungen des Menschen in seiner Leiblichkeit begründet, so daß auch der Unterschied zwischen altem und neuem Menschen nicht im Bereich des Wesens (*substantialis*), sondern in der Sittlichkeit (*moralis*) liegen muß. Diese Einteilung drückt er mit diesen beiden Adjektiven sehr pointiert aus. Verwandt mit *substantialis* ist das gleichfalls neu gebildete Adverb *substantialiter*, das Tertullian an zwei Stellen (Adv. Val. 7, 3; Adv. Marc. 4, 35, 14) in *substantialis* entsprechender Bedeutung verwendet. Später greifen nur christliche Autoren *substantialiter* wieder auf; doch dürfte es wie *substantialis* aufgrund seiner abstrakten Bedeutung aus der philosophischen Sprache stammen.

Die Körperlichkeit der Seele bezeichnet Tertullian in seiner Auferstehungstheologie mit dem novum verbum *corporalitas*. An der chronologisch frühesten Belegstelle definiert er das Wort in der Auseinandersetzung mit Hermogenes:

(Adv. Herm. 36, 4) *Omnia denique moventur aut a semetipsis, ut animalia, aut ab aliis ut inanimalia; tamen nec hominem nec lapidem et corporalem et incorporalem dicemus, quia et corpus habeat et motum, sed unam omnibus formam solius corporalitatis, quae substantiae res est.*

Nach dieser Bestimmung bezeichnet *corporalitas* den Besitz einer ausgedehnten Gestalt als einer Grundeigenschaft alles Materiellen. Tertullian bereitet die Neubildung von *corporalitas* in diesem Text durch die vorange-

---

740 *Substantialis* ist sowohl bei Marius Victorinus (rhet. p. 195, 37, 39; p. 211, 39) als auch bei Ammian (14, 11, 25; 21, 1, 8) bezeugt und trägt dort eine ähnliche Bedeutung wie hier.

henden, geläufigen Adjektive *corporalis* und *incorporalis* vor, so daß die Bedeutung von *corporalitas* sogleich klar wird. Eine ähnliche Technik findet sich beispielsweise auch in De Anima 16, 1 bei der Einführung von *naturalitas* (Kap. 6.4.2). In De Anima (An. 7, 1. 4; 9, 1; 9, 3) und De Resurrectione Mortuorum (Res. Mort. 33, 9) bezieht Tertullian *corporalitas* auf die stoffliche Qualität der Seele, die er für die schriftgemäße Auffassung hält. Diese Bedeutung zeigt sich exemplarisch in De Anima 7, 1:

Quantum ad philosophos satis haec, quia quantum ad nostros ex abundanti; quibus corporalitas animae in isto evangelio relucebit.

Von dieser Bedeutung weicht *corporalitas* nur in De Resurrectione Mortuorum 47, 1 ab. Dort behandelt Tertullian nach Röm. 6, 6 den Unterschied zwischen dem inneren und dem äußeren Menschen und bekräftigt, daß diese Differenz im Bereich der Sittlichkeit liegt:

Haec [enim] erit vita mundialis, quam veterem hominem dicit confixum Christo, non corporalitatem, sed moralitatem.

Corporalitas bezeichnet hier, wie Evans[741] zeigt, den menschlichen Leib selbst. Es steht in einem Wortspiel *moralitas* gegenüber, das die ethisch bedeutsame Lebensführung des Menschen beschreibt. Auch *moralitas* ist eine Neubildung der späteren lateinischen Literatur: Sie ist sowohl bei paganen wie auch bei christlichen Autoren[742] belegt, wobei die hier zu verzeichnende neutrale Bedeutung „Sittlichkeit" sich nur noch bei Grammatikern findet. Das Adjektiv *mundialis*, mit dem das Leben in der Welt charakterisiert wird, ist ebenfalls bei Tertullian zuerst bezeugt. Es findet sich in diesem Sinne in vielen dogmatischen Aussagen.[743] Da es auch bei dem Heiden Iulius Valerius (1, 1. 5) belegt ist, scheint es schon bekannt gewesen zu sein.[744] *Corporalitas*[745] dagegen kann sich später kaum durchsetzen und scheint, da es auch von den wenigen späteren christlichen Autoren einheitlich in der

---

741 Evans, Kom. Res. Mort., 306f.

742 W. Buchwald, ThLL VIII, sv., 1963, 1474 f.

743 Tertullian bezieht *mundialis* an drei Stellen auf den Geist der Welt (*spiritus mundialis* Adv. Marc. 4, 26, 4; Ie. 13, 5; Adv. Prax. 12, 5) und spielt mit *elementa mundialia* (Adv. Marc. 5, 4, 5) auf Gal. 4, 3 (στοιχεῖα τοῦ κόσμου) an, während er in De Anima 54, 4 mit *mundiales sordes* Platons Vorstellung von dem Aufenthalt der Seelen in der Unterwelt referiert. Doch gibt es an dieser Stelle aber keine greifbare griechische Vorlage (cf. Waszink, Kom. An., 551f). Er verwendet *mundialis* allerdings schon in der frühen, an die Heiden gerichteten Schrift Ad Nationes (2, 4, 10; 2, 5, 17).

744 E. Baer, ThLL VIII, sv., 1975, 1624–1625.

745 Nach E. Lommatzsch, ThLL IV, sv., 1908, 995, ist *consistorium* in dieser festen Bedeutung, die sich wohl aus älterer Tradition entwickelt hat, seit Diokletian bezeugt.

hier beschriebenen Weise verwendet wird, durchaus eine Bildung Tertullians sein.

An zwei Stellen in De Resurrectione Mortuorum (Res. Mort. 26, 3; 52, 18) wird die Erde nach Gen. 3, 19 (*terra es et in terram ibis*) als Grundsubstanz des menschlichen Körpers dargestellt, in die der Körper bis zur Wiederauferstehung zurückkehren werde:

(Res. Mort. 26, 3) *Nam et si iuvari seu laedi habet terra, id quoque propter hominem, ut ille iuvetur sive laedatur per consistorii sui exitus, quo magis ipse pensabit, quae propter illum terra patietur.* (Res. Mort. 52, 18) *Hinc et apostolus concepit seminari eam dicere, cum redhibetur in terram, quia et seminibus sequestratorium terra est, illic deponendis et inde repetendis.*

Tertullian überträgt die Bedeutung von *consistorium* (Res. Mort. 26, 3), das in der juristischen Sprache das Ratgebergremium des Kaisers (Cod. Iust. 9, 47, 12)[746] bezeichnet, in etwas gewagter Weise auf die Bedeutung der Erde für den Menschen. In De Resurrectione Mortuorum 52, 18 dagegen prägt er *sequestratorium*, ein Hapaxlegomenon, um die Erde als gleichsam treuhänderische Instanz zu beschreiben, die die Körper wie Pflanzensamen bis zum Gericht bewahrt. *Sequestratorium* soll die Assoziationen an das verwandte Verb *sequestrare* wecken, das in der juristischen Sprache die Übergabe eines Gegenstandes an einen Treuhänder[747] bezeichnet. In De Anima 56, 4 faßt Tertullian diesen Zwischenzustand noch abstrakter, indem er ihn mit dem Rechtsterminus[748] *reliquatio* bezeichnet. Dieser Ausdruck, der in der juristischen Terminologie für die noch zu erbringende Restschuld steht, betont den Gedanken, daß Körper und Seele bis zum Gericht schuldbehaftet sind. Dabei darf, so schreibt Tertullian in De Anima 58, 2, keine Vorwegnahme des Urteils stattfinden. Diese bezeichnet er mit dem geläufigen Abstraktum *praelibatio*[749].

Die Frage, ob Seele und Leib gemeinsam erlöst werden, bespricht Tertullian in De Resurrectione Mortuorum 34, 5–6:

---

746 E. Lommatzsch, ThLL IV, sv., 1907, 4272f.
747 OLD II, sv., 1741; Heumann-Seckel, 536. *Sequestrare* ist wie mehrere juristische Ausdrücke zuerst bei Tertullian belegt. Er bezeichnet damit in ähnlichem Sinne wie hier mit *sequestratorium* in Res. Mort. 27, 6, An. 14, 5 und 55, 5 den Aufenthaltsort von Seele oder Leib und in An. 25, 2 den Samen im Mutterleib (zu Adv. Val. 25, 1 cf. Kap. 4.2.2). Später ist *sequestrare* sowohl in juristischen Texten (Cod. Theod. 2, 8, 21; 11, 7, 18 u. ö.) als auch bei verschiedenen paganen Autoren (Macr., sat. 1, 5, 6; Veg., mul. 2, 20 u. ö.) wie auch bei christlichen Autoren bezeugt.
748 Heumann-Seckel, 504.
749 Nach B. Scotti, ThLL X 2, sv., 1987, 689 l. 50–53, ist *praelibatio* auch bei paganen Autoren belegt.

Porro aut recipimus animae immortalitatem, ut perdita non in interitum credatur sed in supplicium, id est in gehennam, et si ita est, iam non animam spectabit salus, salvam scilicet suapte natura per immortalitatem, sed carnem potius quam interibilem constat apud omnes – 6. aut si et anima interibilis, id est non immortalis, quod et caro, iam et carni forma illa ex aequo proficere debebit proinde mortali et interibili, qua id quod perit salvum facturus est dominus.

Tertullian legt zunächst dar, daß die Seele wegen ihrer Unsterblichkeit nicht erlöst werden muß, während der Leib, da er vergänglich ist, errettet werden kann. Daraus schließt er nach längerer Diskussion, daß der Mensch mit Leib und Seele erlöst werden wird. Die Vergänglichkeit beschreibt das Adjektiv *interibilis* (Res. Mort. 34, 6), das mit *interitus* (Res. Mort. 34, 5) korrespondiert; es drückt die Möglichkeit des vollständigen Untergangs aus. Es wird schließlich mit *mortalis* (*proinde mortali et interibili*) gleichgesetzt, mit dem es durch ein Homoioteleuton auch formal verbunden ist. *Interibilis,* das Tertullian sonst in der Darstellung der unvergänglichen Materie nach der Lehre des Hermogenes (Adv. Herm. 34, 10 bis) verwendet, scheint schon bekannt zu sein, weil es zwei Belege bei den paganen Agrimensoren (Agenn., grom. p. 28, 19; p. 29, 12) gibt. Später greift es bis auf Arnobius (nat. 2, 31) kein christlicher Autor mehr auf[750].

In De Resurrectione Mortuorum 40, 11–13 will Tertullian zeigen, daß sowohl der innere Mensch, der mit der Seele identifiziert wird, als auch der äußere Mensch, der mit dem Leib gleichgesetzt wird, die Auferstehung erfährt. Damit soll die gnostische Ansicht widerlegt werden, daß der äußere Mensch mit dem Tod völlig vernichtet werde. Seine Auffassung sucht Tertullian mit zwei Schriftzitaten, Röm. 8, 17–18 und 2. Kor. 7, 5, zu stützen:

(Res. Mort. 40, 11–13) *Sic et alibi: Siquidem, ait, compatimur, uti et conglorificemur: reputo enim non esse dignas passiones huius temporis ad futuram gloriam, quae in nos habet revelari. Et hic minora ostendit incommoda praemiis suis. 12. Porro si per carnem compatimur, cuius est proprie passionibus corrumpi, eiusdem erit, quod pro compassione promittitur. Atque adeo carni adscripturus pressuram proprietatem, ut et supra, dicit: Cum venissemus in Macedoniam, nullam remissionem habuit caro nostra. 13. dehinc, ut animae daret compassionem: in omnibus, inquit, compressi: extrinsecus pugnae, debellantes scilicet carnem, intrinsecus timor, adflictans scilicet animam.*

Mit dem ersten Bibelzitat (Röm. 8, 17–18) soll bewiesen werden, daß das Fleisch um des Leidens willen, das es gemeinsam mit der Seele erfährt, erlöst werde. Dieses gemeinsame Leiden nennt Tertullian im Zitat und der

---

750   B. R. Voß, ThLL VII 1, sv., 1963, 2199.

folgenden Auslegung *compati*, das er in den folgende Sätzen mit dem Abstraktum *compassio* wieder aufnimmt (Res. Mort. 40, 12). Diese Neubildung wird hier also als „Name für Satzinhalte" (cf. Kap. 5.1) gebraucht. Sie
verdeutlicht die Verbindung zwischen innerem und äußerem Menschen als
eine Art von gegenseitiger, aber wohl durchaus auch körperlich zu den-
kender Anteilnahme, die im letzten Satz (Res. Mort. 40, 13) mit 2. Kor. 7, 5
noch einmal eindringlich begründet wird. Formal ist in diesen Sätzen Tertullians Verzicht auf das Spiel mit Klangfiguren auffällig, obwohl *compassio*
und *compati* dazu ohne weiteres geeignet sind. Die hier beschriebene Bedeutung von *compassio* ist auch später sowohl bei christlichen Autoren wie
Ambrosius (Cain et Abel 2, 9, 36)[751] als auch bei dem Mediziner Caelius
Aurelianus (Chron. 1, 2, 144) zu beobachten.[752] Daher dürfte diese Bedeutungsnuance Tertullian schon bekannt gewesen sein. Auch der Gebrauch im
Sinne von „Ähnlichkeit, Analogie", der sich in De Resurrectione Mortuorum 3, 6[753] in einer Spitze gegen Häretiker und Heiden findet, dürfte
schon geläufig gewesen sein. Diese Bedeutungsnuance ist nämlich auch bei
Priscian (gr. II p. 550, 5) bezeugt. Selbst die nach den Stellen des
Thesaurus[754] später am häufigsten belegte Bedeutung von *compassio* im
psychologischen Sinne von *misericordia*[755] ist Tertullian (Pud. 3, 5) schon
bekannt. Dieses weite Bedeutungsspektrum macht es wahrscheinlich, daß
compassio aus der gesprochenen Sprache[756] entlehnt ist.
   Die Diskussion über den alten und neuen bzw. den äußeren und inneren
Menschen setzt Tertullian über längere Partien fort und kommt im Kapitel
45 der Schrift De Resurrectione Mortuorum schließlich zu der Frage, ob es
bei der Erschaffung des Menschen eine zeitliche Differenz zwischen der
Entstehung des Fleisches und der Seele gab:

---

751   *Inseritur hoc loco dogma de incorruptione animae, quod ipsa vera et beata vita sit,*
      quam uniusquisque bene conscius vivit multo purius ac beatius, cum huius carnis
      anima nostra deposuerit involucrum et quodam carcere isto fuerit absoluta cor-
      poreo, in illum superiorem revolans locum, unde nostris infusa visceribus com-
      passione corporis huius ingemuit, donec commissi gubernaculi munus impleret.
752   Cantalamessa, 130f, weist auf den stoischen Ursprung dieser Auffassung hin.
753   *Communes enim sensus simplicitas ipsa commendat et compassio sententiarum et*
      familiaritas opinionum (...).
754   K. Wulff, ThLL III, sv., 1911, 2022f.
755   Cf. Petré, 344. Er verwendet diese Bedeutungsnuance in einem Wortspiel in seiner
      späten Schrift De Pudicitia 3, 5: *Adsistit enim pro foribus eius et de notae suae*
      exemplo ceteros admonet et lacrimas fratrum sibi quoque advocat et redit plus
      utique negotiata compassionem scilicet quam communicationem.
756   Dafür spricht sich auch Mohrmann, II 239, aus.

(Res. Mort. 45, 4–5) *Si caro vetus homo, quando istud? A primordio? Atquin Adam novus totus, et ex novo vetus nemo. Nam et exinde a benedictione geniturae caro atque anima simul fiunt sine calculo temporis, ut quae simul in utero etiam seminantur, quod docuimus in commentario animae. 5. Contemporant fetu, coaetant natu: duos istos homines, sane ex substantia duplici, non tamen et aetate, sic unum edunt, dum prior neutra est.*

Die Antwort auf diese Frage gibt Tertullian nach dem Hinweis auf die Mehrungsverheißung (Gen. 1, 22) mit der eindrucksvoll formulierten Wendung aus den beiden Verben *contemporare* und *coaetare*. Die beiden Verben, die beide Hapaxlegomena[757] bleiben, sind nach dem Muster der zugrundeliegenden Adjektive *coaetaneus* und *contemporalis* gebildet, die in Adversus Hermogenem 7, 5 (*Quis me deo subicit contemporali coaetaneo?*) ebenfalls miteinander verbunden sind.

In De Resurrectione Mortuorum 40, 8–9 wird im Anschluß an 2. Kor. 4, 17–18 untersucht, ob äußerer und innerer Mensch auch in gleicher Weise der Anfechtung unterworfen sind:

De sequentibus disce: Quod enim ad praesens est, inquit, temporale et leve pressurae nostrae, per supergressum in supergressum aeternum gloriae pondus perficit nobis, non intuentibus, quae videntur, id est passiones vero, sed quae videntur, id est mercedes. Quae enim videntur temporalia sunt, quae non videntur, aeterna sunt. 9. Pressuras enim et laesuras, quibus corrumpitur homo exterior ut leves et temporales idcirco contemnendas adfirmat, praeferens mercedum aeternarum et invisibilium et gloriae pondus in compensationem laborum, quos hic caro patiendo corrumpitur.

In der Auslegung des Bibelzitates greift Tertullian θλῖψις aus 2. Kor. 4, 17 mit einem Hendiadyoin aus dem neu gebildeten Wort *laesura* und dem geläufigen *pressura* auf. Diese Fügung gibt der Aussage mehr Gewicht. Später, in De Resurrectione Mortuorum 58, 4, bezeichnet *laesura* auch allein die gemeinsamen äußeren Leiden von Leib und Seele vor der Wiederauferstehung:

Si dolor et maeror et gemitus ipsaque mors ex laesuris et animae et carnis atque animae obveniunt, quomodo auferentur, nisi cessaverint causae, scilicet laesurae carnis atque animae?

Nach den Angaben des Thesaurus[758] findet sich *laesura* als dogmatischer Ausdruck für die Anfechtung nur bei Tertullian, der *laesura* vor allem in Bibelzitaten verwendet, wo er mit ihm κακία bzw. ἀδικία wiedergibt (cf. Kap. 3.4.2). *Laesura* stammt wahrscheinlich aus der paganen Umgangssprache,

---

757 E. Lommatzsch, ThLL II, sv. contemporare, 1907, 652; W. Proebst, ThLL II, sv. coaetare, 1910, 1375.

758 H. v. Kamptz, ThLL VII, sv., 1972, 872f.

wo es in Trauerinschriften (CIL XII 2983; XII 5295) oder in Fluchtafeln aus dem dritten Jahrhundert[759] bezeugt ist.

6.5.3 Der Vorgang der Wiederauferstehung[760]

Den eigentlichen Vorgang der Wiederauferstehung behandelt Tertullian vor allem an Anfang und Schluß der Schrift De Resurrectione Mortuorum. So beginnt er in 12, 1–9 mit einer längeren Darstellung verschiedener Beispiele aus Natur und Mythologie, mit denen er die Wiederauferstehung zu einem natürlichen Vorgang erklären will. Besonders auffällig formuliert ist folgende Partie:

(Res. Mort. 12, 3–4) *Redaccenduntur enim et stellarum radii, quos matutina succensio extinxerat; reducuntur et siderum absentiae, quas temporalis distinctio exemerat; redornantur et specula lunae, quae menstruus numerus adtriverat. 4. Revolvuntur hiemes et aestates, verna et autumna cum suis viribus moribus fructibus. Quippe etiam terrae de caelo disciplina est: arbores vestire post spolia, flores denuo colorare, herbas rursus imponere, exhibere eadem, quae adsumpta sunt semina nec prius exhibere quam absumpta.*

Tertullian gibt in jedem der vier Sätze ein Beispiel für die ewige Wiederkehr des Gleichen in der Natur. Diese werden alle von einem Verb mit dem Präfix *re*, das auffällig an der Satzspitze steht, eingeleitet, so daß die inhaltliche Aussage durch die auffällige Wiederholung des Suffixes *re* gestützt wird. Von diesen Verben sind *reornare* und *redaccendere* Neubildungen, die beide selten bleiben. *Redaccendere* nämlich wird nur noch zweimal wie hier in Antithese zu *eximere* (An. 30, 5; Ie. 3, 4) gebraucht, später ist es nur bei Hieronymus (ep. 123, 13, 12) bezeugt. *Reornare* findet sich nur noch einmal in den tironischen Noten (Not. tir. 33, 89). Daher sind beide wahrscheinlich Bildungen Tertullians. Auch *succensio* (Res. Mort. 12, 3) ist ein bei Tertullian zuerst bezeugter Ausdruck. Dieses Wort ist sowohl bei paganen Autoren wie bei Christen[761] belegt und gehört zu der im späten Latein wachsenden Zahl der Abstrakta.[762]

---

759 Wünsch, Rheinisches Museum 55, 1900, 261, 36.
760 Zu *eruditus* (Res. Mort. 60, 3) cf. Kap. 7.3.1; zu *frugescere* (Res. Mort. 22, 8) cf. Kap. 4.2.1, zu *inornare* (Res. Mort. 16, 8) cf. Kap. 7.2.1; zu *sumministratio* (Apol. 48, 13) cf. Kap. 5.2.4; zu *supparatura* (Res. Mort. 60, 4) cf. Kap. 5.3.3; zu *inreformabilis* (Res. Mort. 5, 5) cf. Kap. 7.3.1.
761 Cf. Amm. 25, 10, 13; 31, 1, 2; Vg. Ez. 20, 47.
762 Diese sehr geschickt durch die vielen Parallelismen gebaute Periode berührt sich

Diese Kette von Beispielen beendet Tertullian mit einem wiederum sehr effektvoll formulierten Fazit:

(Res. Mort. 12, 5) *Mira ratio: de fraudatrice servatrix; ut reddat, intercipit; ut custodiat, perdit; interficit, ut vivificet; ut integret, vitiat (...).*

Auch hier verwendet Tertullian neu geprägte Ausdrücke. Neben das geläufige Wort *servatrix* stellt er das neu geprägte Wort *fraudatrix*, das wie *servatrix* als Adjektiv zu *terra* in De Resurrectione Mortuorum 12, 4 (l. c.) zu beziehen ist. *Fraudatrix* spielt durch die Assoziation an den verwandten Ausdruck *fraudator* auf juristischen Sprachgebrauch an, der dort den Betrüger bezeichnet, mit dem die Erde hier gleichgesetzt wird. *Fraudatrix* blcibt Hapaxlegomenon[763] und erweist sich so als Okkasionsbildung.

Mit ähnlichen Klangeffekten und Parallelismen wie in De Resurrectione Mortuorum 12, 2–3 gestaltet Tertullian in De Resurrectione Mortuorum 4, 3, 6 die scheinbaren Fragen eines Häretikers nach dem Sinn der Wiederauferstehung.

(Res. Mort. 4, 3) *Hancne (sc. carnem) ergo, <ait> vir sapiens, et visui et contactui et recordatui tuo ereptam persuadere vis, quod se receptura quandoque sit in integrum de corrupto, in solidum de casso, in plenum de inanito, in aliquid omnino de nihilo, et utique redhibentibus eam ignibus et undis et alvis ferarum et rumis alitum et lactibus piscium et ipsorum temporum propria gula?*

(Res. Mort. 4, 6) *Rursus ulcera (sc. post mortem) et vulnera et febris et podagra et mors redoptanda? Nimirum haec erunt vota carnis recuperandae, iterum cupere de ea evadere.*

In der einleitenden Frage bildet Tertullian für den Parallelismus zu den bekannten Wörtern *visus* und *contactus* das Wort *recordatus* neu. *Recordatus* findet sich später nur noch einmal in De Ieiunio 5, 3, um ein Homoioteleuton zu bilden.[764] In der abschließenden, polemischen Frage wird für das Wortspiel mit *cupere* das Verb *recuperare* neugeprägt, das gleichzeitig auf *redoptandae* anspielt. *Recuperare* bleibt Hapaxlegomenon; es ist wie *recordatus* eine Augenblicksbildung.

---

gedanklich eng mit Apologeticum 48, 8, wo Tertullian eine ähnliche Kette von Beispielen formuliert: *Lux cottidie interfecta resplendet et tenebrae pari vice decedendo succedunt, sidera defuncta vivescunt, tempora ubi finiuntur, incipiunt, fructus consummantur et redeunt, certe semina non nisi corrupta et dissoluta fecundius surgunt (...).* Auch dieser Satz ist recht prätentiös formuliert, aber bei weitem nicht so kunstvoll parallelisiert; zudem fehlen noch weitgehend die Klangfiguren.

763 Heumann-Seckel, 221; H. Rubenbauer, ThLL VI 1, sv., 1921, 1261.

764 *Eadem ventris praelatione deploraturus erat eosdem duces suos et dei arbitros, quos desiderio carnis et recordatu Aegyptiarum copiarum exacerbabat.*

Im weiteren Fortgang seines Werkes bespricht Tertullian die Vision des
Ezechiel (Ez. 37, 1–14), um damit seine Vorstellung von der vollständigen,
leiblichen Wiederauferstehung zu verdeutlichen. Diese Vision wird in einer
Fassung zitiert, die dem masoretischen Text näher als der Septuaginta[765]
steht:

(Res. Mort. 29, 2–15) *Et facta est, inquit, super me manus domini et
extulit me in spiritu dominus et posuit me in medio campi: Is erat ossibus
refertus. 3. Et circumduxit me super ea per circuitum et ecce multa super
faciem campi et ecce arida satis. 4. Et ait ad me: Fili hominis, si vivent ossa
ista? Et dixi: Adonai domine tu scis. 5. Et ait ad me: Propheta in ossa haec et
dices: Ossa arida, audite sermonem domini: 6. haec dicit dominus Adonai
ossibus istis: Ecce ego adfero in vos spiritum et vivetis, 7. et dabo in vos nervos
et reducam in vos carnes et circumdabo in vobis cutem et dabo in vobis
spiritum et vivetis et cognoscetis, quod ego dominus. 8. Et prophetavi
secundum praeceptum et ecce vox, dum propheto, et ecce motus: et accedebant
ossa ad ossa, 9. et vidi et ecce super ossa nervi et caro ascendit et circumpositae
sunt eis carnes et spiritus in eis non erat. 10. Et ait ad me: Propheta ad
spiritum, fili hominis, propheta et dices ad spiritum: haec dicit dominus
Adonai: A quattuor ventis veni spiritus, et spira in istis interemptis et vivant.
11. Et prophetavi ad spiritum, sicut praecepit mihi, et introivit in ea spiritus et
vixerunt et constiterunt super pedes suos valentia magna satis. 12. Et ait ad
me: Fili hominis, ossa ista omnis domus Israel est. Ipsi dicunt: Exaruerunt ossa
nostra et periit spes nostra, avulsi sumus in eis. 13. Propterea propheta ad
eos: Ecce ego patefacio sepulchra vestra et eveham vos de sepulchris vestris, populus meus, et inducam vos in terram Israelis 14. et cognoscetis,
quod ego dominus aperuerim sepulchra vestra et eduxerim vos de sepulchris
vestris, populus meus, 15. et dabo in vobis spiritum et vivetis et requiescetis in
terra vestra et cognoscetis, quod ego dominus locutus sum et fecerim, dicit
Dominus.*

Tertullian stellt in der nun folgenden Auslegung zuerst (Res. Mort. 30,
1–2) dar, daß diese Prophetie in der Regel allegorisch auf die Wiederauferweckung des toten Israel bezogen werde:

(Res. Mort. 30, 2) *Itaque et imaginem resurrectionis in illum alle-
gorizari, quia recolligi habeat et recompingi os ad os, id est tribus ad
tribum, et populus ad populum et recorporari carnibus facultatum et nervis
regni atque ita de sepulchris, id est de habitaculis captivitatis tristissimis
atque teterrimis, educi et refrigerii nomine respirari et vivere exinde in terra
sua Iudaea.*

---

765   Evans, Kom. Res. Mort., 263f.

In dieser Passage greift Tertullian einzelne Aussagen aus dem Text wieder auf, um sie zu erläutern. Mit *recolligi et recompingi os ad os* nimmt er das bildliche *accedebant os ad os* (Res Mort. 29, 8) auf, mit *recorporari carnibus facultatum circumpositae sunt eis carnes* (Res. Mort. 29, 9) und mit *refrigerii nomine respirari introivit in ea spiritus* (Res. Mort. 29, 11). Die beiden Einschübe mit *id est* beziehen die auf diese Weise umschriebenen Verse im Sinne der jüdischen Ausleger auf die tatsächlichen Ereignisse der Exilszeit. In diesen Sätzen finden sich die Neubildungen *recompingere* und *recorporare*. *Recompingere*, ein Hapaxlegomenon, ist nach der Bedeutung „wieder zusammenfügen" des Simplex *compingere* gebildet, die vor allem in medizinischen Texten bezeugt ist (Scrib. Larg. 95, 137; Ps.-Plin., med. 2, 10 u. ö.). Tertullian scheint *recompingere* speziell für diesen Kontext gebildet zu haben, um die Wiederherstellung der Stämme aus den Knochen besonders konkret beschreiben zu können. *Recorporare* dagegen ist ein wohl bereits bekannter medizinischer Fachterminus, der bei den spätantiken Ärzten (Cael. Aur. chron. 2, 4, 210; acut. 3, 4, 47) die Heilung offener Wunden durch Medikamente bezeichnet. An den anderen Belegstellen (Res. Mort. 7, 4; An. 33, 7; An. 35, 1) bezeichnet es die Änderung der körperlichen Gestalt etwa bei der Seelenwanderung. Doch nach der jüdischen Auslegung läßt Tertullian seine Bedenken deutlich werden: Die wiederauferstandenen Israeliten müßten doch auch wieder sterben, so daß das alte Israel kaum gemeint sein könne (Res. Mort. 30, 2). Außerdem müsse diese Vision, da eine Prophetie sich prinzipiell erfülle, auf eine allgemeine Wiederauferstehung bezogen sein (Res. Mort. 30, 3)[766] und dürfe nicht allegorisch gedeutet werden:

(Res. Mort. 30, 4) *Denique hoc ipso, quod recidivatus Iudaici status de recorporatione et redanimatione ossuum figuratur, id quoque eventurum ossibus probatur. Non enim posset de ossibus figura componi, si non id ipsum et ossibus eventurum esset.*

Auch diese Darstellung formuliert Tertullian wieder sehr pointiert, indem er auch hier im ersten Satz alle Ausdrücke, die die Wiederherstellung bezeichnen, mit dem identischen Anlaut *re* bildet (cf. Res. Mort. 12, 4–6). Dabei greift er *recorporari* und *respirari* aus der vorigen, scheinbar wörtlichen Auslegung mit *recorporatio* und *redanimatio* auf, verändert aber die Deutung der Vision, indem er sie nun auf die Wiederherstellung aller Menschen mit Leib und Seele bezieht. *Recorporatio* ist wie sein zugrundeliegendes Verb ein medizinischer Fachausdruck; es bezeichnet bei Caelius Aurelianus (chron. 1, 1, 41; 1, 2, 51 u. ö.) die μετασύγκρισις, die Wiederherstellung des Fleisches nach Verletzungen.[767] *Redanimatio* vertritt um der

---

766 Evans, Kom. Res. Mort., 264.
767 Cf. Puente, 86.

Variatio willen das geläufige Wort *respiratio*, das weiter unten (Res. Mort. 30, 6) synonym zu *redanimatio* gebraucht wird. Später verwendet Tertullian *redanimatio* in einer etwas anderen Bedeutungsnuance, um die Wiederbelebung Verstorbener in einem Wunder Jesu zu bezeichnen (Res. Mort. 38, 1).[768] Da *redanimatio* später nicht wieder gebraucht wird, ist es eine Neubildung Tertullians. Das Nomen *recidivatus*, das hier die Wiederherstellung des alten Israel bezeichnet, ist ebenfalls seine Neuprägung. Sie bezeichnet an ihren anderen Belegstellen die Wiederauferstehung der Seelen nach platonischer (An. 28, 2; Res. Mort. 1, 6) oder häretischer Vorstellung (Res. Mort. 53, 1) oder im konkreteren Sinne als *resurrectio* die Wiederauferstehung des Fleisches (Res. Mort. 18, 1).[769] Dieses Wort vertritt *resurrectio* also immer dann, wenn dieser Terminus wegen seiner festgelegten christlich-dogmatischen Bedeutung nicht gebraucht werden kann.

Tertullian fährt in seiner Auslegung der Vision fort und kommt dann zu dem vorläufigen Ergebnis, daß man eine vollständige, leibliche Wiederherstellung des menschlichen Körpers aus den Knochen zu glauben habe, da die Vision des Ezechiel die Wiederauferstehung im christlichen Sinne vorhersage:

(Res. Mort. 30, 6) *Ita oportebit ossuum quoque credi reviscerationem et respirationem, qualis et dicitur, de qua possit exprimi Iudaicarum rerum reformatio, qualis adfingitur.*

Abermals spricht er von der Herstellung des Leibes als einer Wiedergewinnung von Fleisch und Seele, die er nun nicht mehr *redanimatio et recorporatio* (Res. Mort. 30, 4), sondern *revisceratio et respiratio* nennt. Dafür ist *revisceratio*, ein Hapaxlegomenon, geprägt; dieses Wort hat eine besonders anschauliche Bedeutung.

Am Ende der Auslegung schildert Tertullian auch die Bedeutung der Vision für den Glauben der Israeliten, den Gott wiederherstellen werde:

(Res. Mort. 31, 2) *Sed cum dispersionis quidem iniuria nondum populo accidisset, resurrectionis vero spes apud illum saepissime cecidisset, manifestus est de corporum interitu labefactans fiduciam resurrectionis: ita et deus eam restruebat fidem, quam populus destruebat.*

Im letzten Satz kontrastiert ein eindrucksvolles Wortspiel zwischen *restruere* und *destruere* Gottes Handeln mit dem Handeln des Volkes. Das *novum verbum restruere* ist zwar bei Tertullian zuerst bezeugt, dürfte aber von Varro stammen. Denn der chronologisch erste Beleg dafür in Adversus

---

768   *Cui rei istud? Si ad simplicem ostentationem potestatis aut ad praesentem gratiam redanimationis, non adeo magnum aliquid illi denuo morituros suscitare.*

769   Cf. Puente, 83.

Nationes (1, 10, 17) steht in einer Reihe von Zitaten aus Varro, Res Divinae,[770] die Tertullian wahrscheinlich wörtlich wiedergibt.

Nach dieser Vision zitiert Tertullian eine Reihe von Prophetenstellen ähnlichen Inhalts und schreibt zusammenfassend:

(Res. Mort. 31, 5) *In summa: si proprie in Israelis statum resurgentium ossuum imago contenditur, cur etiam non Israeli tantummodo verum et omnibus gentibus eadem spes adnuntiatur et recorporandarum et redanimandarum reliquiarum et de sepulcris exsuscitandorum mortuorum?*

Hier wird die Wiederherstellung der Menschen mit einer Junktur aus dem medizinischen Fachausdruck *recorporare* mit dem neu geprägten Verb *redanimare* beschrieben. Dieses Verb ist zuerst in De Resurrectione Mortuorum 13, 1 bezeugt, wo es die seelische Auferstehung des mythischen Vogels Phoenix bezeichnet und ein Wortspiel mit *reformari*[771] bildet. In De Resurrectione Mortuorum 19, 4 beschreibt *redanimare* die gnostische Vorstellung von einer spirituellen Auferstehung:[772]

Itaque et resurrectionem eam vindicandam, qua quis adita veritate redanimatus et revivificatus deo ignorantiae morte discussa velut de sepulcro veteris hominis eruperit, quia et dominus scribas et Pharisaeos sepulchris dealbatis adaequaverit.

An dieser Stelle muß Tertullian den Ausdruck der körperlichen Auferstehung durch den allgemeineren Terminus *revivificare* ersetzen, da die Gnostiker die körperliche Auferstehung leugneten und er daher nicht auf die geläufigen Ausdrücke wie *recoporare* zurückgreifen konnte. Nach Puente[773] ist *revivificare* als Übersetzung von ἀναζῳοποιεῖν aus einem gnostischem Text zu erklären. Doch kann dieser keinen Hinweis auf eine gnostische Quelle geben. Zudem deutet die pointierte Formulierung darauf hin, daß Tertullian den Satz selbst ohne Vorlage geschrieben hat. *Revivificare* ist wahrscheinlich der Bibelübersetzung entlehnt, wo es im Kontext[774] von 1. Kor. 14, 36 gebraucht wird. *Redanimare* dagegen scheint Tertullian geprägt zu haben, um die Wiedergewinnung der Seele genau bezeichnen zu können. Denn nur noch Augustin schreibt an einer Stelle (anim. 3, 5, 7) *redanimare*. In dieser Partie zeigt sich Tertullians Geschick bei der Wortwahl: Er ver-

---

770   Cf. Schneider, Kom. Nat., 218f; Cardauns frg. 46b (51); Cardauns, Kom., 158f. Beide äußern sich nicht dazu, wie genau Tertullian Varro zitiert.

771   *Si parum universitas resurrectionem figurat, si nihil tale conditio significat, quia singula eius non tam mori quam desinere dicantur nec redanimari sed reformari existimentur, accipe plenissimum atque firmissimum huius spei specimen (...).*

772   Evans, Kom. Prax., 242; Puente, 85.

773   Puente, 218f.

774   Cf. Hier., in Hab. lib. 2, 3, 1 p. 1308a; Cassiod., ps. 15, 11.

wendet medizinische Fachausdrücke, die die Vorgänge sehr klar verdeutlichen, und kombiniert diese mit Neubildungen, die der Variatio dienen und durch die koordinierte bekannten Wörter immer sogleich verständlich sind. Zudem achtet er sehr darauf, daß alle Ausdrücke der Wiederherstellung gleichermaßen mit *re* anlauten, und bemüht sich, parallel gebaute Fügungen aus Wörtern mit gleicher Silbenzahl zu bilden.

Am Anfang von De Resurrectione Mortuorum legt Tertullian dar, daß der Leib vor dem jüngsten Gericht wiederhergestellt werde:

(Res. Mort. 11, 3) *Quam (sc. Priscam) si tanta auctoritas munit, quanta illi ad interitum salutis patrocinari possit, numquid etiam dei ipsius potentiam et potestatem et licentiam recensere debemus, an tantus sit, qui valeat dilapsum et devoratum et quibuscumque modis ereptum tabernaculum carnis reaedificare atque restruere.*

Nach Tertullian kann Gottes Allmacht alles Zerstörte wiederherstellen. Daher vergleicht er angelehnt an 2. Kor. 5, 4 die Wiederherstellung des Fleisches mit dem Wiederaufbau eines Zeltes, der mit dem, wie oben gezeigt, geläufigen Ausdruck *restruere* auch mit dem novum verbum *reaedificare* beschrieben wird. Dieses Wort bezeichnet an einigen späteren Stellen den Wiederaufbau von Häusern im technischen Sinne (Novell. Iust. 120, 11; CIL II 5439), auf dem Tertullian hier eindeutig anspielt. Später ist *reaedificare* zwar vor allem in der Bibelübersetzung bezeugt (cf. Kap. 3.3.2), scheint aber wohl doch auch schon vorher im technischen Sinne bekannt gewesen zu sein.

In De Resurrectione Mortuorum 27, 6 will Tertullian zeigen, daß schon in Jesaja 26, 20 das jüngste Gericht vorhergesagt werde, vor dem der Antichrist besiegt werde:

*Hoc ipso quod ait: **donec ira praeterit**, quae extinguet antichristum, post iram ostendit processuram carnem de sepulcro, in quo ante fuerit inlata. Nam et de cellariis non aliud effertur, quam quod infertur, et post antichristi eradicationem agitabitur resurrectio.*

Das Ende des Antichristen beschreibt das novum verbum *eradicatio*. Dieses Wort spielt zugleich auf Jesaja 37, 26 an, wo es die geläufige Übersetzung[775] von ἐκρίζωσις darstellt, das die von Gott angedrohte Vernichtung bezeichnet. *Eradicatio* ist nicht nur als Übersetzung für ἐκρίζωσις häufig bezeugt,[776] sondern bleibt auch unabhängig von Bibelzitaten nicht selten, so daß seine Herkunft nicht genau bestimmt werden kann.

Sein Verständnis von den Vorgängen bei der Wiederauferstehung legt Tertullian in De Resurrectione Mortuorum 42, 1–13 dar. Dabei legt er 1. Kor. 15, 53 (*oportet et enim corruptivum istud induere incorruptelam et*

---

775   Cf. Vetus Latina 12, 753.
776   H. Groth, ThLL V 2, sv., 1935, 240.

mortale istud induere immortalitatem [Res. Mort. 42, 2]) und 2. Kor. 5, 4 (*gravari nos, ait, qui simus in tabernaculo, quod nolimus exui, sed potius superindui, uti devoretur mortale a vita.* |Res. Mort. 42, 2]) zugrunde. Aus diesen Zitaten leitet er zunächst ab, daß der Mensch bei der Wiederauferstehung einen neuen Leib wie ein neues Gewand annehme (Res. Mort. 42, 2), wobei das Fleisch nicht vernichtet, sondern verändert werde (Res. Mort. 42, 4). Nach dieser grundsätzlichen Einführung fragt Tertullian, ob nur die Menschen, die am zeitlich gedachten Tag des jüngsten Gerichts noch am Leben seien, die Wiederauferstehung mit ihrem alten Leib erlangen würden:

(Res. Mort. 42, 5) *Aut si in his solis, qui invenientur in carne, demutari eam (sc. carnem) oportebit, ut devoretur mortale a vita, id est caro ab illo superindumento caelesti et aeterno (...).*

Bei diesen Menschen werde, so meint Tertullian, der alte Leib verändert, was aber dem Empfang des neuen himmlischen Leibes entspreche. Diesen Leib bezeichnet er mit der Neubildung *superindumentum,* mit dem er auf *superinduere* aus dem eingangs genannten Bibelzitat (2. Kor. 5, 4) anspielt. Jedoch löst, so fährt Tertullian fort, dieser Gedanke (Res. Mort. 42, 5–8) nicht das Problem, wie früher Verstorbene, deren Leib längst verwest ist, die Auferstehung erlangen könnten. Diese Schwierigkeit überwindet er schließlich mit einer rhetorischen Frage:

(Res. Mort. 42, 9) *Postremo etsi tunc devoratum invenietur mortale in omnibus mortuis, certe a morte, certe ab aevo, certe per aetatem, numquid a vita, numquid a superindumento, numquid a immortalitatis ingestu?*

Hier wird 1. Kor. 15, 53 nochmals aufgegriffen, wobei aber zwischen den verschiedenen Mächten, die das Leben vernichten, differenziert wird. Denn den Mächten, die den Tod nach menschlichen Dimensionen herbeiführen (*a morte, certe ab aevo, certe per aetatem*) werden drei Mächte aus dem Bereich Gottes (*numquid a vita, numquid a superindumento, numquid a immortalitatis ingestu*) gegenübergestellt, die nicht den Tod, sondern das neue Leben herbeiführen. Dadurch sorgen sie dafür, daß die Wiederauferstehung aller möglich wird, indem sie, wie später präzisiert wird, allen Menschen ihren Leib ohne Unterschied wiedergäben (Res. Mort. 42, 10–11). Diese Mächte ordnet Tertullian in einer Klimax an, die mit dem einfachen *vita* beginnt, dann den neuen Leib, *superindumentum,* nennt und schließlich in der Unsterblichkeit, *immortalitatis ingestus,* gipfelt. Für diese Fügung ist *ingestus* neu gebildet, das eine Alitteration mit *immortalitatis u*nd mit *superindumentum* durch die Folge zweier dunkler Endungen[777] ein Ho-

---

777 Tertullian bildet ein ähnliches Homoioteleuton auch mit *recordatus* in Ie. 6, 3 (cf. Anm. 251; cf. Kap. 7.4.1).

moioteleuton ergibt. *Ingestus*[778] ist als Hapaxlegomenon eine Augenblicksbildung. Tertullian bekräftigt schließlich, daß doch alle Menschen die
Wiederauferstehung werden empfangen können:

(Res. Mort. 42, 12–13) *Sic et cum infulcit:* **Siquidem exuti non
inveniemur nudi** (2. Kor. 5, 3), *de eis scilicet, qui non in vita nec in carne
deprehendentur a die domini, non alias negavit nudos, quos praedixit
exutos, nisi quia et revestitos voluit intellegi eadem substantia qua fuerant
spoliati. 13. Ut nudi enim invenientur carne deposita vel ex parte descissa
sive detrita – et hoc enim nuditas potest dici – et dehinc recipient eam, ut
reinduti carnem fieri possint etiam superinduti immortalitatem: superindui
enim nisi vestito iam convenire non poterit.*

Tertullian zieht mit dieser Periode das Fazit aus der langen Diskussion:
Alle Menschen erhalten am Tag des Gerichts ihren alten Leib (*eadem
substantia*) zurück. Diesen Vorgang beschreibt das für diesen Satz neugebildete Hapaxlegomenon *revestire*. Damit wird also auch dieser Vorgang metaphorisch im Sinne von Bekleiden verstanden.[779] Den vorhergehenden Zustand zwischen Tod und Wiederauferstehung, wenn der Mensch ohne Leib
und gleichsam nackt ist, bezeichnet das Abstraktum *nuditas* (Res. Mort. 42,
12). Dieses Wort greift das verwandte Adjektiv *nudus* aus dem Bibelzitat auf
und verallgemeinert dadurch die Aussage. Diese Technik der Wiederaufnahme von Adjektiven läßt sich an einigen Stellen beobachten (cf. Kap.
6.4.1 zu *naturalitas*). *Nuditas* stammt wohl aus der wachsenden Zahl der
Abstrakta in der Spätantike, wofür insbesondere die Belege in medizinischen (Ps.-Soran., quaest. med. 218) und juristischen Texten (Cod. Theod.
9, 42, 12) sprechen.[780] Nach diesem Einschub greift Tertullian die Wieder-
erlangung des alten Leibes noch einmal auf, um sie als Voraussetzung für die
Erlangung der Unsterblichkeit zu betonen. Dazu wählt er das neugebildete
Verb *redinduere*, das ein Wortspiel mit dem geläufigen Wort *superinduere*
bildet. *Redinduere* ist nach dem Muster von *induere*, das den Empfang des
Fleisches bei der Inkarnation beschreibt, geprägt (cf. Adv. Marc. 5, 10, 14;
5, 12, 3); Tertullians okkasionelle Neubildung bleibt Hapaxlegomenon.

Den Begriff *superindumentum* verwendet Tertullian zur Bezeichnung
des himmlischen Leibes in seinem Werk noch an zwei weiteren Stellen, die
beide auf 1. Kor. 15, 53 bezogen sind.

---

778   J. B. Hofmann, ThLL VII 1, sv., 1954, 1553.

779   Otto, 153–157, nennt diese Art der Wiederauferstehungstheologie „Kleidtheologie"
      und legt dar, daß Tertullian sie in Auseinandersetzung mit dem „leibfeindlichen
      Dualismus der Gnostiker" gewonnen habe.

780   Tertullian verwendet *nuditas* auch in der Bibelübersetzung (Scorp. 13, 7 Röm. 8,
      35), in An. 33, 5 (Seelenwanderungslehre) und Virg. Vel. 12, 2.

(1) So spielt er schon an der wahrscheinlich ältesten Belegstelle für *superindumentum* in Adversus Marcionem 3, 24, 6 auf diese Schriftstelle an: (Adv. Marc. 3, 24, 6) *Post cuius mille annos, intra quam aetatem concluditur sanctorum resurrectio pro meritis maturius vel tardius resurgentium, tunc, et mundi destructione et iudicii conflagratione commissa demutati in atomo in angelicam substantiam scilicet per illud incorruptelae superindumentum, transferemur in caeleste regnum (...).*

(2) Die Fügung *illud superindumentum incorruptelae* bezeichnet auch hier schon den himmlischen Leib bei der Wiederauferstehung.

(Adv. Marc. 5, 12, 3) *Necesse est corruptivum istud induere incorruptelam et mortale istud immortalitatem. Illi induunt, cum receperint corpus isti, superinduunt, quia non amiserint corpus, et ideo non temere dixit: **nolentes exui corpore, sed superindui,** id est nolentes mortem experiri, sed vita praeveniri, **uti devoretur mortale hoc a vita,** dum eripitur morti per superindumentum demutationis. 4. Ideo quia ostendit hoc melius esse, ne contristemur mortis, si forte, praeventu, et arrabonem nos spiritus dicit a deo habere, quasi pigneratos im eandem spem superindumenti (....).*

Auch an dieser Stelle behandelt Tertullian 1. Kor. 15, 53 und 2. Kor. 5, 4 nach dem Apostolikon Markions, und formuliert er seine Konzeption vom himmlischen Leib mit *superindumentum.* Er spielt dabei mit dem Paradoxon, daß nach 2. Kor. 5, 4 (*devoretur mortale hoc a vita*) der Tod vom Leben verschlungen wird. Das beschreibt zunächst die Glosse *sed vita praeveniri* (Adv. Marc. 5, 12, 3), die an die häufige Junktur *morte praeveniri*[781] erinnert. Auf diese Wendung bezieht sich in der folgenden Auslegung die kühne Formulierung *mortis praeventu,* die die Sorge davor bezeichnet, daß der Tod vor der Parusie eintreten könnte. Für diese Fügung wird das novum verbum *praeventus* gewählt, um besonders knapp und pointiert zu formulieren. *Praeventus* scheint wegen einiger paganer Belege schon bekannt zu sein.[782]

Der in dieser Darstellung zentrale Begriff *superindumentum* ist wahrscheinlich der altlateinischen Bibelübersetzung entlehnt. Denn er wird vor allem in Diskussionen (cf. Hier., nom. hebr. p. 18, 1 Num. 34, 23; Aug., quaest. Hept. 7, 41; Isid., Orig. 19, 21, 5) über die Wiedergabe von ἐπένδυμα aus der Septuaginta verwendet. Diese Problematik kennt Tertullian, wie in Kap. 3.2 gezeigt. Daher kann man vermuten, daß ihm *superindumentum* daraus geläufig war. Davon scheint Tertullian auch die Bedeu-

---

781 Cf. Suet., Tit. 10, 1 *inter haec morte praeventus est maiore hominum damno quam suo (sc. Titus);* weitere Stellen: Apul., met. 10, 11; Ov., tr. 5, 4, 32; Plin., epist. 9, 1, 13; Scaev., dig. 33, 1, 21, 5.

782 I. Reineke, ThLL X 2, sv., 1993, 1106.

tung von *superindumentum* abzuleiten, da ἐπένδυμα an den genannten
Stellen meistens als das Übergewand eines Priesters verstanden wird und
damit leicht auf das himmlische Übergewand übertragen werden konnte.[783]
Zudem korrespondiert *superindumentum* etymologisch mit dem Verb *superinduere* (ἐπενδύεσθαι), das der Schlüsselbegriff der seiner Konzeption zugrundeliegenden Stellen aus den Paulusbriefen ist. Diese Vorstellungen
dürften aus der griechischen Apologetik[784] stammen, da etwa Tatian, den
Tertullian auch an anderen Stellen als Quelle[785] benutzt, mit οὐράνιον
ἐπένδυμα vom himmlischen Leib spricht.[786]

In De Resurrectione Mortuorum 56, 3 versucht Tertullian, den Begriff
des Überkleides noch etwas genauer zu fassen, indem er zu *indumentum*, das
er an einigen Stellen[787] anstelle von *superindumentum* verwendet, das Wort
mutatorius hinzufügt. In diesem Kapitel geht es darum, ob der Mensch bei
der Wiederauferstehung einen fremden und nicht den eigenen Leib erhält.
Dagegen meint Tertullian, daß der Mensch nicht nur seinen eigenen Leib,
sondern auch Bewußtsein und Gedächtnis wiedererhält:

*Quando neque mentem neque memoriam neque conscientiam hominis
hodierni credibile sit aboleri, per indumentum illud mutatorium immortalitatis et incorruptelae vacaturo scilicet emolumento et fructu resurrectionis
et statu divini utrobique iudicii.*

---

783   O'Malley, 48, hält *superindumentum* ebenfalls für ein Wort aus dem biblischen
      Kontext, scheint aber die Verbindung mit ἐπένδυμα nicht zu kennen.
784   (Ad Graecos 20, 6) Ἡμεῖς δὲ τὰ ὑφ' ἡμῶν ἀγνοούμενα διὰ προφητῶν
      μεμαθήκαμεν· οἵτινες ἅμα τῇ ψυχῇ πεπεισμένοι, ὅτι <τὸ σῶμα> πνεῦμα
      τὸ οὐράνιον <ὡς> ἐπένδυμα <καὶ ἀντὶ> τῆς θνητότητος τὴν ἀθανασίαν
      κεκτήσεται, τὰ ὅσα μὴ ἐγίνωσκον οἱ λοιπαὶ ψυχαὶ προύλεγον.
      Ob Tertullian direkt von Tatian abhängt und dessen Metapher ἐπένδυμα übersetzt,
      kann nicht entschieden werden. Zumindest die Metaphorik ist sich auffallend ähn-
      lich. Ein weiterer Hinweis auf die Herkunft aus griechischer Theologie findet sich
      bei dem stark von Origenes abhängigen Hesych, quaest. levit. 8, 4, der aus der
      Übersetzung von hebr. efoth mit ἐπένδυμα bzw. *superindumentum* eine ähnliche
      Theorie vom himmlischen Leib als Überkleid entwickelt.
785   Siniscalco, Resurrezione, 131–133.
786   Cf. Apol. 48, 13, wo Tertullian eine ähnliche Vorstellung zuerst formuliert hat.
787   Mit *indumentum* bezeichnet Tertullian den himmlischen Leib auch in Res. Mort. 7,
      6; 36, 5; 56, 3; 62, 3. Puente, 126, erklärt die Bevorzugung von *superindumentum*
      damit, daß es den präziseren Ausdruck bilde. Jedoch scheint, wenn man die Stellen
      genau prüft, Tertullian *superindumentum* immer dann zu wählen, wenn er die bei-
      den Bibelzitate direkt zitiert oder auf sie anspielt.

Die Bedeutung von *mutatorius* ist umstritten: Gruber[788] versteht es im Sinne von *ad mutationem pertinens,* Evans[789] als „festal" mit einer Anspielung auf die Veränderung bei der Wiederauferstehung. In der Bibelübersetzung, wo es am häufigsten bezeugt ist, wird *mutatorius* entweder als Substantiv verwendet, um ein festliches Obergewand[790] zu bezeichnen, oder als Adjektiv mit Bedeutung „schmückend"[791]. Diese einfache Bedeutung ohne eine Nuance, die die Veränderung betrifft, dürfte auch hier zu vermuten sein. Denn es geht nicht um die Veränderung des Überkleides selbst, sondern um die Veränderung des menschlichen Leibes. So versucht Tertullian mit *mutatorius* das Übergewand gleichsam als ein Festtagsgewand zu spezifizieren. Die Herkunft von *mutatorius* ist kaum zu klären, da es außer dieser in der Bibelübersetzung bezeugten Verwendung bei paganen Autoren, wie Gruber[792] schreibt, „in vario usu" belegt ist. Dabei ist nicht hinreichend klar, wie diese Bedeutungen mit der oben skizzierten zusammenhängen.

Der anderen zentrale Ausdruck der Wiederauferstehung ist *incorruptela.* Dieser bezeichnet den kommenden sündlosen Zustand. Ihn verwendet Tertullian auch an den meisten anderen Stellen, an denen er die Wiederauferstehung nach 1. Kor. 15, 53 (Res. Mort. 51, 5; 53, 2; 56, 3; 57, 9; 58, 3; Adv. Marc. 5, 10, 14) bespricht. Nur in De Carne Christi 15, 6 weicht die Verwendungsweise von *incorruptela* ab, da es dort die in der Wiederauferstehung erwiesene Sündlosigkeit Jesu bezeichnet. *Incorruptela* stammt aus der Bibelübersetzung,[793] wo es vor allem bei der Wiedergabe von 1. Kor. 15, 53 (cod. 32; Aug., ep. 205, 5 p. 336, 9 u. ö.;13) verwendet wird. Außerhalb des biblischen Kontexts findet sich *incorruptela* später nicht mehr, so daß die Verwendungsweise bei Tertullian singulär ist. An einigen Stellen wird *incorruptela* auch durch das ebenfalls neu geprägte Wort *incorruptibilitas* (Apol. 48, 13; Cult Fem. 2, 6, 4; Res. Mort. 36, 5; 38, 7; 50, 5; Ux. 1, 7, 4 [zur Wortgeschichte cf. Kap. 6.1.2.1]) ersetzt.

---

788 J. Gruber, ThLL VIII, sv., 1966, 1719 l. 15–17.
789 Evans, Kom. Res. Mort., 331.
790 4. Kg. 5, 5 Vg. *tulisset secum sex milia aureos et decem mutatoria vestimentorum;* LXX ἔλαβεν δύο ἀλασσομένας στολάς; cf. Jes. 3, 22; Zach 3, 4; cf. Hier., In Isaiam 3, 22 p. 70b: *Mutatoria autem et pallia, quae significantius Symmachus transtulit* ἀναβολαῖα, *ornamenta sunt vestium mulierum, quibus humeri et pectora proteguntur.*
791 4. Kg. 5, 22 Vg. *da eis vestes mutatorias duplices;* LXX δὸς αὐτοῖς δύο ἀλασσομένας στολάς.
792 J. Gruber, ThLL VIII, sv., 1966, 1719.
793 W. Bauer, ThLL VII 1, sv., 1940, 1030f.

In De Resurrectione Mortuorum 57, 1–4 will Tertullian zeigen, daß alle
Menschen gesund und ohne ihre Gebrechen aus der Zeit ihres irdischen Lebens wiederauferstehen:

(Res. Mort. 57, 3) *Cuius[cum]que membri detruncatio nonne mors
membri est? Si universalis mors resurrectione rescinditur, quid portionalis?
Si demutamur in gloriam, quanto magis in incolumitatem?*

Portionalis beschreibt den von seinen Gegnern behaupteten Tod des Körpers (*mors portionalis*), dem der in der Wiederauferstehung überwundene
allgemeine Tod (*mors universalis*) gegenübergestellt wird, der dann auch die
alten Gebrechen überwindet. *Portionalis* findet sich auch in De Virginibus
velandis 4, 6 und in Adversus Hermogenem 31, 3 in ähnlich pointierten Aussagen. Ob Tertullian *portionalis* geprägt hat, ist nicht sicher zu sagen, da es
selten bezeugt ist und nur an entlegenen Stellen in der Bibelübersetzung[794]
(4. Esdras 8, 31 Weber) vorkommt.

Die Funktion der Körperteile nach der Wiederauferstehung diskutiert
Tertullian am Ende seiner Schrift De Resurrectione Mortuorum 60, 1–4.
Dabei weist er daraufhin, daß die Körperteile zeitgebunden sind:

(Res. Mort. 60, 4) *Ad haec ergo praestruximus non oportere committi
futurorum atque praesentium dispositionem, intercessura tunc demutatione,
et nunc superstruimus officia ista membrorum necessitatibus vitae huius eo
usque consistere, donec et ipsa vita transferatur a temporalitate in aeter-
nitatem, sicut animale corpus in spiritale, dum mortale istud induit immortalitatem et corruptivum istud incorruptelam.*

Diese Zeitgebundenheit bezeichnet das Abstraktum *temporalitas*, das um
des Parallelismus zu *aeternitas* willen geprägt ist. Diesen Ausdruck greifen
nach ihm nur wenige christliche Autoren (Aug., ps. 119, 2; Ps.-Rufin, ps. 38,
5; Fulg., contra Arrianos serm. III u. ö.) in derselben Bedeutung wieder auf,
so daß *temporalitas* wohl tatsächlich[795] von Tertullian stammt. Bemerkenswert ist auch die Formulierung des Schlusses, wo antithetisch mit
corpus animale/corpus spiritale, mortale/immortalitas und *corrup-
tivum/incorruptela* der jeweils vorige dem künftigen Zustand gegenübergestellt wird.

---

794 K. Plepelits, ThLL X 2, sv., 1980, 40.
795 Die zweite Belegstelle für *temporalitas* findet sich bei Tertullian in der in ihrer
     Datierung (cf. Braun, 577) sehr umstrittenen Schrift De Pallio. Aber auch hier
     würde man *temporalitas* als eine Bildung aus stilistischen Gründen ansehen; (Pall.
     1, 3) *(...) et si quid praeterea condicio vel dignitas vel temporalitas vestit, pallium
     tamen generaliter vestrum immemores etiam denotatis.*

6.5.4 Zusammenfassung

Die neu gebildeten Wörter in den Texten zur Wiederauferstehung der Toten lassen sich in vier Gruppen einteilen. Die erste besteht aus den Wörtern, die den Vorgang der Wiederauferstehung betreffen. Alle diese Ausdrücke sind bereits bekannt:

compassio, mortificare, mundialis, substantialis, substantivus, resurrectio, vivificare.

Eine Reihe bereits geläufiger Wörter verwendet Tertullian in singulärer Weise in dogmatischer Bedeutung. Die wichtigste Quelle scheint dabei die Bibelübersetzung zu sein:

incorruptela, interibilis, laesura, moralitas, nuditas, portionalis, resuscitatio, superindumentum.

Daneben gibt es eine Reihe von Neubildungen dogmatischen Inhalts, die sich aber alle später kaum verbreiten. Dazu kommen die aus den Fachsprachen entlehnten neuen Wörter, die ebenfalls in den Wiederauferstehungstexten singulär bleiben. Sie zeigen Tertullians besondere Wortwahl, die ohne Nachfolger bleibt:

consistorium, corporalitas, eradicatio, fraudatrix, mutatorius, recidivatus, recorporare, recorporatio, redanimare, redanimatio, revivificare, revisceratio, sequestratorium, temporalitas.

In den Beispielen für die Wiederauferstehung finden sich einige neu gebildete oder seltene Ausdrücke, die vor allem zur Bildung von Klangfiguren gewählt werden:

educatus, ingestus, praeventus, reaccendere, reaedificare, recuperare, reornare, restruere.

6.6   Wichtige Gestalten der Bibel: Propheten und Apostel[796]

In ähnlicher Weise wie Gott und Jesus Christus verleiht Tertullian auch wichtigen Gestalten der Bibel Prädikate und beschreibt damit deren Funktion:

(1) *vociferator, praeparator*

(Adv. Marc. 4, 11, 5) *Si enim nihil omnino administrasset Iohannes, secundum Esaiam vociferator in solitudinem et praeparator viarum*

---

796   Zu *destructor Iudaismi* (Adv. Marc. 5, 5, 1) cf. Kap. 6.1.1.6 und *illuminator Lucae* (Adv. Marc. 4, 42, 5) als Prädikat des Paulus cf. Kap. 6.1.1.5.

dominicarum per enuntiationem et laudationem paenitentiae (...), nemo dis-
cipulos Christi manducantes et bibentes ad formam discipulorum Iohannis
adsidue ieiunantium et orantium provocasset (...).

Mit *vociferator* und *praeparator* spielt Tertullian auf Jesaja 40, 3 an
(Φωνὴ βοῶντος ἐν τῇ ἐρήμῳ· Ἐτοιμάσατε τὴν ὁδὸν κυρίου, εὐθείας
ποιεῖτε τὰς τρίβους τοῦ θεοῦ ἡμῶν) und beschreibt die darin vorausge-
sagte Rolle Johannes des Täufers als Prophet. Beide Ausdrücke werden auch
später in ähnlichen Verbindungen verwendet; *vociferator* kehrt noch einmal
in den Avellana (ptop. 704, 1) als Prädikat für Jesaja wieder,[797] während
praeparator[798] sich in vielerlei Verbindungen findet. So könnte *vociferator*
eine Bildung Tertullians sein, während die Herkunft von *praeparator* nicht
eindeutig zu bestimmen ist.

(2) *interstes*

(Adv. Marc. 4, 33, 8) *(...) Et si desierint vetera et coeperunt nova interstite*
Iohanne, non erit mirum quod ex dispositione est creatoris (...).

Das neu geprägte Wort *interstes*, ein Hapaxlegomenon,[799] beschreibt in
auffälliger Weise die Stellung des Johannes zwischen Altem und Neuem Testament.

(3) *depalator*

(Adv. Marc. 5, 6, 10) *Nam quod architectum (sc. Paulum) se prudentem* (1.
Kor. 3, 10) *adfirmat, hoc invenimus significari depalatorem disciplinae*
divinae a creatore per Esaiam: **auferam enim,** *inquit,* **a Iudaea inter cetera**
et sapientem architectum (Jes. 3, 1–3).

Tertullian bezeichnet Paulus in der Einleitung zu dem Jesajazitat mit dem
Prädikat *depalator*, das den Ehrentitel *architectus* aus den Bibelzitaten umschreibt. Denn in der technischen Bedeutung des zugrundeliegenden Verbs
depalare „palis fixis determinare"[800] beschreibt *depalator* denjenigen, der
mit Pfählen einen Zaun herstellt. *Depalator* bleibt Hapaxlegomenon[801] und
scheint daher eine Neubildung Tertullians zu sein.

---

797   Weitere Stellen: Pass. Theclae B 32 (86, 25); episc. Hieros. Thiel 1 p. 944.
798   H. Wiesinger, ThLL X 2, sv., 1987, 751f.
799   A. Szantyr, ThLL VII 1, sv., 1964, 2280.
800   E. Lommatzsch, ThLL V 1, sv., 1 depalo, 1911, 541.
801   E. Lommatzsch, ThLL V 1, sv., 1911, 541.

(4) *consummator, informator, initiator*

(Adv. Marc. 4, 22, 3) *Sed quid tam Christi creatoris, quam secum ostendere praedicatores suos? Cum illis videri, quibus in revelationibus erat visus? Cum illis loqui, qui eum fuerant locuti? Cum eis gloriam suam communicare, a quibus dominus gloriae nuncupabatur? Cum principalibus suis, quorum alter populi informator (sc. Moyses), aliquando alter reformator quandoque (sc. Elia), alter initiator veteris testamenti (sc. Moyses), alter consummator novi (sc. Elia).*

Im Anschluß an die Auslegung der Verklärung Jesu (Adv. Marc. 4, 22, 1 Lk. 9, 28–36) bezeichnet Tertullian Mose als *informator* und *initiator*, während Elia *initiator* und *consummator* genannt wird. Von diesen Epitheta sind *consummator, informator* und *initiator* Neubildungen. Mit *consummator* spielt Tertullian auf Mal. 3, 23 an, wo Elias Wiederkehr am Tag des Gerichts geweissagt wird. Dieser Ausdruck[802] wird später zu einem Christusprädikat; daher ist es wohl schon bekannt. *Informator*[803] und *initiator*[804], die Moses als Gründer des Volkes Israel und Verfasser des Pentateuch bezeichnen, werden später in verschiedenen Verbindungen verwendet, so daß auch deren Herkunft nicht klar zu bestimmen ist.[805] Mit diesen Prädikaten kann Tertullian sehr eindrucksvoll die Rolle dieser Gestalten im Alten Testament darstellen.

(5) *oblator*

(Adv. Marc. 2, 26, 4) *Miserandi vos quoque cum populo, qui Christum non agnoscitis, in persona Moysi figuratum, patris deprecatorem et oblatorem animae suae pro populi salute.*

Moses' Funktion als Opfer für das Volk Israel (Dt. 3. 23–29) beschreibt das neu geprägte Wort *oblator*, das mit dem geläufigen *deprecator* sehr knapp Moses' Bittgang referiert. *Oblator* bleibt in diesem Sinne in der Regel als Prädikat Jesu im Gebrauch bei späteren Autoren.[806] So ist eine Aussage über die Herkunft nicht möglich.

---

802 E. Lommatzsch, ThLL IV, sv., 1907, 598.
803 A. Szantyr, ThLL VII 1, sv., 1953, 1474.
804 H.-O. Kröner, ThLL VII 1, sv., 1955, 1649.
805 Mit *informator* bezeichnet Tertullian auch den Ketzer Kerdon (Adv. Marc. 1, 2, 3). Opelt, 50, meint zwar, daß Tertullian an dieser Stelle Markion mit diesem Prädikat (*informator scandali huius*) belegt, wird aber vom Text widerlegt: (Adv. Marc. 1, 2, 3) *Habuit et Cerdonem informatorem scandali huius.*
806 F. Quadlbauer, ThLL VII, sv., 1968, 78f.

6.7   Seltenere dogmatische Kategorien

Für die Ethik, die Taufe und die Offenbarung prägt Tertullian nur sehr wenige neue Wörter in den zugrundeliegenden Schriften.

6.7.1   Ethik

Für die Tugenden sind nur drei Neubildungen, *humiliatio, sufferentia* und *dilectio* belegt, die alle in engem Bezug zur Bibelübersetzung stehen. Das neue Wort *humiliatio* bezeichnet an den meisten Stellen die Gott geschuldete Demut des Königs nach Dan. 10, 1–2. Charakteristisch dafür ist die Verwendung in De Anima 48, 4:

Sic enim et daemonia expostulant eam a suis somniatoribus ad lenocinium scilicet divinitatis, quia familiarum dei norunt, quia et Daniel rursus trium hebdomadum statione aruit victu, sed ut deum illiceret humiliationis officiis, non ut animae somniaturae sensum et sapientiam strueret (...).

Im Kontext dieser Bibelstelle findet sich *humiliatio* an den meisten weiteren Belegstellen (Ie. 7, 3; 9, 4; Pat. 13, 2); nur in De Virginibus Velandis 13, 5 bezeichnet es unabhängig davon die Demut. *Humiliatio* stammt wohl aus der Bibelübersetzung, wo es meistens zur Wiedergabe von ταπεινοφρωσύνη (cf. Ie. 9, 3 Dan. 10, 12 [ταπεινωθῆναι], cf. Kap. 3.4.2)[807] verwendet wird. Auch *sufferentia* bezeichnet die Demut. Das Wort führt Tertullian in seiner frühen Schrift De Oratione ein, wo er das Vaterunser auslegt:

(Or. 4, 4–5) *Item dicentes: fiat voluntas tua, vel eo nobis bene optamus, quod nihil mali sit in Dei voluntate, etiam si quid pro meritis cuiusque secus inrogatur. 5. Iam hoc dicto ad sufferentiam nosmetipsos praemonemus (...).*

Die Bildung von *sufferentia* wird in diesem Text weder stilistisch noch durch eine Übersetzung motiviert.[808] In diesem Sinne von „Demut" verwendet Tertullian *sufferentia* auch an den folgenden Stellen (Or. 4, 5 b; Adv. Marc. 4, 15, 9). *Sufferentia* ist in der Bibelübersetzung wenige Male zur Wiedergabe von ὑπομονή in Lk. 8, 15; 21, 19[809] und Jak. 5, 11[810] bezeugt. Zudem findet es sich in formelhaftem Gebrauch in Märtyrerviten (cf. Pass. Saturn. 6, 5; 10, 5 u. ö.).[811] Diese Belege und der Gebrauch bei Tertullian

---

807   G. Klepl, ThLL VI 1, sv., 1942, 3099f.

808   Demmel, 86f, dagegen meint, daß *sufferentia* an dieser Stelle in Analogie zu *tolerantia* neu gebildet wurde.

809   Cod. 5.

810   Cf. Vetus Latina 26/1, 59.

811   *Martyr laniatus orat: Domine, da sufferentiam.*

legen es nahe, daß *sufferentia* schon bekannt war. Später kann sich *sufferentia* aber gegen die geläufigen Ausdrücke *patientia* und *sustinentia* nicht durchsetzen und erscheint deswegen selten (Ir. lat. 5, 32, 1; Euagr., c. 1181).

Mit *dilectio* bezeichnet Tertullian nach dem Vorbild der ἀγάπη die christliche Liebe. Das Wort scheint, wie Pétrè[812] zeigt, aus der altlateinischen Bibelübersetzung zu stammen. Es bezeichnet sowohl die Liebe der Christen untereinander (Adv. Prax. 25, 2), das christliche Liebesmahl (Apol. 39, 7) als auch die Liebe zu Gott (Adv. Marc. 4, 27, 4). Tertullian bevorzugt[813] es gegenüber dem geläufigen *caritas*, das für ihn noch einen paganen Beiklang trägt.

6.7.2 Taufe

Die Taufe bezeichnet Tertullian mit dem Fremdwort *baptisma* und den bereits bekannten Ausdrücken *lavacrum* und *tinctio*.[814] Nur für die dabei stattfindende Wiedergeburt[815] findet sich das neu geprägte Wort *regeneratio*. Seine Bedeutung wird besonders in De Carne Christi 4, 4 klar:

Nativitatem reformat (sc. Dominus) a morte regeneratione caelesti, carnem ab omni vexatione restituit, leprosam emaculat, caecam reluminat, paralyticam redintegrat (...).

Tertullian stellt *regeneratio* hier in die Reihe anderer Wundertaten Jesu. In diesem Sinne von „himmlischer Wiedergeburt" verwendet er *regeneratio* an den meisten weiteren Belegstellen (Carn. Chr. 20, 7; Adv. Marc. 1, 28, 2; Res. Mort. 47, 9; Scorp. 6, 11 u. ö.). Dieser Ausdruck ist wahrscheinlich bereits geläufig, weil er in der Bibelübersetzung oft belegt ist. Selbst Tertullian verwendet ihn in De Pudicitia 19, 1 mit der ganzen Tradition zur Übersetzung der griechischen Vorlage παλιγγενεσία (Tit. 3, 5).[816] Ob *regeneratio* aus der Bibelübersetzung oder aus der sich entwickelnden Terminologie der ersten lateinischsprachigen Christen[817] stammt, ist kaum entscheidbar.

---

812 Pétrè, 68f.
813 Pétrè, 68.
814 Mohrmann I, 90, Teeuwen, 47f.
815 Cf. Braun, 321.
816 Vetus Latina 25/2, 927f.
817 Dafür Mohrmann II, 237f.

6.7.3 Offenbarung

Die Offenbarung bezeichnet Tertullian mit dem bei ihm sehr oft bezeugten
Wort *revelatio*, das nach der ausführlichen Darstellung Brauns[818] sowohl die
Offenbarung in eschatologischem Sinne (Adv. Marc. 1, 17, 4; Res. Mort. 31,
3 u. ö; cf. Kap. 5.2.1.2) bezeichnet als auch wörtlich die Enthüllung der
Wahrheit (Adv. Marc. 4, 35, 4) umschreibt. *Revelatio* stammt wohl aus der
Bibelübersetzung,[819] wo es etwa in Eph. 1, 17 und 2. Thess. 1, 7 (cf. Kap.
3.3.2) zur Wiedergabe von ἀποκάλυψις bei vielen Zeugen[820] belegt ist. Die
Bibel nennt Tertullian in der Regel *instrumentum* oder *testamentum*[821]. An
einigen Stellen verwendet er aber auch paratura (Apol. 47, 9; An. 2, 3; Carn.
Chr. 8, 2; Coron. 1, 19; Ie. 11, 1; Adv. Marc. 4, 1, 1; 4, 3, 1; Mon. 7, 1).
Dieser Gebrauch von *paratura* hat sich von der ursprünglichen Bedeutung
„Vorbereitung, Grundlage" entwickelt. Diese wird von Tertullian sowohl auf
materielles (Apol. 22, 10; 27, 8; An. 25, 6; 37, 1; 53, 6)[822] als auch auf gei-
stiges Gut (Apol. 27, 4; Adv. Marc. 1, 11, 9; 2, 1, 1; 3, 2, 4) bezogen. Die
Übertragung auf die Bibel dürfte entweder durch den liturgischen Gebrauch,
wie Braun[823] vorschlägt, zu erklären zu sein oder dadurch, daß *paratura* zunächst im Sinne von „vorbereitender Offenbarung" verstanden und für das
Alte Testament gebraucht wurde. Für diese Erklärung läßt sich die Verwendung in Adversus Marcionem 3, 2, 4 anführen:

In quantum enim credi (sc. Christus Marcionis) habebat, ut prodesset, in
tantum paraturam desiderabat, ut credi posset, substructam[824] *fundamentis*
dispositionis et praedicationis, quo ordine fides informata merito et homini
indiceretur a deo et deo exhiberetur ab homine, ex agnitione debens credere,
quia posset, quae scilicet credere didicisset ex praedicatione.

---

818 Braun, 413–418.
819 Braun, 413, vermutet dagegen, daß *revelatio* aus jüdischem Sprachgebrauch stam-
mte; grundsätzlich ist es zweifelhaft, ob die Juden im frühen dritten Jahrhundert tatsächlich schon eine eigene lateinische Terminologie entwickelt hatten (cf. Kap.
3.1). Vielmehr dürfte auch *revelatio* eine christliche Prägung sein.
820 Vetus Latina 24/1, 33; Vetus Latina 25/1, 310.
821 Braun, 463–474; Teeuwen, 122.
822 An einigen anderen Stellen bezeichnet *paratura* auch einfach das Material: Adv.
Marc. 3, 10, 4; Adv. Val. 16, 3; 26, 2; An. 19, 3 u. ö.
823 Braun, 468, 473.
824 Kroymann konjiziert hier gegen die Überlieferung *substructum,* weil er die Ankunft
Christi (*opus*) durch Verkündung und Heilsplan begründet sehen will (*opus*
fundamentis dispositonis substructum). Doch scheint der Bezug von *substructam*
auf *paraturam* einen besseren Sinn zu ergeben, so daß man der Überlieferung folgen sollte.

Tertullian legt hier dar, daß der Christus Markions einer Vorbereitung im Heilsplan und in der Prophetie entbehrte, damit man an ihn glauben konnte. Diese Vorbereitung muß der Offenbarung des Alten Testaments entsprechen, die es erst möglich macht, daß der Glaube auf Erkenntnis Gottes beruht, wie im zweiten Teil des Satzes gefordert wird. Auf diese Weise entspricht *paratura* also der heiligen Schrift. Diese Verwendungsweise bezeugt allein Tertullian.[825] Sie scheint aber bekannt zu sein, wie die erste Beleg für *paratura* im Sinne von „heiliger Schrift" zeigt (Apol. 47, 9)[826]. Die Herkunft von *paratura* vermuten Braun und Zelllmer[827] in der „Soldatensprache", ohne aber dafür genaue Belege geben zu können. Vielmehr dürfte *paratura*, da es alleine in der christlichen Literatur bezeugt ist und keine signifikant militärische Bedeutung hat, aus der gesprochenen Sprache stammen, zumal Tertullian kaum ein Wort mit einem so großen Bedeutungsspektrum neu geprägt haben dürfte.

6.7.4 Zusammenfassung

Die geringe Zahl der Neubildungen in diesen Bereichen läßt sich leicht erklären:

(1) In den Auseinandersetzungen mit den Häretikern spielen Offenbarung, Ethik und Taufe nur eine sehr geringe Rolle.

(2) Zudem sind eine Reihe von Ausdrücken gerade für Offenbarung und Taufe Fremdwörter.

(3) Die Tugendbegriffe konnten die Christen ohne Schwierigkeiten von den Römern übernehmen und in ihrem Sinn interpretieren, so daß Tertullian nur für den spezifisch christlichen Gedanken der Demut gegenüber Gott auf Neubildungen zurückgreifen mußte. Zudem dürfte sich die meisten Bedeututngsübertragungen wegen ihres Gewichts im Alltag der ersten lateinischen Christen früh eingebürgert haben.

---

825 H. Breimeier, ThLL X 2, sv., 1986, 320f.

826 *Nec mirum, si vetus instrumentum ingenia philosophorum interverterunt: ex horum semine etiam hanc nostram noviciolam paraturam viri quidam suis opinionibus adulterant.* Dieser Satz läßt es offen, ob Tertullian die Bekanntschaft der heidnischen Adressaten mit *paratura* in dieser Bedeutung voraussetzt; vielmehr scheint die Formulierung mit *hanc* zu zeigen, daß Tertullian *paratura* für einen festen Begriff der Christen hält.

827 Braun, 468; Zellmer, 49.

6.8   Benedictio

Das Wort *benedictio* ist an über 60 Belegstellen in verschiedenen Zusammenhängen bezeugt, so daß die einzelnen Stellen nur in einer Übersicht dargestellt werden können. Das Bedeutungsspektrum entspricht den beiden Grundbedeutungen „Lob" und „Segen" des griechischen Äquivalents εὐλογία in der profanen Gräzität[828] und der Septuaginta. Alle anderen Bedeutungsnuancen von *benedictio* haben sich von der Bedeutung „Segen" entwickelt. Danach bezeichnet *benedictio* den Segen Gottes als seine Tat, den Wunsch, daß ein Mensch den Segen Gottes erlangt, und den konkreten Vorgang, bei dem ein Mensch den Wunsch für einen anderen ausspricht.

(1) *Benedictio* als Lob Gottes

Die Bedeutung „Lob" findet sich an einigen Stellen (Or. 3, 2; Ux. 2, 6, 2; Adv. Marc. 4, 15, 1 bis; 4, 12, 4; 4, 15, 1; 4, 24, 8; Idol. 14, 3; 22, 1). Charakteristisch dafür ist die Verwendung in Adversus Marcionem 3, 22, 6, wo *benedictio* neben den synonymen Begriffe *laus* und *hymni* steht[829]:

Quoniam ab ortu solis usque in occasum nomen meum glorificatum est in nationibus et in omni loco sacrificium nomini meo offertur, et sacrificium mundum (Mal. 1, 10–11) *gloriae scilicet relatio et benedictio et laus et hymni.*

(2) *Benedictio* als Segen Gottes

Diese Bedeutungsnuance ist aus dem biblischen Sprachgebrauch abzuleiten. Ein Beispiel dafür ist die Übersetzung von εὐλογία aus Deuteronomium 11, 26:

(Dt. 11, 26) *Ἰδοὺ ἐγὼ δίδωμι ἐνώπιον ὑμῶν σήμερον εὐλογίαν καὶ κατάραν.*

(Adv. Marc. 5, 3, 9)[830] *Ecce posui, inquit, ante te maledictionem et benedictionem.*

In dieser Weise gibt Tertullian εὐλογία auch in Scorp. 2, 5 (Dt. 11, 27), Adv.

---

828   LSJ, sv., 721: Pindar, N. 4, 5; Thuk. 2, 42.

829   Cf. Michaélidès, 108f.

830   Für Tertullians Vertauschung von *maledictio* und *benedictio* gegenüber der Vorlage findet sich weder bei den anderen lateinischen noch bei den griechischen Zeugen (Septuaginta, III, 171) eine Parallele.

Marc. 2, 19, 3 (Ps. 23, 5); 4, 15, 5 (Dt. 30, 19) und Pud. 20, 4 (Hebr. 6, 7)[831] wie die späteren Bibelübersetzer mit *benedictio* wieder. Davon ausgehend wird *benedictio* auch in Anspielungen und Auslegungen in diesem Sinne verwendet. So findet es sich etwa in einer Anspielung auf die Mehrungsverheißung:

(Adv. Marc. 2, 11, 1) *(...) quae (sc. mulier) ante sine ulla contristatione per benedictionem incrementum generis audierat* – **crescite tantum et multiplicamini** (Gen. 1, 22) – *sed quae in adiutorium masculo non in servitium fuerat destinata.*

In entsprechender Weise ist *benedictio* an folgenden Stellen zu finden:

Gen. 1, 22 (Mehrungsverheißung):	Adv. Marc. 2, 11, 1; Res. Mort. 45, 4;
	Mon. 7, 3
Gen. 12, 3 (Gal. 3, 8) (Abrahamssegen):	Adv. Marc. 5, 9, 9; Carn. Chr. 22, 5
Lev. 28, 25 (Sabbatheiligung):	Adv. Marc. 4, 12, 14
Dt. 11, 26:	Scorp. 2, 5
Psalm 44, 2:	Adv. Marc. 4, 14, 1b
Lk. 6, 20–26 (Feldrede):	Adv. Marc. 4, 14, 1a; 4, 15, 4 bis;
	4, 15, 13.

Diese Verwendungsweise findet sich auch ohne Bezug auf ein Bibelzitat, wobei es auch hier Vorlagen in der christlichen griechischen Literatur[832] gibt: Test. An. 2, 2; Ux. 2, 6, 4; Adv. Marc. 2, 4, 6; 2, 19, 3; 5, 3, 11; 5, 14, 11; Pud. 16, 23.

(3) *Benedictio* als Segenswunsch

Auch diese Bedeutungsnuance ist aus dem biblischen Sprachgebrauch abzuleiten. So wird etwa der Jakobssegen der Genesis (Gen. 27, 39) *benedictio* genannt:

(Adv. Marc. 3, 24, 7–8) *Cum Isaac benedicens Iacob filium suum: **det,** ait, **tibi deus de rore caeli et de opimitate terrae**, nonne utriusque indulgentiae exempla sunt? 8. Denique animadvertenda est hic etiam structura benedictionis ipsius.*

Im Zusammenhang mit Schriftzitaten verwendet Tertullian *benedictio* in diesem Sinne auch in Adversus Marcionem 3, 24, 9 (Gen. 27, 39) und 5, 1, 5

---

831 Diese Stelle ist aus Tertullians Sicht keine Bibelübersetzung, weil er, wie er in Pud. 20, 4 auch andeutet, den Hebräerbrief für den außerkanonischen Barnabasbrief hält.

832 (1. Clem. 31, 1) Κολληθῶμεν οὖν τῇ εὐλογίᾳ αὐτοῦ καὶ ἴδωμεν, τίνες αἱ ὁδοὶ τῆς εὐλογίας.

(Gen. 39, 27). Den Segenswunsch bezeichnet *benedictio* auch unabhängig von Bibelzitaten:Adv. Marc. 2, 15, 2; 4, 21, 4; Pud. 14, 12.[833]

(4) *Benedictio* als Segensakt

In der Liturgie findet sich die Bedeutung „Segensakt" bei der Beschreibung des Taufaktes und der Trauung, wo *benedictio* das dabei gesprochene Gebet bezeichnet. So ist es etwa in De Baptismo 8, 1 zu verstehen:
Dehinc manus imponitur per benedictionem advocans et invitans spiritum sanctum.
In dieser Weise wird *benedictio* auch in Bapt. 6, 2 (Taufe) und in Ux. 2, 8, 6 (Trauung) verwendet. Hier liegt der vergleichbare Sprachgebrauch in Mk. 10, 16 (Καὶ ἐναγκαλισάμενος αὐτὰ κατευλόγει τιθεὶς τὰς χεῖρας ἐπ᾽ αὐτά)[834] zugrunde. Diese Bedeutungsnuance manifestiert sich später auch als „Segensgruß":
(Adv. Marc. 4, 24, 3) *Quae est enim inter vias benedictio nisi ex occursu mutua salutatio?*
In diesem Sinn, der nach der Angabe Münschers[835] im Thesaurus erst sehr viel später wieder zu beobachten ist, verwendet Tertullian *benedictio* nur noch einmal in Fug. 13, 1.
Diese Übersicht zeigt, wie sich das Bedeutungsspektrum von *benedictio* aus der biblischen Sprache entwickelt. Doch muß man daher nicht unbedingt annehmen, daß es aus der frühen Bibelübersetzung stammt, sondern es könnte auch aus dem liturgischen Gebrauch entstanden sein. Das Bedeutungsspektrum entwickelt sich später noch weiter. *Benedictio* wird, wie Münscher im Thesaurus[836] und Blaise[837] darstellen, später im Sinne von „Einsetzung eines Klerikers" und „kirchliches Amt" verwendet. Beide Bedeutungsnuancen sind sicher von dem Gebrauch als „Segensakt" abzuleiten. Bei ihnen ist aus dem Vorgang des Segnens jeweils die Wirkung geworden. Tertullian zeigt damit also, daß er noch nicht die vollständige Ausformung

---

833   Zur Bedeutung von *benedictio* „Segen" an dieser Stelle Michaélidès, 108f.

834   Zu den liturgischen Handlungen und dem Taufgebet, das Tertullian als *benedictio* bezeichnet: De Backer, 164; Evans, Kom. Bapt., 71; Refoulé, Kom. Bapt., 76; Gauthier, D. T. C. VII, 1339.

835   Nach F. Münscher, ThLL II, sv., 1905, 1873 l. 13–18, ist *benedictio* so nur noch bei Sidonius Apollinaris und in der Regula Benedicti bezeugt.

836   Blaise, 112–113.

837   F. Münscher, ThLL II, sv., 1905, 1871–1874, führt noch eine Reihe weiterer derartiger Bedeutungserweiterungen auf. Seine Artikelgliederung ist nicht wie die Darstellung hier von der griechischen Vorlage und dem dogmatischen Sinn, sondern von der Art dessen bestimmt, der die *benedictio* erfährt.

der liturgischen Sprache repräsentiert. Er formuliert auch mit *benedictio* prätentiöse Klangfiguren und bildet mehrfach, nicht nur wenn es die Vorlage im Bibeltext erfordert, mit *maledictio* (Idol. 14, 3; Pud. 16, 23; Adv. Marc. 4, 5, 13; 5, 3, 11) ein Wortspiel. Besonders auffällig ist die Formulierung in Adversus Marcionem 4, 12, 14[838], wo Tertullian für ein Wortspiel mit *benedictio* das neue Wort *benefactio*, ein Hapaxlegomenon,[839] prägt.

---

838 *Adimplevit enim et hic (sc. Iesus Christus) legem, (...), dum ipsum sabbati diem*
     benedictione patris a primordio sanctum benefactione sua efficit sanctiorem.
839 T. Sinko, ThLL II, sv., 1905, 1877.

7. Neue Wörter in der Auseinandersetzung mit Häretikern

In diesem Kapitel werden die Ausdrücke behandelt, die Tertullian zur Darstellung, Kommentierung und Kritik häretischer und paganer Lehren verwendet.

7.1 Neue Wörter in polemischen Passagen

Die Ausdrücke in den polemischen Texten gliedern sich in die Wörter, mit denen Tertullian seine Gegner persönlich angreift, und in die, mit denen er in aggressivem Ton sein Vorgehen kommentiert und seinen Wahrheitsanspruch herausstellt.

7.1.1 Neue Wörter in persönlichen Angriffen

Tertullian greift von allen seinen Gegnern Markion am häufigsten persönlich an, die anderen werden bei weitem nicht so oft mit polemischen Spitzen bedacht. Daher werden die Angriffe auf Markion und seinen Gott einzeln behandelt.

7.1.1.1 Markion[840]

Zu Anfang der Schrift Adversus Marcionem wird Markion mit einer sehr scharfen Beschimpfung bedacht:

(Adv. Marc. 1, 1, 5) *Quis enim tam castrator carnis castor quam qui nuptias abstulit? Quis tam comesor mus Ponticus quam qui evangelia conrosit?*

In diesem Satz wird Markion als *castrator* beschimpft, weil er durch sein Eheverbot die Sexualität verbiete. Die Tiermetapher *castor* stellt ihn als Eunuchen dar, weil sich der Biber nach römischer Vorstellung[841] bei einer Verfolgung entmannt. Eine solche Verfolgung will – so muß man assoziieren –

---

840 Zu *informator scandali huius* (Adv. Marc. 1, 2, 3) cf. Kap. 6.6; zu *destructores nuptiarum* (Adv. Marc. 5, 15, 3) cf. Kap. 6.1.1.6.

841 Braun, Kom. Marc. I, 104f.

auch Tertullian jetzt vornehmen. Zudem ist der Biber das traditionelle Tier des Pontus, der Heimat Markions. Das novum verbum *castrator* verwendet Tertullian zuerst in seiner Schrift Ad Nationes 2, 15 als Epitheton des Uranus.[842] Da das Wort nur noch in der Anthologia Latina (109, 5) bezeugt[843] ist und eine Abhängigkeit von Tertullian dort nicht wahrscheinlich ist, ist seine Herkunft ungewiß. Seiner derben Wirkung tut das aber keinen Abbruch, die durch das Wortspiel mit *castrare* und die folgende Allitteration noch gesteigert wird. Das Eheverbot wirft Tertullian auch Markions Gott bzw. dessen Christus vor:

(Adv. Marc. 4, 29, 6) *Si non creatoris (sc. Christus rediens), nec ipse Marcion invitatus ad nuptias isset, deum suum intuens, detestatorem nuptiarum. Defecit itaque parabola in persona domini, si non esset, cui nuptiae competunt.*

Tertullian legt hier das Gleichnis von den Jungfrauen und dem kommenden Bräutigam (Lk. 12, 35–37) aus und setzt es in Beziehung zum Eheverbot Markions. Aus dieser Verbindung folgert er, daß auf den markionitischen Christus der Ehrentitel des Bräutigams nicht zutreffen kann. Diese Behauptung begründet die Junktur *detestator nuptiarum*, die gegen den Gott Markions und damit auch – wegen der modalistischen Christologie – an den markionitischen Christus gerichtet ist. Das novum verbum *detestator* findet sich zuerst in De Spectaculis 15, 7 in polemischem Sinne; später werden mit ihm in De Ieiunio 2, 4 die Anhänger von Mysterienkulten bedacht.[844] Dieses Schimpfwort scheint eine Neubildung Tertullians zu sein, da sie danach nur noch Augustin und Cassiodor[845] aufgreifen. Mit einer ganzen Reihe von Beschimpfungen wird der Gott Markions in Adversus Marcionem 1, 22, 10 bedacht:

Talis et in deum Marcionis dicenda sententia est, mali permissorem, iniuriae fautorem, gratiae lenocinatorem, benignitatis praevaricatorem (...).

In diesem Satz, der in einer längeren Auseinandersetzung mit der Güte des markionitischen Gottes steht, sind alle Beschimpfungen gleich aufgebaut: Sie bestehen jeweils aus einem Nomen agentis mit einem abhängigen Genitiv. Von diesen Nomina agentis sind *permissor* und *lenocinator* Neubil-

---

842 Vor *castrator* ist im Text von Ad Nationes 2, 13, 15 nach dem Apparat von Borleffs (CSEL, 1929) wahrscheinlich eine Lücke: *Sed oderant (sc. Iuppiter et Iuno) patrem incestum eius <........c>astratorem.*

843 H. Goetz, ThLL III, sv., 1908, 544.

844 In Adversus Marcionem 4, 27, 6 bezeichnet *detestator* in der Auseinandersetzung mit Markions Gesetzesverständnis Jesus vorläufig als Gegner des Gesetzes (cf. Kap. 6.1.1.6).

845 E. Lommatzsch, ThLL V 1, sv., 1911, 809.

dungen. *Permissor mali* wird der Gott Markions genannt, weil er durch seine Untätigkeit jedes Übel zuläßt (cf. Adv. Marc. 1, 22, 8). Vorher hatte Tertullian auch den Gott des Hermogenes (Adv. Herm. 9, 3) als *permissor mali* bezeichnet, da dieser wie Markions Gott am Weltgeschehen keinen Anteil nimmt und auch so die Menschen gleichsam im Stich läßt. Diese Wiederaufnahme von einmal geprägten polemischen Ausdrücken läßt sich auch bei einigen anderen Wörtern wie *dimidiare* (cf. Kap. 7.1.1.1), *novellitas* und *tortuositas* (Kap. 7.1.1.2) beobachten. Später verwendet nur noch Augustin (In ps. 4, 7) *permissor*, so daß es als Prägung Tertullians gelten kann. Die zweite Neubildung in diesem Satz, *lenocinator*, bezichtigt Markions Gott sogar des Betrugs um die Gnade. Denn dieser habe, so hatte Tertullian in Adversus Marcionem 1, 22, 5–7 dargelegt, seit dem Sündenfall die versprochene Güte dem Menschen willentlich nicht zukommen lassen. Außer diesem Vorwurf schwingt auch noch die Assoziation an die Zuhälterei mit, die durch die etymologische Verwandtschaft mit *leno* und dem entsprechenden Rechtsausdruck *lenocinium*[846] entsteht. Daher ist *lenocinator* als „betrügerischer Zuhälter der Gnade" zu verstehen.[847] Später findet sich das Wort nur noch einmal in einem Glossar (Gloss V 560, 14),[848] so daß es wahrscheinlich eine Neubildung Tertullians ist. Wenig später wird diesem Gott der Diebstahl von Sklaven vorgehalten:

(Adv. Marc. 1, 23, 7) *Talis adsertor etiam damnaretur in saeculo, nedum plagiator.*

Tertullian nennt Markions Gott deswegen *adsertor* und *plagiator. Plagiator* ist zwar hier zuerst bezeugt, ist aber wie das schon früher bekannte *adsertor* ein juristischer Fachausdruck,[849] der den Dieb bezeichnet, der sich an fremden Sklaven vergreift. Mit dieser Wortwahl wird Markions Gott zu einem gewöhnlichen Verbrecher gestempelt.

An zwei Stellen wird Markion angegriffen, da seine Lehre und sein Handeln nicht übereinstimmten (cf. Kap. 7.4.1):

(Adv. Marc. 1, 14, 5) *Hypocrita, ut apocarteresi probes te Marcionitam, id est repudiatorem creatoris, – nam haec apud vos pro martyrio adfectari debuisset, si vobis mundus displiceret – in quamcumque materiam*

---

846 Cf. Heumann-Seckel, 310.
847 Opelt, 58, dagegen gibt *lenocinator* mit „Verschwender seiner Güte" wieder. Gegen diese Wiedergabe spricht auch das verwandte Verb *lenocinare*, das bei Tertullian die Bedeutung „betrügen" (Pud. 2, 2; Pall. 4, 9) trägt. Brauns Übersetzung „trafique de sa faveur" ist dagegen sicher zutreffend.
848 W. Hübner, ThLL VII 2, sv., 1974, 1150.
849 Heumann-Seckel, 18, 432.

resolveris, substantiam creatoris uteris. Quanta obstinatio duritiae tuae!
Depretias, in quibus et vivis et moreris.

Markion wird zunächst mit dem geläufigen Schimpfwort *hypocrita*[850]
„Heuchler" genannt. Diesen Vorwurf verschärft Tertullian dann mit beißender Ironie, indem er die Markioniten mit einer Glosse *repudiator*
creatoris als Gegner des Schöpfergottes bezeichnet, obwohl sie, wie er deutlich macht, von dessen Schöpfungsgaben ohne Zögern Gebrauch machen.
Für diese polemische Spitze ist *repudiator* geprägt, das durch seine Neuartigkeit den ironischen Ton unterstreicht. Später greift nur Augustin (bapt. 6,
44, 86)[851] Tertullians Neubildung in ebenfalls polemischem Sinn auf.
Diesen Vorwurf dehnt Tertullian noch ins allgemeine aus, indem er Markion
mit dem aus der juristischen Sprache[852] entnommenen Ausdruck *depretiare*
noch dazu die Entwertung allen Lebens überhaupt ankreidet. In diesem polemischen Sinn findet sich dieses Verb noch mehrmals in Adversus Marcionem (1, 5, 3; 2, 27, 8) und in De Anima (An. 24, 6; 34, 3).[853]

Ähnliche Kritik formuliert Tertullian auch in Adversus Marcionem 4, 16,
13–14, wo er Markions Verständnis der goldenen Regel bespricht:
(Adv. Marc. 4, 16, 14) *Denique hac inconvenientia voluntatis et facti*
agunt ethnici nondum a deo instructi.

Mit *inconvenientia* wird Markion der persönlichen Inkonsequenz bezichtigt, da er als Christ, indem er das Gesetz nicht anerkennt, wie ein Heide handelt. Die Neubildung *inconvenientia* spielt auf das Abstraktum *convenientia*
an, das am Anfang der Diskussion (Adv. Marc. 4, 16, 14) das richtige Handeln bezeichnet hatte. Allerdings ist wohl auch *inconvenientia*[854] schon bekannt, da es außer bei einigen christlichen Autoren auch in den Excerpta
Grammatica des Macrobius (exc. gr. V p. 628, 28)[855] bezeugt ist.

In Adversus Marcionem 1, 20, 1 kündigt Tertullian an, die Rolle des
Paulus richtig darzustellen. Er bezeichnet dabei die Position der Markioniten schon im voraus mit dem abschätzigen Ausdruck *obstrepitacula*:
Huic expeditissimae probationi defensio quoque a nobis necessaria est
adversus obstrepitacula diversae partis.

---

850 B. Rehm, ThLL VI 3, sv., 1942, 3136 l. 3–48.
851 (Aug. bapt. 6, 44, 86) *Etsi enim, quantum in illo homine est, non eum servavit, sed*
      animo et voluntate violavit, tamen, quantum ad ipsum adtinet sacramentum, et cum
      contemptore et repudiatore suo integrum inviolatumque permansit.
852 Heumann-Seckel, 138.
853 E. Lommatzsch, ThLL V 1, sv., 1911, 612; in neutraler Weise findet sich *depretiare*
      noch in An. 17, 3 und Apol. 45, 6.
854 Demmel, 36f, hält *inconvenientia* dagegen ohne Würdigung dieses Belegs für eine
      Prägung Tertullians.
855 Cf. H. Lausberg, ThLL VII 1, sv., 1940, 1019f.

Hier liegt die polemische Wirkung in zwei Bereichen: Markion selbst wird nur noch anonym *diversa pars* genannt; seine Position wird mit dem nur ein Geräusch bezeichnenden Wort *obstrepitaculum* abqualifiziert. Dieses Verständnis von *obstrepitaculum* folgt aus der Bedeutung des zugrundeliegenden Verbs *obstrepere*, das in Verbindung mit Ausdrücken der Rede störende Nebengeräusche (Cic., De Or. 3, 50; Tert., Orat. 17, 5) bezeichnet. Da auch *obstrepitaculum* Hapaxlegomenon[856] bleibt, ist auch dieses Wort eine Neubildung Tertullians.

Außer diesen persönlichen Angriffen durch Schimpfwörter gibt es auch einige verbal formulierte Spitzen gegen Markion und seinen Gott, die man mit Opelt[857] „Satzschimpfwörter" nennen kann. So wirft Tertullian den Bewohnern des Pontus und damit auch Markion am Anfang von Adversus Marcionem sogar Kannibalismus vor:

(Adv. Marc. 1, 1, 3) *Parentum cadavera cum pecudibus caesa convivio convorant. Qui non ita non decesserint, ut escatiles fuerint, maledicta mors est.*

Tertullian gestaltet den Satz kunstvoll mit einer Folge von Alliterationen und bildet für diese Figur das Verb *convorare* neu, ein Hapaxlegomenon.[858] Daher stellt es eine Augenblicksbildung dar. Im folgenden Satz wird der Ton noch aggressiver, da Tertullian den Markioniten unterstellt, sie verspeisten ihre Toten aus rituellen Gründen. Die dazu nötige Eigenschaft des Toten, die Eßbarkeit, beschreibt sehr drastisch das Adjektiv *escatilis*[859], das dem betont euphemistischen Verb *decedere* gegenübersteht. Damit ergibt sich eine sehr pointierte Formulierung. Die Neubildung *escatilis* findet sich sonst nur in der wahrscheinlich älteren Schrift De Patientia 5, 24,[860] wo Tertullian sie um eines Satzreimes willen neu gebildet hat.

Ähnlich hart werden die Bewohner des Pontus in Adversus Marcionem 3, 13, 3 verleumdet, wo Tertullian eine Prophezeiung des Jesaja (Jes. 8, 4) in grob verzeichneter Auslegung auf die Bewohner des Pontus bezieht:

(Adv. Marc. 3, 13, 1) *Quoniam priusquam cognoscat <puer> (Pam.) vocare patrem et matrem, accipiet virtutem Damasci et spolia Samariae adversus regem Assyriorum (...).*

---

856 H.-Th. Johann, ThLL IX 2, sv., 1971, 248.
857 Opelt, 61.
858 E. Lommatzsch, ThLL IV, sv., 1908, 889.
859 F. Mehmel, ThLL V 2, sv., 1935, 856.
860 *Post mannae escatilem pluviam, post petrae aquatilem sequellam desperant de domino.*

(Adv. Marc. 3, 13, 3) *Aliud est, si penes Ponticos barbaricae gentis infantes in proelium erumpunt, credo ad solem uncti prius, dehinc pannis armati et butyro stipendiati, qui ante norint lanceare quam lancinare.*
Tertullian überträgt das Bild von den kriegerischen Kindern aus dem Jesajazitat auf die Kinder des Pontus. Dabei spielt er mit dem Kontrast zwischen kindlichen und kriegerischen Attributen, der bis zum Wortspiel zwischen *lanceare* und *lancinare* führt. Die Bedeutung des geläufigen Verbs *lancinare* ist sehr umstritten. Denn nach dem Kontext müßte es eine Handlung aus dem kindlichen Bereich bezeichnen, während alle anderen Belege[861] nur eine Bedeutung im Sinne von „zerfleischen" zuzulassen scheinen. Braun[862] kann jedoch zeigen, daß man *lancinare* hier im Sinne von „kauen" verstehen kann. Das *lancinare* gegenübergestellte Verb *lanceare* dagegen heißt unstrittig „die Lanze führen"; es ist von *lancea* abgeleitet, das nach Varro (ap. Gell. 15, 30, 7) aus den spanischen Sprachen stammt. Damit klingt es sehr auffällig. In der Antike bleibt *lanceare* sehr selten,[863] während in den romanischen Sprachen die Ableitungen *lancer* und *lanciare* zu finden sind,[864] die darauf hindeuten, daß das Wort der gesprochenen Sprache entlehnt ist.
Mit einer ähnlichen Technik bildet Tertullian in Adversus Marcionem 4, 11, 9 aus Lk. 5, 33–35 einen weiteren Angriff auf Markion:
Errasti et in illa domini pronutiatione, qua videbatur nova et vetera discernere. Inflatus es utribus veteribus et excerebratus es novo vino, atque veteri, id est priori evangelio, pannum haereticae novitatis adsuisti.
Tertullian hält Markion zunächst vor, das Gleichnis falsch verstanden zu haben und unterstellt ihm dann Trunkenheit, indem er die Schlüsselbegriffe des Gleichnisses, *utra vetera* und *novum vinum*, wieder aufgreift. Diese Beschimpfung steigert er noch mit dem novum verbum *excerebrare* zum Vorwurf, Markion sei dadurch völlig von Sinnen gewesen. Dieser Ausdruck ist zwar wahrscheinlich wegen einiger Belege bei paganen Autoren[865] schon bekannt, dürfte aber durch seinen harschen Ton seine Wirkung nicht verfehlt haben.
An einigen Stellen bezieht Tertullian die Polemik auch auf die Lehre Markions. So wirft er seinem Gegener in De Carne Christi 5, 8 vor, Jesus Christus durch die Annahme des scheinbaren Leibes zu halbieren, da er

---

861 E. Baer, ThLL VII 2 sect. 2, 1972, 419.
862 Braun, Kom. Marc. III, 286–288.
863 E. Baer, ThLL VII 2 sect. 2, sv., 1972, 918, verzeichnet nur wenige Belege bei christlichen Autoren.
864 Meyer-Lübke, 4879.
865 B. Rehm., ThLL V 2, sv., 1937, 1226; cf. Opelt, 251.

durch seine doketische Christologie mit dem Leib auch die menschliche
Natur Jesu vernichte:

*Si virtutes non sine spiritu, perinde et passiones non sine carne. Si caro
cum passionibus ficta, et spiritus ergo cum virtutibus falsus. Quid dimidias
mendacio Christum? Totus veritas fuit.*

Dieser Vorwurf wird mit dem hier zuerst belegten Verb *dimidiare* akzentuiert, das sehr überspitzt die Konsequenz der doketischen Christologie bezeichnet. Dieses Verb findet sich später in De Resurrectione Mortuorum 57,
2 wieder in einer polemischen Bemerkung, in der die gnostische Trennung
von Körper und Seele bei der Erlösung kritisiert wird:

*Non enim et nunc animae solius admittens salutem dimidiatis hominibus
eam adscribis?*

Hier steht das gleiche dualistische Weltbild wie bei Markion im Hintergrund, das bei der Erlösung Leib und Seele vollständig voneinander trennt.
Diese Spaltung beschreibt Tertullian auch hier sehr anschaulich mit dem
Verb *dimidiare*. Der Ausdruck scheint schon geläufig gewesen zu sein,
wofür das seit Ennius belegte verwandte Adjektiv *dimidiatus* und die Belege
bei paganen Autoren sprechen.[866] Der gleiche Vorwurf, den Menschen zu
halbieren, trifft auch Markion, da auch er eine Erlösung nur der Seele annimmt:

(Adv. Marc. 1, 24, 3) *Unde haec dimidiatio salutis nisi ex defectione
bonitatis?*

Für Tertullian ist die Wiederauferstehung der Seele ohne den Körper eine
gleichsam nur halbe Erlösung. Diese Überzeichnung wird mit der Okkasionsbildung *dimidiatio*, einem Hapaxlegomenon,[867] sehr eindrücklich akzentuiert.

In Adversus Marcionem 1, 29, 6 wird das markionitische Eheverbot direkt angegriffen:

(Adv. Marc. 1, 29, 6) *Quis denique abstinens dicetur sublato eo, a quo
abstinendum est? Quae temperantia gulae in fame? Quae ambitionis
repudiatio in egestate? Quae libidinis infrenatio in castratione?*

Die kurzen rhetorischen Fragen, in denen die Widersprüche des Eheverbotes dargestellt werden, gipfeln darin, daß Tertullian die den Markioniten
unterstellte Kastration mit dem Keuschheitsgebot in Beziehung setzt, um die
Absurdität beider Vorstellungen zu erweisen. In der letzten, sehr bösartigen
Frage beschreibt das für diese Stelle neugebildete Wort *infrenatio*, ein Hapaxlegomenon,[868] diese gleichsam freiwillige Kastration. Dieses Nomen ist

866   E. Lommatzsch, ThLL V 1, sv., 1913, 1203: Anth. 314, 4; Prisc., gr. III p. 481, 28.
867   H. Rubenbauer, ThLL V 1, sv., 1913, 1202.
868   J. B. Hofmann, ThLL VII 1, sv., 1913, 1488.

von dem Verb *infrenare* abgeleitet, das an einigen Stellen in entsprechender Weise die Hemmung von Affekten (Acc., trag. 15; Plin., nat. 32, 2; Ambr., in Luc. 9, 9) bezeichnet. Daher war *infrenatio* sicher sogleich verständlich.

7.1.1.2 Andere Häretiker

Die anderen Häretiker bekämpft Tertullian genauso hart wie Markion. So nennt er das gnostische Schulhaupt Valentinus am Anfang von De Carne Christi *condesertor*:

(Carn. Chr. 1, 3) *Quasi non eadem licentia haeretica et ipse potuisset (sc. Marcion) aut admissa carne nativitatem negare ut Apelles discipulus et postea desertor ipsius, aut et carnem et nativitatem professus aliter illas interpretari ut condiscipulus et condesertor eius Valentinus.*

Tertullian stilisiert diese Passage sehr geschickt. Er greift nämlich die Bezeichnungen *discipulus* und *desertor*, mit denen er Apelles, den abtrünnigen Schüler des Markion, bedenkt, mit *condesertor* und *condiscipulus* wieder auf, bezieht sie aber auf Valentinus. Damit spielt er auf den gemeinsamen Ausschluß von Markion und Valentinus aus der römischen Gemeinde[869] an. Für diese Spitze ist *condesertor*, ein Hapaxlegomenon,[870] geprägt. Dieses stempelt Valentinus durch die Assoziation an das zugrundeliegende Wort *desertor* zu einem Deserteur in militärischem Sinne.

Die Valentinianer als Gruppe nennt Tertullian *factiuncula*:

(Carn. Chr. 15, 3) *Nam ut penes quendam ex Valentini factiuncula legi, primo non putant terrenam et humanam Christo substantiam (...).*

Der Hauptvorwurf liegt hier in der „Bagatellisierung" durch das Diminutivum, wie Opelt[871] ausführt. Auch *factiuncula* bleibt Hapaxlegomenon[872] und scheint deshalb eine Neubildung Tertullians zu sein. Der frühchristliche Häretiker Karpokrates ist nach De Anima 35, 1 ein *fornicarius*:

Inde etiam Carpocrates utitur, pariter magus, pariter fornicarius, etsi Helena minus:

Tertullian spielt mit dieser Beschimpfung auf Irenäus, Adv. Haer. 1, 25, 3, an. Dort wird den Karpokratianern Zauberei und vor allem eine ausschweifende Lebensweise vorgeworfen,[873] auf die *fornicarius* gemünzt ist.

---

869   Tert., Praescr. Haer. 30. Diese Stelle haben Opelt, 51, und zuletzt Lüdemann, 286f, in diesem Sinne ausgelegt.

870   H. Hoppe, ThLL IV, sv., 1906, 127.

871   Opelt, 51.

872   K. Wulff, ThLL V 2, sv., 1912, 140.

873   Cf. Waszink, Kom. An., 412; Opelt, 67.

Dieses Wort ist vor allem in der Bibelübersetzung bezeugt, wo es zur Wiedergabe von πόρνος belegt ist,[874] so daß es wohl schon bekannt war. In De Carne Christi 19, 1 werden die Gnostiker wegen einer angeblichen Fälschung des Bibeltextes angegriffen:

> *Quid est ergo non ex sanguine neque ex voluntate carnis neque ex voluntate viri, sed **ex deo natus est**? Hoc quidem capitulo ego potius utar, cum adulteratores eius obduxero. Sic enim scriptum esse contendunt: ‚non ex sanguine, nec ex carnis voluntate nec ex viri, sed ex deo nati sunt‘.*

Tertullian wirft den Gnostikern vor, den Text von Joh. 1, 13 durch den Plural *nati sunt* zu verfälschen. Mit dieser Textfassung *nati sunt,* deren griechische Vorlage ἐγεννήθησαν allerdings auch den heute am besten überlieferten Text[875] darstellt, begründeten die Gnostiker nämlich ihre dualistische Vorstellung von einem irdischen und einem himmlischen Christus.[876] Tertullian jedoch bezeichnet sie deswegen mit dem bekannten römischen Rechtsausdruck *adulteratores* als „Münzfälscher“.[877] Diese Art der Polemik, Gegner mit den juristischen Ausdrücken für Kriminelle zu versehen, ließ sich auch schon bei einigen Spitzen gegen Markion und seinen Gott beobachten. In den folgenden Sätzen wird die Fälschung des Zitates ausführlich diskutiert. In De Carne Christi 19, 4 wird schließlich das Schulhaupt Valentinus wegen seiner darauf basierenden Inkarnationslehre persönlich angegriffen:

> *Sed quid utique tam exaggeranter inculcavit non ex sanguine nec ex carnis aut viri voluntate natum, nisi quia ea erat caro, quam ex concubitu natam nemo dubitaret?*

Valentinus wird beschuldigt, obstinat seine Irrlehre zu vertreten, obwohl die menschliche Geburt Jesu doch völlig klar sei. Tertullian wählt für den Vorwurf das Verb *inculcare,* das in rhetorischer Literatur die unpassende Redeweise bezeichnet (cf. Cic., orat. 50, 189) und ergänzt es durch das als *novum verbum* besonders auffällige Adverb *exaggeranter*[878]. Damit stellt er Valentins Position als vollends verbohrt dar. Dieses Adverb, das nur noch einmal bei Augustin bezeugt ist (in Psalm 118 serm. 27, 9 p. 1583), ist sicher von Tertullian geprägt worden.

874　H. Bacherler, ThLL V 2, sv., 1920, 1120.

875　Cf. Lagrange, Évangelie de Jean, 17–19. Die äthiopische Übersetzung und einige wenige andere Zeugen übersetzen das *nati sunt* zugrundeliegende ἐγεννήθησαν mit einem Ausdruck im Singular. Ob Tertullian tatsächlich ἐγεννήθη in seinem Bibeltext las oder den Text aus dogmatischen Gründen selbst veränderte, läßt sich heute kaum feststellen.

876　Cf. Mahé, Kom. Carn. Chr., 411.

877　M. Ihm, ThLL I, sv., 1902, 881, erwähnt beispielsweise Gaius, dig. 48, 19, 16, 9.

878　E. Junod, ThLL V 2, sv., 1937, 1149.

In ähnlicher Weise wird in De Resurrectione Mortuorum 2, 8 das Adverb *ordinarie* gebraucht, mit dem Tertullian seinen Gegnern vorhält, nicht folgerichtig zu argumentieren:

Atque adeo [et] haeretici ex conscientia infirmitatis numquam ordinarie tractant.

Auch *ordinarie* dürfte eine Neubildung Tertullians sein, zumal es Hapaxlegomenon[879] ist. Die gleiche Kritik drückt in Adversus Praxeam 3, 1 das Adverb *irrationaliter* aus:

Itaque duos et tres iam iactitant a nobis praedicari, se vero unius Dei cultores praesumunt, quasi non et unitas irrationaliter collecta haeresin faciat et trinitas rationaliter expensa veritatem constituat.

Tertullian bildet ein Wortspiel zwischen *irrationaliter* und *rationaliter*, um neben dem Irrtum der vernunftlosen Häresie (*unitas irrationaliter collecta*) die Richtigkeit seiner Vorstellung vom dreieinigen Gott (*trinitas rationaliter expensa*) zu betonen. In diesem Sinne „unvernünftig" findet sich *irrationaliter* auch in Adversus Marcionem 2, 6, 2. Da es nur bei Tertullian bezeugt[880] ist, dürfte auch *irrationaliter* von ihm neu gebildet worden sein.

In De Carne Christi 20, 1 wirft Tertullian den Gnostikern zum wiederholten Male die Verfälschung eines Bibelzitates vor:

Qualis est autem tortuositas vestra, ut ipsam ‚ex' syllabam praepositionis officio adscriptam auferre quaeratis et alia magis uti, quae in hac specie non invenietur penes scripturas sanctas? Per virginem dicitis natum, non ex virgine, et in vulva, non ex vulva.

Hier geht es um die Ankündigung der Geburt Jesu nach Mt. 1, 20[881] ($\tau\grave{o}$ $\gamma\acute{\alpha}\rho$ $\acute{\epsilon}\kappa$ $\alpha\dot{\upsilon}\tau\hat{\eta}\varsigma$ [sc. *Mαρίας*] $\gamma\epsilon\nu\nu\eta\theta\grave{\epsilon}\nu$ $\acute{\epsilon}\kappa$ $\pi\nu\epsilon\acute{\upsilon}\mu\alpha\tau\acute{o}\varsigma$ $\acute{\epsilon}\sigma\tau\iota\nu$ $\acute{\alpha}\gamma\acute{\iota}o\upsilon$). In diesem Vers lasen die Gnostiker nämlich nicht $\acute{\epsilon}\kappa$ $\alpha\dot{\upsilon}\tau\hat{\eta}\varsigma$ (*ex virgine natus*), sondern $\delta\iota'$ $\alpha\dot{\upsilon}\tau\acute{\eta}\nu$ (*per virginem natus*), um so zu beweisen, daß Jesus nicht von Maria geboren wurde, sondern durch sie gleichsam hindurchgegangen[882] sei. Diese Änderung des Textes sieht Tertullian als Fälschung an, die nur ein Zeichen größter geistiger Verwirrung sein kann. Diese bezeichnet er mit dem *novum verbum tortuositas*, das sich in gleicher Bedeutung auch in Adversus Marcionem 4, 43, 7 findet. Dort wird Markion vorgehalten,

---

879 E.-M. Keudel, ThLL IX, sv., 1978, 934.
880 H. Rubenbauer, ThLL VII 2, sv., 1962, 130.
881 Tertullian folgt – wie auch die Vulgata und viele altlateinische Zeugen (cf. Jülicher, Matthäus, 5) – nicht dem am besten überlieferten Text $\acute{\epsilon}\nu$ $\alpha\dot{\upsilon}\tau\hat{\eta}$, sondern der Lesart $\acute{\epsilon}\kappa$ $\alpha\dot{\upsilon}\tau\hat{\eta}\varsigma$, die bei einigen wenigen griechischen Textzeugen und in der syrischen Übersetzung bezeugt ist (cf. von Soden, app. cr.).
882 Cf. Evans, Kom. Carn. Chr., 169f.

nicht einmal bei der Verfälschung eines Lukaszitates (Lk. 24, 38–39) gedanklich folgerichtig vorzugehen:

Vult itaque sic dictum: Spiritus ossa non habet, sicut me videtis habentem,
quasi ad spiritum referatur sicut me videtis habentem, id est non habentem
ossa, sicut et spiritus. Et quae ratio tortuositatis istius, cum simpliciter
pronuntiare potuisset: ,quia spiritus ossa non habet, sicut me videtis non
habentem?'

An beiden Stellen verstärkt *tortuositas* auch durch seine Neuartigkeit den
Vorwurf. Es stammt von dem Adjektiv *tortuosus*, das in philosophischer Literatur in ähnlicher Weise verworrene Gedanken bezeichnet (Cic., luc. 98;
div. 2, 129). *Tortuositas* könnte eine Prägung Tertullians sein, da es auch
später (cf. Ps.-Hier., psal. 44) bis auf eine Stelle in gleicher Bedeutung wie
bei Tertullian bezeugt ist. An dieser Stelle (Orig., in Mt. 15, 20)[883] scheint
es aber durch den Einfluß eines griechischen Wortes unabhängig neu gebildet worden zu sein.

In De Resurrectione Mortuorum 32, 7 werden christliche Gnostiker angegriffen, weil sie die Vision des Ezechiel von der Wiederherstellung des
alten Israel völlig falsch auslegen:

Illud etiam de argutissimis istis demutatoribus osuum et carnium et ner-
vorum et sepulchrorum requiro, cur si quando in animam quid pronuntiatur,
nihil aliud animam interpretantur nec transfingunt eam in alterius rei
argumentum, cum vero in aliquam speciem corporalem quid edicitur, omnia
potius adseverant quam quod nominatur?

Tertullian hält seinen Gegnern vor, daß sie die Vision nicht als eine Vorhersage der körperlichen und seelischen Wiederauferstehung aller (cf. Kap.
6.5.2) verstünden, sondern sie nur auf eine künftige, nur geistig-übersinn-
liche Welt bezögen. Daher würden sie die in der Vision genannten sterbli-
chen Überreste (*ossa et carnes et nervi*) gleichsam verändern, wie es das
Nomen agentis *demutator* ausdrückt. Dieses Wort, das durch das tadelnde
Adjektiv *argutus*[884] ergänzt wird, betont die Widersinnigkeit dieser Vorstellung sehr eindrucksvoll, zumal es für den Leser als Neologismus – es bleibt

---

883 Dabei handelt es sich um eine Übersetzung aus Origenes, deren Vorlage uns erhal-
     ten geblieben ist: Ἐν ᾗ παραβολῇ ὁ μὲν πλούσιος παραβάλλεται καμήλῳ, οὐ
     διὰ τὸ ἀκάθαρτον τοῦ ζῴου μόνον ὡς ὁ νόμος ἐδίδαξεν, ἀλλὰ καὶ <διὰ>
     τὴν ὅλην αὐτοῦ σκολιότητα. *In qua parabola dives comparatur camelo non*
     solum propter immunditiam animalis, sicut docuit lex, sed etiam propter
     tortuositatem.
884 Cf. Hor., sat. 1, 10, 40: *arguta meretrice potes Davoque Chremeta / eludente senem*
     comis garrire libellos / unus virorum Fundani (...).

Hapaxlegomenon[885] – sehr auffällig wirkt. Damit ist der Angriff präzise und scharf formuliert.

Ein anderer häufiger Vorwurf Tertullians lautet, daß die Gegner die Wahrheit überhaupt nicht gekannt hätten. Diese Kritik wird auch Sokrates im Proömium der Schrift De Anima zuteil:

(An. 1, 5) *Nondum enim Christianae potestatis documenta processerant, quae vim istam perniciossisimam nec umquam bonam atquin omnis erroris artificem, omnis veritatis avocatricem sola traducit.*

Tertullian erläutert sein kompromißloses Verdikt mit einer auffälligen appositionellen Fügung aus *omnis erroris artificem* und *omnis veritatis avocatricem*. Diese ist antithetisch aufgebaut; für sie ist das später nicht mehr bezeugte Wort[886] *avocatrix* geprägt, das zudem mit *artifex* einen Satzreim bildet. In derselben Schrift wird das Wort *novellitas* geprägt, das die allgemeine Unwahrheit der Seelenwanderungslehren (cf. Kap. 7.2.3) beklagt:

(An. 28, 3) *Neque veritas desiderat vetustatem neque mendacium devitat novellitatem.*

Dieser Satz ist mit streng parallel gebauten Gliedern formuliert; außer zwischen den inhaltlich konträren Wörtern *mendacium* und *veritas* bestehen zwischen allen anderen Wörtern (*desiderat/devitat; vetustatem/ novellitatem*) lautliche Anklänge. Mit dem novum verbum *novellitas* betont Tertullian, daß keine dieser Lehren wegen ihrer Neuartigkeit allein schon wahr sein muß. Vielmehr schwingt bei *novellitas* ein abfälliger Ton mit, den man aus der Konnotation des Adjektivs *novellus* erkennen kann. Denn *novellus* beschreibt beispielsweise in leicht abfälligem Ton die Haeresie des Hermogenes[887] als *doctrina novella* (Adv. Herm. 1, 2). An der zweiten Belegstelle für *novellitas* wird der Ton noch aggressiver:

(Adv. Prax. 2, 2) *Hanc regulam ab initio evangelii decucurisse, etiam ante priores quosque haereticos, nedum ante Praxeam hesternum, probabit tam ipsa posteritas omnium haereticorum quam ipsa novellitas Praxeae hesterni.*

Novellitas bezeichnet die Zeitgebundenheit des Praxeas als eine gleichsam vorübergehende Modeerscheinung. Das Wort steht parallel zu *posteritas*, das alle Häretiker als grundsätzlich unzeitgemäß[888] beschreibt,

---

885 E. Lommatzsch, ThLL V 1, sv., 1911, 519.
886 M. Ihm, ThLL II, sv., 1904, 1467.
887 *Hermogenis autem doctrina tam novella est, ***, denique ad hodiernum homo in saeculo et natura quoque haereticus, etiam turbulentus, qui loquacitatem facundiam existimet (...).* Auch an der zweiten Belegstelle im Werk Tertullians, Apol. 21, 1, hat *novellus* diesen abschätzigen Ton.
888 Evans, Kom. Prax., 194, paraphrasiert *posteritas* mit „the fact of being late".

so daß es Praxeas in deren Reihe ohne weiteres einordnet. Später ist *novellitas* nicht mehr bezeugt, so daß es als eine Neubildung Tertullians anzusehen ist.

In De Anima 33, 10 werden die heidnischen Götter verspottet, da sie ihre Strafen in der Unterwelt allzu willkürlich und unbegründet verteilten:

O iudicia divina post mortem humanis mendaciora, contemptibilia de poenis, fastidibilia de gratiis, quae nec pessimi metuant nec optimi cupiant, ad quae magis scelesti quam sancti quique properabunt.

Tertullians polemischer Ausruf wird durch die Adjektive *contemptibilis* und *fastidibilis* akzentuiert. Während *contemptibilis* wahrscheinlich schon bekannt war[889] (cf. Kap. 3.3.2), ist *fastidibilis* ein Hapaxlegomenon[890], das allein für diese Stelle wegen des Satzreims geprägt zu sein scheint.

Am Schluß der Schrift De Resurrectione Mortuorum 63, 8 beginnt Tertullian, gestützt auf 1. Kor. 11, 19, einen generellen Angriff auf alle Häretiker:

Nam quia haereses esse oportuerat, ut probabiles quique manifestentur, hae autem sine aliquibus occasionibus scripturarum audere non poterant, idcirco pristina instrumenta quasdam materias illis videntur subministrasse, et ipsas quidem isdem litteris revincibiles.

Nach seiner Deutung dieses Zitates sind alle Häresien teilweise aus dem Alten Testament[891] begründbar und müssen deswegen notwendigerweise daraus auch widerlegbar sein. Diese Widerlegbarkeit bezeichnet das neu geprägte Adjektiv *revincibilis*, eine Augenblicksbildung, die Hapaxlegomenon bleibt. Sie ist von dem Verb *revincere* abgeleitet, das an vielen Stellen (cf. Praescr. Haer. 17, 2; Adv. Marc. 4, 17, 11) die Widerlegung einer Irrlehre beschreibt. Gleichzeitig bildet *revincibilis* einen Anklang an *probabilis* aus dem Zitat, dem es chiastisch gegenübersteht. Doch scheint diese Erklärung Tertullian noch nicht völlig zu befriedigen, so daß er noch auf die neue Prophetie des Montanismus hinweist, die erst eine endgültige Bekämpfung der Häresie möglich mache:

(Res. Mort. 63, 9) *Sed quoniam nec dissimulare spiritum sanctum oportebat, quominus et huiusmodi eloquiis superinundaret, quae nullis haereti-*

---

889 *Contemptibilis* verwendet Tertullian noch in Apol. 45, 6 und in Adv. Marc. 5, 9, 9 (cf. Kap. 3.3.2); nach A. Gudeman, ThLL IV, sv., 1907, 652 ist es auch bei Servius (Aen. 2, 646) und anderen Grammatikern sowie bei Ulpian (dig. 21, 2, 37, 1) belegt.

890 H. Ammann, ThLL VI 1, sv., 1913, 308.

891 Nach Mon. 7, 1 (*post vetera exempla originalium personarum aeque ad vetera transeamus instrumenta legalium scripturarum, ut per ordinem de omni nostra paratura retractemus*) bezeichnet *pristina instrumenta* hier die Schriften des Alten Testamentes.

corum versutiis semina subspargerent, immo et veteres eorum cespites vellerent, idcirco iam omnes retro ambiguitates et quantas volunt parabolas aperta atque perspicua totius sacramenti praedicatione discussit per novam prophetiam de paraclito inundantem.

Tertullian vergleicht die Wirkung der neuen Prophetie, die nach montanistischer Lehre in der Fortwirkung der Offenbarung durch den Geist[892] besteht, mit der Bestellung eines Gartens. Die Samen der Häretiker könnten dabei durch den Einfluß des Geistes nicht mehr aufgehen noch dürften die alten Pflanzen stehen bleiben. Die damit unmögliche Aussaat beschreibt in diesem Bild das novum verbum *subspargere.* Dieses Verb bleibt Hapaxlegomenon; ob es eine Neubildung Tertullians ist oder der landwirtschaftlichen Fachsprache entlehnt ist, kann nicht entschieden werden. *Superinundare* dagegen bezeichnet das Ausgießen des Samens des Geistes. Dieser Ausdruck ist einerseits bildlich gemeint, andererseits soll er aber auch auf Röm. 5, 20[893] anspielen, da *superinundare* an das ähnlich klingende Verb *superabundare* erinnert, das die geläufige Übersetzung von ὑπερπερισσεύειν aus diesem Vers (cf. Kap. 3.3.2) darstellt. Damit umschreibt Paulus die überströmende Wirkung göttlichen Gnade, mit der der Leser die Wirkung der neuen Prophetie vergleichen soll. Dieses Bild rundet Tertullian mit der Bemerkung *per novam prophetiam de paraclito inundantem* ab, die durch die figura etymologica zwischen *inundare* und *superinundare* noch einmal das Bild vom Garten aufnimmt. *Superinundare* findet sich später nur noch bei Paulinus von Nola (ep. 18, 182). Die Abhängigkeitsverhältnisse sind unklar; es kann natürlich auch ein nur sonst nicht überlieferter landwirtschaftlicher Fachausdruck sein.

7.1.2 Polemische Ankündigungen und Kommentare[894]

An einigen Stellen verwendet Tertullian neue Wörter, um eine Auseinandersetzung anzukündigen oder insgesamt zu kommentieren. Ein Beispiel dafür findet sich in Adversus Valentinianos 6, 2, wo er zeigt, wie er die Lehre der Valentinianer (cf. Kap. 3.2) darstellen wird:

Quamquam autem distulerim congressionem, solam interim professus narrationem, sicubi tamen indignitas meruerit suggillari, non erit delibatione transfunctoria[895] *expugnatio.*

---

892 Cf. Harnack, Dogm., 428–439.

893 *Νόμος δὲ παρεισῆλθεν, ἵνα πλεονάσῃ τὸ παράπτωμα. Οὗ δὲ ἐπλεόνασεν ἡ ἁμαρτία, ὑπερεπερίσσευσεν ἡ χάρις.*

894 Zu *enubilare* (An. 3, 3) cf. Kap. 6.1.1.5.

895 Kroymann ändert *delibatione,* das er im Sinne von „*deminutio*" (cf. Kap. 5.3.2) ver-

Tertullian kündigt mit *expugnatio* eine Auseinandersetzung an, die er mit dem Ablativus qualitatis *delibatione transfunctoria* charakterisiert. Diese Fügung ist dadurch, daß beide Wörter Neubildungen sind, sehr auffällig. Denn *delibatio*, das Tertullian sonst als geläufigen Rechtsausdruck in der Bedeutung „Verringerung" (cf. Kap. 5.3.2) gebraucht, muß hier singulär[896] als (nicht) „leichte Auseinandersetzung" verstanden werden. Dafür spricht besonders die Nebenbedeutung des zugrundeliegenden Verbs *delibare,* das sich in diesem Sinne etwa bei Quintilian (inst. or. 4, 2, 55) findet. Das Adjektiv *transfunctorius* dagegen ist im Sinne von (nicht) „nachlässig" zu verstehen. Ihm liegt das erst sehr spät bezeugte Verb *transfungi* zugrunde, das in einigen späten Texten „verstreichen lassen"[897] bedeutet. *Transfunctorius* findet sich nur noch einmal, wo Tertullian mit ihm die Güte des markionitschen Gottes abqualifiziert (Adv. Marc. 1, 27, 1)[898]; später ist es nicht mehr bezeugt, so daß es als eine Neubildung Tertullians anzusehen ist. Allerdings ist diese Junktur vielleicht auch dem antiken Leser nicht sogleich verständlich gewesen.

Schon im Proömium von Adversus Valentinianos klagt Tertullian über die Unmöglichkeit, mit den Gnostikern sachlich zu diskutieren:

(Adv. Val. 1, 4) *Si scire te subostendas, negant quicquid agnoscunt; si comminus certes, fatua simplicitate suam caedem dispergunt.*

Diese Bemerkung, mit der den Gnostikern ihre unerschütterliche Geheimniskrämerei vorgeworfen wird, wirkt recht aggressiv. Die Andeutung eines gewissen Verständnisses als ein Versuch, in eine Diskussion einzutreten, bezeichnet das novum verbum *subostendere*. In dieser Verwendung in polemischen Texten findet sich *subostendere* auch an anderen Stellen (Adv. Herm. 27, 3; An. 12, 3), während es sonst im Zusammenhang der Auslegung von Bibelzitaten (Adv. Marc. 4, 38, 5; Bapt. 19, 1; Praescr. Haer. 25, 6) gebraucht wird. Aus der exegetischen Literatur scheint *subostendere* auch entlehnt zu sein, da es sowohl bei Hieronymus in Bibelkommentaren (in Hierem. 3, 63, 15) als auch bei einem paganen Grammatiker (Schol. Hor. vind. ars 25) bezeugt ist.

---

steht, gegen die Überlieferung zu *delibationi;* diese Änderung ist aber nicht nötig, da die Fügung *delibatione transfunctoria* als Ablativus qualitatis durchaus Sinn ergibt, wenn man *delibatio* in der oben skizzierten Weise erklärt. cf. Fredouille, Kom. Val., 217.

896   E. Lommatzsch, ThLL V 1, sv., 1910, 437.

897   Cf. CIL IX 1164.

898   *Hoc erit bonitas imaginaria, disciplina phantasma et ipsa, transfunctoria praecepta, secura delicta.*

In De Anima 57, 2 kündigt Tertullian mit ähnlicher Schärfe einen Angriff auf die Magie an:

Sed ratio fallaciae solos non fugit Christianos, qui spiritalia nequitiae, non quidem socia conscientia, sed inimica scientia novimus nec invitatoria operatione, sed expugnatoria dominatione tractamus multiformem luem mentis humanae, totius erroris artificem, salutis pariter animaeque vastatorem.

Tertullian macht seine Ankündigung durch die Wendung *expugnatoria dominatione* zu einer Aufforderung zum Kampf, deren drohenden Charakter die vorausgehende Litotes *(nec) invitatoria operatione* noch hervorhebt. Diese Fügung ist zudem durch Satzreim und jeweils gleiche Silbenzahl sehr artifiziell gestaltet. Das Adjektiv *expugnatorius*, ein Hapaxlegomenon,[899] ist eine okkasionelle Neubildung, während die Herkunft des Adjektivs *invitatorius* nicht genau zu klären ist. Es könnte nämlich mit dem bei Gennadius (vir. ill. 13) und bei Caesarius von Arles (gen. 7, 3 p. 40, 22 u. ö.) bezeugten Nomen *invitatorius*[900] zusammenhängen, das die ähnliche Bedeutung „Einleitung" trägt. Den gleichen aggressiven Ton findet man an zwei weiteren Stellen. So schreibt Tertullian in De Anima 3, 4 über seine Widerlegung der Seelenlehre des Hermogenes:

(An. 3, 4) *Una iam congressione decisa adversus Hermogenem, ut praefati sumus, quia animam ex dei flatu, non ex materia vindicamus, muniti et illic divinae determinationis inobscurabili regula: Et flavit, inquit, deus flatum vitae in faciem hominis et factus est homo in animam vivam* (Gen. 2, 7).

Tertullian bildet nach Gen. 2, 7 eine Glaubensregel über die Entstehung des Menschen, die er als *regula inobscurabilis* bezeichnet. Er versteht sie, wie er durch das Partizip *muniti* andeutet, wie einen militärischen Schutzwall. Ihre unbedingte Gültigkeit unterstreicht das neu geprägte Adjektiv *inobscurabilis*, das zudem am Schluß des Satzes steht und durch seine Neuartigkeit besonders eindringlich wirkt. Dieses Adjektiv ist von den verwandten Wörtern *obscurus* und *obscuritas* abgeleitet, die in der gesamten Latinität oft metaphorisch die fehlende gedankliche Klarheit bezeichnen.[901] *Inobscurabilis* bleibt selten, könnte aber, da es später in ähnlicher Weise[902] wie hier verwendet wird, durchaus eine Bildung Tertullians sein. In ähnlichem Ton betont er, daß allein seine Vorstellung von der körperlichen Wiederauferstehung wahr ist.

---

899 V. Bulhart, ThLL V 2, sv., 1950, 1807.
900 H. O. Kröner, ThLL VII 2, sv., 1959, 227.
901 Cf. *obscurus* Cic. part. or. 64; cf. *obscuritas* Cic., fin. 2, 15; Tert., Apol. 22, 6.
902 W. Ehlers, ThLL VII 1, sv., 1955, 1732.

(An. 57, 12) Atquin in resurrectionis exemplis, cum dei virtus sive per prophetas sive per Christum sive per apostolos in corpora animas repraesentat, solida et contrectabili et satiata veritate praeiudicatum est hanc esse formam veritatis, ut omnem mortuorum exhibitionem incorporalem praestigias iudices.

Tertullian betont den Wahrheitscharakter seiner Lehre durch die drei Adjektive *solidus, contrectabilis* und *satiatus*, von denen *contrectabilis* hier zuerst belegt ist. Da von *contrectabilis* das schon bei Lukrez (4, 660) bezeugte Adverb *contractabiliter*[903] abgeleitet ist, muß *contrectabilis* schon bekannt gewesen sein. Dennoch dürfte *contrectabilis* sehr ungewöhnlich geklungen haben, so daß es eine gewisse Wirkung besaß. Mit diesen drei Adjektiven streicht Tertullian seinen Wahrheitsanspruch eindrucksvoll heraus; bemerkenswert ist aber, daß er an dieser Stelle, die ihm sehr wichtig ist, auf kunstvolle Klangfiguren verzichtet.

In Adversus Marcionem 1, 9, 1 beginnt Tertullian seinen Kampf gegen die markionitische Lehre:

Scio quidem, quo sensu novum deum iactitent, agnitione utique. Sed ipsam novitatem cognitionis percutientem rudes animas ipsamque naturalem novitatis gratiositatem volui repercutere, et hinc iam de ignoto deo provocare.

Die zunächst durchaus gegebene Attraktivität einer neuen Lehre wird mit den beiden Abstrakta *gratiositas* und *novitas* beschrieben. Von diesen Wörtern ist *gratiositas* eine Neubildung. Sie bildet einen Satzreim mit *novitas* und setzt Markions Lehre dadurch herab, daß sie sie mit einem nicht passenden ästhetischen Begriff charakterisiert. Da *gratiositas* Hapaxlegomenon[904] bleibt, ist der Ausdruck eine Neubildung Tertullians. Die beiden Abstrakta *retractatus* und *dispectio* verwendet Tertullian, um die Auseinandersetzung mit häretischen Lehren selbst zu bezeichnen. Sie sind in ihrem Gebrauch mit den im Kapitel 5.2.5 beschriebenen grammatischen Fachausdrücken verwandt. Das Wort *retractatus* findet sich beispielsweise in Adversus Marcionem 1, 1, 7, wo auf die in De Praescriptione Haereticorum geleistete Widerlegung aller Häresien angespielt wird:

Sed alius libellus hunc gradum sustinebit adversus haereticos, etiam sine retractatu doctrinarum revincendos.

In dieser Bedeutung „kritische Untersuchung, Auseinandersetzung" ist *retractatus* vor allem in den polemischen Schriften (Apol. 11, 5; Adv. Marc. 1, 9, 9; An. 46, 1 u. ö.) bezeugt. Außerdem erscheint es auch im Sinne von „Zweifel":

---

903   Waszink, Kom. An., 586.
904   S. Haefner, ThLL VI 2, sv., 1933, 2142.

(Adv. Prax. 2, 3) *Sed salva ista praescriptione ubique tamen propter instructionem et munitionem quorundam dandus est etiam retractatibus locus, ne vel videatur unaquaque perversitas non examinata sed praeiudcata damnari (...).*

Diese Bedeutung bleibt sehr viel seltener (cf. Bapt. 12, 1; Praescr. Haer. 7, 5). Sie entspricht aber auch, wie die oben beschriebene, dem Bedeutungsspektrum des zugrundeliegenden Verbs *retractare*.[905] Die Herkunft von *retractatus* läßt sich aus der Verwendung an der chronologisch ersten Belegstelle in Apologeticum 4, 3–4 erkennen:

Sed quoniam cum ad omnia occurrit veritas nostra, postremo legum obstruitur auctoritas adversus eam, ut aut nihil dicatur retractandum esse post leges aut ingratis necessitas obsequii praeferatur veritati, de legibus prius consistam vobiscum ut cum tutoribus legum. 4. Iam primum, cum iure definitis dicendo: „non licet esse vos!" et hoc sine ullo retractatu humaniore praescribitis, vim profitemini (...).

Retractatus nimmt die verbale Fügung *retractandum esse sine lege* aus dem vorangehenden Satz (Apol. 4, 3) wieder auf. Damit kann man es als einen „Namen für Satzinhalt" erklären. So scheint es zur Formulierung dieser Stelle gebildet worden zu sein. Später bleibt *retractatus* sehr selten (cf. Cypr., nest. 1, 7; Mar. Merc. Conc. s. 1, 5 p. 52, 20; Isid., orig., 8, 6, 23). Für Tertullian füllt es die semantische Lücke eines Ausdrucks, der im Gegensatz zu den bedeutungsähnlichen Wörtern wie etwa *consideratio, examinatio* oder *inquisitio* eine kritische Prüfung eines Sachverhaltes ohne eine juristische Nuance umschreibt. Das Nomen *dispectio* dagegen bezeichnet noch spezifischer die genaue Darstellung und Untersuchung einzelner wichtiger Begriffe:

(Res. Mort. 19, 1) *Et haec itaque dispectio tituli et praeconii ipsius, fidem utique defendens vocabulorum, illuc proficere debebit, ut, si quid diversa pars turbat obtentu figurarum et aenigmatum, manifestiora quaeque praevaleant et [de] incertis certiora praescribant.*

Dispectio ist von dem Verb *dispicere* abgeleitet, mit dem Tertullian an mehreren anderen Stellen (An. 13, 1; Adv. Marc. 4, 10, 15) dem Leser seine weitere Vorgehensweise ankündigt. In diesem Sinne ist *dispectio* hier zu verstehen, wo das Fazit aus der im vorherigen Kapitel vorgenommenen Untersuchung der Begriffe für Tod und Leben (Res. Mort. 18, 4–6) gezogen und in die folgende Widerlegung übergeleitet wird. Die Herkunft von *dispectio* ist schwierig festzustellen, da es nur noch einmal bei Terentianus Maurus

---

905 Cf. Schmidt I, 16; Hoppe, Syntax, 138. Die Bedeutung „zweifeln" findet sich etwa in Cic., Tusc. 1, 76 und Tert., Adv. Marc 5, 19, 9, die Bedeutung „untersuchen" in Tac., dial. 3, 2 und Tert., Adv. Marc. 2, 2, 2.

(1606) bezeugt[906] ist. Dieser Beleg könnte allerdings eine Einordnung als grammatischer Fachausdruck nahelegen.

7.1.3 Zusammenfassung

Die Ausdrücke in diesen polemischen Passagen wählt Tertullian unter mehreren Gesichtspunkten. Mit einigen Ausdrücken versucht er, eine vor allem klanglich akzentuierte Aussage zu bilden; die meisten von ihnen haben zudem einen polemischen und herabsetzenden Ton:

castrator, condesertor, contemptibilis, convorare, demutator, detestator, escatilis, excerebrare, fastidibilis, fornicarius, gratiositas, infrenatio, lenocinator, obstrepitaculum, repudiator.

Andere sollen die sachlichen Fehler der Gegner beschreiben:

dimidiare, dimidiatio, exaggeranter, inconvenientia, irrationaliter, ordinarie, tortuositas.

Die dritte Gruppe stammt aus der juristischen Fachsprache und soll die Gegner zu Verbrechern im rechtlichen Sinne machen:

adulterator, plagiator, permissor.

In entsprechender Weise versucht Tertullian auch mit den Wörtern, mit denen er sein Vorgehen kommentiert, möglichst klangvolle Fügungen zu bilden:

delibatio, expugnatorius, inobscurabilis, invitatorius, transfunctorius.

Allein um einer pointierten Aussage willen werden *lanceare* und *novellitas* sowie die Verben *superinundare* und *subspargere* gebildet. Zudem gibt es die drei Ausdrücke *dispectio, retractatus* und *subostendere*, die eine eher technische Bedeutung tragen.

7.2 Neue Wörter in der Seelenlehre

In diesem Kapitel werden die Wörter untersucht, mit denen Tertullian unabhängig von griechischen Quellen die Seelenlehre der paganen Philosophie darstellt und kommentiert. Dabei finden sich sowohl sehr sachlich formulierte Passagen wie vor allem am Anfang der Schrift De Anima als auch polemisch verzeichnete Darstellungen.

---

906   A. Gudeman, ThLL V 1, sv., 1915, 1394.

7.2.1 Beschaffenheit der Seele[907]

In De Anima untersucht Tertullian in den ersten Kapiteln die platonischen und aristotelischen Vorstellungen von der Beschaffenheit der Seele. Dabei betont er immer wieder, daß die Seele körperlich ist. Dafür führt er als Argument an, daß nur körperliche Dinge und damit nur eine körperliche Seele in die Unterwelt kommen[908] und dort der Strafe unterliegen können:

(An. 7, 3) *Quid est autem illud, quod ad inferna transfertur post divortium corporis, quod detinetur illic, quod in diem iudicii reservatur, ad quod et Christus moriendo descendit (puto ad animas patriarcharum), si nihil anima sub terris? Nihil enim, si non corpus; incorporalitas enim ab omni genere custodiae libera est, immunis et ab poena et a fovela. Per quod enim punitur aut fovetur, hoc erit corpus.*

Tertullian bezeichnet die von seinen Gegnern vertretene unkörperliche Natur der Seele mit dem hier zuerst belegten Wort *incorporalitas*. Diesen Ausdruck gebraucht er nur noch einmal in diesem Kapitel (An. 7, 4), um ihn dem positiven Begriff *corporalitas* (zu *corporalitas* cf. Kap. 6.5.1) gegenüberzustellen. *Incorporalitas* scheint aus der philosophischen Sprache der Zeitgenossen zu stammen, wofür vor allem zwei Belege bei Macrobius (sat. 1, 5, 4; 1, 11, 12) sprechen, der *incorporalitas* ebenfalls zur Wiedergabe einer platonischen Vorstellung verwendet.[909] Im letzten Satz beschreibt das *novum verbum fovela*[910] den Schutz und die Pflege, die die Seele nach ihrer Wiederauferstehung erfährt. Dieses Wort weist auf das folgende Verb *fovetur* voraus; in seiner Verwendungsweise entspricht es damit den proleptischen „Namen für Satzinhalte" (Kap. 5.1). Durch sein Suffix *ela* bildet es einen Satzreim mit *poena*. Da *fovela* ein Hapaxlegomenon[911] bleibt, ist es eine Augenblicksbildung. In den folgenden Kapiteln bespricht Tertullian mit vielem aus doxographischen Quellen gewonnenen Material weitere Eigenschaften der Seele. In De Anima 10, 7 behandelt er eine auch beim älteren

---

907 Die aus griechischer Terminologie übersetzten Ausdrücke werden in Kap. 4.1.1 und 4.1.2 behandelt; die auch in dogmatischen Diskussionen in der Schrift De Resurrectione Mortuorum verwendeten Ausdrücke *substantivus, substantialis* und *corporalitas* in Kap. 6.5.2 Zu *sapientialis* (An. 15, 4) cf. Kap. 4.1.1; zu *individuitas* (An. 5, 2) cf. Kap. 6.3.1.

908 Cf. Waszink, Kom. An., 147, 152, der darauf hinweist, daß Tertullian hier der stoischen Auffassung der Identität von Sein und Substanz folgt (SVF 2, 359); Hoppe, serm. Tert., 38.

909 Weitere christliche Belege bei: H. Brandt, ThLL VII 1, sv., 1910, 1026.

910 E. Vollmer, ThLL VI 1, sv., 1921, 1218.

911 Zur Schreibweise cf. Kap. 5.2.2 Anm. 39.

Plinius bezeugte Lehre,[912] daß manche Lebewesen keine Atmungsorgane hätten und dennoch lebten:

Ita et spirari cur non putes sine pulmonum follibus et sine fistulis arteriarum, ut pro magno amplectaris argumento idcirco animae humanae spiritum accedere, quia sint, quae spiritu careant, et idcirco ea spiritu carere, quia de flaturalibus artibus structa non sint?

Bei der Wortwahl für diese Darstellung nutzt Tertullian alle Möglichkeiten der Sprache, indem er neben die medizinischen Fachausdrücke *pulmones* und *fistula arteriarum*[913] auch die medizinisch klingende Wendung *flaturales artus* stellt. *Flaturalis* ist eine Neubildung, die die semantische Lücke des fehlenden Adjektivs zu *flatus* füllen soll. Im Kontext weist *flaturalis* auf das später folgende Wort *flatus* (An. 10, 7) voraus und wird dadurch ähnlich wie *fovela* nachträglich verständlich. *Flaturalis* ist nach dem Muster von *spiritalis* gebildet und scheint, da es Hapaxlegomenon[914] bleibt, ebenfalls eine Bildung Tertullians zu sein.

Danach diskutiert Tertullian Anaxagoras' und Aristoteles' Lehre von den Seelenteilen (An. 12, 1–5). Zunächst wird Anaxagoras' Bestimmung der Seele als *animus incommiscibilis et simplex* (An. 12, 2) referiert und sogleich mit der Bemerkung widerlegt, daß Anaxagoras die Seele an manchen Stellen auch als *anima* (An. 12, 2) bezeichne, was im Widerspruch zur vorher behaupteten Einheit des *animus* stehe. Auch die vorläufige Bestimmung des Aristoteles, der den *animus* als *impassibilis et divinus* (An. 12, 3) ansieht, wird als widersprüchlich dargestellt, indem Tertullian auch diesem die Identifikation der leidensfähigen *anima* (*anima passibilis* [An. 12, 3]) mit dem *animus* unterstellt. Darauf folgt ein ironisches Fazit:

(An. 12, 5) *Iam ergo et commiscibilis est animus adversus Anaxagoran, et passibilis adversus Aristotelen.*

Mit dieser Bestimmung des *animus* durch die der ursprünglichen Darstellung entgegengesetzten Ausdrücke *incommiscibilis* statt *commiscibilis* und *passibilis* statt *impassibilis* (zu *impassibilis* cf. Kap. 4.1.2; 4.2.2; 6.3.1) erscheinen Anaxagoras' und Aristoteles' Auffassungen absurd. Die beiden Adjektive *passibilis* und *incommiscibilis* sind Neubildungen. *Passibilis* stammt wohl aus der paganen Sprache (cf. Kap. 6.1.2.1), während Tertullian das Hapaxlegomenon[915] *commiscibilis* als Augenblicksbildung geprägt hat, um einen Gegensatz zu *incommiscibilis* (cf. Kap. 4.1.2) zu bilden. Diese polemische Technik, dem Gegner das Gegenteil von dem zu unterstellen, was

---

912 Cf. Waszink, Kom. An., 187.
913 Waszink, Kom. An., 191; cf. zu *fistula arteriarum* Cassius Felix 20.
914 H. Brandt, ThLL VI 1, sv., 1919, 877.
915 K. Simbeck, ThLL III, sv., 1911, 1899.

er ursprünglich behauptet hat, gibt es an mehreren Stellen (cf. Kap. 4.1.1 An. 18, 3; Kap. 6.3.1 Adv. Prax. 27, 1–2).

Nach der Diskussion weiterer Positionen zieht Tertullian schließlich die Folgerung, daß die Seele unteilbar ist:

(An. 14, 1) *Singularis alioquin et simplex et de suo tota est, non magis instructilis*[916] *aliunde quam divisibilis ex se, quia nec dissolubilis. Si enim <in>structilis et dissolubilis, iam non immortalis. Itaque quia non mortalis, neque dissolubilis neque divisibilis. Nam et dividi dissolvi est, et dissolvi mori est.*

Er beweist seine Behauptung von der unteilbaren und aus einem Stück bestehenden Seele durch ein Gefüge aus zwei Kausalsätzen und einem Bedingungssatz. Darin legt er dar, daß die Seele weder geteilt (*divisibilis, dissolubilis, dissolvere*) noch aus verschiedenen Teilen zusammengesetzt (*instructilis, structilis*) werden kann. Denn das würde zur Folge haben, daß die Seele sterblich ist, da die Teilung den Tod bedeuten würde. In dieser Argumentation werden die beiden nova verba *instructilis* und *divisibilis* verwendet. *Divisibilis* ist, da es außer bei vielen christlichen Autoren auch bei dem heidnischen Rhetor Favoninus Eulogius (p. 3, 15)[917] bezeugt ist, sicher schon bekannt. *Instructilis* dagegen scheint Tertullian für diese Stelle geprägt zu haben, um damit die andere Seite der Teilbarkeit, die Möglichkeit zur Zusammenfügung zu bezeichnen. Zudem ist *instructilis* wie *divisibilis* ein Kompositum und hat das gleiche Suffix, so daß eine pointierte Fügung möglich wird. Damit ist auch *instructilis* eine okkasionelle Neubildung, zumal sie auf dieses Kapitel beschränkt bleibt.[918]

---

916 Statt des einheitlich überlieferten *instructilis* liest Waszink in der zweiten Auflage seiner Edition, die in den CCSL (1954) erschienen ist, nach einer Anregung von Kroymann *structilis*, der das Präfix in als in-Privativum versteht. Für die Lesart der Handschriften spricht im wesentlichen der Gebrauch des zugrundeliegenden Verbs *instruere*, mit dem Tertullian an mehreren Stellen (Test. An. 5, 6; An. 43, 12) die Zusammenfügung der Seele aus mehreren Teilen bezeichnet und das ähnlich gebildete Wort *incorporabilis*, bei dem in ebenfalls nicht in-Privativum, sondern als präpositionales in zu verstehen ist (cf. Kap. 6.1.2.2). Später dagegen schließt sich Waszink auch der Lesart der Handschriften an. Zudem ergibt *instructilis* neben *divisibilis* einen besseren Parallelismus, da es ebenfalls ein Kompositum ist. Demgemäß ist zu erwägen, ob man nicht im zweiten Satz si enim <in>structilis et dissolubilis statt si enim structilis et dissolubilis zu lesen hat. Denn es ist unwahrscheinlich, daß Tertullian *instructilis* mit *structilis* vertauscht, zumal die Verschreibung von *instructilis* zu *structilis* auch paläographisch leicht zu erklären ist. Das Präfix in könnte nämlich hinter enim leicht durch Haplographie ausgefallen sein.

917 W. Bauer, ThLL V 1, sv., 1919, 1626.

918 H. v. Kamptz, sv., ThLL VII 1, sv., 1962, 2023f.

In ähnlicher Weise formuliert Tertullian seine Position zur Unteilbarkeit der Seele:

(An. 51, 5) *Ceterum anima indivisibilis, ut immortalis, etiam mortem indivisibilem exigit credi, non quasi immortali sed quasi indivisibili animae indivisibiliter accidentem.*

Hier wird die Unteilbarkeit mit dem Adjektiv *indivisibilis* ausgedrückt, das eine Alliteration mit dem folgenden *immortalis* ermöglicht. *Indivisibilis* stammt wie *divisibilis* aus der paganen Sprache, da es auch einmal bei dem Grammatiker Diomedes (gr. I p. 421, 17) bezeugt[919] ist. Die Vorstellung von der Unteilbarkeit der Seele wird dann mit der Bemerkung *mors indivisibilis* auf die Einmaligkeit des Todes übertragen. Diese zunächst überraschende Formulierung ist aber nicht singulär, da etwa Seneca in einer Tragödie (Tro. 401) vom einmal stattfindenden Tod als der *mors individua* spricht. Daher dürfte *indivisibilis* hier die Bedeutung „einmalig" tragen. In diesem Sinn ist auch das Adverb *indivisibiliter* zu verstehen, mit dem im Wortspiel mit *indivisibilis* das Geschehen des Todes als einmalig dargestellt wird. Auch *indivisibiliter* ist eine Neubildung, die sich allerdings nur bei christlichen Autoren findet.[920] Wegen der unterschiedlichen Verwendungsweise bei den verschiedenen Autoren ist eine Bestimmung seiner Herkunft nicht möglich. Eine weitere Definition der Seele gibt Tertullian in De Anima 22, 2. Diese schließt die Auseinandersetzung mit den oben diskutierten philosophischen Seelenlehren ab:

Definimus animam dei flatu natam, immortalem, corporalem, effigiatam, substantia simplicem, de suo sapientem, varie procedentem, liberam arbitrii, accidentis obnoxiam, per ingenia mutabilem, rationalem, dominatricem, divinatricem, ex una redundantem.

Tertullian greift mit den Adjektiven und Nomina dieser Aufzählung die in den vorherigen Kapiteln diskutierten Eigenschaften der Seele auf. Von diesen Wörtern ist *divinatrix* eine Neubildung. Sie bezeichnet die besprochenen seherischen Fähigkeiten der Seele, die Tertullian wenige Sätze (An. 22, 1; cf. An. 6, 3) zuvor gerade mit *divinatio* umschrieben hatte. Das Nomen *divinatrix* wird als Adjektiv (cf. Kap. 6.4.1 zu *peccatrix*) gebraucht. Später findet sich der Ausdruck, der wohl aus der paganen Sprache stammt,[921] noch einmal in De Anima 46, 11, um damit in der Fügung *ars divinatrix* die Wahr-

---

919   B. Rehm, ThLL VII 1, sv., 1942, 1910f. Der erste Beleg findet sich bei Tertullian in Adv. Herm. 2, 2, wo *indivisibilis* die Unteilbarkeit Gottes bezeichnet.

920   B. Rehm, ThLL VII 1, sv., 1942, 1911.

921   A. Gudeman, ThLL V 1, sv., 1919, 1614, zählt nur noch zwei Belege bei Mart. Cap. 1, 7 und Schol. Hor. 3, 17, 12 auf.

sagerei als göttliche Kunst zu bezeichnen. In De Anima 38, 6 folgt eine Darstellung der Eigenschaften, die die Seele nach dem Tode behält:

*Alioquin licebit animae dilapsa domo ex destitutione priorum sub-
sidiorum incolumi abire, habenti sua firmamenta et propriae condicionis
alimenta, immortalitatem, rationalitatem, sensualitatem, intellectualitatem,
arbitrii libertatem.*

Nach Tertullian behält die Seele nach dem Tod[922] die ihrem Wesen eigen-
tümlichen Fähigkeiten. Diese werden mit einer Kette von Abstrakta mit
einem fünffachen Homoioteleuton beschrieben, die eine eindrucksvolle
Schlußnote der Argumentation bildet. Die Fähigkeit zur sinnlichen Wahrnehmung bezeichnet das Abstraktum *sensualitas,* das Tertullian in De
Anima 17, 2 (cf. Kap. 4.1.2) zur Übersetzung von αἴσθησις geprägt hatte.
In diesem Sinne verwenden es auch spätere christliche Autoren (Ps.-Rufin,
In Ps. 41, 7; Potam., tr. 2 p. 1415c u. ö.), so daß es wahrscheinlich eine Neubildung Tertullians ist. Das Hapaxlegomenon[923] *intellectualitas* dagegen,
das die Fähigkeit zur geistigen Wahrnehmung bezeichnet, stellt eine typische Augenblicksbildung dar, die nur um der möglichst eindrucksvollen
Formulierung willen geprägt wurde. In dieser Weise ist auch *rationalitas,*
das die Vernunft beschreibt, zu erklären. Gegen diese Darstellung spricht
auch das einzige spätere Zeugnis für *rationalitas* bei Boethius (Aristot. epm.
ser. 2, 7 p. 158, 6) nicht, da dieser *rationalitas* wahrscheinlich unabhängig
von Tertullian geprägt hat. Weitere Aspekte der Entwicklung der Seele
werden in De Anima 19, 9 diskutiert, wo Tertullian darlegt, daß die vernunft-
begabte Seele schon bei der Geburt vorhanden ist:

*Unde illi (sc. infantia) iudicium novitatis et moris, si non sapit? Unde illi
et offendi et demulceri, si non intellegit? Mirum satis, ut infantia naturaliter
animosa sit non habens animum, et naturaliter affectiosa sit non habens
intellectum.*

Tertullian bringt mit diesen Sätzen die vorherige Diskussion ironisch zu
Ende; er wählt am Schluß des Satzes zur Bezeichnung des emotionalen Vermögens den seltenen, aber wohl sicher bereits geläufigen Ausdruck
affectiosus[924] anstelle des häufigeren *affectuosus,* um ein Wortspiel mit
animosus zu bilden. Später, in De Anima 20, 4, werden die Faktoren behandelt, die die Entwicklung der Seele in ihrem Leben positiv und negativ be-
einflussen:

---

922   Waszink, Kom. An., 432.
923   A. Lumpe, ThLL VII 1, sv., 1963, 2090.
924   E. Vollmer, ThLL I, sv., 1903, 1184f, nennt neben vielen christlichen Belegen noch
      einen Beleg bei Macr., sat. 3, 15, 5.

Acuunt doctrinae, disciplinae, artes et experientiae, negotia, studia; obtundunt inscitiae, ignaviae, desidiae, libidines, inexperientiae, otia, vitia.

Für diesen Satz, in dem beide Aufzählungen mit Homoioteleuta und Alliterationen parallel aufgebaut sind und sich zum Teil auch inhaltlich gegenüberstehen, bildet Tertullian das Wort *inexperientia* neu, um ein Gegenstück zu *experientia* zu formulieren. *Inexperientia,* ein Hapaxlegomenon,[925] läßt sich daher als eine Okkasionsbildung erklären.[926]

Die Diskussionen der verschiedenen Eigenschaften der Seele unterstützt Tertullian mit zahlreichen Beispielen, die hier nicht alle einzeln besprochen werden können. In diesen Texten finden sich eine Reihe weiterer, bei Tertullian zuerst bezeugter Ausdrücke. So erscheint in De Anima 17, 6 der seltene Ausdruck *uniformitas*, um eine Epipher zu bilden. Dieses Wort ist sonst nur bei Marius Victorinus (gr. VI p. 78, 5) und bei einigen christlichen Autoren (Prisc. Lyd. solut. 1 p. 50, 193; Conc. Carth. MPL 4 p. 234 A u. ö.) belegt, so daß man seine Herkunft nicht bestimmen kann. Bekannt dagegen war wahrscheinlich das auch bei Solin (Solin 20, 11) bezeugte Verb *inornare*[927], mit dem Tertullian in De Anima 19, 3 das Wachstum der Seele mit dem von Bäumen vergleicht; es steht dort wie in De Resurrectione Mortuorum 16, 8 in einem Satzreim mit einem anderen Verb (cf. Kap. 6.5.2).

7.2.2 Geburt und Tod der Seele[928]

Die Geburt der Seele und des Körpers bespricht Tertullian im Kapitel 27 der Schrift De Anima. Er erwägt dabei, was zuerst entstanden ist:

(An. 27, 3) *Tunc si alteri (sc. corpus aut anima) primatum damus, alteri secundatum, seminis quoque discernenda sunt tempora pro statu ordinis.*

Für diese Frage bildet Tertullian *secundatus* neu, um den möglichen zweiten Rang mit einem Wort zu bezeichnen, das *primatus* mit Suffix und Stamm genau entspricht. *Secundatus* ist später nicht wieder bezeugt, so daß es eine Okkasionsbildung darstellt. In dieser Weise leitet Tertullian noch einige weitere Ausdrücke von isolierten Komparativen und Superlativen ab. So wird in Adversus Valentinianos 35, 1 *postumatus* zur Bildung einer An-

---

925 B. Rehm, ThLL VII 1, sv., 1943, 1323.
926 Cf. Demmel, 37–39, mit ausführlicher Analyse der rhetorischen Figuren in diesem Text.
927 V. Schmidt, ThLL VII 1, sv., 1958, 1763.
928 Zu *contemporalis* (An. 27, 6) cf. Kap 7.5.1; zu *rescissio* (An. 53, 3) cf. Kap. 5.3.2; zu *figulatio* (An. 25, 2) cf. Kap. 5.3.2; zu *mundialis* (An. 54, 4) cf. Kap. 6.5.2; zu *momentaneus* (An. 44, 3) cf. Kap. 3.4.2.

tithese mit *principatus* geprägt und in Adversus Valentinianos 4, 1 *prioratus* für eine Alliteration gebildet. Auch diese Wörter bleiben sehr selten[929], da sie durch ihre ungewöhnliche Wortbildung fremd klingen. Für Tertullian erfüllen sie aber einen stilistischen Zweck, weil er mit ihnen Klangfiguren bilden kann. Danach erklärt Tertullian, wie die Seele beim Zeugungsakt entsteht:

(An. 27, 6) *Denique, ut adhuc verecundia magis pericliter quam probatione, in illo ipso voluptatis ultimae aestu, quo genitale virus expellitur, nonne aliquid de anima quoque sentimus exire atque adeo marcescimus et devigescimus cum lucis detrimento? Hoc erit semen animale, protinus ex animae destillatione sicut et virus illud corporale semen ex carnis defaecatione?*

Nach Tertullian wird die Seele durch einen Samen erzeugt, dessen Übergang mit dem Erschlaffen nach dem Koitus bemerkt werde. Diesen Vorgang bezeichnet ein Hendiadyoin aus dem geläufigen Verb *marcescere* (cf. Varro, ling. 6, 50; Ennod., carm. 2, 133, 1) und dem Hapaxlegomenon *devigescere*[930], das dem Leser aber, da es sehr anschaulich ist, sogleich verständlich ist. Diese Neubildung hat zwei Funktionen: Einerseits verleiht sie inhaltlich der Darstellung größte Konkretheit und bildet andererseits formal ein Homoioteleuton mit *marcescere*. In der zweiten Frage konkretisiert Tertullian seine Vorstellung von der Zeugung als einer Vereinigung eines körperlichen und eines seelischen Samens. Der Samen, aus dem der Körper entstehe, ist für Tertullian ein Produkt der Reinigung des Fleisches.[931] Diese bezeichnet das novum verbum *defaecatio,* das an allen anderen Belegstellen in technischem Sinne die Reinigung von Flüssigkeiten,[932] besonders von Wein, bezeichnet. Es ist allerdings nur bei christlichen Autoren belegt. Dennoch ist es wegen dieser technischen Bedeutung wahrscheinlich, daß *defaecatio* aus dem Sprachgebrauch des Weinbaus entlehnt ist, aber nur nicht in entsprechenden Texten überliefert wurde. Dafür spricht auch der Gebrauch des verwandten Verbs *defaecare*, das in der Fachbedeutung bei Columella (12, 28, 3) und dem älteren Plinius (nat. 18, 232) bezeugt ist. Damit dürfte *defaecatio* in jedem Falle den Eindruck größter Konkretheit erweckt haben. Im weiteren Fortgang der Darstellung geht Tertullian auf das langsame Wachstum des Föten ein:

---

929 *Postumatus* (H. v. Kamptz, ThLL X 2, sv., 1982, 274) bleibt ebenso wie *secundatus* Hapaxlegomenon, während *prioratus* sich noch bei Gregor dem Großen und einigen anderen sehr späten Autoren findet (H. v. Kamptz, ThLL X 2, sv., 1992, 794).

930 P. Graeber, ThLL V 1, sv., 1912, 518.

931 Nach Waszink, Kom. An., 352, steckt dahinter die stoische Vorstellung vom ἀπό σπασμα (SVF I, 128).

932 A. Leissner, ThLL V 1, sv., 1910, 284.

(An. 27, 8) *(sc. substantiae duae formam tradiderunt), ut et nunc duo, licet diversa, etiam unita pariter effluant pariterque insinuata sulco et arvo suo pariter hominem ex utraque substantia effruticent.*

Hier beschreibt das neu gebildete Wort *effruticare* die Bildung des Föten im Mutterleib nach der Zeugung, die das Verb *effluere* bezeichnet. Mit diesem Wort bildet *effruticare* eine Epipher. *Effruticare* hat Tertullian in Adversus Nationes 1, 5, 2 gebildet, um damit die langsame Herausbildung von Muttermalen zu verdeutlichen. In diesem sehr anschaulichen Sinne ist es auch hier zu verstehen; da *effruticare* später nicht bezeugt ist,[933] dürfte es *e*ine Neubildung sein.

Der Tod der Seele wird am Schluß der Schrift De Anima behandelt. Nachdem Tertullian Beispiele dafür aus Platon (An. 51, 2–3) und Aristoteles (An. 51, 3) gegeben hat, folgt in De Anima 51, 4 eine Vorstellung dazu aus unbekannter Quelle.[934] Danach dürfen wegen der stofflichen Seele, von der noch ein Funke im Körper übrig bleiben könnte, Leichen nach dem Tode nicht verbrannt werden:

Alia est autem ratio pietatis istius, non reliquiis animae adulatrix, sed crudelitatis etiam corporis nomine aversatrix, quod et ipsum homo non utique mereatur poenali exitu impendi.

Tertullian charakterisiert diese Lehre mit den adjektivisch verwendeten Nomina agentis *adulatrix* und *aversatrix*. Beide sind Neubildungen; *aversatrix*[935] stammt aus der Bibelübersetzung, *adulatrix*[936] aus der gesprochenen Sprache. *Adulatrix* hat durch die Verbindung zu dem Verb *adulari* *e*inen herabsetzenden Ton, der die Sorge um die Vernichtung der Seele als unziemlichen Eifer darstellt. Formal auffällig ist der von *adulatrix* abhängige Dativ *reliquiis*, der in dieser Form[937] allerdings nicht singulär ist und den adjektivischen Charakter dieses Nomens deutlich werden läßt (cf. Kap. 6.4.1 zu *peccatrix*). In De Anima 52, 1–4 wird die Frage untersucht, ob zwischen natürlichem und unnatürlichem Tod zu unterscheiden sei:

(An. 52, 3) *Ipsa illa ratio operatrix mortis, simplex licet, vis est.*

Für Tertullian ist jeder Tod unnatürlich; er ist durch eine *ratio* bedingt, die mit dem adjektivisch verwendeten Nomen *operatrix* als Werkzeug des Todes dargestellt wird. In diesem Sinne findet sich *operatrix* auch an der ersten Belegstelle (An. 11, 4), wo es den Geist als Inspiration der Prophetie be-

---

933   I. Kapp-W. Meyer, ThLL V 2, sv., 1932, 203.
934   Waszink, Kom. An., 530f.
935   E. Bickel, ThLL II, sv., 1903, 1317, verzeichnet einige Belege in der Vulgata und der Bibelübersetzung zu Jer. 3, 6. 11. 12; cf. Wissemann, 71.
936   F. Oertel, ThLL I, sv., 1900, 877, führt einen Beleg bei Treb. Claud. 37 auf.
937   Waszink, Kom. An., 531, zum Nebeneinander von Gerundiv und Dativ.

schreibt. *Operatrix* stammt wahrscheinlich aus der Bibelübersetzung, wo es in Philem. 6 zur Wiedergabe von ἐνεργής gebraucht wird.[938] Seine Vorstellungen vom plötzlich eintretenden, widernatürlichen Tod verdeutlicht Tertullian an einigen Beispielen, wobei der Vergleich des Todes mit dem plötzlichen Untergang eines Schiffes, das sich eben noch in ruhiger Fahrt befand, der eindrucksvollste ist:

(An. 52, 4) *Vis est et illa navigiis, cum longe a Caphereis saxis, nullis depugnata turbinibus, nullis quassata decumanis, adulante flatu, labente cursu, laetante comitatu, intestino repente perculsu cum tota securitate desidunt.*

Die verschiedenen Umstände der Fahrt werden mit einem Trikolon aus adverbialen Bestimmungen geschildert, dessen einzelne Glieder zudem durch ein dreifaches Homoioteleuton (*flatu, comitatu, perculsu*) miteinander verknüpft sind. Das letzte Wort davon, das Hapaxlegomenon[939] *perculsus*, gibt der Schilderung in doppelter Weise eine Pointe: Es bezeichnet den unvermittelten, unerklärbaren Untergang des Schiffes mit einem groben Bruch nach den Ausdrücken der ruhigen Fahrt und überrascht den Leser zudem durch seine Neuartigkeit. So ist auch dieser Ausdruck als eine Okkasionsbildung zu erklären. Diese Texte formuliert Tertullian an mehreren weiteren Stellen mit bei ihm zuerst bezeugten konkreten Ausdrücken, die verschiedenen Fachsprachen oder der Umgangssprache entlehnt sind. So bezeichnet er das Ende im Tode mit dem geläufigen *postremitas*[940] (An. 53, 4); die Einwohnung der Seele im Körper wird mit einem juristischen Ausdruck *inquilinatus* (An. 38, 5)[941] genannt, während das Verb *tibicinare*, das sonst nur bei Grammatikern[942] bezeugt ist, an der gleichen Stelle das Streben nach größtmöglicher Sicherheit beschreibt. Aus der Sprache der Landwirtschaft[943] stammt das Verb *inviscare* (An. 1, 3), mit dem er darlegt, daß Sokrates in seinem Prozeß von seinen Anklägern gleichsam vergiftet wurde.

---

938 E. Baer, ThLL IX 2, sv., 1976, 678, teilt von dem sehr häufigen Ausdruck noch einen Beleg in den paganen Horazscholien (Schol. Hor. Gloss G carm. 3, 27, 30) mit, in die es aber durchaus auch aus dem christlichen Sprachgebrauch gekommen sein kann.

939 G. Thome, ThLL X 2, sv., 1994, 1227.

940 Nach H. v. Kamptz, ThLL X 2, sv., 1982, 252, ist *postremitas* sonst vor allem bei Grammatikern und bei Macrobius belegt.

941 N. Hubbard, ThLL VII 1, sv., 1958, 1807 nennt u. a. einen Beleg in Cod. Theod. 1, 2, 19, 2; cf. Waszink, Kom. An., 439.

942 Schol. Hor. Vind. ars 214; Dosith., gr. VII 432 u. ö.; cf. Waszink, Kom. An., 439.

943 K. Stiewe, ThLL VII 2, sv., 1959, 219 verzeichnet Belege bei Philagr., med. 4 p. 180, 15, 4 und Oribasius, syn. 9, 20, 4.

7.2.3 Seelenwanderungslehre[944]

Im Rahmen der Schrift De Anima werden in den Kapiteln 28 bis 32 einige Seelenwanderungslehren der paganen Tradition diskutiert. Diesen Lehren liegt eine Vorstellung von einem ewigen Wandel zugrunde, den Tertullian *recidivatus revolubilis semper ex alterna mortuorum et viventium suffectione* nennt. Beide Abstrakta sind Neubildungen, von denen *recidivatus* die Wiederauferstehung in nichtchristlicher Sicht (zur Wortgeschichte cf. Kap. 6.5.3) und *suffectio* die ewige Wiederkehr bezeichnet. *Suffectio* ist später nur noch bei Arnobius (5, 12; 5, 14 u. ö.) bezeugt, der De Anima sicher nicht benutzte.[945] Daher muß die Frage der Herkunft von *suffectio* offen bleiben. Am Ende dieser Darstellung bespricht Tertullian in Kapitel 32 als abschreckendes Beispiel, wie die Seele ihren Aufenthalt in verschiedenen Tieren nimmt. Dabei wählt er, um diese Lehren bewußt zu karikieren, möglichst ausgefallene Tierarten, in denen die Einwohnung einer menschlichen Seele besonders schwer vorstellbar ist. Darunter fällt die sonst nirgendwo bezeugte Schmetterlingsart *papliunculus*[946] (An. 32, 3), die sogar eine bösartige Erfindung Tertullians sein kann. Aber auch in dieser polemischen Passage achtet er auf genau parallelisierte Ausdrücke. So werden die Tiere, die unter Wasser leben, als *quae subterraneum et subaquaneum vivent* bezeichnet. Für diesen Satz greift er auf das seltene Wort *subaquaneus* zurück, das später nur noch ein einziges Mal bei dem Vergilkommentator Claudius Donatus (3, 706) bezeugt ist und daher wohl schon bekannt war. Diese Darstellung beendet eine artifiziell formulierte rhetorische Frage:

(An. 32, 6) *Quomodo igitur illa anima, quae terris inhaerebat, nullius sublimitatis, nullius profunditatis intrepida, ascensu etiam scalarum fatigabilis, submersu etiam piscinarum strangulabilis, aeri postea insultabit in aquila aut mari postea desultabit in anguilla?*

Tertullian hält es für völlig unmöglich, daß die Seele nacheinander Vögeln und Fischen einwohnt. Diese Auffassung formuliert er mit einem sehr kunstvoll gegliederten Satzgefüge. Denn nach dem Relativsatz *quae terris inhaerebat* sind die folgenden Kola paarweise parallel gebaut. Dabei bilden alle Wörter, insofern sie nicht wie *aut* oder *etiam* wiederholt werden, mit dem jeweils parallel stehenden Ausdruck des folgenden Kolons einen Satzreim. Für die rhetorische Ausgestaltung dieses Satzes sind die Adjektive

---

944   Zu *aurula* (An. 28, 5) cf. Kap. 5.2.6; zu *praefugere* (An. 33, 5) cf. Kap. 5.3.2; zu *innatus* (An. 29, 3) cf. Kap. 6.1.2.1; zu *recorporare* (An. 33, 7; An. 35, 1) cf. Kap. 6.5.3; zu *nuditas* (An. 33, 5) cf. Kap. 6.5.3.

945   V. Albrecht II, 1257.

946   F. Hodges, ThLL X 1, sv., 1984, 254.

strangulabilis und *fatigabilis* und das Nomen *submersus* neugebildet. Alle drei Ausdrücke bleiben Hapaxlegomena.[947] Selbst die Wahl des Fisches *anguilla* als Beispiel dürfte, wie Waszink[948] bemerkt, allein deswegen erfolgt sein, weil *anguilla* mit *aquila* einen Satzreim bilden kann. Auch die beiden Wörter *profunditas* (zur Wortgeschichte cf. Kap. 6.4.3) und *desultare* sind bei Tertullian zuerst bezeugt, gehören aber der Alltagssprache an, da sie beide auch bei paganen Autoren[949] belegt sind. Das Satzgefüge wirkt durch seine Konstruktion sehr gekünstelt; der Inhalt scheint in seinen Einzelheiten der Form unterworfen zu sein. Doch finden sich solche Paignia auch an anderen Stellen (cf. An. 18, 8 Kap. 4.1.1; Adv. Prax. 29, 5–6 Kap. 6.3.1), wo eine gegnerische Position abschließend widerlegt werden soll. Im folgenden Text bespricht Tertullian dann die Einwohnung der Seele in Landtieren, formuliert dabei aber nicht mehr so prätentiös. Er verwendet als neuen Ausdruck nur das Adjektiv *cadaverinus*:

(An. 32, 6) *Quomodo (sc. anima) (...) etiam venena ruminabit, si in capram transierit vel in coturnicem, immo et cadaverinam, immo et humanam, sui utique memor, in urso et leone?*

Der Neologismus *cadaverinus* bezeichnet das tierische Aas, das neben dem menschlichen Fleisch Nahrung von Raubtieren ist, in die die früher menschliche Seele eingeht. So kann es geschehen, daß die nun tierische Seele sich nicht nur vom Fleisch anderer Tiere ernährt, sondern auch vom Fleisch eines verstorbenen Menschen, dem sie vorher selbst einwohnte. Diese drastische Vorstellung wird durch den Parallelismus zwischen dem geläufigen Adjektiv *humanus* und der auffälligen Neubildung *cadaverinus*[950] hervorgehoben. Später greift nur noch Augustin (bon. coni. 3, 3; civ. 9, 16) *cadaverinus* auf, so daß es wohl von Tertullian geprägt wurde. Im weiteren Fortgang dieses Kapitels diskutiert Tertullian die Höllenstrafen, die die Seele durch Tod und Leiden des Tieres, in dem sie sich befindet, mittragen muß. Dabei wird zwischen *animalia occisoria*, Tieren, die eine besonders mühselige Existenz haben, und *animalia famulatoria* (An. 33, 1), Nutztieren, differenziert. Beide Epitheta sind Neubildungen; *famulatorius* ist zuerst in Adversus Nationes 2, 14, 4[951] bezeugt, während das Hapaxlego-

---

947   K. Pflugbeil, ThLL VI 1, sv. fatigabilis, 1913, 34; ein weiterer Beleg findet sich in den tironischen Noten (Not. Tiron. 72, 38).

948   Waszink, Kom. An., 388.

949   *Desultare* ist nach E. Lommatzsch, ThLL V 1, sv., 1911, 778, noch einmal bei Tertullian (An. 34, 2) und bei dem Mediziner Plinius (Med. 1, 16) belegt.

950   B. A. Müller, ThLL III, sv., 1906, 15.

951   H. Amman, ThLL VI 2, sv., 1915, 259. Wegen des schlecht überlieferten Textes in Adv. Nat. 2, 14, 4 kann die Herkunft von *famulatorius* nicht eindeutig geklärt wer-

menon *occisorius*[952] okkasionell für dieses Homoioteleuton gebildet wurde. In einem *animal occisorium* etwa muß die Seele auch das Abziehen der Haut miterleiden, das mit dem Fachausdruck *decoriare* aus der Tiermedizin[953] (An. 33, 4) bezeichnet wird. Wenn die Seele dagegen in ein Nutztier, ein *animal famulatorium*, eingeht, kann sie mit ihrem Tier unter ein Wasserrad geflochten werden. Dieses Wasserrad wird *pistrina et aquilega rota* (An. 33, 7) genannt. *Aquilegus* ist wahrscheinlich von dem Nomen *aquilegus* abgeleitet, das in späteren Inschriften (CIL II 2694, 5726)[954] die Berufsbezeichnung für Erbauer von Wasserleitungen ist und daher schon bekannt war. Diese Ausdrücke zeigen auch hier wieder Tertullians Vorliebe für eine möglichst konkrete Wortwahl.

Am Schluß dieses Exkurses bespricht Tertullian kurz die Lehre des frühchristlichen Häretikers Karpokrates (cf. Kap. 7.1.1.2), nach dessen Lehre die Seele solange immer wieder in andere Lebewesen komme, bis sie ihre gesamte Strafe abgebüßt habe:

(An. 35, 1) *Itaque metempsychosin necessarie imminere, si non in primo quoque vitae huius commeatu omnibus illicitis satisfiat (scilicet facinora tributa sunt vitae!), ceterum totiens animam revocari habere, quotiens minus quid intulerit, reliquatricem delictorum, donec exsolvat novissimum quadrantem (Mt. 5, 26) detrusa identidem in carcerem corporis.*

Der neugebildete Ausdruck *reliquatrix*, ein Hapaxlegomenon, spielt auf den römischen Rechtsausdruck *reliquator* an, der den Restschuldner[955] bezeichnet. Durch diese Assoziation wird der Zustand der Seele gleichsam als ein Rechtsverhältnis geschildert. Die Neubildung *reliquatrix* bildet damit also einen sehr pointierten Ausdruck.

---

den: *Si o<b> peragratum orbem, quantis et locupletibus dulc<is peregrini>tas aut philosophis famulatoria mendicit<as> (mendicitis mss.) idem praesti<it?>* Nach dieser Textkonstitution von Borleffs (CCSL I), die weitgehend auf Konjekturen von Godefroy (1625) basiert, scheint für die Verwendung von *famulatorius* kein klarer Grund vorzuliegen.

952   E. Baer, ThLL IX 2, sv., 1973, 358.

953   Nach A. Leissner, ThLL V 1, sv., 1910, 210f, ist *decoriare* außer bei christlichen Autoren sonst noch bei Dosith., gr. VII 436, 6, Apic. 8, 370, Marcell., med. 34, 55 und Diosc. 2, 57; 4, 80 bezeugt.

954   E. Vollmer, ThLL II, sv., 1900, 374, hält allerdings die Belege für das Nomen *aquilegus* für Nebenformen von *aquilex*.

955   Heumann-Seckel, 504; Waszink, Kom. An., 410, leitet *reliquatrix* dagegen von dem entsprechenden Abstraktum *reliquatio* ab (cf. Kap. 7.2.1).

7.2.4 Bedeutung des Schlafes und der Träume[956]

Wie die Seelenwanderungslehren behandelt Tertullian in De Anima 43–49
die Bedeutung des Schlafes und der Träume, wobei er sich auch hier auf doxographische Quellen stützt. Diese Auseinandersetzung beginnt mit einem
Angriff auf die zweite κυρία δόξα des Epikur, die ohne große Argumentation mit einer allgemeinen Überlegung für absurd erklärt wird:
(An. 42, 1) *Quod enim dissolvitur, inquit, sensu caret; quod enim sensu
caret, nihil ad nos. Dissolvitur autem et caret sensu non ipsa mors, sed homo,
qui eam patitur. At ille ei dedit passionem, cuius est actio. Quodsi hominis
est pati mortem dissolutricem corporis et peremptricem sensus, quam ineptum, ut tanta vis ad hominem non pertinere dicatur.*
Tertullian greift mit dem seltenen Ausdruck *dissolutrix* das Verb
dissolvere aus Zitat und Auslegung auf, mit *peremptrix sensuum* bezieht er
sich auf *caret sensu*. Hier liegt wieder ein Phänomen der Wiederaufnahme
vor, das den „Namen für Satzinhalte" (cf. Kap. 5.1) mittelbar entspricht.
Dabei werden hier die Verben *caret* und *dissolvitur* allerdings nicht mit Abstrakta, sondern mit den adjektivisch verwendeten Nomina[957] *peremptrix*
und *dissolutrix* aufgenommen. Beide Ausdrücke sind Neubildungen. *Dissolutrix*[958] ist aber schon bekannt, da es auch im Codex Theodosius (5, 12,
8, 3) belegt ist, während *peremptrix* von Tertullian geprägt sein dürfte, da es
später selten wieder aufgenommen wird.[959] Man könnte natürlich auch vermuten, daß Tertullian eine griechische Vorlage wiedergibt und *dissolutrix
mortis* etwa τὸν θάνατον τὸ σῶμα διαλύοντα und *peremptrix sensuum*
etwa (sc. τὸν θάνατον) τὰ πάθη καταλλατόντα wiedergeben sollte. Doch
spricht dagegen die hier für Tertullian typische Formulierungsweise mit den
„Namen für Satzinhalte" und die ihm eigene Polemik am Satzende mit *quam
ineptum*. Nach dieser Einleitung bespricht Tertullian im folgenden Kapitel
(An. 43, 1–2) einige Lehren antiker Philosophen über die Bedeutung des
Schlafes. Dabei prägt er eine große Zahl von Ausdrücken zur Wiedergabe

---

956 Zu den Übersetzungen in diesen Kapiteln cf. Kap. 4.1.2; zu *naturalitas* (An. 43, 6)
cf. Kap. 6.4.2; zu *divinatrix* (An. 46, 11) cf. Kap. 7.2.1; zu *praeparatura* (An. 43,
9) cf. Kap. 5.3.2.

957 Für diese Einordnung spricht auch, daß ohne Änderung des Sinns *dissolutrix* und
peremptrix durch appositionell gebrauchte Abstrakta wie *dissolutio* und *ademptio*
ersetzt werden könnten: *Quodsi hominis est pati mortem dissolutionem corporis et
ademptionem sensuum, quam ineptum, ut tanta vis ad hominem non pertinere
dicatur.*

958 J. B. Hofmann, ThLL V 1, sv., 1916, 1504.

959 G. Malsbury, ThLL X 1, sv., 1995, 1317.

griechischer Terminologie (cf. Kap. 4.2.1) Zunächst wird die Auffassung der
Vorsokratiker Empedokles und Anaxagoras behandelt, der Schlaf bestehe in
einer Erkaltung des Körpers:

(An. 43, 3) *Sed nec refrigescentiam admittam aut marcorem aliquem*
caloris, cum adeo corpora somno concalescant et dispensatio ciborum per
somnum non facile procederet calore properabili et rigore tardabili, si
somno refrigeraremur.

Die Darstellung ist wiederum sehr prätentiös formuliert. Das Kaltwerden
des Körpers bezeichnet die Augenblicksbildung *refrigescentia*, ein Hapaxlegomenon, das einen Anklang an das geläufige *defetiscentia* (An. 43, 2
ter)[960] bildet. Auch die beiden Adjektive *properabilis* und *tardabilis* sind
Hapaxlegomena. Waszink[961] nimmt an, daß sie jeweils eine einander
entgegengesetzte Bedeutung haben und übersetzt daher „die Hitze wirkt fördernd, die Kälte verzögernd". Nach dieser Interpretation müßte man, so
Waszink, *calore properabili et rigore tardabili* eigentlich als erläuternde
Glosse an den Schluß des Bedingungssatzes *si somno refrigeraremur*
stellen. Doch läßt sich diese Härte lindern, wenn man *properabilis* nicht wie
Waszink im Sinne von „fördernd" oder „eilend, schnell"[962] versteht, sondern es mit „flüchtig, abnehmend" übersetzt. Für diese Wiedergabe von
properabilis sprechen einige Stellen, an denen das zugrundeliegende Verb
properare die Bedeutung „schnell entschwinden" trägt.[963] Damit läßt sich
die Fügung *calore properabili et rigore tardabili* mit „bei schwindender
Körperwärme und rasch zunehmender Erstarrung" erklären und sich so
besser in den Satz einfügen. Denn der sonst schwierig zu verstehende *cum*-
Satz erhält dann den gut in den Kontext passenden Sinn, daß einerseits im
Schlaf die Körper nach aller Erfahrung wärmer werden, der Stoffwechsel
andererseits aber bei schwindender Temperatur kaum mehr gut vonstatten
gehen könne.[964] *Properabilis* und *tardabilis* bilden also eine besonders
kunstvolle Figur: Obwohl sie eine entgegengesetzte Bedeutung tragen, bezeichnen sie den gleichen Vorgang, freilich aus jeweils unterschiedlichen
Perspektiven. Sie sind beide Augenblicksbildungen, deren Verständnis aller-

---

960 *Neque enim credendum est defetiscentiam esse somnum.* cf. Demmel, 57f.
961 Waszink, Kom. An., 463.
962 Georges II, 2004; Lewis & Short, 1468 übersetzen „hasty, rapid".
963 Cf. Cic. Pomp. 36; Ov., am. 1, 13, 3 *quid properas? Aurora. Mane: sic Memnonis*
     umbris | annua sollemni caede parentet avis.
964 In diesem Satz bleibt die unterschiedliche Zeitgebung der beiden Verben des *cum*-
     Satzes *concalescant* und *procederet* anstößig. Waszinks Lösung *et dispensatio*
     ciborum per somnum non facile procederet calore properabili et rigore tardabili
     zum Haupsatz zu ziehen, verschiebt dieses Problem nur in den Hauptsatz, der damit
     ebenfalls wegen des Subjektwechsels unglücklich konstruiert ist.

dings nicht leicht ist. Tertullian definiert schließlich in De Anima 43, 7 den Schlaf als Werk Gottes und verleiht ihm einen Reihe von Prädikaten, die er wie die Gottes- und Christusprädikate (cf. Kap. 6.1.1) mit Nomina agentis bildet:

Porro somnum ratio praeit, tam aptum, tam utilem, tam necessarium, ut absque illo nulla anima sufficiat, recreatorem corporum, redintegratorem virium, probatorem valetudinum, pacatorem operum, medicum laborum (...).

Von den Prädikaten *recreator, redintegrator, probator* und *pacator* sind *recreator* und *redintegrator* hier zuerst belegt. Beide sind bekannt, da sie in panegyrischen Texten als Prädikate für Kaiser und Konsuln (*recreator* CIL X 1256; Inscr. Gratiani 1095, 7; Paneg. 7, 2, 2; *redintegrator* CIL XI 3089; CIL X 3860 cf. Kap. 6.1.1.7) bezeugt sind. Mit diesen Wörtern setzt Tertullian die Bedeutung des Schlafes einem Herrscher gleich.

Im weiteren Fortgang dieses Exkurses wird in De Anima 46, 4–9 eine Reihe von prophetischen Träumen besprochen, die dem Traumbuch des Hermipp von Berytus[965] entnommen sind. Diesen erwähnt Tertullian auch ausdrücklich:

(An. 46, 11) *Cetera cum suis et originibus et ritibus et relatoribus, cum omni deinceps historia somniorum, Hermippus Berytensis quinione voluminum satiatissime exhibebit.*

Tertullian verspottet Hermipp in dieser einleitenden Bemerkung, indem er mit dem Prädikat *satiatissime exhibebit* den übertriebenen Umfang seines Werkes hervorhebt und die fünf Bücher abfällig mit dem Ausdruck *quinio* bezeichnet. Dieses Wort bezeichnet nämlich den Fünfer beim Würfeln, wie man nach einer Äußerung Isidors von Sevilla (Orig. 18, 65) weiß (cf. Kap. 6.3.1). Mit leichter Ironie wird *quinio* auch in De Anima 6, 8 verwendet, wo es die unglaubliche Zahl von Fünflingen bezeichnet. In De Anima 46, 7 bringt Tertullian als Beispiel einen Traum des Cicero, der von Augustus geträumt haben soll:

Noverunt et Romani veritatis huiusmodi somnia. Reformatorem imperii, puerulum adhuc et privatum loci, et Iulium Octavium tantum et sibi ignotum Marcus Tullius iam et Augustum et civilium turbinum sepultorem de somno norat.

Tertullian spielt auf eine in römischer Überlieferung (Suet., Aug. 94) erhaltene Nachricht an; er formuliert den Satz sehr kunstvoll, indem er das Subjekt *Marcus Tullius* in die Mitte und die beiden Prädikate *reformator* und *sepultor* für Augustus an Anfang und Schluß des Satzes stellt. Von diesen beiden Ausdrücken ist *sepultor* eine Neubildung. Sie spielt auf Wendungen wie *sepulta seditio* (Val. Max. 6, 2, 3) oder *bellum sepelire* (Cic., Pomp. 30)

---

965 Waszink, Kom. An., 44*, 488.

an, die die Beendigung von kriegerischen Auseinandersetzungen umschreiben. Die Herkunft von *sepultor* ist kaum zu ermitteln, weil zahlreichen
Belegen in der Bibelübersetzung zur Wiedergabe von ἐνταφιαστής (Gen.
50, 2)[966] und Belegen bei christlichen Autoren ein einziger paganer Beleg
bei Claudius Donatus (Aen. 1, 529, 7) gegenübersteht. Pointiert leitet Tertullian auch die nächste Gruppe der prophetischen Träume ein, die große Ge-
fahren voraussagen:

(An. 46, 8) *Nec haec sola species erit summarum praedicatrix po-
testatum, sed et periculorum et exitiorum: ut cum Caesar in proelio per-
duellium Bruti et Cassii Philippis aeger (...) de Artorii visione destituto
tabernaculo evadit.*

Diese Art von Träumen charakterisiert das adjektivisch verwendete
Nomen *praedicatrix*, das auch später sehr selten[967] bleibt. Seine Herkunft
kann aber wegen seines weiten Bedeutungsspektrums nicht genau bestimmt
werden. Doch könnte man *praedicatrix* als bekannt einordnen, da es in
diesem Text keinen stilistischen Grund für eine Neubildung gibt. In dieses
Kapitel eingefügt ist eine Aufzählung weiterer Autoren, die von Weissa-
gungen in Träumen berichten:

(An. 46, 10) *Quanti autem commentatores et affirmatores in hanc rem?
Artemon, Antiphon, Strato Philochorus, Epicharmus, Serapion, Cratippus,
Dionysius, Rhodius, Hermippus, tota saeculi litteratura.*

Tertullian polemisiert geschickt gegen diese Art von Schriftstellerei,
indem er übertrieben viele Namen nennt, die er mit der abwertenden Bemerkung *tota saeculi litteratura* der paganen Tradition zuordnet. Am Anfang leitet er die Aufzählung mit den beiden juristischen Ausdrücken
affirmator und *commentator* ein, von denen *affirmator*[968] hier zuerst bezeugt, aber wohl aus der Rechtssprache entlehnt ist. Dort bezeichnet es
denjenigen, der für die Zuverlässigkeit eines anderen bürgt. Genau in
diesem Sinne ist es hier gemeint; es stellt die genannten Autoren als Bürgen
für die Existenz prophetischer Träume dar. Doch sind sie als Heiden natürlich wertlose Zeugen. Diese Technik, beliebige Personen mit Prädikaten,
die aus Nomina agentis mit dem Suffix *tor* gebildet sind, zu charakterisieren, findet sich noch an vielen anderen Stellen in Auseinandersetzungen
mit gegnerischen Positionen. So wird für Heraklit der Rechtsausdruck

---

966   Vetus Latina 2, 518f; auch Tertullian spielt in Adv. Marc. 4, 43, 1 auf Gen. 50, 2 mit
         sepultor an.

967   B. Gatti, ThLL X 2, sv., 1985, 551.

968   H. Bannier, ThLL I, sv., 1900, 1222. In ähnlicher Weise charakterisert *affirmator* in
         einem historischen Beispiel in Adversus Marcionem 4, 7, 2 Proculus (cf. Ov., fast.
         2, 499) als Zeugen für die Himmelfahrt des Königs Romulus.

examinator[969] (An. 2, 6) und für die Vorgänger des Praxeas (Adv. Prax. 1, 3) das wahrscheinlich geläufige Wort *praecessor*[970] gebraucht, während der Arzt Herophilus sehr treffend mit dem Hapaxlegomenon *prosector* (An. 25, 5) bezeichnet wird. Polemisch gemeint ist dagegen Tertullians Neubildung[971] *argumentator*, mit denen Gnostiker (Carn. Chr. 24, 3) und Philosophen (An. 38, 3) wegen ihrer Spitzfindigkeit bedacht werden. *Argumentator* ist von der zuerst bei Tertullian bezeugten entsprechenden Nebenbedeutung des Verbs *argumentari* abgeleitet (cf. Adv. Prax. 26, 3; Hier., epist. 48, 13 u. ö.). Diese Träume teilt Tertullian in De Anima 47, 2 in mehrere Gruppen ein. Die von Gott gesandten Träume werden besonders kunstvoll beschrieben:

A deo autem, pollicito scilicet et gratiam spiritus sancti in omnem carnem et sicut prophetaturos ita et somniaturos servos suos et ancillas suas, ea deputabuntur quae ipsi gratiae comparabuntur, si qua honesta sancta prophetica revelatoria aedificatoria vocatoria, quorum liberalitas soleat et in profanos destillare (...).

Diese Traumbilder charakterisieren die vier Adjektive *propheticus, revelatorius, aedificatorius* und *vocatorius*, die ein viergliedriges, asyndetisches Homoioteleuton bilden. Von diesen sind *aedificatorius, revelatorius* und *vocatorius* Neubildungen. Ihre Bedeutung ist leicht zu klären: *Aedificatorius* trägt, wie in De Carne Christi 17, 5 (zur Wortgeschichte cf. Kap. 6.4.2) die Bedeutung „tröstend". *Revelatorius* dagegen beschreibt, abgeleitet von der theologischen Bedeutung „offenbaren" des zugrundeliegenden Verbs *revelare*, die Träume, in denen Gott den Menschen seine Wahrheit offenbart, während *vocatorius* Träume bezeichnet, in denen Gott die Menschen zu sich ruft. Beide Adjektive sind als Hapaxlegomena Augenblicksbildungen. Bemerkenswert ist auch hier die Produktivität des Suffixes *orius* (cf. Kap. 5.3.3).

7.2.5 Zusammenfassung

Die Auseinandersetzung mit der Seelenlehre und den Träumen formuliert Tertullian mit vielen Klangeffekten, für die er neue Ausdrücke verwendet. Für die Eigenschaftsbezeichnungen insbesondere der Seele und der Träume

---

969   E. Junod, ThLL V 2, sv., 1937, 1167; erster Beleg bei Tertullian in Apologeticum 9, 15.
970   M. Somazzi, ThLL X 2, sv., 1983, 427.
971   *Argumentator* bleibt nach E. Vollmer, ThLL II, sv., 1902, 540f, sehr selten und könnte durchaus eine Bildung Tertullians sein.

prägt er einige Adjektive und Abstrakta neu, die oft vor allem aus rhythmischen Gründen entstehen:

aedificatorius, famulatorius, flaturalis, inexperientia, instructilis, properabilis, tardabilis, revelatorius, vocatorius.

Außerdem greift er dabei auf einige bereits geläufige Ausdrücke zurück:

divinatrix, divisibilis, indivisibilis, indivisibiliter, praedicatrix, recreator, redintegrator.

Auch bei der Darstellung und Diskussion fremder Lehren sucht er nach pointierten Ausdrücken, die zum Teil einen sehr polemischen Ton tragen. Dabei gibt es nicht wenige Augenblicksbildungen:

adulatrix, argumentator, cadaverinus, devigescere, effruticare, fovela, occisorius, perculsus, primatus, refrigescentia, reliquatrix.

Zudem bemüht er sich in diesen Texten stets, möglichst konkret zu formulieren und wählt dafür eine große Zahl von Neubildungen und Ausdrücken aus Fach- und Umgangssprache:

affirmator, aquilegus, defaecatio, examinator, inquilinatus, inviscare, postremitas, quinio, reliquatio, tibicinare, uniformitas, operatrix, sepultor.

7.3 Auseinandersetzung mit der Gnosis

Tertullian gibt in seiner Schrift Adversus Valentinianos, wie in Kap. 4.2 besprochen, längere Abschnitte aus Irenäus' Schrift Adversus Haereses wieder. Zu diesen Ausdrücken, die zur Übersetzung der gnostischen griechischen Terminologie verwendet werden, kommt eine Reihe von Wörtern, mit denen die Lehre der Valentinianer entweder kommentiert oder an bestimmten Stellen zusammengefaßt wird. Diese neuen Wörter werden im folgenden Kapitel besprochen.

7.3.1 Einzeluntersuchungen[972]

Tertullian beginnt die Darstellung mit den Äonen, die die geistige Welt konstituieren:

---

972 Zu *prioratus* (Adv. Val. 4, 1) und *postumatus* (Adv. Val. 35, 1) cf. Kap. 7.2.2; zu *contemporalis* (Adv. Val. 5, 1) cf. Kap. 7.4.1; zu *delineatio* (Adv. Val. 27, 3) cf. Kap. 5.2.5.

(Adv. Val. 7, 1) *Sed Haeretici quantas supernitates supernitatum et quantas sublimitates sublimitatum in habitaculum dei sui cuiusque suspenderint, extulerint, expanderint, mirum est.*

Die obere Welt wird mit der auffälligen Fügung *supernitates supernitatum et sublimitates sublimitatum* als ein reines Konstrukt der Gnostiker bezeichnet. Das Wort *supernitas* ist hier zuerst bezeugt, findet sich aber im Gegensatz zur Darstellung Fredouilles[973] nicht nur an dieser Stelle, sondern auch noch einmal später in einem anonymen Brief (Ps-Tit., ep. l. 9 [Rev. Bén. 37, 1925, 49]), so daß seine Herkunft nicht bestimmt werden kann. Die sehr auffällige Konstruktion des Genitivs *supernitates supernitatum* erklärt Fredouille[974] mit der im Lateinischen seit Plautus beobachteten „Ausdrucksverstärkung" (Schäfer)[975] durch einen zweiten, partitiv zu verstehenden Genitiv. Doch ist diese Darstellung noch ergänzungsbedürftig. Tertullian will hier nämlich mit *supernitas supernitatum* die Ausdrucksweise der Gnostiker parodieren, die ihm in griechischer, von Semitismen beeinflußter, Sprache vorlag. Daher muß man *supernitates supernitatum* als Anspielung auf dieses Sprachmilieu interpretieren und annehmen, daß eine Formulierung wie ὁ οὐρανὸς τοῦ οὐρανοῦ (cf. Dt. 10, 14; Neh. 9, 6) bzw. entsprechende semitische Formen im Hintergrund stehen. Solche Konstruktionen sind aber als „parononmastischer Intensitätsgenitiv"[976] zu erklären, bei denen der abhängige Genitiv den im Semitischen fehlenden Superlativ vertritt. Die parodistische Wirkung liegt darin, daß *supernitates supernitatum* im Lateinischen redundant wirkt und zudem im Plural steht, der sachlich nicht angemessen ist. Diesen satirischen Ton verstärkt Tertullian durch die mit *supernitates supernitatum* verbundene Fügung *sublimitates sublimitatum* noch. Diese ist nämlich ebenfalls nicht sachgerecht, da es im System der Gnosis gar keine der Welt der Äonen entsprechend strukturierte Unterwelt gibt, deren Existenz hier suggeriert wird. Zudem nennt er die Unterwelt sonst *bythos* (Adv. Val. 7, 4). Diesen Begriff *supernitas* variiert Tertullian in Adversus Valentinianos 23, 1 mit dem aus der paganen Sprache entlehnten Ausdruck *summa summitas.* Dieses Wort bezeichnet dort die Höhe (Pallad. 10, 3; 17, 14 u. ö.; Censorinus 6, 5; 13, 1)[977], so daß es ein der Sache angemessener Ausdruck ist. Im folgenden Text (Adv. Val. 8–12) beschreibt

---

973 Fredouille, Kom. Val., 221.
974 Cf. Fredouille, Kom. Val. 221.
975 Cf. Schäfer, 128–130, der diese Stelle nicht eigens behandelt.
976 Cf. Schäfer, 128–130.
977 In der Schrift Adversus Marcionem (Adv. Marc. 1, 4, 4–5 bis) dagegen bezeichnet *summitas summitatum* den größten aller Könige in einem Vergleich zwischen Göttern und Königen.

Tertullian die Entwicklung der Pleromen und kommt in Adversus Valentinianos 11, 2 schließlich zur Emanation des Heiligen Geistes und Jesu Christi:

Munus enim his (sc. spiritui sancto et Christo) datur unum: Procurare concinnationem Aeonum, et ab eius officii societate duae scholae protinus, duae cathedrae, inauguratio quaedam dividendae doctrinae Valentini.

Tertullian leitet aus der Streitigkeit über die Bedeutung von Heiligem Geist und Christus den Grund der Spaltung der Gnostiker in eine italische und eine orientalische Schule ab.[978] Diese Teilung bezeichnet er mit dem seltenen Ausdruck *inauguratio*. Fredouille[979] hält *inauguratio*[980] für eine Neubildung Tertullians, auf die das entschuldigende *quaedam* hinweise; dem widersprächen auch die Belege bei Servius auctus (Aen. 4, 262) und Festus (p. 343, 10) nicht. Diese Erklärung ist allerdings kaum zutreffend. Denn es ist wenig wahrscheinlich, daß diese paganen Autoren *inauguratio* von Tertullian übernommen haben; auch eine unabhängige Neubildung läßt sich kaum beweisen. Zudem muß auch *quaedam* nicht unbedingt auf eine Neuprägung hinweisen. Denn entschuldigende Floskeln sind bei Neologismen sehr selten und fast nur bei obszönen Ausdrücken zu finden (cf. An. 27, 6 Kap. 7.2.2; Adv. Val. 37, 1 Kap. 4.2.1). Dort sollen sie aber nicht so sehr die Neuartigkeit entschuldigen, sondern vielmehr andeuten, daß ein Wort nicht ganz passend erscheint. Daher ist es wahrscheinlich, daß *inauguratio* bekannt ist und Tertullian mit *quaedam* andeuten will, daß dieser Ausdruck, der durch die Verbindung mit dem Verb *inaugurare*[981] die feierliche Einrichtung einer Truppe bezeichnet, hier eigentlich einen zu feierlichen Klang trägt. Nach der Vorstellung der Pleromen und Aeonen zieht Tertullian das Fazit aus dem bisher Dargestellten:

(Adv. Val. 13, 1) *Continet hic igitur ordo primus professionem pariter et nascentium et nubentium et generantium Aeonum, Sophiae ex desiderio patris periculossisimum casum, Hori oportunissimum auxilium, Enthymeseos et coniunctae Passionis expiatum, Christi et spiritus sancti paedagogatum, Aeonum tutelarem reformatum, Soteris pavoninum ornatum, Angelorum comparaticium antistatum.*

---

978 Cf. Fredouille, Kom. Val, 259; Rudolph, 348; der Grund der Spaltung lag nach
      Hipp., Ref. 6, 35, 5–7, vielmehr daran, daß eine Gruppe Christus einen pneumati-
      schen Leib schon bei der Geburt und die andere diesen ihm erst nach der Geistver-
      leihung zuschrieb.
979 Fredouille, Kom. Val., 259.
980 J. B. Hofmann, ThLL VII 2, sv., 1939, 839.
981 Cf. Liv. 1, 43, 9 *Sex item alias centurias, tribus ab Romulo institutis, sub iisdem,
      quibus inauguratae erant, nominibus fecit.*

Tertullian faßt die im Text vorher genannten Geschehnisse in einer kunstvoll gegliederten Kette aus sieben Abstrakta (*casum, auxilium, expiatum, paedagogatum, reformatum, ornatum, antistatum*) zusammen. Alle diese Wörter bilden durch die gemeinsame Endung *um* ein Homoioteleuton. Zudem sind alle Glieder der Aufzählung parallel zu den jeweils folgenden konstruiert: Die ersten zwei Abstrakta *casus* und *auxilium* haben als Ergänzung je ein Adjektiv im Superlativ und einem abhängigen Genitiv, die nächsten zwei, *expiatus* und *paedagogatus,* jeweils zwei abhängige Genitive, während von den letzten drei Ausdrücken, *reformatus, ornatus* und *antistatus,* jeweils ein Adjektiv und ein Genitiv abhängt. Diese kunstvolle Konstruktion kann Tertullian nur mit der Bildung von vier neuen Wörtern erreichen, die sich auf vorher ausführlich beschriebene Vorgänge der oberen Welt beziehen: *Expiatus* greift die Reinigung der Achamoth (Adv. Val. 9, 4;10, 4), *paedagogatus* die Zeugung weiterer Äonen[982] (Adv. Val. 8, 5; 11, 1–3), *reformatus* die Wiederherstellung der Sophia (Adv. Val. 10, 1) und *antistatus* die Entstehung der Engel (Adv. Val. 12, 5) auf. Tertullian prägt diese Ausdrücke neu, die bis auf *expiatus* Hapaxlegomena[983] bleiben, um ein Homoioteleuton bilden zu können.[984] Auch das Adjektiv *comparaticius* ist hier zuerst belegt. Es scheint hier die Bedeutung „*coemptus*" zu tragen, in der es im Codex Theodosius 7, 6, 3[985] bezeugt ist. Diese juristische Konnotation verleiht der Darstellung einen deutlich satirischen Ton, da *comparaticius* die Engel als gleichsam käuflich erworben darstellt. Im folgenden Abschnitt leitet Tertullian zum nächsten Thema über, der Entstehung der materiellen Welt, die aber nur durch kosmische Geschehnisse der geistigen Welt bedingt ist. Diese vergleicht er mit einem Spiel, das hinter dem Vorhang der Bühne des Theaters[986] stattfindet:

---

982 Die Ausdrücke mit der Bedeutung „Erziehung" bildet Tertullian besonders frei: Außer *paedagogatus* entsteht auch *eruditus* (Adv. Val. 9, 3; cf. Kap. 4.2.2) als Übersetzung von παιδευθείς und das Hapaxlegomenon *educatus* für einen Satzreim: (Res. Mort. 60, 3) *Quo renes, conscii seminum, et reliqua genitalium utriusque sexus et conceptuum stabula et uberum fontes decessuro concubitu et fetu et educatu?*

983 E. Vollmer, ThLL II, sv. antistatus, 1900. 184; H. Klepl, ThLL V 2, sv. expiatus, 1943, 1702, zählt noch einen Beleg bei Ps.-Rufin auf; E. Baer, ThLL X 1, sv. paedagogatus, 1982, 30.

984 Für jede Neubildung hätte auch ein bedeutungsgleiches Äquivalent zur Verfügung gestanden: Für *expiatus* könnte auch *expiatio* stehen (Adv. Marc. 4, 9, 7), für *paedagogatus eruditus* (Adv. Val. 9, 3) oder *educatio* (Adv. Marc. 4, 21, 1), für *reformatus* auch *reformatio* (Res. Mort. 7, 2; Adv. Marc. 4, 11, 11) und statt *antistatus* auch *praestantia* (An. 2, 6).

985 K. Wulff, ThLL III, sv., 1911, 2005.

986 Opelt, 43f.

(Adv. Val. 13, 2) *Quod superest, inquis, vos valete et plaudite! immo quod superest, inquam, vos audite et explodite! Ceterum haec intra coetum Pleromatis decucurrisse dicuntur, prima tragoediae scaena, alia autem trans siparium coturnatio est.*

Dieses zweite Schauspiel beschreibt die Neubildung *coturnatio*, die an die Schuhe der Schauspieler erinnert. Sie stellt die kosmischen Vorgänge, die zur Entstehung der Welt führen, als bloßen Tanz dar und läßt so Tertullians Ablehnung einer solchen Kosmogonie durchscheinen. *Coturnatio* fällt als Hapaxlegomenon[987] nicht nur durch seine Neuartigkeit auf, sondern überrascht auch dadurch, daß es zu den sehr seltenen von Adjektiven abgeleiteten Abstrakta mit dem Suffix[988] *tio* gehört. Auch die anderen Neubildungen in dieser Schrift sind Mittel der Polemik. So vergleicht Tertullian in Adversus Valentinianos 12, 4 die Entstehung des himmlischen Heilands mit Gestalten aus der paganen Literatur:

Eum (sc. Iesum) cognominant Soterem et Christum et Sermonem de patriciis, et omnia iam, ut ex omnium defloratione constructum: Gragulum Aesopi, Pandoram Hesiodi, Acci Patinam, Nestoris Cocetum, Miscellaneam Ptolomaei.

Diese Aufzählung der literarischen Figuren nennt er *defloratio*, das als „Blütenlese" zu verstehen ist. Dieses Wort stellt nach Fredouilles[989] Darstellung eine Neubildung Tertullians dar. Doch spricht gegen diese Einordnung, daß *defloratio* später sowohl in paganen Quellen (Subscr. Macr. V p. 629, 10) als auch bei Cassiodor (hist. 72, 5)[990] in der technischen Bedeutung „Exzerpt" belegt ist. Gerade diese Bedeutung verleiht der Glosse den zu erwartenden polemischen Ton und trifft den implizierten Vorwurf an die Gnostiker genau. Die Entstehung des irdischen Christus stellt Tertullian mit beißender Ironie dar:

(Adv. Val. 27, 1) *(...) Esse etiam Demiurgo suum Christum, filium naturalem eundemque animalem, prolatum ab ipso, promulgatum prophetis, in praepositionum quaestionibus positum, id est per virginem, non ex virgine editum, quia delatus in virginem transmeatorio potius quam generatorio more processerit, per ipsam non ex ipsa non matrem eam, sed viam passus.*

Hier folgt er seiner Vorlage (Ir., Adv. Haer. 1, 7, 2)[991] zwar in ihrem sach-

---

987 K. Wulff, ThLL IV, sv., 1908, 1086.
988 Cf. Leumann-Hofmann-Szantyr II 2. 1, 366.
989 Fredouille, Kom. Val., 266.
990 K. Simbeck, ThLL V 1., sv., 1910, 361.
991 Εἶναι δὲ τοῦτον τὸν διὰ Μαρίας διοδεύσαντα, καθάπερ ὕδωρ διὰ σωλῆνος ὁδεύει, καὶ εἰς τοῦτον διὰ τοῦ βαπτίσματος κατελθεῖν ἐκεῖνον τὸν ἀπὸ τοῦ Πληρώματος ἐκ πάντων Σωτῆρα ἐν εἴδει περιστέρας.

lichen Gehalt, fügt aber Glossen hinzu, die die Lehre der Valentinianer gegenüber der Darstellung des Irenäus ins Lächerliche ziehen. So wird aus der
Lehre, der irdische Heiland sei nur durch die Jungfrau Maria gegangen und
nicht von ihr geboren, mit der Bemerkung *in praepositionum quaestionibus
positum* zunächst eine Frage der Elementargrammatik. Danach wird diese
Vorstellung (cf. Kap. 7.1.2 Carn. Chr. 20, 1) auch inhaltlich erläutert, indem
sie mit *transmeatorio potius quam generatorio more* als eine Art Reise dargestellt wird. Die beiden Adjektive *transmeatorius* und *generatorius*, beide
als Hapaxlegomena[992] sicher Neubildungen Tertullians, karikieren durch
ihre Neuartigkeit und ihre groteske Bedeutung die gnostische Lehre. In ähnlich satirischer Weise wird Taufe und Geistverleihung an den irdischen Christus an der folgenden Textstelle, Adversus Valentinianos 27, 2, erzählt:

*Super hunc itaque Christum devolasse tunc in baptismatis sacramento
Iesum per effigiem columbae. Fuisse autem et in Christo etiam ex Achamoth
spiritalis seminis condimentum, ne marcesceret scilicet reliqua farsura.*

Im Finalsatz *ne marcesceret scilicet reliqua farsura* macht Tertullian mit
farsura aus dem Samen der Achamoth, der „körperlich-geistig" (Rudolph)[993] zu verstehen ist, ein bloßes, wertloses Füllstück, das durch den
verwandten Ausdruck *fartura* (Varro, ling. 5, 111) an tierische Eingeweide
erinnert. Dieses Wort, das Hapaxlegomenon[994] bleibt, ist also nur geprägt,
um die gnostische Lehre zu verspotten.

Auch die Achamoth wird am Anfang der Darstellung der Entstehung der
irdischen Welt in Adversus Valentinianos 14, 1 herabsetzend geschildert:

*Namque Enthymesis, sive iam Achamoth, quod abhinc scribam hoc solo
ininterpretabili nomine, ut cum vitio individuae passionis explosa est in loca
luminis aliena.*

Tertullian paraphrasiert spöttisch die Namen *Enthymesis* und *Achamoth*
miteinander und drückt seine Verachtung für die gnostische Terminologie
zudem mit dem hier zuerst belegten Adjektiv *ininterpretabilis* aus. Den herabsetzenden Ton verstärkt auch das neutrale *quod* noch, mit dem Tertullian
gegen besseres Wissen (Adv. Val. 15, 1 *ipsa Achamoth*) andeutet, daß ihm
nicht klar sei, daß Achamoth ein Femininum ist. *Ininterpretabilis*[995] findet
sich noch bei wenigen anderen Autoren in der christlichen Literatur, die aber
kaum von dieser Stelle abhängig sind, so daß ein Urteil über die Herkunft
nicht möglich ist.

---

992 G. Meyer, sv. generatorius, ThLL VI 2, sv., 1928, 1789.
993 Rudolph, 179.
994 H. Amman, ThLL V 1, sv., 1913, 287.
995 W. Ehlers, ThLL VII 1, sv., 1955, 1635.

Danach referiert Tertullian Irenäus' Darstellung der Entstehung des Meeres:

(Ir., Adv. Haer. 1, 4, 4) Ἐπειδὴ γὰρ ὁρῶ τὰ μὲν γλυκέα ὕδατα ὄντα, οἷον πηγὰς καὶ ποταμοὺς καὶ ὄμβρους καὶ τὰ τοιαῦτα, τὰ δ᾽ἐ ἐν ταῖς θαλλάσσαις ἁλμυρὰ ἐπινοῶ μὴ πάντα ἀπὸ τῶν δακρύων αὐτῆς προβεβλῆσθαι, διότι τὸ δάκρυον ἁλμυρὸν τῇ ποιότητι ὑπάρχει. Φανερὸν οὖν, ὅτι τὰ ἁλμυρὰ ὕδατα ταῦτά ἐστι τὰ ἀπὸ τῶν δακρύων.

(Adv. Val. 15, 3) *Hinc aestimandum, quem exitum duxerit, quantis lacrimarum generibus inundaverit. Habuit et salsas, habuit et amaras et dulces et calidas et frigidas guttas, et bituminosas et ferruginantes et sulphurantes utique et venenatas (...).*

Tertullian erweitert seine Vorlage, die nur die Entstehung des Meeres aus den Tränen beschreibt, zu einer Schilderung der verschiedensten Arten von Tränen, die alle Arten von Wasser hervorgebracht hätten. Um des eleganteren Ausdrucks und um einer weiteren Spitze willen bildet er für diesen Text das Adjektiv *ferruginans* neu, das Hapaxlegomenon[996] bleibt. Durch seine Neuartigkeit verleiht es dem Gedankengang eine weitere komische Note. Tertullian beendet dieses Thema schließlich mit rhetorischen Fragen und spöttischen Ausrufen:

(Adv. Val. 15, 5) *Quin laetitia eius tam splendidum elementum radiaverit mundo, cum maestitia quoque eius tam necessarium instrumentum defuderit saeculo? O risum illuminatorem! O fletum rigatorem!*

Tertullian nimmt die bildliche Ausdrucksweise der Valentinianer wörtlich und bildet daraus die beiden Bezeichnungen *illuminator* und *rigator* für Achamoth. Das novum verbum *illuminator* (zur Wortgeschichte cf. Kap. 6.1.1.5) bezieht sich auf die Entstehung des Lichts aus dem Lachen der Achamoth nach ihrer Rettung (Adv. Val. 15, 3), die Bezeichnung *rigator* auf die oben genannten Tränen. *Rigator* scheint aus der Sprache der Landwirtschaft zu stammen, da es an fast allen, allerdings ausschließlich christlichen Belegstellen den Gärtner beim Gießen beschreibt (cf. Aug., Gen. ad litt. 29, 3, 26; Paul. Nol. ep. 26, 239; Drac., laud. dei I 534). Dadurch ergibt sich ein weiterer komischer Effekt. Ebenso polemisch bezeichnet Tertullian die gnostische Vorstellung vom Paradies in Adversus Valentinianos 20, 3 als *puerilia dicibula*. *Dicibula* soll wahrscheinlich auf *dicabula* anspielen, das bei Martianus Capella (8, 809) die Geschwätzigkeit bezeichnet. Auch *dicibula* bleibt ein Hapaxlegomenon.[997]

In Adversus Valentinianos 29, 3 bespricht Tertullian die Entstehung der drei gnostischen Menschenklassen aus Kain, Abel und Seth:

---

996   H. Rubenbauer, ThLL VI 1, sv., 1915, 575.
997   A. Gudeman, ThLL V 1, 1912, 957.

Spiritalem ex Seth de obvenientia superducunt iam non naturam sed indulgentiam, ut quam Achamoth de superioribus in animas bonas depluat, id est animali censui inscriptas. Choicum enim genus, id est malas animas numquam capere salutaria; immutabilem enim et inreformabilem naturae naturam pronutiaverunt.

Den Zugang zur obersten Klasse der geistigen Menschen bezeichnet das Abstraktum *obvenientia* als Zufall, was der gnostischen Lehre[998] nicht entspricht. Diesen satirischen Ton verstärkt auch die Neuartigkeit von *obvenientia*, das eine sonst nirgendwo belegte Neuprägung[999] Tertullians ist. Das Wort ist von dem geläufigen Adjektiv *obventicius*[1000] abgeleitet. Das niedrigste Geschlecht der Menschen, das *genus choicum*, dagegen ist völlig unveränderlich. Das drückt das Hendiadyoin aus dem geläufigen Adjektiv *immutabilis* und dem neu geprägten *inreformabilis* aus. Diese Neubildung stellt das dritte Geschlecht als nicht einmal wiederherstellbar dar, was die valentinianische Lehre leicht verzerrt. Später wird *inreformabilis* noch einmal in De Resurrectione Mortuorum (5, 5) verwendet, um damit in einem Beispiel die Unveränderlichkeit des Kosmos zu bezeichnen. Da *inreformabilis* sonst nirgendwo belegt ist, dürfte es ebenfalls eine Neubildung Tertullians sein. Der Ausdruck für die Menschenklasse, *genus*, wird im folgenden Text (Adv. Val. 30, 1) variiert, indem der wahrscheinlich der Sprache der Feldmesser entlehnte Ausdruck *inscriptura*[1001] verwendet wird, um auf die Wendung *id est censui inscriptae* (*sc. animali* Adv. Val. 29, 3) anzuspielen.

Am Schluß dieser Schrift zählt Tertullian noch einmal die verschiedenen Lehren über Jesus Christus auf (Adv. Val. 39, 1–2) und kommentiert diese mit einer polemischen Schlußbemerkung:

(Adv. Val. 39, 2) *Talia ingenia superfruticant apud illos ex materni seminis redundantia. Atque ita inolescentes doctrinae Valentinianorum in silvas iam exoleverunt Gnosticorum.*

Tertullian greift in diesen Sätzen ironisch mehrere, vorher genannte Vorstellungen auf: *Redundantia materni seminis* erinnert an das Entstehen der Menschen aus der Achamoth (Adv. Val. 37, 1 u. ö.), *silvae* an die Bezeichnung der Valentininaner als *collegium frequentissimum* (Adv. Val. 1, 1)[1002], während *superfruticare* in doppelter Weise ironisch gemeint ist: Einerseits vergleicht es das Leben der Gnostiker mit dem Wachstum von Pflanzen, an-

998 Cf. Rudolph, 123.
999 Demmel, 74f, weist auf die Parallele zu *accidentia* hin.
1000 Fredouille, Kom. Val. 333; Riley, 164; Demmel, 74.
1001 W. Klug, ThLL VII 2, sv., 1958, 1850; Fredouille, Kom. Val., 336.
1002 Fredouille, Kom. Val., 360f.

dererseits spielt es auf den technischen Sinn des Simplex *fructificare/fruticare* an (cf. Kap. 4.2.1) und bezeichnet so gleichsam die Emanation der Valentinianer. Die Übertreibung verstärkt, wie Fredouille[1003] zeigt, noch das Präfix *super.* Daher ist das Hapaxlegomenon *superfruticare* als eine Augenblicksbildung Tertullians zu erklären.

7.3.2 Zusammenfassung

Tertullian stellt die Lehre der Valentinianer stets verzerrt dar und greift dabei auf Ausdrücke zurück, die durch Übertreibung oder derbe Obszönität die Gedanken seiner Gegner entstellen. Einen Teil dieser Ausdrücke sind der Umgangssprache oder den Fachsprachen entlehnt:

comparaticius, defloratio, dicibula, rigator, summitas.

Andere Neologismen sollen durch ihre Neuartigkeit beeindrucken und Tertullians Spott erkennen lassen:

antistatus, coturnatio, expiatus, farsura, generatorius, inauguratio, ininterpretabilis, inscriptura, obvenientia, paedagogatus, reformatus, rigator, supernitas, superfruticare, transmeatorius.

Ein ähnliches Ergebnis ergibt die Untersuchung der Übersetzungen in Kap. 4.2.1, wobei dort allerdings auch einige durchaus getreue Wiedergaben zu beobachten sind.

7.4   Neue Wörter in der Auseinandersetzung mit Markion

In diesem Kapitel werden die neuen Wörter behandelt, die zur Darstellung und Diskussion der markionitischen Lehre verwendet werden. Die Neologismen dagegen, mit denen Tertullian nach der Auseinandersetzung mit Markions Thesen eigene dogmatische Aussagen oder Markions Vorwürfe gegen seinen Gott und Jesus bezeichnet, sind schon in Kap. 6.1 behandelt worden.

1003 Fredouille, Kom. Val., 360.

7.4.1 Einzeluntersuchungen[1004]

Sehr ausführlich bespricht Tertullian im ersten Buch seiner Schrift Adversus Marcionem das Problem der Güte Gottes. Dabei behandelt er in Adversus Marcionem 1, 24, 2–3 die Frage, inwieweit der Gott Markions über eine vollendete Güte (*perfecta bonitas* 1, 24, 3) verfügt. Das wird mit der Bemerkung geklärt, daß nach der markionitischen Lehre alle Anhänger des Demiurgen der ewigen Verdammnis unterliegen (Adv. Marc. 1, 24, 1)[1005] und daß deshalb der Gott Markions keine vollständige Güte besäße:

(Adv. Marc. 1, 24, 2) *Pluribus (sc. Iudaeis et Christianis creatoris) vero pereuntibus, quomodo perfecta defenditur bonitas ex maiore parte cessatrix, paucis aliqua, pluribus nulla, cedens perditioni, partiaria exitii?*

Wie öfter beobachtet, kleidet Tertullian seine Widerlegung in eine auffällig stilisierte Frage. Er bildet dafür das Nomen *cessatrix* neu, das die begrenzte Wirkung dieser Güte charakterisiert. Im Vergleich zu den folgenden weiteren Bestimmungen der Güte mit dem Partizip *cedens* und dem Adjektiv *exitiarius* wirkt das *novum verbum cessatrix* weitaus auffälliger; es bildet zu diesen Eigenschaften den Oberbegriff. Diese Wirkung bezieht es aus seiner Neuartigkeit – es bleibt Hapaxlegomenon[1006] – und aus seiner Verwendung als Adjektiv.

Tertullian konstatiert aus dieser Überlegung polemisch in einem Vergleich mit seinem Gott:

(Adv. Marc. 1, 24, 3) *Quem enim iudicem tenes dispensatorem, si forte, bonitatis ostendis intellegendum, non profusorem, quod tuo deo vindicas.*

Er verleiht beiden Gottesvorstellungen mit *profusor* und *dispensator* Epitheta, die wie an vielen anderen Stellen aus nomina agentis (cf. Kap. 6.1.1.8) gebildet sind. Der geläufige Ausdruck *dispensator* bezeichnet den Schöpfergott als den klugen Herrn über den Heilsplan, während Markions Gott mit der neugebildeten Bezeichnung *profusor* zu dessen genauem Gegenteil, einem blinden Verschwender, gemacht wird. Später greift diesen Neologismus allein Augustin (serm. 126, 8; 362, 29) wieder auf, so daß *profusor* wohl eine Neubildung Tertullians ist. Die Vorstellung Markions, daß der Schöpfergott die Welt aus einer ungewordenen Materie geschaffen habe und selbst zu dieser Materie gehöre, bespricht Tertullian in Adversus

---

1004 Zu *multifarius* (Adv. Marc. 1, 4, 6) cf. Kap. 3.4.1.2; zu *transfunctorius* (Adv. Marc. 1, 27, 1) cf. Kap. 7.1.2; zu *obventicius* (Adv. Marc. 1, 22, 3; 2, 12, 3) cf. Kap. 6.1.2.1; 7.4.1; zu *rescissio* (Adv. Marc. 2, 7, 3) cf. Kap. 5.3.2.

1005 Harnack, Marcion, 178; Braun, Kom. Marc. I, 214f.

1006 B. Maurenbrecher, ThLL III, sv., 1908, 957.

Marcionem 1, 15, 4. Dabei greift er auf bereits in Adversus Hermogenem 6, 2 entwickeltes Vokabular zurück:

(Adv. Herm. 6, 2) *Erit enim et materia qualis deus, infecta, innata, initium non habens nec finem. Dicet deus: Ego primus* (Jes. 44, 19), *sed quomodo primus, cuius materia coaetanea est? Inter coaetaneos enim et contemporales ordo non est.*

(Adv. Marc. 1, 15, 4) *Dehinc si et ille mundum ex aliqua materia subiacente molitus est innata et infecta et contemporali deo, quemadmodum de creatore Marcion sentit, redigis et hoc ad maiestatem loci, qui et deum et materiam, duos deos, clusit.*

Tertullian verwendet in beiden Schriften zur Charakterisierung der ungewordenen Materie die Adjektive *innatus* und *infectus,* die schon bekannt sind (cf. Kap. 6.1.2.1), und fügt jedesmal das Adjektiv *contemporalis* hinzu, das die zeitlich parallele Existenz von Schöpfergott bzw. Demiurgen und Materie bezeichnet. Dieses Wort scheint von ihm geprägt worden zu sein. Denn einerseits erleichtert es dem Leser das Verständnis an der ersten Belegstelle durch das koordinierte bedeutungsverwandte Wort *coaetaneus,* das er in Adversus Marcionem dann ausläßt, und andererseits deuten auch die sehr wenigen späteren Belege[1007] für *contemporalis* darauf hin, daß es von Tertullian gebildet wurde. Später wird *contemporalis* zur Charakterisierung von gleichzeitig entstehenden Samen (An. 27, 4) und zu gleicher Zeit lebenden Häretikern (Adv. Val. 5, 1) gebraucht. In Adversus Marcionem 1, 25, 1–4 vergleicht Tertullian die Gottesvorstellung Markions mit der Epikurs: Beide Götter seien zunächst unbeweglich und frei von Affekten und würden sich der Welt nicht offenbaren, bis der Gott Markions auf einmal den Entschluß fasse, sich der Welt zuzuwenden. Diese Willensänderung wird höhnisch kommentiert:

(Adv. Marc. 1, 25, 4) *Ecce enim hoc ipso, quod retro quietus, qui nec notitiam sui aliquo interim opere curaverit, post tantum aevi senserit in hominis salutem, utique per voluntatem, nonne concussibilis tunc fuit novae voluntati, ut et ceteris motibus videatur obnoxius? Quae enim voluntas sine concupiscentiae stimulo est?*

Tertullian formuliert den Vorwurf, dieser Gott sei fremden Einflüssen unterworfen, mit dem Neologismus *concussibilis,* der der Vorstellung Markions diametral entgegensteht.[1008] Dieses neue Wort ist parallel zu dem bedeutungsähnlichen Ausdruck *obnoxius* konstruiert, der aber auf einer syntaktisch tieferen Ebene steht und dem Leser als Parallelismus nicht auffällt, so daß er keine Hilfe zum Verständnis sein kann. Auch die Motivation der

---

1007 E. Lommatzsch, ThLL IV, sv., 1907, 652.
1008 Cf. Meijering, 75–77.

Neubildung durch ein griechisches Vorbild wie etwa κινητικός (cf. Plut., mor. 2, 945f; Plat., Tim. 58d) ist unwahrscheinlich, weil Tertullian gerade diese Passage[1009] sicher selbständig formuliert hat. Hier hat also die Neubildung *concussibilis,* ein Hapaxlegomenon,[1010] allein die Funktion, den bedeutendsten Vorwurf gegen Markion durch ihre Neuartigkeit hervorzuheben. Dieser Gebrauch zeigt auch, daß Neubildungen mit dem Suffix *bilis* sehr leicht akzeptabel sind und nicht immer besonders motiviert sein müssen. Dafür gibt es in der Auseinandersetzung mit Markion noch eine Reihe von Beispielen.[1011] In der zweiten Frage nennt Tertullian als Ursache der Willensänderung die *concupiscentia.* Dieser Ausdruck besitzt (cf. Kap. 6.4.2) einen strafenden moralischen Unterton und verschärft damit noch die Polemik, indem er dem vorgeblich unveränderbaren Gott Markions gleich-

---

1009 Cf. Meijering, 78.

1010 A. Gudeman, ThLL IV, sv., 1906, 117.

1011 Ein weiteres Beispiel findet sich in Adversus Marcionem 2, 13, 2, wo das Hapaxlegomenon *conservabilis* für einen Satzreim gebildet wird. In diesem Text geht es um die Gerechtigkeit als Dienerin des Guten, in der auch die Furcht zur Abschreckung des Bösen ihren natürlichen Platz hat: *Nam et si commendabile (sc. bonum) per semetipsum, non tamen et conservabile, quia expugnabile iam per adversarium, nisi vis aliqua praeesset timendi, quae bonum etiam nolentes adpetere et custodire compelleret.*
In Adversus Marcionem 2, 6, 5 bildet Tertullian das Hapaxlegomenon *usurpabilis,* das nach dem Verb *usurpare* die leichte Beeinflußbarkeit der Menschen beschreibt: (Adv. Marc. 2, 6, 5) *(sc. providet deus) ut et contra malum (nam et illud utique Deus providebat) ut fortior homo praetenderet, liber scilicet, et suae potestatis, quia si careret hoc iure, ut bonum quoque non voluntate obiret sed necessitate, usurpabilis etiam malo futurus esset ex infirmitate servitii, proinde et malo sicut bono famulus.*
Eine Neubildung (nach A. Primmer, ThLL VII 2, sv., 1967, 545 nur noch in Anthologia Latina (541, 112) bezeugt) ist auch *iterabilis,* das die Konsequenzen der Ablehnung des *ius talionis* beschreibt:
(Adv. Marc. 2, 28, 2) *Sed et vester (sc. Marcionis deus) vicem prohibens iterabilem magis iniuriam facit.*
In dieser Weise zu erklären ist auch das wohl bereits geläufige Adjektiv *scibilis* – es ist bei Martianus Capella (4, 375 quater) bezeugt –, mit dem Tertullian in der Fügung *non omnibus scibilis* die eingeschränkte Wirkung der Offenbarung von Markions Gott (Adv. Marc. 5, 16, 3) beschreibt.
In ähnlicher Weise unmotiviert erscheint auch das Hapaxlegomenon *transfigurabilis,* das die wandelbare Gestalt der Engel beschreibt:
(De Carne Christi 6, 9) *Constat angelos carnem non propriam gestasse, utpote natura substantiae spiritalis, – etsi corporalis alicuius, sui tamen generis, – in carnem autem humanam transfigurabilis ad tempus, ut videri et congredi cum hominibus possent.*

sam sexuelle Begierden zuschreibt. Im weiteren Fortgang dieser Auseinandersetzung legt er mit einer komplizierten Beweisführung dar, daß Markions Gott im Kampf mit dem Teufel notwendigerweise Affekte[1012] hat:

(Adv. Marc. 1, 25, 6) *Proinde autem aemulationi occurant necesse est officiales suae in ea quae aemulatur: Ira, discordia, odium, dedignatio, indignatio, bilis, nolentia, offensa.*

Nach Demmel[1013] ist das singuläre *nolentia* von Tertullian zur Anspielung auf die im Text vorangehenden Ausdrücke *velle* (Adv. Marc. 1, 25, 4) und *voluntas* (Adv. Marc. 1, 25, 4 ter) geprägt, die die Sinnesänderungen des affektlosen markionitischen Gottes bezeichnen. Dadurch ergibt sich eine gute Verknüpfung mit der vorangehenden Argumentation.

Im zweiten Buch von Adversus Marcionem wendet Tertullian sich den Vorwürfen Markions gegen den Zorn des Schöpfergottes zu. Dieser Zorn wird damit gerechtfertigt, daß er zu einem notwendigen Bestandteil der Gerechtigkeit erklärt wird, da der Mensch der Abschreckung durch das Böse bedarf. Tertullian führt dazu in Adversus Marcionem 2, 13, 4 aus:

Quomodo innocentiae mercedem secter, si non et nocentiae spectem?

Tertullian bildet eine Antithese zwischen den beiden Kernbegriffen *nocentia* und *innocentia*, von denen *nocentia* eine Neubildung ist. Dieser Gegensatz ist aus der älteren Schrift Apologeticum, 40, 10 entlehnt, wo Tertullian mit denselben Worten[1014] über Gott als Richter und Lehrer spricht. *Nocentia* ist im Gegensatz zu Demmels[1015] Auffassung keine Neubildung um einer Antithese willen, sondern schon bekannt, da es auch in der paganen Übersetzung des Babrius 11, 12[1016] belegt ist. Dieses Thema wird auch in den folgenden Kapiteln behandelt. Dabei verdeutlicht Tertullian die Aufgabe des Richtergottes in einem Vergleich mit einem Arzt, der auch auf den ersten Blick grausam erscheinende Methoden anwenden muß:

(Adv. Marc. 2, 16, 1) *Quid enim, si medicum quidem dicas esse debere, ferramenta vero eius accuses, quod secent et inurant et amputent et constrictent?*

Die vier Verben *secare, inurere, amputare* und *constrictare* beschreiben verschiedene Operationen und Eingriffe von Ärzten. Für diese Aufzählung ist das verbum frequentativum *constrictare* neugebildet, das ein Homoiote-

---

1012 Nach Mühlenberg, passim, ist *aemulatio* der Hauptvorwurf, den Markion gegen den Schöpfergott richtete; hier dreht Tertullian den Vorwurf gleichsam um.

1013 Demmel, 54.

1014 *Dehinc, quod non inquirendo innocentiae magistrum et nocentiae iudicem et exactorem omnibus vitiis et carminibus inolevit.*

1015 Demmel, 41.

1016 Pap. Amherst. II 26 (M. Ihm, Herm. 37, 1902, 148).

leuton mit *amputare* bildet; es steht betont am Schluß des Satzes. Es entspricht demgemäß genau der medizinischen Bedeutung des zugrundeliegenden Verbs *constringere*.[1017]

Auch in der Auseinandersetzung mit dem markionitischen Apostolikon kommt Tertullian in Adversus Marcionem 5, 16, 5 auf die strafende Gerechtigkeit zurück, wenn er 2. Thess. 2, 9–12 bespricht:

Eiusdem erit veritas et salus, qui eas submissu erroris ulciscitur, id est creatoris, cui et competit zelus ipse, errore decipere, quos veritate non cepit.

Tertullian bekennt sich hier zu dem strafenden Gott, der manchmal durch einen scheinbaren Irrtum seine Gerechtigkeit walten lasse. Diesen bezeichnet die Neubildung *submissus*, die Hapaxlegomenon bleibt. Sie unterstreicht den paradoxen Gedankengang durch ihre Neuartigkeit.

In Adversus Marcionem 3, 21, 1–3, 22, 5 bespricht Tertullian die Offenbarung und Verkündigung von Markions Gott. Dort legt er zunächst eine Reihe von Messiasverheißungen aus dem Alten Testament aus, die an die Völker gerichtet sind. Markion hatte nach Tertullians Darstellung als Adressaten die jüdischen Proselyten gesehen. Dem hält Tertullian entgegen, daß diese Prophetien besonders an die Heiden gerichtet waren:

(Adv. Marc. 3, 21, 4) *Inspice enim adhuc etiam ipsum introgressum atque decursum vocationis in nationes, a novissimis diebus adeuntes ad deum creatorem, non in proselytos, quorum a primis magis diebus adlectio est. Etenim fidem istam apostoli induxerunt.*

Für ihn liegt der Beweis dafür vor allem in der Ausbreitung des Christentums, die er mit *introgressus et decursus vocationis* beschreibt. Dabei weist *introgressus et decursus* auf das folgende Verb *induxerunt* voraus und greift gleichzeitig auf das vorher genannte *revictus de nationum vocatione* (Adv. Marc. 3, 21, 1) zurück. Für diesen umfassenden Ausdruck ist das Wort *introgressus*, das Hapaxlegomenon[1018] bleibt, neugeprägt. Bei dieser Neubildung zeigt sich wie bei dem oben behandelten *submissus* und einigen anderen ähnlich gebildeten Nomina mit dem Suffix *us*, daß Neubildungen mit diesem Suffix kaum motiviert sein müssen.[1019]

Der Ursprung der markionitischen Lehre im Lukasevangelium wird in Adversus Marcionem 4, 3, 1 behandelt:

Aliud est, si penes Marcionem a discipulatu Lucae coepit religionis Christianae sacramentum.

1017 Cf. Scrib. Larg. 104; Plin., nat., 23, 165. *Constrictare* bleibt Hapaxlegomenon: H. Spelthan, ThLL IV, sv., 1907, 341.

1018 V. Schmidt, ThLL VII 2, sv., 1956, 77.

1019 Auch *ingestus* (Res. Mort. 42, 9) und *recordatus* (Res. Mort. 4, 3; Ie. 6, 3) sind ähnlich schwach motiviert.

Tertullian bezeichnet das Amt des Lukas mit dem novum verbum *discipulatus,* das auf die Schülerrolle des Lukas gegenüber Paulus anspielt. Der Ausdruck *discipulatus* ist zur Bezeichnung der Funktion der Jünger in De Praescriptione Haereticorum 22, 3 geprägt worden. Er erinnert an andere christliche und pagane Amtsbezeichnungen wie *episcopatus* (Bapt. 17, 2) und *consulatus.* Weil *discipulatus* in diesem Sinne auch später[1020] verwendet wird, kann es durchaus eine Prägung des Tertullian sein.

In Adversus Marcionem 4, 5, 1–3 wird gezeigt, daß die markionitische Kirche isoliert neben den paulinischen und den johanneischen Gemeinden keine Bedeutung habe:

(Adv. Marc. 4, 5, 2) *Dico itaque apud illas (sc. alumnas Iohannis ecclesias), nec solas iam apostolicas, sed apud universas, quae illis de societate sacramenti confoederantur, id evangelium Lucae ab initio editionis suae stare, quod cum maxime tuemur, Marcionis vero plerisque nec notum.*

Tertullian betont die Verbindung der christlichen Gemeinden untereinander durch das anschauliche Verb *confoederare.* Dieses Wort dürfte schon bekannt gewesen sein, da es in einem sehr weiten Bedeutungsspektrum[1021] verwendet wird. Zudem findet es sich auch in der frühen, an die Heiden gerichteten Schrift Apologeticum 2, 7, wo es keinen Hinweis für eine Neubildung gibt. Die Gebräuche der markionitischen Kirche behandelt Tertullian in seiner Schrift nur selten. Nur auf deren Eheverbot wird mehrfach angespielt, wobei es an den meisten Stellen den Anlaß zu einer weitergehenden Polemik liefert (cf. Kap. 7.1.1). Auf die markionitischen Vorstellungen von der Taufe geht er in Adversus Marcionem 1, 14, 3 ausführlich ein:

Sed ille quidem (sc. Marcion) usque nunc nec aquam reprobavit creatoris, qua suos abluit, nec oleum, quo suos ungit, nec mellis et lactis societatem, qua suos infantat, nec panem, quo ipsum corpus suum repraesentat, etiam in sacramentis propriis egens mendicitatibus creatoris.

Tertullian kritisiert hier Markions Praxis der Sakramente, die völlig von den Gaben des bekämpften Schöpfergottes abhing.[1022] Schwierig zu bestimmen ist hier vor allem die Bedeutung des Ausdruckes *infantare,* den Bulhart im Thesaurus[1023] mit „infantili cibo pascere" umschreibt. Doch dürfte diese Interpretation nicht zutreffen. Mit *infantare* ist nämlich der altkirchliche und markionitische Brauch[1024] gemeint, die Täuflinge mit Milch und Honig zu speisen, um ihnen einen Vorgeschmack auf das kommende

---

1020 A. Gudeman, ThLL V 1, sv., 1914, 1327; cf. Mohrmann II, 239.
1021 F. Burger, ThLL IV, sv., 1906, 246.
1022 Braun, Kom. Marc. I, 164f.
1023 V. Bulhart, ThLL VII 1, sv., 1951, 1552.
1024 Braun, Kom. Marc. I, 164.

Reich Gottes zu geben. Dabei werden sie nach Hippolyt (trad. apost. 21)[1025] symbolisch zu Kindern gemacht. Daher dürfte *infantare* eher in dem Sinne von „symbolisch zu Kindern machen" zu verstehen zu sein. Da dieser Brauch aber zu Beginn des dritten Jahrhunderts in der Großkirche schon ausgestorben ist,[1026] besteht kaum Notwendigkeit, das Verb *infantare* weiterhin zu verwenden, so daß es Hapaxlegomenon[1027] bleibt.

7.4.2 Zusammenfassung

Die markionitische Lehre stellt Tertullian wie die gnostische meistens verzerrt dar. Wie in den in Kap. 6.1 behandelten christologischen Diskussionen verwendet er einige Nomina agentis mit dem Suffix *tor*, die Markions Gott und Christus bezeichnen:

destructor, depretiator, derogator, illusor, profusor.

Für die Darstellung der Gotteslehre Markions greift er vor allem auf neugebildete und ungewöhnliche Adjektive zurück, die dessen Eigenschaften beschreiben und karikieren:

cessatrix, concussibilis, conservabilis, iterabilis, scibilis, usurpabilis.

Mit einigen neuen Wörtern greift er Markions Gott direkt an:

concupiscientia, constrictare, dimidiatio, nocentia, nolentia.

Mit *discipulatus* und *infantare* stellt er weitere Aspekte der markionitischen Lehre dar.

1025 (Trad. apost. 21 versio L) *Lac et melle mixta simul ad plenitudinem promissionis quae ad patres fuit, quam dixit terram fluentem lac et mel, qua[m] et dedit carnem suam Christus, per quam sicut parvuli nutriuntur qui credunt in suavitate verbi amara cordis dulcia efficiens.* Eine ähnliche Darstellung findet sich in Concilium Carthaginense a. 397, canon 23 b.

1026 Dekkers, 206f.

1027 V. Bulhart, ThLL VII 1, sv., 1951, 1552.

8. Zusammenfassung und Wertung

Abschließend werden die Ergebnisse der Untersuchung zusammengefaßt. Zudem wird die Bedeutung der neuen Wörter für den Stil Tertullians und ihre Wirkung auf die späteren christlichen Autoren skizziert.[1028]

8.1 Tertullian als erster Zeuge und als Schöpfer neuer Wörter

Tertullian hat die zuerst bei ihm bezeugten neuen Wörter nur zu einem Teil selbst geprägt. Eine große Zahl war bereits bekannt. Dieser Befund ist bei einem Autor einer Korpussprache nicht verwunderlich: Dennoch bleibt aber die große Zahl der Erstbelege auffällig. Doch zeigt sich im Lauf der Untersuchung, daß auch viele bereits bekannte Ausdrücke aus einem bestimmten Stilwollen heraus gewählt sind. Dabei lassen sich oft ähnliche Gründe für die Wahl dieser Ausdrücke wie für die Bildung neuer Wörter feststellen.

8.2 Gründe für die Bildung neuer Wörter

Die Gründe für die Bildung neuer Wörter liegen in mehreren Bereichen, wobei formale und semantische Motive nebeneinander existieren:
(1) Neue Wörter werden für Wortfiguren wie Alliterationen und Homoioteleuta gebildet. Einige wenige werden auch für Wortspiele geprägt.
(2) Nicht wenige Neubildungen sind durch das Phänomen der Wiederaufnahme zu erklären. Dabei ist zwischen den „Namen für Satzinhalte" und der selteneren Wiederaufnahme von Adjektiven zu unterscheiden.
(3) Viele Wörter werden zur Übersetzung griechischer Ausdrücke aus geschlossenen Texten gebildet. Dabei gibt es etymologisch genaue Nachbildungen und freie Umschreibungen, die manchmal ein ganzes Kolon wie-dergeben.
(4) Eine Reihe von Ausdrücken bezeichnet Gegenstände des christlichen Denkens, für die es vorher keine akzeptablen lateinischen Äquivalente gab. Meist liegen dabei griechische Termini zugrunde.
(5) Mit einigen Neubildungen werden pagane oder häretische Termini nachgebildet.

1028 Für einige Neubildungen konnte keine befriedigende Erklärung gefunden werden. Dabei handelt es sich um *corresupinare* (An. 48, 2), *capillago* (An. 51, 3), *exsuccidus* (An. 51, 3), *nidorosus* (Adv. Marc. 5, 5, 10) und *obventus* (An. 41, 1).

(6) Einige Abstrakta prägt Tertullian, um semantische Lücken des Lateinischen zu schließen. Dabei handelt es sich fast immer um Ausdrücke, die die Diskussion fremder Lehren und Zitate betreffen.

(7) Einige weitere Wörter entstehen um polemischer Spitzen oder um obszöner Formulierungen willen.

Diese Gründe sind natürlich nicht alle gleichwertig. Sie spiegeln vielmehr die oft miteinander verknüpften formalen und inhaltlichen Motive für die Bildung neuer Ausdrücke wider. Exemplarisch ist dabei das Streben nach Klangeffekten zu nennen, das sich häufig mit der Suche nach einem besonders treffenden Ausdruck überlagert. Die neuen Wörter werden in der Regel durch Derivation meist bekannter Wörter mit produktiven Präfixen und Suffixen gebildet. Daher sind die so entstandenen Neologismen im Sprachsystem akzeptabel und dem Leser meist leicht verständlich. Besonders produktiv sind Suffixe wie *tor, trix, tio* und *us* bei Substantiven, *orius* und *bilis* bei Adjektiven, während bei Verben keine Suffixe oder Präfixe besonders häufig auftreten. Nur in wenigen Ausnahmefällen finden sich Suffixe, die in der Spätantike ungebräuchlich sind. Zudem verzichtet Tertullian weitgehend auf die Bildung von Kompositionen und Diminutiva. Die wenigen Ausnahmen lassen sich in beiden Fällen entweder durch Wortspiele oder durch griechische Vorlagen erklären.

8.3   Entlehnung bekannter Wörter

Die bereits bekannten Wörter werden lassen sich, soweit ihr Ursprung eindeutig zu bestimmen ist, nach ihrer Herkunft und Funktion gliedern:

(1) Die aus der Rechtssprache entlehnten Ausdrücke finden sich in allen Arten von Texten. Sie fassen Bibelzitate zusammen, geben dogmatische Termini wieder und stempeln in polemischen Passagen Gegner zu Verbrechern. Sie sind selbst in Bibelübersetzungen bezeugt.

(2) Aus der Grammatik und Rhetorik stammende Wörter treten vor allem in der Exegese, aber auch in dogmatischen Texten auf, wo sie als Abstrakta wegen ihrer genauen Begrifflichkeit wertvoll sind.

(3) Fachausdrücke aus der Medizin finden sich meist in Auslegungen von Bibelzitaten und Darlegungen der Inkarnation. Durch ihre sehr konkrete Bedeutung überraschen sie den Leser bisweilen geradezu.

(4) Die Wörter, die der Sprache der Landwirtschaft entnommen sind, werden ähnlich wie die Ausdrücke der Medizin gebraucht. Darüber hinaus sind sie auch in polemischen Spitzen und selbst in Bibelübersetzungen verbreitet.

(5) Ausdrücke der philosophischen Fachsprache kommen in dogmatischen Diskussionen und Auseinandersetzungen mit paganen und häretischen Lehren vor. Sie fehlen aber fast völlig in Bibelexegese und Bibelübersetzung.

(6) Auch aus der altlateinischen Bibelübersetzung übernimmt Tertullian viele Wörter in eigenen Übersetzungen und dogmatischen Überlegungen.

(7) Von den unter (6) genannten Ausdrücken zu unterscheiden sind Ausdrücke, die von der frühen lateinischen Christen geprägt sind. Diese betreffen meist Gegenstände der christlichen Lehre und des christlichen Lebens.

(8) Wörter aus der gesprochenen Sprache finden sich in allen Arten von Texten. Sie fallen vor allem durch ihre Anschaulichkeit auf.

Tertullian greift also auf viele Schichten der Sprache zurück. Er verzichtet aber fast vollständig auf poetische Ausdrücke und verwendet keine Wörter aus der Sprache des paganen Kults, des Militärs, des Handels und der Schiffahrt. Doch ist dies kein Zeichen von Purismus, sondern vielmehr durch die behandelten Themen bedingt. Auffällig ist dagegen die Wortwahl im Kontext der Bibel: Hier sind Wörter aus allen Fachsprachen und der gesprochenen Sprache außer philosophischen Fachausdrücken akzeptabel.

8.4   Die Bedeutung der neuen Wörter für den Stil Tertullians

Die neuen und ungewöhnlichen Wörter sind ein konstitutives Element für den Sprachstil Tertullians. Im Bereich des *ornatus* bilden sie vielfältige Wortfiguren, ermöglichen überraschende Pointen und raffinierte Satzgebilde mit kunstvoll parallelisierten Kola. Durch sie gelingen oft elegante und eindrucksvolle Formulierungen. Nur dann wirkt die Wortwahl gekünstelt, wenn Wörter ausschließlich wegen rhythmischer Effekte gebildet werden und der Inhalt der formalen Gestaltung untergeordnet ist. Doch finden sich solche Passagen nur sehr selten. Auf dem Gebiet der Semantik führt der Gebrauch der neuen und ungewöhnlichen Wörter dazu, daß beinahe immer ein der Sache angemessener Ausdruck zur Verfügung steht. Gerade dabei sind die Fachausdrücke besonders wertvoll. In den Übersetzungen von biblischen und gnostischen Texten zeigen die Neubildungen einen doppelten Charakter: Einige sind Folge einer um sklavische Genauigkeit bemühten Übersetzungsweise, während andere im Vergleich zu späteren Versuchen die bei weitem eleganteste Lösung darstellen.

Tertullians Wortwahl wird also vom Streben nach klanglich akzentuierter Ausdrucksweise, der Suche nach einem adäquaten und zugleich pointierten

Wort und dem Versuch, durch einen ungewohnten Ausdruck einer Aussage ein besonderes Gewicht zu geben, geprägt. Gemessen an den Vorschriften der klassischen Rhetorik fällt Tertullians Verzicht auf die entschuldigenden Floskeln auf, die dort dem Redner empfohlen werden. Auch das zeigt seine große Freizügigkeit im Gebrauch von Neologismen. Zudem greift er seine Neubildungen, wenn er sie einmal geprägt hat, immer wieder wie geläufige Wörter auf, während Cicero beispielsweise neue Wörter nur sehr selten mehrfach verwendet. Bemerkenswert ist aber Tertullians Purismus, auf poetische Ausdrücke fast völlig zu verzichten. So unterscheidet sich seine Wortwahl nicht nur völlig von der klassischen Tradition, sondern auch von seinem älteren Zeitgenossen Apuleius, der – sicher auch durch die literarischen Gattungen seines Werks bedingt –, auch viele poetische Wörter verwendet.

8.5 Tertullians Nachwirkung als Sprachschöpfer

Die Wirkung der Neubildungen Tertullians bleibt gering. Viele der für den *ornatus* gebildeten Wörter bleiben Hapaxlegomena und tragen den Charakter von Augenblicksbildungen. Das gilt auch für die Wörter, die aus semantischen Gründen geprägt werden. Von ihnen werden nur sehr wenige zu geläufigen Ausdrücken der römischen Christen. Die meisten der Neubildungen, die überhaupt rezipiert werden, finden sich bei Augustin und Hieronymus, deren intensive Tertullianlektüre bekannt[1029] ist. Für diese geringe Wirkung gibt es mehrere Gründe: Tertullian ist als Ketzer zum Teil verfemt, sein Stil und seine Gedankenführung bleiben dem Rezipienten dunkel. Zudem haben die römischen Christen, wie gerade Tertullians Wortwahl in dogmatischen Texten deutlich macht, am Anfang des dritten Jahrhunderts eine gewisse Terminologie für das christliche Denken schon entwickelt, die Grundlage des Kirchenlateins wird. Tertullian stellt daher nicht den Schöpfer der Kirchensprache dar, zu dem ihn Harnack (cf. Kap. 1.2) gemacht hat, sondern ist der erste Zeuge christlicher lateinischer Literatur. Seine Neubildungen sind Element seines Individualstils, der kaum Nachahmer finden konnte.

1029 Von Albrecht II, 1228.

9. Literaturverzeichnis

9.1 Textausgaben und Kommentare

9.1.1 Tertullian

Q. S. F. Tertullianus, quae supersunt omnia. Ed. F. Oehler, Tomus II continens libros polemicos et dogmaticos. Leipzig 1854

ders. Opera catholica. Edd. E. Kroymann et al. Adversus Marcionem. Corpus Christianorum Series Latina. Pars 1. Turnholt 1954

ders., Opera montanistica. Edd. E. Kroymann et al. Corpus Christianorum Series Latina. Pars. 2. Turnholt 1954

ders., Opera. Edidit Nicolaus Rigaltius. Paris ³1634

ders., De Anima. Edition with Introduction and Commentary by J. H. Waszink. Amsterdam 1947

ders., De Baptismo. Introduction, Translation and Commentary by E. Evans. London 1964

ders., De Carne Christi. Introduction, Texte critique et Traduction par J.-P. Mattei. Sources Chrétiennes 216. Paris 1975

ders., De Carne Christi. Commentaire et Index par J.-P. Mattei. Sources Chrétiennes 217. Paris 1975

ders., Adversus Hermogenem. Translated and annotated by J. H. Waszink. Ancient Christian Writers 24. Westminster / Ma. 1956

ders., Adversus Marcionem, ed. C. Moreschini. Testi e documenti per lo studio dell' antichita XXXV. Milano 1971

ders., Adversus Marcionem. Books 1 to 3. Edition and Translation by E. Evans. Oxford 1972

ders., Adversus Marcionem. Books 4 and 5. Edition and Translation by E. Evans. Oxford 1972

ders., Contre Marcion, Livre I, Introduction, Texte critique, Traduction et Notes par R. Braun. Sources Chrétiennes 365. Paris 1990

ders., Contre Marcion, Livre II, Introduction, Texte critique, Traduction et Notes par R. Braun. Sources Chrétiennes 368. Paris 1991

ders., Contre Marcion, Livre III, Introduction, Texte critique, Traduction et Notes par R. Braun. Sources Chrétiennes 399. Paris 1993

ders., Ad Nationes. Le premier livre Ad nationes de Tertullien. Introduction, texte et commentaire par A. Schneider. Rome 1968

ders., De Pudicitia. Translated and annotated by W. Le Saint. London 1959

ders., De Resurrectione Mortuorum. Treatise on the Resurrection. The Text edited with an Introduction, Translation, Commentary and Notes by E. Evans. London 1960

ders., Adversus Praxeam. Tertullian's Treatise against Praxeam. The Text edited with an Introduction, Translation and Commentary by E. Evans. London 1948

ders., Adversus Valentinianos. Introduction, Texte critique et Traduction par R. Fredouille. Sources Chrétiennes 280. Paris 1987

ders., Adversus Valentinianos. Commentaire et Notes par R. Fredouille. Sources Chrétiennes 281. Paris 1987

ders., Adversus Valentinianos. Text, translation and commentary by M. Th. Riley. Diss. Stanford 1971

9.1.2 Itala und Vetus Latina

Itala, Das Neue Testament in altlateinischer Überlieferung. Nach den Handschriften zum Druck hg. von A. Jülicher, zum Druck besorgt v. W. Matzkow. Band I: Matthäus. Berlin 1938. Band II: Markus. Berlin 1940. Band III: Lukas. Berlin 1954 (zit. als Jülicher, Matthäus, usf.)

Vetus Latina, Die Reste der altlateinischen Bibel: Genesis. Bd. 1. Hg. v. B. Fischer. Freiburg 1950

dass., Isaias. Bd. 12. Hg. v. R. Gryson. Freiburg 1987 ff

dass., Epistula ad Ephesios. Bd. 24/1. Hg. v. H. J. Frede. Freiburg 1962–64

dass., Epistulae ad Philippienses et Colosses. Bd. 24/2. Hg. v. H. J. Frede. Freiburg 1966–71

dass., Epistulae ad Thessalonices, Timotheum, Titum, Philemonem, Hebraeos. Bd. 25/1. Hg. v. H. J. Frede. Freiburg 1975–82

dass., Epistula ad Ephesos. Bd. 25/2. Hg. v. H. J. Frede. Freiburg 1962–64

dass., Epistulae Catholicae. Bd. 26/1. Hg. v. W. Thiele. Freiburg 1965–69

9.1.3 Griechische Bibel

Novum Testamentum Graece, ad antiquissimos testes denuo recensuit delectuque critico ac prolegomenis instruxit C v. Tischendorf. Editio Minor. Leipzig 1877

dass., In: Die Schriften des Neuen Testamentes in ihrer ältesten erreichbaren Textgestalt hergestellt auf Grund ihrer Textgeschichte von H. v. Soden. II. Teil: Text mit Apparat nebst Ergänzungen zum Teil I. Göttingen 1913

dass., post Eberhard et Erwin Nestle communiter ediderunt B. et K. Aland et alii. Apparatum criticum elaboraverunt B. et K. Aland et alii. Münster 1994

Septuaginta, Vetus Testamentum Graecum, auctoritate Societatis Litterarum Gottingensis editum. Vol. I. Genesis. Ed. J. W. Wevers. Göttingen 1974

dass., Vol. II, 1. Exodus. Ed. J. W. Wevers adiuvante U. Quast. Göttingen 1991

dass., Vol. III, 2. Deuteronimum. Ed. J. W. Wevers adiuvante U. Quast. Göttingen 1977

dass., Vol. X. Psalmi cum odis. Ed. A. Rahlfs. Göttingen 1931

dass., Vol. XIII. Duodecim Prophetae. Ed. J. Ziegler. Göttingen 1943

dass., Vol. XIV. Isaias. Ed. J. Ziegler. Göttingen 1939

dass., Vol. XVI pars 1. Ezechiel. Ed. J. Ziegler. Göttingen 1952

dass., Vol. XVI. pars 2. Susanna, Bel et Draco. Ed. J. Ziegler. Göttingen 1954

9.1.4 Sonstige Autoren

D. Magnus Ausonius, The works of Ausonius, edited with an Introduction and Commentary by R. P. H. Green. Oxford 1991

M. Tullius Cicero, De natura deorum. A Commentary by A. D. Pease. Cambridge/ Mass. 1955

M. Tulli Ciceronis Brutus. Ed. with Commentary by A. E. Douglas. Oxford 1966

M. Cornelius Fronto, Epistulae. Schedis tam editis quam ineditis Edmundi Hauleri usus iterum edidit M. P. J. van den Hout. Leipzig 1988

T. Lucreti Cari de rerum natura libri sex. Ed. whith introduction and commentary by W. E. Leonard, St. B. Smith. Madison-Milwaukee-London ⁵1968

Irenäus, contre les Hérésies. Livre I. Edition critique par A. Rousseau et L. Doutreleau. Tome I. Introduction, Notes Justicatives, Tables. Sources Chrétiennes 263. Paris 1979

ders., contre les Hérésies. Livre I. Edition critique par A. Rousseau et L. Doutreleau. Tome II. Texte et Traduction. Sources Chrétiennes 264. Paris 1979

Stoicorum veterum Fragmenta, collegit H. v. Arnim. Vol. I–IV. Leipzig 1903–24 (zit. als SVF)

Tatianus <Syrus>, Oratio ad Graecos. Ed. by M. Marchovich. Patristische Texte und Studien; Bd. 43/44 Berlin-New York 1995

Varro, M. Terentius, Antiquitates rerum divinarum. Teil I. Die Fragmente. Hg. v. B. Cardauns Abhdlg. der Geistes- und sozialwissenschaftlichen Klasse. Akad. der Wiss. zu Mainz. Wiesbaden 1976

ders., Antiquitates rerum divinarum. Teil II. Kommentar. Abhdlg. der Geistes- und sozialwissenschaftlichen Klasse. Akad. der Wiss. zu Mainz. Wiesbaden 1976

9.2 Sekundärliteratur

Aalders G. J. D., Tertullianus' citaten uit de Evangelien en de oudlatinijnsche Bibelvertalingen. Diss. Amsterdam 1932

ders., Tertullian's Quotations from St. Luke. Mnemosyne S. III, 5, 1937. 241-282

Albrecht, M. v., Geschichte der römischen Literatur. Band 2. München 21994

André, J., Sur une anomalie dans la constitution d'un calque lexicographique. Revue des Études Latines 37, 1959, 102–104

Bader, F., Le conflit entre *in* préverbe et *in* privatif. Revue des Études Latines 38, 1961, 121–125

Baecklund, P. S., Die lateinischen Bildungen auf -fex und -ficus. Diss. Uppsala 1914

Backer, E. de, Sacramentum. Le Mot et l'idee représentée par lui dans les oeuvres de Tertullien. Université de Louvain. Recueil de Travaux publiés par les Membres des Conférences d'Histoire et de Philologie. Louvain 1911

Barnes, Th. D., Tertullian. A Historical and Literary Study. Oxford 1984

Bartelink, G. J. M, Augustin und die lateinische Umgangssprache. Mnemosyne N. F. 35, 1982, 283–289

Barwick, K., Quintilians Stellung zum Problem sprachlicher Neuschöpfungen. Philologus 91 N. F. 45, 1936, 89–113

Bauer, J. B., Apponiana. Σφαῖρος. Festschrift Hans Schwabl. Wiener Studien 108, 1994, 523–533 (zit. als Bauer, Apponiana)

ders., Vexierzitate. Grazer Beiträge 11, 1984, 209–281 (zit. als Bauer, Vexierzitate)

Becker, C., Tertullians Apologeticum. Werden und Leistung. München 1954

Bernhard, M., Der Stil des Apuleius. Ein Beitrag zur Geschichte des Spätlateins. Diss. Tübingen 1925. Nachdruck Amsterdam 1967

Bill, A., Zur Erklärung und Textkritik des ersten Buches Tertullians „Adversus Marcionem". Texte und Untersuchungen zur Geschichte der altchristlichen Literatur, hg. v. A. v. Harnack u. C. Schmidt. 3. Reihe 2. Band Heft 2. 38. Band Heft 2. Leipzig 1911

Billen, A. V., The old Latin Texts of the Heptateuch. Cambridge 1927

Blondheim, S., Les parlers judeo-romains et la vetus latina. Étude sur les rapports entre les traductions bibliques en langue romane des juifs du Moyen Age et les anciennes versions. Paris 1925

Braun, R., Deus Christianorum. Recherches sur le Vocabulaire Doctrinal de Tertullien. Paris [2]1977 (zit. als Braun)

ders., Chronologica Tertullianea. Le De Carne Christi et le De Idololatria. Annales de la faculté des Lettres et Sciences humaines de Nice 21, 1967, 271–281 (zit. als Braun, Chron. Tert.)

Breitmeyer, J., Le suffixe latin -ivus. Thèse. Genève 1933

Bruno, P., Verba vel novitate vel coniunctione facta apud Ciceronem. Latinitas 2, 1954, 274–282, 278–280

Burkitt, F. C., The old Latin and the Itala. Texts and Studies 4, 3. Cambridge 1896

Callebat, L., La prose d'Apulée dans la de magia. Eléments d'interprétation. Wiener Studien N. F. 18, 1985, 143–167

Cantalamessa, R., La Cristologia di Tertulliano. Fribourg 1962

Capelle, B., Le texte du psautier latin en Afrique. Collectanea Biblica Latina 4. Rome 1914

Clabeaux, J. J., A lost Edition of the Letters of Paul. A Reassesment of the Text of the Pauline attested by Marcion. The Catholic Biblical Quarterly Monograph Series 21. Washington 1989

Classen, C. J., Der Stil des Tertullian. Beobachtungen zum Apologeticum. Voces 3, 1992, 93–108

Clavel, V., De M. T. Cicerone Graecorum interprete. Accedunt cum M. T. Ciceronis interpretationibus et Ciceronianum Lexicon Graeco-Latinum. Thesis Latina. Paris 1868

Cooper, F. T., Word Formation in the Roman sermo plebeius. New York 1895. Nachdruck Hildesheim 1975

Cousin, J., Études sur Quintilien. Tome I. Contribution à la recherche des sources de l'institution oratoire. Paris 1936

Cuendet, G., Cicéron et Saint Jérôme traducteurs. Revue des Études Latines 11, 1933, 380–400

D'Ghellinck, J., Latin Chretién ou langue latine des Chretiéns. Les Études Classiques 8, 1939, 449–478

Dahlmann, H., Caesars Schrift über die Analogie. Rheinisches Museum 84, 1935, 258–275

Demmel, F. A., Die Neubildungen auf -antia und -entia bei Tertullian. Eine sprachge-
    schichtliche Untersuchung. Diss. Zürich 1944. Immensee 1944

Dekkers, E., Tertullianus en de geschiedenis der liturgie. Brussel 1947

Dihle, A., Analogie und Attizismus. Hermes 85, 1957, 170–205

Doelger, F. J., Der Heiland. Antike und Christentum. Kultur- und religionsgeschichtliche-
    Studien 6, 1954, 241–272

Drexler, H., Parerga Caesariana. Hermes 70, 1935, 203–234

Engelbrecht, A., Lexikalisches und Biblisches aus Tertullian. Wiener Studien 27, 1905,
    62–74 (zit. als Engelbrecht, Lexik. aus Tert.)

ders., Neue lexikalische und semasiologische Beiträge aus Tertullian. Wiener Studien 28,
    1906, 142–159 (zit. als Engelbrecht, Neue lex. Beitr.)

Fischer, B., Das Neue Testament in lateinischer Sprache. In: ders., Beiträge zur Ge-
    schichte der lateinischen Bibeltexte. Vetus Latina. Aus der Geschichte der lateini-
    schen Bibel. Bd. 12. Freiburg 1986 (zuerst 1972; zit. als Fischer, Neues Testament)

Fontaine, J., Sur un titre de Satan chez Tertullien: Diabolus interpolator. In: Studi in onore
    di Alberto Pincherle. Studi e Materiali di Storia delle Religioni. 38, 1967, 197–216

Frede, H. J., Altlateinische Paulushandschriften. Vetus Latina. Aus der Geschichte der la-
    teinischen Bibel Bd. 4. Freiburg 1964. (zit als Frede, Paulushandschriften)

Freundlich, R., Verbalsubstantive als Namen für Satzinhalte bei Thukydides. Ein Beitrag
    zu einer Grammatik der Nominalisierung im Griechischen. Frankfurt 1987

Fries, C., Untersuchungen zu Ciceros Timaeus. Rheinisches Museum 54, 1899, 555–592

Geest., J. E. L. van der, Le Christ et l'Ancien Testament chez Tertullien. Latinitas Chri-
    stianorum Primaeva 22. Nimwegen 1967

Glaue, P., Die Vorlesung der Heiligen Schrift bei Tertullian. Zeitschrift für Neutestament-
    liche Wissenschaft 23, 1924, 141–152

Gombet, D. G., Cicero in the Works of Seneca philosophus. Transactions of the American
    Philological Association 101, 1970, 171–193

Grimal, P., Sénèque ou la conscience de l'empire. Paris 1978

Hahn, F., Christologische Hoheitstitel: Ihre Geschichte im frühen Christentum. (zugleich
    Diss. Heidelberg 1961 u. d. Tit. Anfänge christologischer Traditionen). Göttingen
    [5]1995

Harnack, A. v., Marcion. Das Evangelium vom fremden Gott. Texte und Untersuchungen
    45. Leipzig 1924 (zit. als Harnack, Marcion)

ders., Lehrbuch der Dogmengeschichte. Bd. 1. Tübingen [4]1924 (zit. als Harnack, Dogm.)

Hartung, H. J., Ciceros Methode bei der Übersetzung philosophischer Termini. Diss.
    Hamburg 1970

Hauschild, G., Die Grundsätze und Mittel der Sprachbildung bei Tertullian. Progr. Leipzig
    1876

ders., Die Grundsätze und Mittel der Sprachbildung bei Tertullian II. Progr. Leipzig 1881

Higgins, A. J. B., The latin Text of Luke in Marcion and Tertullian. Vigiliae Christianae 5,
    1951, 1–42

Hilberath, B. J., Der Personenbegriff der Trinitätstheologie in Rückfrage von Karl Rahner
    zu Tertullians „Adversus Praxean". Innsbrucker theologische Studien 17. Innsbruck-
    Wien 1986

Hiltbrunner, O., Der Schluß von Tertullian's Schrift Adversus Marcionem. Vigiliae Chri-
    stianae 10, 1956, 215–228

Hofmann, J. B., Lateinische Umgangssprache. Heidelberg ⁴1974

Hoppe, H., De sermone Tertullianeo. Diss. Leipzig 1897 (zit. als Hoppe, serm.)

ders., Syntax und Stil des Tertullian. Leipzig 1903 (zit. als Hoppe, synt.)

ders., Beiträge zur Sprache und Kritik Tertullians. Skrifta utgivn av Vetenskapssocieteten. I Lund 14. Lund 1932 (zit. als Hoppe, Sprache)

Hyart, Ch., Compte rendu sur Marache, mots nouveaux. Latomus 16, 1957, 737f

Jones, D. M., Cicero as a Translator. Bulletin of the Institute of Classical Studies 6, 1959, 22–35

Kedar, B., The Latin Translation. In: Compendia Rerum Iudaicarum ad Novum Testamentum. Vol. II. 1. Mikra. Text, Translation and Interpretation of the hebrew Bible. Ed by M. J. Mulder. Assen-Maastricht-Philadelphia 1988, 299–335

Kennedy, G., Quintilian. Twayne's World Authors Series. Vol. 59. New York 1969

Koch, D.-A., Die Schrift als Zeuge des Evangeliums. Untersuchungen zur Verwendung und zum Verständnis der Schrift bei Paulus. Beiträge zur historischen Theologie 69. Tübingen 1986

Koffmane, G., Geschichte des Kirchenlateins. Breslau 1879

Koziol, H., Der Stil des L. Apuleius. Ein Beitrag zur Kenntnis des sogenannten afrikanischen Lateins. Wien 1872. Nachdruck Hildesheim 1988

Kuhoff, W., Herrschertum und Reichskrise. Die Regierungszeit der römischen Kaiser Valerianus und Gallienus (253-268 n. Chr.). Kl. Hefte der Münzsammlung an der Ruhr-Universität-Bochum Nr. 4/5. Bochum 1979

Labhardt, A., Investigabilis = ἀνεξιχνίαστος. In: Hommages à Max Niedermann, hg. v. G. Redard. Collection Latomus 23. Bruxelles 1956

Labriolle, P., Tertullien a-t-il connu une version latine de la bible? Bulletin d'ancienne littérature et d'archéologie chrétienne 4, 1914, 210–213

ders., Histoire de la Littérature Latine Chrétienne. Troisième Edition revue et augmentée par G. Bardy. Paris ²1947 (zit. als Labriolle, Histoire)

Lagrange, M.-J., L'Evangile selon Saint Jean. Paris ⁵1936

Langlois, P., Les Formations en -bundus. Index et Commentaire. Revue des Études Latines 39, 1962, 117–134

Laurand, L., Études sur le style des discours de Cicéron. Vol I. Paris 1936

Lebek, W. D., Theorie des Archaismus; Hermes 97, 1969, 57–79 (zit. als Lebek, Theorie)

ders., Verba prisca. Die Anfänge des Archaisierens in der lateinischen Beredsamkeit und Geschichtsschreibung. Diss. Köln 1964. Göttingen 1970 (zit. als Lebek, Anfänge)

Leeman, A. D., Orationis Ratio. The stylistic Theory and Practice of Roman Orators, Historicans and Philosophers. Vol. I. Amsterdam 1965

Leon, H. J., The Jews of ancient Rome. Philadelphia 1960

Leumann, M., Die lateinischen Adjektiva auf lis. Diss. Straßburg 1917

Lundström. S., Neue Studien zur lateinischen Irenäusübersetzung. Lund Universitets Årsskrift. N. F. Avd. 1. Bd. 44. Nr. 8. Lund 1948

Linderbauer, B., De verborum mutuatorum et peregrinorum apud Ciceronem usu et compensatione. I. Schulprogr. Metten 1892, 32–55

ders, De verborum mutuatorum et peregrinorum apud Ciceronem usu et compensatione II. Schulprogr. Metten 1893

Liscu, M. O., L'expression des idées philosophiques chez Cicéron. Paris 1937

Loi, V., Origini e Caratteristice della Latinità cristiana. Bolletino dei Classici Suppl. 1. Acc. dei Lincei. Roma 1978

Lüdemann, G., Ketzer. Die andere Seite des frühen Christentums. Stuttgart 1995

Maguiness, W., The Language of Lucretius. In: Dudley, D. R. (ed.), Lucretius. London 1967, 71–73

Marache, R., Mots nouveaux et mots archaïques chez Fronton et Aulu Gelle. Travaux de la Faculté des Lettres de Rennes. Série I. Volume I. Rennes 1957

Marouzeau, J., Patrii sermonis egestas. Eranos 45, 1947, 22–24

Matzkow, W., De vocabulis quibusdam Italae et Vulgatae Christianis quaestiones lexicographicae. Diss. Berlin 1933

Meijering, E. P., Tertullian contra Marcionem. Gotteslehre in der Polemik. Adversus Marcionem I–II. Philosophia Patrum. Interpretations of Patristic Texts III. Leiden 1977

Meillet, A., À propos de qualitas. Revue des Études Latines 3, 1925, 214–220

Metzger, Bruce M., The Canon of the New Testament. Its Origin, Development and Significance. Oxford 1987

Michaélidès, D., Sacramentum chez Tertullien. Études Augustiennes. Thèse. Paris 1970

Mohrmann, Chr., Entstehung und Entwicklung der Theorie der altchristlichen Sondersprache. Aevum 13, 1939, 339–354. Zitiert nach: dies., Études sur le Latin des Chrétiens. Tome I. Le Latin des Chrétiens. Roma 1961 (Mohrmann wird nach Band und Seite zit. bzw. Jahresangabe zitiert)

dies., Le latin commun des Chrétiens. Vigiliae Christianae 1, 1947, 1–12

dies., Les éléments vulgaires du Latin des chrétiens. Vigiliae Christianae 1, 1947, 163–184

dies., Les emprunts grecs dans la latinité chrétienne. Vigiliae Christianae 4, 1950, 193–211. Zitiert nach: dies., Études sur le Latin des Chrétiens. Tome III. Le Latin des Chrétiens. Roma 1961

dies., Observations sur la langue et le Style de Tertullien. Nuovo Didaskaleion 4, 1950, 41–54. Zitiert nach: dies., Études sur le Latin des Chrétiens. Tome I. Le Latin des Chrétiens. Roma 1961

dies., Quelques traits caractéristiques du Latin des Chrétiens. Miscellanea Giovanni Mercati. Vol. I. Studi e Testi 121, 1956, 937–966. Zitiert nach: dies., Études sur le Latin des Chrétiens. Tome II. Latin Chrétien et Médiéval. Roma 1961

dies., Die altchristliche Sondersprache in den Sermones des hl. Augustin. Latinitas Christianorum Primaeva 3. Nimwegen 1932. Nachdruck Amsterdam 1965

Moingt, J., Théologie trinitaire de Tertullien. Tome I–IV. Paris 1966–69

Monceaux, P., Histoire littéraire de l'Afrique chrétienne. Tertullien et les origines. HLAC I. Paris 1901

Mühlenberg, E., Marcion's jealous God. In: Disciplina Nostra. Essays in memory of Robert F. Evans. Patristic Monograph Series 6. Philadelphia 1979, 93–113

Müller, H., Ciceros Prosaübersetzungen. Beiträge zur Kenntnis der ciceronischen Sprache. Diss. Marburg 1964

Norden, E., Die antike Kunstprosa. Vom VI. Jahrhundert bis in die Zeit der Renaissance. 2 Bd. Stuttgart ²1909. Nachdruck Darmstadt 1958

O'Brien, M. B., Titles of address in christian latin Epistolography to 543 a. d.. Diss. Washington 1930

O'Malley, T. P., Tertullian and the Bible. Language, Imagery, Exegesis. Latinitas Christianorum Primaeva 21. Nimwegen 1967

Opelt, I., Die Polemik in der christlichen lateinischen Literatur von Tertullian bis Augustin. Heidelberg 1980

Ott, J., Die Bezeichnung Christi als ἰατρός in der urchristlichen Literatur. Der Katholik 90, 1910, 454–458

Otto, S., Natura und dispositio. Untersuchungen zum Naturbegriff und zur Denkform Tertullians. Diss. München 1958. München 1960

Overbeck, F., Über ἐν ὁμοιώματι σαρκὸς ἁμαρτίας. Röm. 8, 3. Zeitschrift für wissenschaftliche Theologie 12, 1869, 178–212

Perrot, J., Les dérivés en -men et -mentum. Thèse. Études et Commentaires 39. Paris 1961

Peters, F., T. Lucretius Carus et M. Cicero quomodo vocabula Graeca Epicuri disciplinae propria Latine verterint. Diss. Münster 1926

Pétrè, H., Caritas. Étude sur le vocabulaire Latin de la charité Chrétienne. Louvain 1948

Pettitmengin, P., Recherches sur les citations d'Isaie chez Tertullien. In: Colloque organisé à Louvain-la-Neuve pour la promotion de H. J. Frede au doctorat honoris causa en théologie le 18 avril 1986. Ed. par R. Gryson et P. M. Bougart. Recherches sur l'Histoire de la Bible 19. Louvain-la-Neuve 1987

Petzer, J. H., Texts and Text Types in the latin Version of Acts. In: Philologia Sacra. Biblische und patristische Studien für Hermann J. Frede und Walter Thiele zu ihrem siebzigsten Geburtstag. Hg. v. R. Gryson. Vetus Latina. Aus der Geschichte der lateinischen Bibel Bd. 24 /1. Freiburg 1992, 259–284

Pittet, A., Notes sur le vocabulaire philosophique de Sénèque. Revue des Études Latines 12, 1934, 82

Poncelet, R., Cicéron traducteur de Platon. L'expression de la pensée complexe en latin classique. Thèse. Paris 1957

Porzig, W., Die Namen für Satzinhalte im Indogermanischen. Berlin 1942

Puelma, M., Cicero als Platon-Übersetzer. Museum Helveticum 37, 1980, 137–178

Puente Santiviridan, P., La terminologia de la resurreccion en Tertulliano. Con un excursus comparativo de esta con la correspondente en Minucio Felice. Burgos 1987

Quasten, J., Patrology. The Anti-Nicene-Theology after Irenäus. Vol. 2. Utrecht 1953

Quispel, G., De Bronnen van Tertullianus' Adv. Marcionem. Diss. Leiden 1943

Regul, J., Die antimarkionitischen Evangelienprologe. Diss. Bonn 1964. Vetus Latina. Aus der Geschichte der lateinischen Bibel. Bd. 6. Freiburg 1969

Risch, E., Gerundivum und Gerundium. Gebrauch im klassischen und älteren Latein. Entstehung und Vorgeschichte. Berlin-New York 1984

Roberts, The Theology of Tertullian. Diss. London 1924

Rönsch, H., Das Neue Testament Tertullians. Leipzig 1871 (zit. als Rönsch, Neues Testament)

ders., Itala und Vulgata. Leipzig 1875 (zit. als Rönsch, Itala und Vulgata)

ders., Semasiologische Beiträge zum lateinischen Wörterbuch. Heft I. Leipzig 1887 (zit. als Rönsch, Sem. Beitr.)

Rosén, H., The Mechanisms of Latin Nominalizations and Conceptualization in Historical View. In: Aufstieg und Niedergang der römischen Welt II 29. 1. Berlin 1983, 178–211

Rudolph, K., Die Gnosis. Wesen und Geschichte einer spätantiken Religion. Göttingen
    ³1990

Säflund, G., De Pallio und die stilistische Entwicklung Tertullians. Diss. Lund 1955

Schildenberger, J., Die altlateinischen Texte des Proverbienbuches. Erster Teil: Die alte
    afrikanische Textgestalt. Texte und Arbeiten 1. Heft 32–33. Beuron 1941

Schindel, U., Archaismus als Epochenbegriff. Zum Selbstverständnis des 2. Jahrhun-
    derts. Hermes 122, 1994, 327–341

Schäfer, K. T., Die Überlieferung des altlateinischen Galaterbriefes. T. 1. In: Personal- und
    Vorlesungsverzeichnis der staatl. Akademie zu Braunsberg. Braunsberg 1939

Schäfer, G., „König der Könige" – „Lied der Lieder". Studien zum paronomastischen In-
    tensitätsgenitiv. Diss. Tübingen 1969. Abhandlungen der Heidelberger Akademie der
    Wissenschaften. Philosophisch-Historische Klasse. Jahrgang 1973. 2. Abhandlung.
    Heidelberg 1974

Schmid, U., Marcion und sein Apostolos. Rekonstruktion und historische Einordnung der
    marcionitischen Paulusbriefausgabe. Diss. Münster 1994. Berlin-New York 1995

Schmidt, J., De latinitate Tertullianea I. Progr. Erlangen 1870 (zit. als Schmidt I)

ders., De latinitate Tertullianea II. Progr. Erlangen 1872 (zit. als Schmidt II)

ders., De nominum verbalium apud Tertullianum in tor et trix desinentium copia et vi.
    Progr. Erlangen 1878 (zit. als Schmidt III)

Schrijnen, J., Charakteristik des altchristlichen Lateins. In: Mohrmann, Chr., Études sur le
    Latin des Chrétiens. Tome IV. Latin Chrétien et Médiéval. Roma 1977

Seitz, J., Über die Verwendung von Abstrakta in den Dialogen Gregors des Großen. Diss.
    Jena 1937. Leipzig 1938

Serbat, G., Les Dérivés nominaux latins à suffixe médiatif. Thèse Lille 1971. Lille 1976

Setaioli, A., I principi della tradizione del greco in Seneca. Giornale di Filologia Italiano
    N. S. 15, 1984, 3–38

Siniscalco, P., Ricerche sul „De resurrectione" di Tertulliano. Verba Seniorum. Collana
    di testi e studi patristici diretta di M. Pellegrino e G. Lazzati. N. S. 6. Roma 1966 (zit. als
    Siniscalco, resurrectione)

ders., Appunti sulla Terminologia esegetica di Tertulliano. In: La terminologia esegetica
    nell' antichità. Atti del primo Seminario di antichita cristiana, Bari, 25 ottobre 1984.
    Quaderni di vet. Chr. XX. Bari 1987 (zit. als Siniscalco, Terminologia esegetica)

Soden, H. v., Das lateinische Neue Testament in Afrika zur Zeit Cyprians nach Bibel-
    handschriften und Väterzeugnissen. Texte und Untersuchungen 3. Reihe. 3. Buch. 33.
    Band. Leipzig 1909 (zit. als von Soden, Lat. NT)

ders., Der lateinische Paulustext bei Marcion und Tertullian. In: Festgabe für Adolf Jüli-
    cher hg. v. R. Bultmann u. H. v. Soden. Tübingen 1927 (zit. als von Soden, Markion)

Stang, N., Ciceros Wiedergabe von privativem α. Symbolae Osloenses 17, 1937, 67–76

Stenzel, M., Zur Frühgeschichte der lateinischen Bibel. Theologische Revue 49, 1953,
    97–103

Stroux, J., Textprobleme aus Quintilian. Philologus 85 N. F. 39, 322–354

Stummer, F., Einführung in die lateinische Bibel. Paderborn 1928

Svennung, J., Anredeformen. Vergleichende Forschungen zur indirekten Anrede in der
    dritten Person und zum Nominativ für den Vokativ. Skrifter utgivn av k. humanistiska
    Vetenskapssamfundet i Uppsala 42. Uppsala-Wiesbaden 1958

Teeuwen, W. St. J., Sprachlicher Bedeutungswandel bei Tertullian. Ein Beitrag zum Studium der christlichen Sondersprache. Diss. Paderborn 1926

Thiele, W., Wortschatzuntersuchungen zu den lateinischen Texten der Johannesbriefe. Vetus Latina. Aus der Geschichte der lateinischen Bibel. Bd. 2. Freiburg 1958 (zit. als Thiele, Johannesbriefe)

ders., Die lateinischen Texte des ersten Petrusbriefes. Vetus Latina. Aus der Geschichte der lateinischen Bibel. Bd. 5. Freiburg 1965 (zit. als Thiele, Petrusbriefe)

Tondini, A., Problemi Linguistici in Cicerone. Ciceroniana I, 1959, 126–147

Uglione, P., Innovazioni morfologiche, semantiche, lessicali di matrice fonica in Tertulliano. Civiltà Classica e Cristiana 12, 1991, 142–172

ders., Gli hapax tertullianei di matrice fonica. Bolletino de Studi Latini 25, 1995, 529–541

Valgiglio, E., Le antiche versioni Latine del nuovo Testamento. Fedeltà e aspetti grammaticali. Kononia 11. Napoli 1985

Vogels, H., Untersuchungen zur Geschichte der lateinischen Apokalypseübersetzungen Düsseldorf 1920

Wackernagel, J., Vorlesungen über Syntax unter besonderer Berücksichtigung von Griechisch, Lateinisch und Deutsch. Bd. 2. Basel 1924 (zit als Wackernagel, II)

Widmann, S., Untersuchungen zur Übersetzungstechnik Ciceros in seiner philosophischen Prosa. Diss. Tübingen 1968

Wissemann, M., Schimpfworte in der Bibelübersetzung des Hieronymus. Heidelberg 1992

Wölfl, K., Das Heilswirken Gottes durch den Sohn bei Tertullian. Analecta Gregoriana 112. Diss. Rom. 1960

Zahn, Th., Geschichte des neutestamentlichen Kanons. 2 Bde. Erlangen-Leipzig 1888–92

Zellmer, E., Die Wörter auf -ura. Ein Beitrag zur lateinischen Wortbildung und Wortgeschichte. Diss. Jena 1930

Zimmermann, H., Untersuchungen zur Geschichte der altlateinischen Überlieferung des zweiten Korintherbriefes. Bonner biblische Beiträge 16. Bonn 1960

Zuntz, G., The Text of the Epistles. A Disquisition upon the Corpus Paulinum. The Schweich Lectures of the British Academy 1946. London 1953

9.3 Lexika, Indizes, Konkordanzen

Bauer, W., Griechisch-deutsches Wörterbuch zu den Schriften des Neuen Testamentes und der frühchristlichen Literatur. Hg. v. K. Aland und B. Aland unter bes. Mitwirkung v. V. Reichmann. Berlin [6]1988 (zitiert als Bauer-Aland)

Blaise, A., Dictionnaire Latin-Français des auteurs chrétiens, revus spécialement pour le vocabulaire théologique par. H. Chirat. Montpellier o. J.

Bußmann, H., Lexikon der Sprachwissenschaft. Stuttgart [2]1990

Claesson, G., Index Tertullianeus. Vol I–III. Paris 1975

Dictionnaire de Théologie Catholique, A. Vacant, E. Mangenot et È. Amann, eds. Paris 1930–1946 (zit. als D. Th. C.)

Frede, H., Kirchenschriftsteller. Verzeichnis und Sigel. Vetus Latina. Die Reste der altlateinischen Bibel. Freiburg [4]1995 (zit. als Frede, Sigelliste)

Georges, K. E., Ausführliches Lateinisch-Deutsches Handwörterbuch. 2. Bd. Gotha
[8]1912. Nachdruck Darmstadt 1975

Heumann, H., Seckel, E., Handwörterbuch zu den Quellen des römischen Rechts. Graz
[11]1958

Kühner, R., Stegmann, C, Ausführliche Grammatik der lateinischen Sprache. Teil II.
Satzlehre. Hannover [2]1912. Nachdruck Darmstadt [5]1966

Lampe, G. W. H., A Patristic Greek Lexikon. Oxford 1961

Leumann; M., Hofmann, J. B., Szantyr, A., Lateinische Grammatik. Teil I: M. Leumann,
Laut- und Formenlehre (HAW II 2.1.). München [6]1977

dies., Lateinische Grammatik. Teil II. J. B. Hofmann, Lateinische Syntax und Stilistik
neubearb. v. A. Szantyr (HAW II 2.2.). München 1965 (zit als Szantyr)

Liddell-Scott-Jones, A Greek-English Lexikon, compiled by H. R. Liddell, R. Scott. New
Edition ed. H. St. Jones and R. Mc Kenzie. Oxford [9]1940. Reprinted 1990

Lewis-Short, A Latin Dictionary, compiled by Ch. T. Lewis and Ch. Short. Oxford 1879.
Reprinted Oxford 1987

Merguet, H., Lexikon zu den philosophischen Schriften Ciceros. I–III. Jena 1894

Meyer-Lübke, W., Romanisches etymologisches Wörterbuch. Heidelberg [4]1978

Oxford-Latin-Dictionary, Vol. I–II, Oxford 1968–1982

Thesaurus Linguae Latinae, Leipzig 1900ff

10. Register

Im Register werden alle im Text behandelten Neubildungen Tertullians erfaßt. Ihre Herkunft wird mit einem Buchstaben gekennzeichnet; der Buch-
stabe fehlt, wenn die Herkunft nicht zu ermitteln ist:

B   Bibelübersetzung
C   Terminologie der frühen Christen
Gr grammatische Literatur
J   juristische Literatur
L   landwirtschaftliche Literatur
M   medizinische Literatur
N   Neubildung Tertullians
P   philosophische Literatur

Thomas Gelzer, Michael Lurje, Christoph Schäublin

Lamella Bernensis

Ein spätantikes Goldamulett mit christlichem Exorzismus
und verwandte Texte

1999. X, 196 Seiten mit 6 Abb. und einer Falttafel im Anhang. 15,5 × 23,5 cm
Geb. DM 86,– / ÖS 628,– / SFr 77,–
(BzA Band 124) ISBN 3-519-07673-X

Die ‚Lamella Bernensis‘ (LB) ist ein griechisches Amulett auf einer
Goldfolie mit einem, von einem theologisch einigermaßen gebildeten Exorzisten verfaßten, in sieben Abschnitte gegliederten christlichen Exorzismus (wohl einem Tauf-Exorzismus) aus dem 5. Jh.
n. Chr. für Leontios, Sohn der ‚heiligen Mutter‘ Nonna. Der Text
steht in naher Beziehung zu dem Amulett für Alexandra, Tochter
der Zoe, auf dem Silberstreifen der ‚Tablette Magique de Beyrouth‘
(TMB) im Louvre und zu einem Teil des Papyrus-Amuletts für Paulus Iulianus aus Oxyrhynchos (PSI 29 = PGM XXXV) in Florenz.
Auch diese Texte wurden einer Nachprüfung unterzogen. Das
Ergebnis der neuen Lesungen ist in synoptischer Darstellung auf
einer Falttafel wiedergegeben. Daran sind Art und Verwendung
gemeinsamer Vorlagen für unterschiedliche Zauberzwecke zu beobachten. Das vielfältige im Kommentar zur Erklärung herangezogene
Material soll dazu dienen, LB und TMB (und die entsprechenden
Teile von PGM XXXV) in den großen Zusammenhang der spät-
antiken und frühbyzantinischen Zauberpraxis und der magischen
Tradition insgesamt einzuordnen. Aus der Diskussion ergeben sich
auch Vorschläge zur Interpretation anderer verwandter Zaubertexte.

B. G. Teubner Stuttgart und Leipzig